D1753163

Verbundbrückenbau nach DIN-Fachbericht

Beispiele prüffähiger
Standsicherheitsnachweise

Prof. Dr.-Ing. Thomas Bauer
Prof. Dr.-Ing. Michael Müller

Verbundbrückenbau nach DIN-Fachbericht

Beispiele prüffähiger Standsicherheitsnachweise

Straßenüberführung nach DIN-Fachbericht 101 und 104
Walzträger in Beton nach DIN-Fachbericht 101 und 104

Bauwerk

Bibliografische Information Der Deutschen Bibliothek
Die Deutsche Bibliothek verzeichnet diese Publikation in der Deutschen
Nationalbibliografie; detaillierte bibliografische Daten sind im Internet über
http://dnb.ddb.de abrufbar.

1. Aufl. Berlin: Bauwerk, 2003

ISBN 3-89932-022-0

© Bauwerk Verlag GmbH, Berlin 2003
www.bauwerk-verlag.de
info@bauwerk-verlag.de

Alle Rechte, auch das der Übersetzung,
vorbehalten.

Ohne ausdrückliche Genehmigung des
Verlags ist es auch nicht gestattet, dieses Buch
oder Teile daraus auf fotomechanischem Wege
(Fotokopie, Mikrokopie) zu vervielfältigen
sowie die Einspeicherung und Verarbeitung
in elektronischen Systemen vorzunehmen.

Zahlenangaben ohne Gewähr

Druck und Bindung:
Druckerei Runge GmbH, Cloppenburg

Vorwort

Dieses Buch enthält zwei prüffähige Beispiele von Standsicherheitsnachweisen aus dem Verbundbrückenbau:

Teil 1: Bemessung einer zweifeldrigen Straßenbrücke in Verbundbauweise (Offener Querschnitt mit Walzträgern)

Teil 2: Bemessung einer einfeldrigen Eisenbahnüberführung mit einbetonierten Walzträgern („Walzträger in Beton").

Die Bemessung erfolgt auf Grundlage der zum 1. Mai 2003 eingeführten DIN – Fachberichte 100 und 101 - 104 (aktualisierte, 2. Auflage). In die Berechnung sind bereits die zum Teil erheblichen Ergänzungen der Fachberichte durch die Allgemeinen Rundschreiben Straßenbau (ARS) 8-14/2003 des BMVBW im Bereich der Straßenbrücken und die Ril 804 der DB-AG (Ersatz für DS 804) im Bereich der Eisenbahnbrücken eingeflossen.

Die praxisnahen Beispiele sind so ausgewählt, dass die komplette Bemessung mit Handrechnungen nachvollzogen werden kann. Ziel dieses Buches ist es, durch die direkten Verweise auf die Normtexte eine schnelle und effektive Einarbeitung in die neue Normgeneration zu ermöglichen.

Das Buch richtet sich an die erfahrenen Planungsingenieure, denen die Brückenbauverwaltungen ein Hilfsmittel zur Anfertigung von prüffähigen statischen Berechnungen nach den DIN-Fachberichten an die Hand geben wollten. Damit ist das Buch zwar nicht in erster Linie als Lehrbuch gedacht, wird aber auch Studenten einen praxisnahen Einstieg in das Aufstellen von Standsicherheitsnachweisen ermöglichen.

Anlass zur Abfassung war die Einführung der DIN – Fachberichte für Beton (Fachbericht 100), für Einwirkungen (Fachbericht 101), Massivbrücken (Fachbericht 102), Stahlbrücken (Fachbericht 103) und Verbundbrücken (Fachbericht 104). Die neuen Regelwerke wurden zeitgleich und gemeinsam zum Stichtag 1. Mai 2003 in den Geschäftsbereichen der DB-

AG, der Wasser- und Schifffahrtsverwaltungen sowie den Straßenbauverwaltungen verbindlich eingeführt.

Besonderer Dank gilt den Herren Dipl.-Ing. C. Wende, Dipl.-Ing. N. Rüger, Dipl.-Ing. A. Tala, Dipl.-Ing. T. Gagelmann und Herrn Dipl.-Ing. S. Sedlak sowie Frau Dipl.-Ing. J. Schildhauer, die maßgeblich an der Aufstellung der beiden Statischen Berechnungen beteiligt waren.

Gerne benutzen die Verfasser die Gelegenheit, dem Bauwerk-Verlag für die angenehme und unkomplizierte Zusammenarbeit zu danken. Dank sagen wir auch Herrn K. Mildner für die Rechtschreibkorrektur, sowie Herrn N. Bauer und Herrn C. Zuber für die wertvolle Zuarbeit.

Dank sagen wir auch unseren Familien und unseren Eltern.

Leitzkau / Cavertitz, im Mai 2002

Thomas Bauer
Michael Müller

Gesamtinhaltsverzeichnis

Teil 1: STATISCHE BERECHNUNG des Neubaus einer Straßenbrücke bei Cavertitz Seite 1 - 222

Bauteil: Überbau in Verbundbauweise

Teil 2: STATISCHE BERECHNUNG des Ersatzneubaus einer Eisenbahnüberführung bei Leitzkau Seite 1 - 127

Bauteil: WIB-Überbau („Walzträger in Beton")

TEIL 1: STATISCHE BERECHNUNG
- VERBUNDÜBERBAU

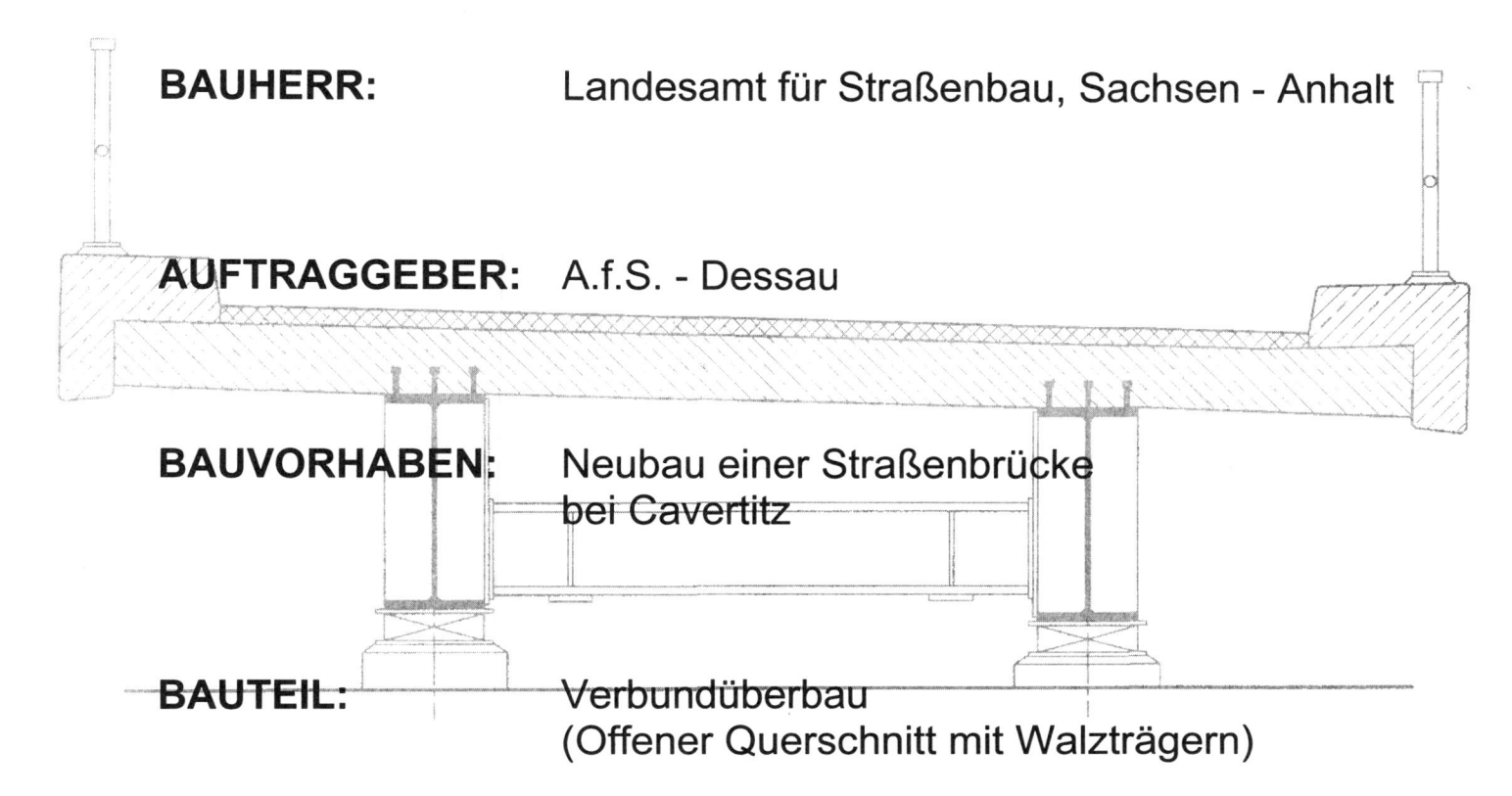

BAUHERR: Landesamt für Straßenbau, Sachsen - Anhalt

AUFTRAGGEBER: A.f.S. - Dessau

BAUVORHABEN: Neubau einer Straßenbrücke bei Cavertitz

BAUTEIL: Verbundüberbau
(Offener Querschnitt mit Walzträgern)

AUFSTELLER: Planungsgemeinschaft

h^2 Hochschule Magdeburg – Stendal (FH)

$\bar{c}$ Hochschule Anhalt (FH)

DATUM: 1.05.2003

Bearbeiter:

Prof. Dr.-Ing. Michael Müller
Hochschule Magdeburg - Stendal (FH)
Breitscheidstr. 2
39114 Magdeburg
e-mail: MH.MD@t-online.de

Dipl.-Ing. Thomas Gagelmann
Müller + Hirsch Ingenieurgesellschaft mbH
Große Diesdorfer Straße 21
39108 Magdeburg
e-mail: MH.MD@t-online.de

Verfasser	: Planungsgemeinschaft h² Hochschule Magdeburg – Stendal (FH)	Proj. – Nr. 2100
Programm	: c̄ Hochschule Anhalt (FH)	
Bauwerk	: Straßenbrücke bei Cavertitz ASB Nr.: 4131635	Datum: 01.05.2003

Inhaltsverzeichnis   Teil 1 – Verbundbrücke mit offenem Querschnitt aus Walzprofilen

1 **Vorbemerkungen** 5

   1.1 Beschreibung des Tragwerkes 5
   1.2 Normen, Vorschriften und verwendete Unterlagen 8
   1.3 Geometrisches System 9
       1.3.1 Längsgeometrie 9
       1.3.2 Querschnittgeometrie 9
   1.4 Materialkennwerte 11

2 **Herstellungsverfahren** 13

3 **Statische Systeme und Querschnittswerte** 14

   3.1 Grundlagen 14
   3.2 Systemabbildung 15
   3.3 Lagerschema 17
   3.4 Querschnittswerte für die Schnittgrößenermittlung 18
       3.4.1 Grundlagen 18
       3.4.2 Ermittlung der Kriechzahlen und der Schwinddehnung 18
       3.4.3 Ermittlung der zeit- und lastabhängigen Reduktionszahlen 21
       3.4.4 Mittragende Breiten 24
       3.4.5 Querschnittswerte für die Ermittlung von Schnittgrößen für die Nachweise im Grenzzustand der Gebrauchstauglichkeit 26
       3.4.6 Querschnittswerte für die Ermittlung von Schnittgrößen für die Nachweise im Grenzzustand der Tragfähigkeit 37
       3.4.7 Querschnittswerte für die Ermittlung von Schnittgrößen für die Nachweise im Grenzzustand der Ermüdung 37

4 **Charakteristische Werte der einwirkenden Last- und Weggrößen** 38

   4.1 Allgemeines 38
   4.2 Ständige Einwirkungen 38
       4.2.1 Eigenlast der Konstruktion 38
       4.2.2 Ausbaulasten 39
       4.2.3 Lastfälle Eigengewicht 40
       4.2.4 Abfließende Hydratationswärme 40
       4.2.5 Baugrundbewegungen (Setzungen) 41
   4.3 Veränderliche Einwirkungen 42
       4.3.1 Einwirkungen aus Straßenverkehr und Menschengedränge 42
           4.3.1.1 Allgemeines 42
           4.3.1.2 Lastmodell 1 (Doppelachsfahrzeug) 46
           4.3.1.3 Lastmodell 2 (Einzelachse) 48
           4.3.1.4 Lastmodell 4 (Menschengedränge) 48
           4.3.1.5 Lasten aus Bremsen und Anfahren 49
           4.3.1.6 Zentrifugallasten 50
       4.3.2 Einwirkungen aus Fußgänger- und Radverkehr 51
           4.3.2.1 Allgemeines 51
           4.3.2.2 Verkehrslast auf Kappen 51
           4.3.2.3 Einwirkungen auf Geländer 52

Bauteil	: Verbundüberbau mit offenem Querschnitt, Walzträger	Archiv Nr.:
Block	: Inhaltsverzeichnis Seite: **1**	
Vorgang	:	

      4.3.3 Andere für Straßenbrücken typische Einwirkungen 52
          4.3.3.1 Schwinden des Betons 52
          4.3.3.2 Schneelasten 52
          4.3.3.3 Anheben zum Auswechseln von Lagern 53
          4.3.3.4 Temperatureinwirkungen 54
          4.3.3.5 Windeinwirkungen 58
  4.4 Außergewöhnliche Einwirkungen 61
      4.4.1 Allgemeines 61
      4.4.2 Anpralllasten aus Fahrzeugen unter der Brücke 61
          4.4.2.1 Anprall an Überbauten 61
      4.4.3 Einwirkungen aus Fahrzeugen auf der Brücke 62
          4.4.3.1 Fahrzeuge auf Geh- und Radwegen auf Straßenbrücken 62
          4.4.3.2 Anpralllasten auf Schrammborde 64
          4.4.3.3 Anpralllasten auf Schutzeinrichtungen 66
          4.4.3.4 Anprallasten an tragende Teile 67
  4.5 Lastmodelle für Ermüdungsberechnungen 68
      4.5.1 Allgemeines 68
      4.5.2 Ermüdungslastmodell 3 69

5 Charakteristische Werte der Schnittgrößen 71

  5.1 Allgemeines 71
  5.2 Charakteristische Werte der Schnittgrößen infolge der einzelnen Einwirkungen 71
      5.2.1 Eigenlast der Konstruktion 71
      5.2.2 Ausbaulasten 72
      5.2.3 Abfließende Hydratationswärme 72
      5.2.4 Baugrundbewegungen (Setzungen) 73
      5.2.5 Straßen-, Fußgänger- und Radverkehr 73
      5.2.6 Schneelasten 74
      5.2.7 Anheben zum Auswechseln von Lagern 74
      5.2.8 Temperatureinwirkungen 74
      5.2.9 Windeinwirkungen 75
      5.2.10 Außergewöhnliche Einwirkungen 75
      5.2.11 Ermüdungsberechnungen 75
      5.2.12 Zwangsschnittgrößen aus dem Kriechen 76
          5.2.12.1 Zwangsschnittgrößen aus dem Kriechen infolge Ausbaulasten 76
          5.2.12.2 Zwangsschnittgrößen infolge Baugrundbewegungen (Setzungen) ... 77
      5.2.13 Zwangsschnittgrößen aus dem Schwinden 78
  5.3 Zusammenstellung der charakteristischen Werte der Schnittgrößen 80

6 Bemessungsschnittgrößen 81

  6.1 Begriffe und grundsätzliche Klasseneinteilung 81
      6.1.1 Einwirkungen 81
      6.1.2 Charakteristische Werte der Einwirkungen 82
      6.1.3 Mehrkomponentige Einwirkungen (Lastgruppen) 83
      6.1.4 Repräsentative Werte der veränderlichen Einwirkungen 85
      6.1.5 Bemessungswerte der Einwirkungen 87
      6.1.6 Lastanordnung und Lastfälle 90
      6.1.7 Einwirkungskombinationen für den Grenzzustand der Tragfähigkeit 90
      6.1.8 Einwirkungskombinationen für den Grenzzustand der Gebrauchtauglichkeit ... 92
      6.1.9 Einwirkungskombinationen für den Grenzzustand der Ermüdung 92
      6.1.10 Einwirkungskombinationen zur Beurteilung der Rissbildung des Betons 93
      6.1.11 Spezielle Kombinationsregeln 93

    6.2 Einwirkungskombinationen.. 95
    6.3 Zusammenstellung der Bemessungsschnittgrößen... 100

7 Nachweise im Grenzzustand der Tragfähigkeit.. 104

    7.1 Allgemeines.. 105
    7.2 Mittragende Breiten beim Nachweis der Tragfähigkeit der Querschnitte..................... 117
    7.3 Tragfähigkeit der Querschnitte... 117
        7.3.1 Biegemoment.. 117
            7.3.1.1 Allgemeines... 118
            7.3.1.2 Plastische Momententragfähigkeit... 122
            7.3.1.3 Elastische Momententragfähigkeit... 124
        7.3.2 Querkraft... 125
        7.3.3 Biegung, Normal- und Querkraft.. 127
        7.3.4 Beulen der Stege unter Querlasten, flanschinduziertes Stegbeulen................ 127
            7.3.4.1 Beulen der Stege unter Querlasten.. 128
            7.3.4.2 Flanschinduziertes Stegbeulen.. 129
        7.3.5 Biegedrillknicken... 133
        7.3.6 Ermüdungswiderstand... 133
            7.3.6.1 Allgemeines.. 134
            7.3.6.2 Ermüdungslasten und Teilsicherheitsbeiwerte.................................. 135
            7.3.6.3 Spannungen und Spannungsschwingbreiten.................................... 135
                7.3.6.3.1 Allgemeines.. 135
                7.3.6.3.2 Ermittlung der Spannungen im Baustahlquerschnitt.................. 138
                7.3.6.3.3 Ermittlung der Spannungen im Beton- und
                           Spannstahlquerschnitt... 143
                7.3.6.3.4 Ermittlung der Druckspannungen im Beton............................ 148
            7.3.6.4 Ermüdungswiderstand... 149
                7.3.6.4.1 Allgemeines.. 149
                7.3.6.4.2 Ermüdungswiderstand des Baustahls.............................. 149
                7.3.6.4.3 Ermüdungswiderstand Betonstahls.................................. 153
                7.3.6.4.4 Ermüdungswiderstand des Betons.................................. 154

8 Nachweise im Grenzzustand der Gebrauchstauglichkeit... 156

    8.1 Allgemeines.. 156
        8.1.1 Klassifizierung der Nachweisbedingungen... 156
        8.1.2 Ermittlung der Spannungen... 156
            8.1.2.1 Allgemeines.. 156
            8.1.2.2 Zugspannungen im Beton.. 157
    8.2 Spannungsbegrenzung und maßgebende Einwirkungskombination........................... 158
        8.2.1 Begrenzung der maximalen Betondruckspannung... 159
        8.2.2 Begrenzung der Spannung im Betonstahl.. 159
        8.2.3 Begrenzung der Spannung im Baustahl... 162
        8.2.4 Nachweis der Beulsicherheit für Querschnitte der Klassen 1 und 2................. 167
    8.3 Grenzzustände der Dekompression und Rissbildung.. 168
        8.3.1 Allgemeines.. 168
        8.3.2 Mindestbewehrung.. 168
            8.3.2.1 Allgemeines.. 168
            8.3.2.2 Mindestbewehrung für Gurte von Verbundträgern............................ 169
        8.3.3 Nachweis der Rissbreitenbeschränkung.. 173
    8.4 Verformungen.. 176
    8.5 Schwingungen... 177
    8.6 Nachweis der Begrenzung des Stegblechatmens... 179

Verfasser	: Planungsgemeinschaft h² Hochschule Magdeburg – Stendal (FH)	Proj. – Nr. 2100
Programm	: C Hochschule Anhalt (FH)	
Bauwerk	: Straßenbrücke bei Cavertitz ASB Nr.: 4131635	Datum: 01.05.2003

9 Verbundsicherung 181
9.1 Allgemeines 181
9.1.1 Bemessungsgrundlagen 181
9.1.2 Verformungsvermögen von Verbundmitteln 182
9.1.3 Grenzzustand der Gebrauchstauglichkeit 183
9.1.4 Grenzzustand der Tragfähigkeit außer Ermüdung 184
9.1.5 Nachweis der Ermüdung basierend auf Spannungsschwingbreiten 184
9.1.6 Bemessungssituation während der Bauausführung 187
9.2 Ermittlung der Längsschubkräfte 187
9.2.1 Allgemeines 187
9.2.2 Grenzzustand der Tragfähigkeit mit Ausnahme der Ermüdung für Träger mit Querschnitten der Klassen 1 und 2 194
9.2.3 Konzentrierte Längsschubkräfte an Trägerenden und Betonierabschnittsgrenzen 196
9.3 Tragfähigkeit der Verbundmittel 197
9.3.1 Allgemeines 197
9.3.2 Grenzscherkraft der Kopfbolzendübel 197
9.3.3 Einfluss von Zugkräften auf die Grenzscherkraft 198
9.3.4 Beanspruchbarkeit von Kopfbolzendübeln in Vollbetonplatten bei Ermüdung 199
9.4 Bauliche Durchbildung der Verdübelung bei Kopfbolzendübeln 201
9.4.1 Abmessungen von Kopfbolzendübeln 201
9.4.2 Sicherung gegen Abheben der Betonplatte 201
9.4.3 Betondeckung und Verdichtung des Betons 201
9.4.4 Örtliche Bewehrung der Betonplatte 202
9.4.5 Dübelabstände 202
9.4.6 Abmessungen des Stahlflansches 204
9.4.7 Konstruktive Ausbildung der Anschlüsse von Querrahmen und Quersteifen 204
9.5 Längsschubtragfähigkeit des Betongutes 205
9.5.1 Nachweis der Längsschubtragfähigkeit 205
9.5.2 Mindestbewehrung in Querrichtung 206
9.5.3 Längsrissbildung 206
9.6 Erforderliche Dübelanzahl und deren Verteilung 207
9.6.1 Grenzzustand der Tragfähigkeit 207
9.6.1.1 Feldbereich 207
9.6.1.2 Stützbereich 208
9.6.2 Grenzzustand der Gebrauchstauglichkeit 209
9.6.2.1 Feldbereich 209
9.6.2.2 Stützbereich 209
9.6.3 Grenzzustand der Ermüdung 210
9.6.3.1 Feldbereich 210
9.6.3.2 Stützbereich 213
9.6.4 Bauliche Durchbildung der Verdübelung 217

10 Schlussblatt 220

Anlagen

Verzeichnis der Tabellen 221

Verzeichnis der Abbildungen 222

Bauteil	: Verbundüberbau mit offenem Querschnitt, Walzträger	Archiv Nr.:
Block	: Inhaltsverzeichnis Seite: **4**	
Vorgang	:	

1 Vorbemerkungen

1.1 Beschreibung des Tragwerks

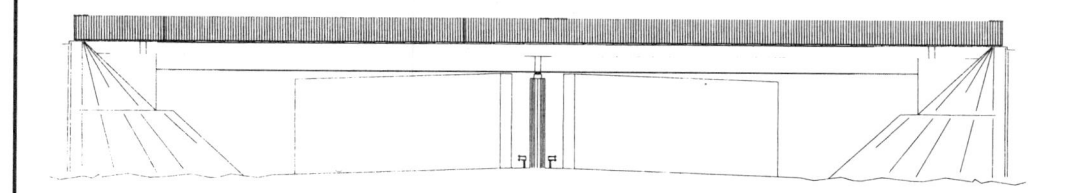

Bild 1 Ansicht des Tragwerks

Bei dem Bauwerk handelt es sich um die Überführung eines Wirtschaftsweges über eine Landstraße bei Cavertitz. Das zweifeldrige Bauwerk kreuzt die Landstraße in einem Winkel von 100 gon.
Die Stützweiten betragen $L_1 = L_2 = 15{,}00$ m.
Die Fahrbahnbreite zwischen den Schrammborden beträgt 5,00 m. Mit den beidseitigen angeordneten Kappen ergibt sich eine Brückenbreite zwischen den Innenkanten der Geländer von 6,00 m und eine Breite zwischen den Außenkanten der Kappen von 6,50 m.
Die Fahrbahn hat ein Quergefälle von 2,5%, eine Längsneigung ist nicht vorhanden.
Das Haupttragwerk besteht aus zwei Walzträgern aus Baustahl S 355, die mit der Stahlbetonfahrbahn durch aufgeschweißte Kopfbolzendübel schubfest verbunden sind und in Brückenlängsrichtung als Stahlverbundträger wirken. Beide Walzträger besitzen die gleiche Querschnittsgeometrie, so dass die Schnittgrößenermittlung und Bemessung nur für den am stärksten beanspruchten Hauptträger durchgeführt wird.

Die Fahrbahnplatte besteht aus einer 30 cm dicken Ortbetonplatte aus Beton C 35/45 und einer 8 cm dicken Bitumenfahrbahn, die sich in eine 1 cm starke Abdichtung, eine 3,5 cm dicke Schutzschicht und eine 3,5 cm starke Deckschicht unterteilt.

RZ „Kap 5"

Die Brücken- und Fahrbahnachse verlaufen im Grundriss gerade ($R = \infty$).

Die beiden Hauptträger sind in Querrichtung durch die Fahrbahnplatte und über den Auflagerachsen zusätzlich durch Querträger verbunden. Diese Querträger werden ohne Verbund mit der Fahrbahnplatte ausgeführt und dienen zur Stabilisierung der Hauptträger und zur Weiterleitung der Horizontallasten in Brückenquerrichtung zu den Widerlagern.

Es werden bewehrte Elastomerlager verwendet. Zur Aufnahme der Horizontalkräfte sind stählerne Festhaltekonstruktionen vorgesehen.
Der Festpunkt in Brückenlängsrichtung befindet sich auf dem Mittelpfeiler. Die Horizontalkräfte quer zur Brückenachse werden nur an den Widerlagern abgetragen.

Als Entwurfsvorgabe wird der Überbau für das Lastmodell 1 (Doppelachsfahrzeug) und das Lastmodell 2 (Einzelachse) bemessen. Das Lastmodell 4 (Menschengedränge) war nach Vorgabe des Bauherrn nicht zu berücksichtigen. Die Ermüdungsnachweise werden mit dem Lastmodell 3 (Ermüdungslastmodell) geführt.

Fb 101, Kap IV, 4.3.2
Fb 101, Kap IV, 4.3.3
Fb 101, Kap IV, 4.3.5
Fb 101, Kap IV, 4.6.4

Im Rahmen der vorliegenden statischen Berechnung werden alle wesentlichen Nachweise des Längssystem des Überbaus geführt.

Der Nachweis des Quersystems und der Widerlager erfolgt in separaten Statikteilen.

Verfasser : Planungsgemeinschaft h² Hochschule Magdeburg – Stendal (FH) C Hochschule Anhalt (FH)	Proj. – Nr. 2100
Programm :	
Bauwerk : Straßenbrücke bei Cavertitz ASB Nr.: 4131635	Datum: 01.05.2003

Expositionsklassen

Unter Berücksichtigung der Umgebungsbedingungen wird der Überbau in die folgenden Expositionsklassen eingestuft.   *Fb 100, Kap. 4, Tab.1*

- XC4   Außenbauteile mit direkter Beregnung
- XD3   Teile von Brücken mit häufiger Spritzwasserbeanspruchung
- XF2   Bauteile im Sprühnebel- oder Spritzwasserbereich von taumittelbehandelten Verkehrsflächen

Als Mindestbetondruckfestigkeitsklasse des Überbaus in Abhängigkeit von den Expositionsklassen ergibt sich damit: *Fb 100, Anhang F, Tab. F.2.1 normativ*

- XC4 $\Rightarrow$ C 25/30
- XD3 $\Rightarrow$ C 35/45
- XF2 $\Rightarrow$ C 35/45

Absturzsicherungen, Schutzeinrichtungen

Die Gehwegbereiche erhalten auf den Außenseiten ein Füllstabgeländer mit einer Geländerhöhe von 1,00 m.   *RZ „Gel 5" RZ „Gel 10" RZ „Gel 8"*

Tabelle 1 Entwurfsparameter

Randbedingungen	
Entwurfsgeschwindigkeit	V_e = 100 km/h
Nachweisbedingung	Kategorie D, längs und quer
Verkehrsspezifische Lasten	
Lastmodell 1	α_Q = 0,8
	α_q = 1,0
Lastmodell 2	β_Q = 0,8
Lastmodell 3 Verkehrszusammensetzung für Ermüdungsnachweise	

ARS 11/2003
Fb 101, Kap. IV, 4.3.2 (7)
Fb 101, Kap. IV, 4.3.2 (7)

Bauteil : Verbundüberbau mit offenem Querschnitt, Walzträger	Archiv Nr.:
Block : Vorbemerkungen	
Vorgang :	

1.2 Normen, Vorschriften und verwendete Unterlagen

Tabelle 2 Normen, Vorschriften und verwendete Unterlagen

	verw. Abk.	Bezeichnung	Ausgabe
ARS, Nr. 8/2003	ARS 8/2003	Umstellung auf europäische Regelung im Brücken- und Ingenieurbau	3/2003
DIN Fachbericht 100	Fb 100	Beton	2001
ARS, Nr. 9/2003	ARS 9/2003	Beton	3/2003
DIN Fachbericht 101	Fb 101	Einwirkungen auf Brücken	2003
ARS, Nr. 10/2003	ARS 10/2003	Einwirkungen auf Brücken	3/2003
DIN Fachbericht 102	Fb 102	Betonbrücken	2003
ARS, Nr. 11/2003	ARS 11/2003	Betonbrücken	3/2003
DIN Fachbericht 103	Fb 103	Stahlbrücken	2003
ARS, Nr. 12/2003	ARS 12/2003	Stahlbrücken	3/2003
DIN Fachbericht 104	Fb 104	Verbundbrücken	2003
ARS, Nr. 13/2003	ARS 13/2003	Verbundbrücken	3/2003
ZTV-ING	ZTV-ING	Zusätzliche Technische Vertragsbedingungen und Richtlinien für Ingenieurbauten	3/2003
ARS, Nr. 14/2003	ARS 14/2003	Zusätzliche Technische Vertragsbedingungen und Richtlinien für Ingenieurbauten	3/2003
DAfStb-Heft 525	Heft 525	Erläuterung zur DIN 1045	2003
Richtzeichnung	RZ „Kap 5"	Außenkappen mit Geh- und / oder Radweg	07/2000
Richtzeichnung	RZ „Gel 8"	Aufsatzgeländer für einfache Distanzschutzplanken	07/2000
Richtzeichnung	RZ „Gel 5"	Füllstabgelände mit Kurzpfosten	12/1996
Benutzerhandbuch	InfoCAD	InfoCAD, Version 5.83, Benutzerhandbuch	2002

Verfasser : Planungsgemeinschaft h² Hochschule Magdeburg – Stendal (FH)	Proj. – Nr.2100
Programm : c Hochschule Anhalt (FH)	
Bauwerk : Straßenbrücke bei Cavertitz ASB Nr.: 4131635	Datum: 01.05.2003

1.3 Geometrisches System

1.3.1 Längsgeometrie

Statisches System

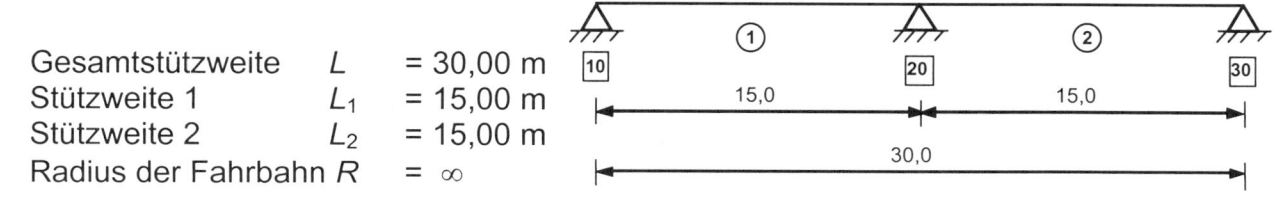

Gesamtstützweite L = 30,00 m
Stützweite 1 L_1 = 15,00 m
Stützweite 2 L_2 = 15,00 m
Radius der Fahrbahn R = ∞

Bild 2 Längsgeometrie

1.3.2 Querschnittgeometrie

Brückenbreite	B	= 6,00 m
Brückenbreite mit Randkappen	B_{Ka}	= 6,50 m
Höhe über Gelände/UK Träger	H_1	= 4,70 m
Höhe über Gelände/OK Kappe	H_2	= 6,38 m
Stahlträgertyp	HX 1000 M Güte S355	
Höhe	h_a	= 1008 mm
Breite	b_a	= 453 mm
Stegdicke	t_w	= 21,0 mm
Flanschdicke	t_f	= 40,0 mm
Walzradius	r	= 30 mm
rechn. Steghöhe	h_w	= 868 mm
Stahlträgerfläche	A_a	= 565 m²
Trägheitsmoment (y-Achse)	$I_{y,Stahlträger}$	= 1005400 cm⁴
Trägheitsmoment (z-Achse)	$I_{z,Stahlträger}$	= 62070 cm⁴
Torsionsträgheitsmoment	$I_{T,Stahlträger}$	= 2157 cm⁴
Stahlträgerachsabstand horizontal	a_a	= 3,00 m
Dicke der Ortbetonplatte	h_c	= 0,30 m
Dicke des Fahrbahnbelages	h_{fa}	= 0,08 m
Randkappenbreite	b_{ka}	= 0,75 m
Randkappenhöhe	h_{ka}	= 0,65 m

Bauteil : Verbundüberbau mit offenem Querschnitt, Walzträger	Archiv Nr.:
Block : Vorbemerkungen	
Vorgang :	

Verfasser : Planungsgemeinschaft h² Hochschule Magdeburg – Stendal (FH)	Proj. – Nr.2100
Programm : C Hochschule Anhalt (FH)	
Bauwerk : Straßenbrücke bei Cavertitz ASB Nr.: 4131635	Datum: 01.05.2003

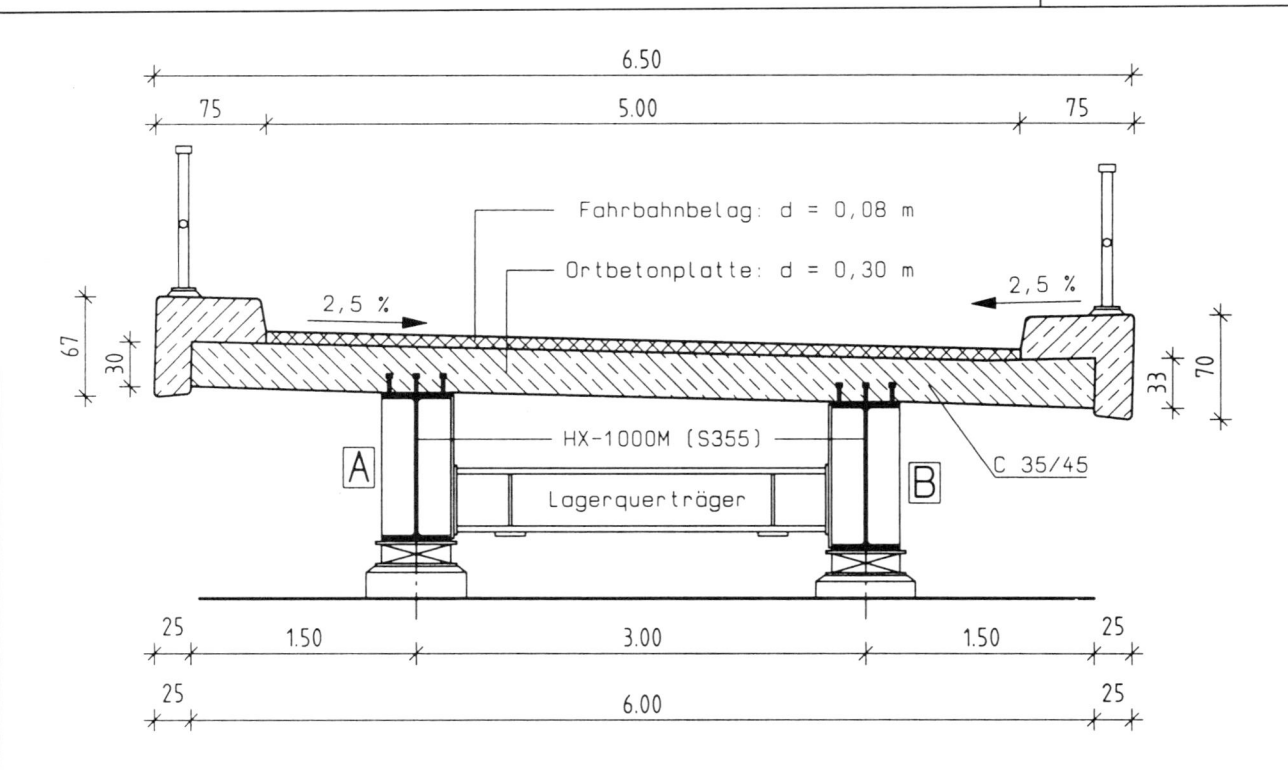

Bild 3 Querschnitt

Festlegung der Ortbetonbewehrung:

Tabelle 3 Ortbetonbewehrung

	d_S in mm	n_{As}	e in cm	b_{eff} in m	A_S in cm²
Auflager (10)	16	2	15,0	2,43	65,2
Feld 1	16	2	15,0	3,00	80,5
Stütze (20)	20	2	10,0	2,23	140,0
Feld 2	16	2	15,0	3,00	80,5
Auflager (30)	16	2	15,0	2,43	65,2

d_s Bewehrungsdurchmesser

n_{As} Anzahl der Bewehrungslagen

e Horizontaler Abstand der einzelnen Bewehrungsstäbe

A_s mittragende Bewehrungsfläche innerhalb der mittragenden Plattenbreite des jeweiligen Querschnittes

Bauteil : Verbundüberbau mit offenem Querschnitt, Walzträger	Archiv Nr.:
Block : Vorbemerkungen Seite: **10**	
Vorgang :	

1.4 Materialkennwerte

Betonstahl

Betonstahlsorte: BSt 500 S(B) (hochduktil)

Fb 102, Kap. II, 3.2 Bezeichnung des Betonstahls nach DIN 1045-1, 9.2.2, Tab 11

Nennstreckgrenze: f_{sk} = 500 MN/m²

charakt. Zugfestigkeit: f_{tk} = 550 MN/m²

Fb 102, Kap. II, 3.2.1 (3): DIN 488 T1, Tab. 1, bzw. Fb 102, Kap. II, 3.2.1, Tab. R2

Duktilitätsklasse: hoch (Klasse B)

Fb 102, Kap. II, 3.2.1 (5) P, Tab. R2

Betondeckung
allgemein: c_{min} = 40 mm
c_{nom} = 45 mm

Fb 102, Kap. II, 4.1.3.3 (114) P

Kappen bei Straßenbrücken
nicht betonberührte Fläche: c_{min} = 40 mm
c_{nom} = 45 mm

Fb 102, Kap. II, 4.1.3.3, Tab. 4.101

betonberührte Flächen: c_{min} = 20 mm
c_{nom} = 25 mm

Fb 102, Kap. II, 4.1.3.3, Tab. 4.101

Teilsicherheitsbeiwerte
Grundkombination: γ_s = 1,15
Außergew. Kombination: γ_s = 1,00

Fb 102, Kap. II, 2.3.3.2, Tab. 2.3 (ausgenommen Erdbeben)

Elastizitätsmodul: E_s = 210000 MN/m²

Fb 102, Kap. II, 3.2.4.3 (1) Fb 104 Kap. II 3.2.1 Kann vereinfachend wie der E-Modul des Baustahls angesetzt werden.

Verfasser : Planungsgemeinschaft h² Hochschule Magdeburg – Stendal (FH)	Proj. – Nr. 2100
Programm : C Hochschule Anhalt (FH)	
Bauwerk : Straßenbrücke bei Cavertitz ASB Nr.: 4131635	Datum: 01.05.2003

Beton

Betonfestigkeitsklasse:	C 35/45	Fb 102, Kap. II, 3.1 und Fb 100
charakt. Druckfestigkeit:	f_{ck} = 35 MN/m²	Fb 102, Kap. II, 3.1.4, Tab. 3.1: f_{ck} entspricht der Zylinderdruckfestigkeit
Mittelwert der Zugfestigkeit:	f_{ctm} = 3,2 MN/m²	Fb 102, Kap. II, 3.1.2.4, Tab. 3.1
Teilsicherheitsbeiwerte		Fb 102, Kap. II, 2.3.3.2, Tab. 2.3 (ausgenommen Erdbeben)
Grundkombination:	γ_c = 1,50	
Außergew. Kombination:	γ_c = 1,30	
Elastizitätsmodul:	E_{cm} = 33300 MN/m²	Fb 102, Kap. II, 3.1.5.2, Tab. 3.2

Baustahl (Walzprofil)

Stahlgüte:	S 355	Fb 103, Kap. II, 3.2.4; Fb 103, Kap. II, Tab. 3.1a und 3.1b; ARS 12/2003 beachten
Nennstreckgrenze:	f_{yk} = 355 MN/m²	Fb 103, Kap. II, 3.2.4, Tab. 3.1a
charakt. Zugfestigkeit:	f_{uk} = 510 MN/m²	Fb 103, Kap. II, 3.2.4, Tab. 3.1a
Teilsicherheitsbeiwerte		Fb 104, Kap. II, 2.3.3.2, Tab. 2.1 (ausgenommen Erdbeben)
Grundkombination:	γ_a = 1,00	
	γ_{Rd} = 1,00	
Außergew. Kombination:	γ_a = 1,00	γ_a = 1,00, nach Fb 103, Kap II, 5.5.2.1 (4) wenn keine Stabilitätsgefährdung vorliegt
	γ_{Rd} = 1,00	
Elastizitätsmodul:	E_a = 210000 MN/m²	Fb 103, Kap. II, 3.2.7 (1)
Schubmodul:	G = 81000 MN/m²	Fb 103, Kap. II, 3.2.7 (1)

Bauteil : Verbundüberbau mit offenem Querschnitt, Walzträger	Archiv Nr.:
Block : Vorbemerkungen	
Vorgang :	

2 Herstellungsverfahren

Nach Fertigstellung der Widerlager und der Mittelstütze werden die beiden Hauptträger auf die endgültigen Lager aufgelegt und mit den Querträgern an den Widerlagern und der Innenstütze verschraubt.
Anschließend wird der Korrosionsschutz ergänzt und die letzte Deckbeschichtung aufgebracht.

Die aus Walzprofilen mit aufgeschweißten Kopfbolzendübeln bestehenden Hauptträger werden jeweils in 2 Montageschüssen auf die Baustelle geliefert und vor Ort mit Schweißstößen verbunden. Der Baustellenstoß ist im Abstand von $0{,}15 \cdot L_2$ von der Mittelstütze angeordnet und liegt somit im Bereich des Momentennullpunktes des statischen Endsystems.

Im Anschluss wird die Fahrbahnplatte eingeschalt, bewehrt und betoniert.

Nach dem Aufbringen der Abdichtung der Fahrbahnplatte werden die Kappen fertiggestellt und der zweiteilige Fahrbahnbelag aufgebracht.

Die Verkehrsübergabe erfolgt 28 Tage nach dem Abschluß der Betonierarbeiten.

3 Statische Systeme und Querschnittswerte

3.1 Grundlagen

Die Berechnungen sind unter Verwendung geeigneter Bemessungsmodelle (die erforderlichenfalls durch Versuche ergänzt werden) unter Einbeziehung aller maßgebenden Parameter durchzuführen. Die Rechenmodelle müssen ausreichend genau sein, um das Tragverhalten in Übereinstimmung mit der erreichbaren Ausführungsgenauigkeit und der Zuverlässigkeit der Eingangsdaten, auf denen die Bemessung ruht, vorhersagen zu können.

Fb 104, Kap II, 2.3.1

Wenn keine genaueren Berechnungsverfahren verwendet werden, sind die Schnittgrößen auf der Grundlage der Elastizitätstheorie nach DIN-Fachbericht 104, Abschnitt II-4.5.3 zu ermitteln.

Fb 104, Kap II, 4.5.1 (2) P

Der Einfluss aus der Nachgiebigkeit der Verbundmittel sowie Auswirkungen aus einem Abheben des Betongurtes dürfen vernachlässigt werden, wenn die Verbundsicherung nach DIN-Fachbericht 104, Abschnitt II-6 ausgeführt wird.

Fb 104, Kap II, 4.5.1 (4) P

Bei einer elastischen Tragwerksberechnung ist unabhängig vom Beanspruchungsniveau von einer linearen Momenten-Krümmungsbeziehung der Querschnitte auszugehen.

Fb 104, Kap II, 4.5.2.1 (1) P

Bei der Schnittgrößenermittlung müssen die Einflüsse aus der Belastungsgeschichte, z.B. bei einer abschnittsweisen Herstellung, sowie die Einflüsse aus Einwirkungen, die teilweise auf das Stahltragwerk oder auf das Verbundtragwerk wirken, ausreichend genau erfasst werden.

Fb 104, Kap II, 4.5.2.2 (1) P

Die sekundären Beanspruchungen (Zwangsschnittgrößen) aus dem Kriechen und Schwinden des Betons sowie der Temperatur sind zu berücksichtigen.

Fb 104, Kap II, 4.5.2.3 (1) P

Wenn kein genaueres Berechnungsverfahren angewendet wird, darf der Einfluss des Kriechens nach dem Gesamtquerschnittsverfahren mit Hilfe von Reduktionszahlen nach den Abschnitten II-4.2.3. (3) und (4) des DIN-Fachberichtes 104 berücksichtigt werden.

Fb 104, Kap II, 4.5.2.3 (2)

Verfasser	: Planungsgemeinschaft h² Hochschule Magdeburg – Stendal (FH)	Proj. – Nr.2100
Programm	: C Hochschule Anhalt (FH)	
Bauwerk	: Straßenbrücke bei Cavertitz ASB Nr.:4131635	Datum: 01.05.2003

In Trägerbereichen, in denen der Betongurt als gerissen angenommen wird, dürfen bei der Berechnung der sekundären Beanspruchungen aus dem Schwinden die primären Beanspruchungen vernachlässigt werden.

Fb 104, Kap II, 4.5.2.3 (3)

Einflüsse aus der Rissbildung im Beton müssen berücksichtigt werden.

Fb 104, Kap II, 4.5.2.4 (1) P

Für Durchlaufträger und Trägerroste mit einem oben liegenden Betongurt dürfen die Näherungsverfahren nach den Abschnitten II-4.5.2.4 (3) und (4) des DIN-Fachberichtes 104 verwendet werden, wenn der Einfluss der Rissbildung auf die Schnittgrößenverteilung nicht sehr groß ist.

Fb 104, Kap II, 4.5.2.4 (2)

Fb 104, Kap II, 4.5.2.4 (3) Schnittgrößenumlagerung um 10%

Für Brücken ohne Vorspannmaßnahmen mit Spanngliedern und/oder planmäßig eingeprägten Deformationen (z.B. Absenken der Lager) darf der Einfluss der Rissbildung durch Ansatz der Biegesteifigkeit $E_a I_2$ nach Abschnitt II-4.2.3 (2) des DIN-Fachberichtes 104 über jeweils 15% der Länge der an eine Innenstütze angrenzenden Felder berücksichtigt werden. In den restlichen Trägerbereichen ist eine Biegesteifigkeit $E_a I_1$ des ungerissenen Querschnittes zugrunde zu legen. Dieses Verfahren ist bei Durchlaufträgern zulässig, bei denen das Verhältnis (L_{min}/L_{max}) der an eine Innenstütze angrenzenden Stützweiten den Wert 0,6 nicht unterschreitet. Das Verfahren darf für Bauzustände nicht angewendet werden.

Fb 104, Kap II, 4.5.2.4 (4)

$$L_{min}/L_{max} = 15{,}0/15{,}0 = 1{,}0 > 0{,}6$$

<u>Anmerkung:</u>

Im vorliegenden Fall wird von der oben genannten Regelung nach DIN-Fachbericht 104, Abschnitt II-4.5.2.4 (4) Gebrauch gemacht. Die dort angegebenen Anwendungsgrenzen sind erfüllt.

3.2 Systemabbildung

Der Überbau kann prinzipiell als Trägerrost nach Theorie I. Ordnung berechnet werden. Da nur zwei Hauptträger vorhanden sind und diese nur eine geringe Torsionssteifigkeit aufweisen, wird das System als Durchlaufträger mit zwei Feldern und kurzen Kragarmen an den Endfeldern idealisiert.

Bauteil	: Verbundüberbau mit offenem Querschnitt, Walzträger	Archiv Nr.:
Block	: Statische Systeme und Querschnittswerte Seite: **15**	
Vorgang	:	

Verfasser : Planungsgemeinschaft h² Hochschule Magdeburg – Stendal (FH)	Proj. – Nr.2100
Programm : C Hochschule Anhalt (FH)	
Bauwerk : Straßenbrücke bei Cavertitz ASB Nr.: 4131635	Datum: 01.05.2003

Anmerkung:

Die Lasten können damit nach dem Hebelgesetz auf die beiden Hauptträger verteilt werden.

Die Querschnittswerte werden unter Berücksichtigung der mittragenden, bzw. wirksamen Querschnittsflächen ermittelt. Querschnittsteile aus Stahlbeton werden in ideelle Stahlquerschnitte umgerechnet.
Während die Geometrie des Systems für den untersuchten Bauzustand und Endzustand gleich bleibt, werden die Querschnittswerte entsprechend angepasst.
Die Geometrie sowie die Knoten- und Elementunterteilung kann den folgenden Bildern entnommen werden.

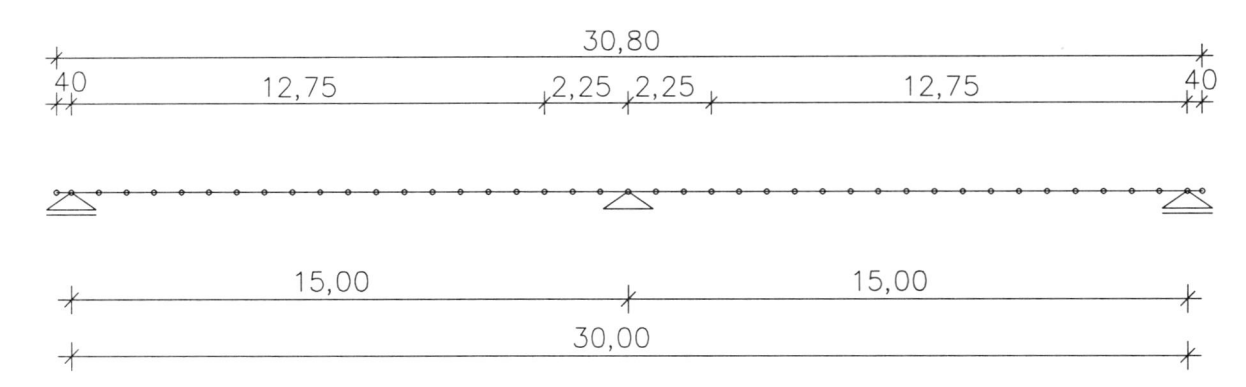

Bild 4 Geometrie

Bauteil : Verbundüberbau mit offenem Querschnitt, Walzträger	Archiv Nr.:
Block : Statische Systeme und Querschnittswerte Seite: **16**	
Vorgang :	

3.3 Lagerschema

siehe Bild 5

In Achse 10 und 30 ist das System vertikal unverschieblich gelagert. In Achse 20 befindet sich der Festpunkt des Überbaus. Er ist hier in Längsrichtung unverschieblich gelagert.
In den Achsen 10 und 30 ist der Überbau querfest gelagert.
Die Lagerung erfolgt auf bewehrten Elastomerlagern.

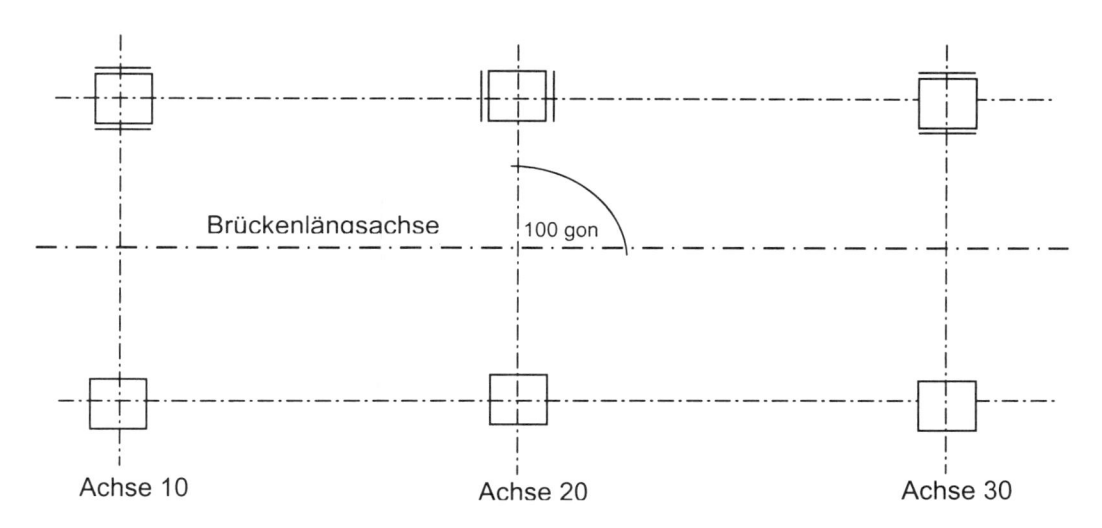

Bild 5 Lagerschema

3.4 Querschnittswerte für die Schnittgrößenermittlung

3.4.1 Grundlagen

Die Querschnittswerte sind abhängig von:

- den mittragenden Breiten b_{eff} siehe Abschnitt 3.4.4
- dem betrachteten Zeitpunkt t siehe Abschnitt 3.4.2
- der betrachteten Einwirkung   siehe Abschnitt 3.4.3

3.4.2 Ermittlung der Kriechzahlen und der Schwinddehnung

Es wird angenommen, dass die Brücke 28 Tage nach dem Baubeginn des Überbaus durch die Ausbaulasten belastet und anschließend für den Verkehr freigegeben wird. Die Nutzungsdauer der Brücke beträgt 100 Jahre.
Die Querschnittswerte für die Schnittgrößenermittlung werden für die beiden Zeitpunkte t_{28} und t_∞ ermittelt.

Fb 103, Kap. II, 2.2.4 (2) P

Kriechen und Schwinden des Betons hängen im Wesentlichen von der Feuchte der Umgebung, den Abmessungen des Bauteils und der Zusammensetzung des Betons ab. Das Kriechen wird des weiteren deutlich vom Reifegrad des Betons beim erstmaligen Aufbringen der Last sowie von Dauer und Größe der Belastung beeinflusst. Bei der Ermittlung der Kriechzahl $\varphi(t,t_0)$ und der Schwinddehnung ε_{cs} sind diese Einflüsse zu berücksichtigen.

Fb 102, Kap. II, 3.1.5.5 (1)

Wenn kein genaueres Berechnungsverfahren angewendet wird, darf das Kriechen des Betons bei Verbundbrücken mit Hilfe von Reduktionszahlen n_L für die Betonquerschnittsteile erfasst werden.

Fb 104, Kap. II, 4.2.3 (3)

Die Kriechzahl soll nach DIN-Fachbericht 102 ermittelt werden.

Fb 104, Kap. II, 4.2.3 (4)

Verfasser : Planungsgemeinschaft h² Hochschule Magdeburg – Stendal (FH)	Proj. – Nr.2100
Programm : C Hochschule Anhalt (FH)	
Bauwerk : Straßenbrücke bei Cavertitz ASB Nr.:4131635	Datum: 01.05.2003

Benötigt werden folgende Kriechzahlen:

$\varphi(t_\infty, t_{28})$ Erfassung der Kriecheinflüsse

$\varphi(t_\infty, t_1)$ Erfassung der Schwindeinflüsse

t_x: betrachteter Zeitpunkt
t_{28}: Betonalter bei Belastungsbeginn

t_x: betrachteter Zeitpunkt
t_1: Betonalter bei Schwindbeginn

Für t_∞ sollten 30000 Tage gesetzt werden, um die geplante Nutzungsdauer von ca. 100 Jahren zu repräsentieren.

Fb 102, Kap. II, 3.1.5.5 (7)*

Die Kriechzahlen können aus Diagrammen abgelesen oder rechnerisch bestimmt werden.

Fb 102, Kap. II, Abb. 3.119 oder Heft 525

Ermittlung der Eingangsgrößen:

- Bestimmung der wirksamen Bauteildicke

     mit: $h_0 = 2 \cdot A_c / u$

     Fläche des gesamten Betonquerschnittes

        $A_c = 6{,}00 \cdot 0{,}30 = 1{,}80 \text{ m}^2$

     Abwicklung der der Austrocknung ausgesetzten Begrenzungsfläche des gesamten Betonquerschnittes

        $u = 2 \cdot (b + h_c) - 2 \cdot b_a$
        $u = 2 \cdot (6{,}00 + 0{,}3) - 2 \cdot 0{,}45 = 11{,}69 \text{ m}$

        $h_0 = 2 \cdot 1{,}80 / 11{,}69$
$\Rightarrow$ $h_0 = 308 \text{ mm}$

b = 6,00 m, geometrische Breite des Betongurtes
h_c = 0,30 m, Dicke des Betongurtes
b_a = 0,45 m, Flanschbreite des Stahlprofils

- relative Luftfeuchte RH = 80%, Außenluft

- Beton C 35/45

- Festigkeitsklasse des Zementes 32,5 N

Bauteil : Verbundüberbau mit offenem Querschnitt, Walzträger	Archiv Nr.:
Block : Statische Systeme und Querschnittswerte Seite: **19**	
Vorgang :	

Es wird für die zu berücksichtigen Einflüsse folgendes ermittelt:

a) Kriechzahl für $t_0 = t_{28}$

    mit:

        h_0 = 308 mm
        t_0 = 28 Tage

    ergibt sich

        $\varphi(t_\infty, t_{28})$ = 1,622

Alter bei Belastungsbeginn
Fb 102, Kap. II, 3.1.5.5
Abb. 3.119

b) Kriechzahl für $t_0 = t_s$

    mit:

        h_0 = 308 mm

        $t_0 = t_s$ = 1 Tag

        $\varphi(t_\infty, t_s)$ = 3,019

Alter bei Schwindbeginn

Die Schwinddehnung $\varepsilon_{cs\infty}$ des Betons setzt sich aus den Anteilen Schrumpfdehnung $\varepsilon_{cas\infty}$ und Trocknungsschwinddehnung $\varepsilon_{cds\infty}$ zusammen und darf für den Zeitpunkt t_∞ wie folgt berechnet werden:

    $\varepsilon_{cs\infty} = \varepsilon_{cas\infty} + \varepsilon_{cds\infty}$

Fb 102, Kap. II, 3.1.5.5 (8)*

Zur Berechnung der Schwinddehnung für den Zeitpunkt t_∞ sollten 30000 Tage gesetzt werden, um die geplante Nutzungsdauer von ca. 100 Jahren zu repräsentieren.

Fb 102, Kap. II, 3.1.5.5 (9)

Die Schwinddehnung wird mit Hilfe von Diagrammen bestimmt.

Fb 102, Kap. II, 3.1.5.5,
Abb. 3.120 und Abb. 3.121

Eingangsgrößen:

    h_0 = 308 mm

    relative Luftfeuchte RH = 80%, Außenluft

    Beton C 35/45 mit f_{ck} = 35 N/mm²

Mit den zuvor ermittelten Eingangsgrößen wird folgende Schwinddehnung bestimmt:

$$\varepsilon_{cs\infty} = \varepsilon_{cas\infty} + \varepsilon_{cds\infty}$$

$$\varepsilon_{cs\infty} = -0{,}000299$$

3.4.3 Ermittlung der zeit- und lastabhängigen Reduktionszahlen

Fb 104, Kap.II, 4.2.3

Wenn kein genaueres Berechnungsverfahren angewendet wird, sollten die Querschnittseigenschaften eines Verbundquerschnittes, bei dem der Betongurt in der Druckzone liegt, mit Hilfe von auf den Elastizitätsmodul des Baustahls bezogenen ideellen Querschnittskenngrößen und entsprechenden Reduktionszahlen für die Betonquerschnittsteile ermittelt werden. Für Querschnitte mit Betongurten in der Zugzone und für die Mitwirkung des Betons zwischen den Rissen gelten hinsichtlich des Ansatzes der Biegesteifigkeiten bei der Schnittgrößenermittlung die Regelungen nach Abschnitt II-4.5.2.4 des DIN-Fachberichtes 104.

Fb 104, Kap. II, 4.2.3 (1)

Die Biegesteifigkeiten eines Verbundquerschnittes sind definiert als $E_a I_1$ und $E_a I_2$. Dabei ist:

Fb 104, Kap. II. 4.2.3 (2)

E_a der Elastizitätsmodul des Baustahls.

I_1 das Flächenmoment zweiten Grades des ideellen Verbundquerschnittes unter der Annahme, dass zugbeanspruchte Betonquerschnittsteile ungerissen sind. Dabei sollten die Reduktionszahlen zugrunde gelegt werden.

I_2 das Flächenmoment zweiten Grades des ideellen Verbundquerschnittes, bestehend aus Baustahl und Beton- und Spannstahl innerhalb der mittragenden Breite. Zugbeanspruchte Betonquerschnittsteile werden nicht berücksichtigt.

Wenn kein genaueres Berechnungsverfahren angewendet wird, darf das Kriechen des Betons bei Verbundbrücken mit Hilfe von Reduktionszahlen n_L für die Betonquerschnittsteile erfasst werden.

Fb 104, Kap. II. 4.2.3 (3)

Die Reduktionszahlen sind von der Beanspruchungsart abhängig.

$$n_L = n_0 \cdot (1 + \psi_L \cdot \varphi_t)$$

mit

- $n_0 = E_a / E_{cm}$ die Reduktionszahl für kurzzeitige Lasten, E_a ist der Elastizitätsmodul des Baustahls und E_{cm} der Sekantmodul des Betons bei Kurzzeitlasten nach Abschnitt II-3.1.5.2 (2), Tab. 3.2 des DIN Fachberichtes 102.

- φ_t die Kriechzahl $\varphi_{(t,t0)}$ nach Abschnitt II-3.1.5.5 oder II-Anhang 1 des DIN-Fachberichtes 102. Der Kriechbeiwert ist abhängig vom Betonalter t und vom Alter t_0 bei Belastungsbeginn. Für das Schwinden sollte das Alter bei Belastungsbeginn mit einem Tag angenommen werden. Bei abschnittsweiser Herstellung der Betonplatte darf für ständige Lasten das Alter bei Belastungsbeginn mit einem konstanten, mittleren Wert t_0 bei der Ermittlung von $\varphi_{(t,t0)}$ angenommen werden. Diese Annahme ist auch bei Spanngliedvorspannung und Beanspruchung aus planmäßig eingeprägten Deformationen zulässig, wenn der Beton zum Zeitpunkt des Vorspannens in den jeweiligen Abschnitten älter als 14 Tage ist.

- ψ_L ein Kriechbeiwert in Abhängigkeit von der Kriechzahl, dem Relaxationsbeiwert nach Abschnitt II-2.5.5.1 des DIN-Fachberichtes 102 und den Querschnittseigenschaften des Baustahl- und Verbundquerschnittes. Für Verbundbrücken dürfen konstante Werte für den Kriechbeiwert nach Tabelle 4.1 des DIN-Fachberichtes 104 verwendet werden, sofern kein genaueres Berechnungsverfahren angewendet wird.

Wenn die Einflüsse aus dem Kriechen zu erheblichen sekundären Beanspruchungen führen, wie z.B. bei Durchlaufträgern in Mischbauweise, sollten die zeitabhängigen Zwangsschnittgrößen aus dem Kriechen genauer untersucht werden.

Verfasser	: Planungsgemeinschaft h² Hochschule Magdeburg – Stendal (FH)	Proj. – Nr. 2100
Programm	: c̄ Hochschule Anhalt (FH)	
Bauwerk	: Straßenbrücke bei Cavertitz ASB Nr.:4131635	Datum: 01.05.2003

Die Reduktionszahlen n_L für die Verbundquerschnittswerte werden für die Berücksichtigung des zeitabhängigen Verlaufs der Belastung ermittelt.
Sie dienen zur Umrechnung des Betonquerschnitts in einen äquivalenten Stahlquerschnitt zum Zeitpunkt t_{28} und t_∞.

Ermittlung der Reduktionszahlen:

- n_0 für Kurzzeitlasten

$$n_0 = E_a / E_{cm}$$
$$= 210000 / 33300$$
$$= 6{,}31$$

- n_B für ständige Einwirkungen

t_0 = 28 Tage

Fb 104, Kap. II, 4.2.3, Tab. 4.1

$$n_L = n_0 \cdot \left(1 + \psi_L \cdot \varphi_{(t_\infty, t_0)}\right)$$
$$n_B = n_0 \cdot \left(1 + 1{,}10 \cdot \varphi_{(t_\infty, t_0 = 28)}\right) = 6{,}31 \cdot (1 + 1{,}1 \cdot 1{,}622) = 17{,}56$$

ψ_L = 1,10 für ständige Einwirkungen

- n_{PT} für zeitabhängige sekundäre Beanspruchungen

t_0 = 28 Tage

$$n_{PT,28} = n_0 \cdot \left(1 + 0{,}55 \cdot \varphi_{(t_\infty, t_0 = 28)}\right) = 6{,}31 \cdot (1 + 0{,}55 \cdot 1{,}622) = 11{,}93$$

ψ_L = 0,55 für zeitabhängige sekundäre Beanspruchung sowie primäre und sekundäre Schwindbeanspruchung

- n_S für primäre und sekundäre Beanspruchungen aus dem Schwinden

t_0 = 1 Tag

$$n_S = n_{PT,1}$$
$$n_S = n_0 \cdot \left(1 + 0{,}55 \cdot \varphi_{(t_\infty, t_0 = 1)}\right) = 6{,}31 \cdot (1 + 0{,}55 \cdot 3{,}019) = 16{,}78$$

- n_A für planmäßig eingeprägte Deformationen

t_0 = 28 Tage

$$n_A = n_0 \cdot \left(1 + 1{,}50 \cdot \varphi_{(t_\infty, t_0 = 28)}\right) = 6{,}31 \cdot (1 + 1{,}50 \cdot 1{,}622) = 21{,}65$$

ψ_L = 1,50 für planmäßig eingeprägte Deformationen

Bauteil	: Verbundüberbau mit offenem Querschnitt, Walzträger	Archiv Nr.:
Block	: Statische Systeme und Querschnittswerte Seite: **23**	
Vorgang	:	

3.4.4 Mittragende Breiten

Fb 104, Kap. II.4.2.2

Der Einfluss der Schubweichheit des Beton- und Stahlgurtes ist entweder durch eine genauere Berechnung oder durch eine mittragende Gurtbreite nach Abschnitt II-4.2.2 des DIN-Fachberichtes 104 zu berücksichtigen.

Fb 104, Kap. II.4.2.1 (1) P

a) Mittragende Breite der Betonplatte

Für Betongurte und Gurte in Verbundbauweise nach Abschnitt II-7 des DIN-Fachberichtes 104 darf eine konstante mittragende Breite über die gesamte Stützweite angenommen werden. Dabei darf im Allgemeinen der Wert der mittragenden Breite in Feldmitte zugrunde gelegt werden.

Fb 104, Kap. II, 4.2.2

Fb 104, Kap. II, 4.2.2.1 (1)

Für die Ermittlung der Schnittgrößen darf die mittragende Gurtbreite nach der folgenden Gleichung berechnet werden:

$b_{eff} = b_0 + \Sigma b_{ei} < b$

Fb 104, Kap. II, 4.2.2.2
Bild 4.1

b_0 der Abstand der äußeren Dübel

b_{ei} der Wert der mittragenden Breite des Betongurtes auf jeder Seite des Steges. Er sollte mit $L_e / 8$, jedoch nicht größer als die geometrische Breite b_i des betrachteten Betongurtes angenommen werden

$b_0 = b_a - 2 \cdot 50 = 353$ mm
Fb 104, Kap. II, 4.2.2.2, Bild 1

b Gesamtbreite der Platte

L_e die äquivalente Stützweite

- Statisches System 1:

    Stahlträger → keine mitwirkende Betonplatte

Fb 104, Kap. II, 4.2.2.2, Bild 1

Statisches System 1:
Im Bauzustand vor dem Erhärten des Betons wirken alle Lasten nur auf den Stahlträger

- Statisches System 2:

    Ermittlung der äquivalenten Stützweite:

    $L_e = 0{,}85 \cdot L_1 = 0{,}85 \cdot 15{,}00 = 12{,}75$ m

Statisches System 2:
Nach dem Erhärten des Betons wirken alle Lasten auf den Verbundträger

Verfasser : Planungsgemeinschaft h² Hochschule Magdeburg – Stendal (FH) Programm : C Hochschule Anhalt (FH)	Proj. – Nr.2100
Bauwerk : Straßenbrücke bei Cavertitz ASB Nr.:4131635	Datum: 01.05.2003

Ermittlung der mittragenden Breite in Abhängigkeit von L_e:

b_{eff} = 0,353 + 2 · 12,75/8 = 3,54 m < b = 3,00 m   *b*: Gesamtbreite der Platte

b_{eff} = 3,00 m

b) Mittragende Breite der Stahlflansche

Die mittragende Breite von Stahlgurten wird nach DIN-Fachbericht 103 ermittelt.   Fb 104, Kap. II, 4.2.2.1 (2)

Schnittgrößen und Verformungen sollten durch eine linear-elastische Berechnung mit Bruttoquerschnittswerten unter Berücksichtigung mittragender Breiten nach DIN-Fachbericht 103, Kapitel III ermittelt werden.   Fb 103, Kap. II, 4.2 (1)

Die mittragende Breite darf bei der elastischen Tragwerksberechnung durch eine mittragende Breite berücksichtigt werden, die über die gesamte Bauteillänge konstant angenommen werden darf.   Fb 103, Kap. III, 2.2 (2)

Bei Durchlaufträgern sollten in jedem Feld als mittragende Breite der Flansch, auf jeder Stegseite das Minimum aus der vollen geometrischen mittragenden Breite oder $L/8$ verwendet werden, wobei L die Spannweite oder bei Kragarmen die doppelte Kragarmlänge ist.   Fb 103, Kap. III, 2.2 (3)

b_{e1} = $L/8$ = $\frac{15,0}{8}$ = 1,88 m ≤ $\frac{b_a}{2}$ = 0,27 m

b_{e2} = $L/8$ = $\frac{15,0}{8}$ = 1,88 m ≤ $\frac{b_a}{2}$ = 0,27 m

b_{eff} = 2 · 0,27 = 0,453 m

Damit ist die gesamte Fläche des Ober- und Unterflanschs anzusetzen.

Bauteil : Verbundüberbau mit offenem Querschnitt, Walzträger Block : Statische Systeme und Querschnittswerte Seite: **25**	Archiv Nr.:
Vorgang :	

3.4.5 Querschnittswerte für die Ermittlung von Schnittgrößen für die Nachweise im Grenzzustand der Gebrauchstauglichkeit

Regelungen bezüglich wirksamer Querschnitte sind nach Abschnitt II-4.2.1(1) P des DIN-Fachberichtes 104 enthalten.

Fb 104, Kap II, 5.1.3 (1)

Die Schnittgrößen sollten auf der Grundlage einer elastischen Tragwerksberechnung ermittelt werden.

Fb 104, Kap II, 5.1.3 (2)

Bei Brücken der Anforderungsklasse D und E nach Abschnitt II-4.4.0.3 des DIN-Fachberichtes 102 sollten die Einflüsse aus der Rissbildung des Betons berücksichtigt werden.

Fb 104, Kap II, 5.1.3 (5)

<u>Anmerkung:</u>

Brücken ohne Spanngliedvorspannung sind in der Regel in die Anforderungsklasse D einzustufen.
Die Berücksichtigung der Rissbildung kann damit wie im Grenzzustand der Tragfähigkeit erfolgen.

Fb 104, Kap II, 5.1.2 (2)

Auf den folgenden Seiten werden die für die Schnittgrößenermittlung ($I_{y,Verbund}$) und Spannungsberechnung ($W_{y,Verbund}$) erforderlichen Ergebnisse der Querschnittswerteberechnung tabellarisch zusammengefasst und anhand eines Beispiels erläutert.

Es ist Folgendes zu beachten:

- Die Querschnittswerte für das statische System 1 (Bauzustand) sind identisch mit den Werten des Stahlträgers.

- Bei dem System 2 werden die Querschnittswerte für den Zustand I (ungerissener Betongurt) und Zustand II (Beton auf Zug wirkt nicht mit) ermittelt. Die Querschnittswerte im Zustand II sind unabhängig vom untersuchten Zeitpunkt und den Reduktionszahlen der Verbundquerschnitte.

Verbundquerschnitt im Feld

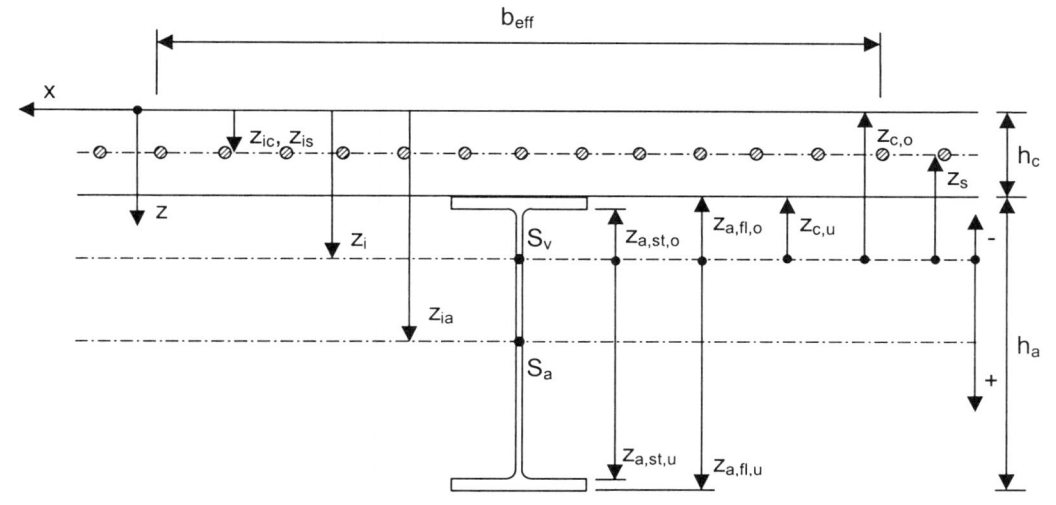

Bild 6 Mittragender Verbundquerschnitt im Zustand I zur Ermittlung der Widerstandsmomente

Die elastischen Verbundquerschnittswerte für Kurzzeitlasten im Zustand I werden nach folgender Gleichung mit der Reduktionszahl n_0 ermittelt.

- Äquivalente Betonquerschnittswerte

$$A_{c,i,0} = \frac{A_c}{n_0} = \frac{b_{eff} \cdot h_c}{n_0} = \frac{300 \cdot 30}{6,31} = 1426,3 \text{ cm}^2$$

$$I_{c,i,0} = \frac{I_c}{n_0} = \frac{b_{eff} \cdot h_c^3}{n_0 \cdot 12} = \frac{300 \cdot 30^3}{6,31 \cdot 12} = 106973 \text{ cm}^4$$

- Elastische Verbundquerschnittswerte

$$A_{i,0} = A_{c,i,0} + A_a + A_s = 1426,3 + 565 + 80,5 = 2071,8 \text{ cm}^2$$

$$z_{i,0} = \frac{A_{c,i,0} \cdot z_{ci} + A_a \cdot z_{ai} + A_s \cdot z_{si}}{A_{i,0}}$$

$$z_{i,0} = \frac{1426,3 \cdot 15,0 + 565 \cdot 80,4 + 80,5 \cdot 15,0}{2071,8} = 32,8 \text{ cm}$$

$A_{i,0}$: ideelle Querschnittsfläche

$z_{i,0}$: Abstand des ideellen Schwerpunktes zum oberen Rand

Verfasser : Planungsgemeinschaft h² Hochschule Magdeburg – Stendal (FH)	Proj. – Nr. 2100
Programm : c Hochschule Anhalt (FH)	
Bauwerk : Straßenbrücke bei Cavertitz ASB Nr.: 4131635	Datum: 01.05.2003

$$I_{i,0} = I_{c,i,0} + A_{c,i,0} \cdot (z_{i,0} - z_{ci})^2 + I_a + A_a \cdot (z_{i,0} - z_{ai})^2 + A_s \cdot (z_{i,0} - z_{si})^2$$

$$I_{i,0} = 106973 + 1426{,}3 \cdot (32{,}8 - 15{,}0)^2 + 1005400 + 565 \cdot (32{,}8 - 80{,}4)^2$$
$$+ 80{,}5 \cdot (32{,}8 - 15{,}0)^2$$
$$I_{i,0} = 2869942 \text{ cm}^4$$

$I_{i,0}$: Trägheitsmoment des ideelle Verbundquerschnitts

- Widerstandsmomente

$$z_{c,o} = -z_{i,0} = -32{,}8 \text{ cm}$$
$$z_{c,u} = -z_{i,0} + h_c = -32{,}8 + 30{,}0 = -2{,}8 \text{ cm}$$

$$z_s = -z_{i,0} + \frac{h_c}{2} = -32{,}8 + \frac{30{,}0}{2} = -17{,}8 \text{ cm}$$

$$z_{a,fl,o} = z_{c,u} = -2{,}8 \text{ cm}$$
$$z_{a,st,o} = z_{c,u} + t = -2{,}8 + 4{,}0 = 1{,}2 \text{ cm}$$
$$z_{a,st,u} = -z_{i,0} + h_c + h_a - t = -32{,}8 + 30 + 100{,}8 - 4{,}0 = 94{,}0 \text{ cm}$$
$$z_{a,fl,u} = -z_{i,0} + h_c + h_a = -32{,}8 + 30 + 100{,}8 = 98{,}0 \text{ cm}$$

$$W_{c,o} = \frac{I_{i,0} \cdot n_0}{z_{c,o}} = \frac{2869942 \cdot 6{,}31}{-32{,}8} = -552114 \text{ cm}^3$$

$$W_{c,u} = \frac{I_{i,0} \cdot n_0}{z_{c,u}} = \frac{2869942 \cdot 6{,}31}{-2{,}8} = -6467619 \text{ cm}^3$$

$$W_s = \frac{I_{i,0}}{z_s} = \frac{2869942}{-17{,}8} = -161233 \text{ cm}^3$$

$$W_{a,fl,o} = \frac{I_{i,0}}{z_{a,fl,o}} = \frac{2869942}{-2{,}8} = -1024979 \text{ cm}^3$$

$$W_{a,st,o} = \frac{I_{i,0}}{z_{a,st,o}} = \frac{2869942}{1{,}2} = 2331618 \text{ cm}^3$$

$z_{c,o}$: Koordinate des oberen Randes des Betongurts
$z_{c,u}$: Koordinate des unteren Randes des Betongurts
z_s: Koordinate des Betonstahls
$z_{a,fl,o}$: Koordinate des oberen Randes des Stahlflansches
$z_{a,fl,u}$: Koordinate des unteren Randes des Stahlflansches
$z_{a,st,o}$: Koordinate des oberen Randes des Stegs
$z_{a,st,u}$: Koordinate des unteren Randes des Stegs
$W_{c,o}$: Widerstandsmoment des oberen Rands des Betongurts
$W_{c,u}$: Widerstandsmoment des unteren Rands des Betongurts

W_s: Widerstandsmoment des Betonstahls

$W_{a,fl,o}$: Widerstandsmoment des oberen Randes des Stahlflansches

$W_{a,st,o}$: Widerstandsmoment des oberen Randes des Stegs

Bauteil : Verbundüberbau mit offenem Querschnitt, Walzträger	Archiv Nr.:
Block : Statische Systeme und Querschnittswerte Seite: **28**	
Vorgang :	

$$W_{a,st,u} = \frac{I_{i,0}}{z_{a,st,u}} = \frac{2869942}{94,0} = 30531 \text{ cm}^3$$

$$W_{a,fl,u} = \frac{I_{i,0}}{z_{a,fl,u}} = \frac{2869942}{98,0} = 29285 \text{ cm}^3$$

$W_{a,st,u}$: Widerstandsmoment des unteren Randes des Stegs

$W_{a,fl,u}$: Widerstandsmoment des unteren Randes des Stahlflansches

Die Verbundquerschnittswerte mit den Reduktionszahlen

- n_B für ständige Einwirkungen,
- n_{PT} für zeitabhängige sekundäre Beanspruchungen,
- n_S für primäre und sekundäre Beanspruchungen aus dem Schwinden und
- n_A für eingeprägte Deformationen

werden analog dem zuvor gezeigten Berechnungsverfahren ermittelt. Sie sind in den nachfolgenden Tabellen zusammengefasst.

Die elastischen Verbundquerschnittswerte für Kurzzeitlasten im Zustand II werden nach folgenden Gleichungen mit der Reduktionszahl n_0 ermittelt.

Anmerkung:

Bei der Berechnung der Querschnittswerte für Zustand II werden keine Betonanteile angesetzt.

- Elastische Verbundquerschnittswerte

$$A_{II} = A_a + A_s = 565 + 80,5 = 645,5 \text{ cm}^2$$

$$z_{II} = \frac{A_a \cdot z_{ai} + A_s \cdot z_{si}}{A_{i,0}}$$

$$z_{II} = \frac{565 \cdot 80,4 + 80,5 \cdot 15,0}{645,5} = 72,2 \text{ cm}$$

$$I_{II} = I_a + A_a \cdot (z_{i,0} - z_{ai})^2 + A_s \cdot (z_{i,0} - z_{si})^2$$

$$I_{II} = 1005400 + 565 \cdot (72,2 - 80,4)^2 + 80,5 \cdot (72,2 - 15,0)^2$$

$$I_{II} = 1306772 \text{ cm}^4$$

Bauteil: Verbundüberbau mit offenem Querschnitt, Walzträger
Block: Statische Systeme und Querschnittswerte
Vorgang:

Verfasser : Planungsgemeinschaft h² Hochschule Magdeburg – Stendal (FH)	Proj. – Nr.2100
Programm : C Hochschule Anhalt (FH)	
Bauwerk : Straßenbrücke bei Cavertitz ASB Nr.: 4131635	Datum: 01.05.2003

- Widerstandsmomente

$$z_s = -z_{II} + \frac{h_c}{2} = -72{,}2 + \frac{30{,}0}{2} = -57{,}2 \text{ cm}$$

$$z_{a,fl,o} = -z_{II} + h_c = -72{,}2 + 30{,}0 = -42{,}2 \text{ cm}$$
$$z_{a,st,o} = z_{a,fl,o} + t = -42{,}2 + 4{,}0 = -38{,}2 \text{ cm}$$
$$z_{a,st,u} = -z_{II} + h_c + h_a - t = -72{,}2 + 30 + 100{,}8 - 4{,}0 = 54{,}6 \text{ cm}$$
$$z_{a,fl,u} = -z_{II} + h_c + h_a = -72{,}2 + 30 + 100{,}8 = 58{,}6 \text{ cm}$$

$$W_s = \frac{I_{i,0}}{z_s} = \frac{1306772}{-57{,}2} = -22846 \text{ cm}^3$$

$$W_{a,fl,o} = \frac{I_{i,0}}{z_{a,fl,o}} = \frac{1306772}{-42{,}2} = -30966 \text{ cm}^3$$

$$W_{a,st,o} = \frac{I_{i,0}}{z_{a,st,o}} = \frac{1306772}{-38{,}2} = -34209 \text{ cm}^3$$

$$W_{a,st,u} = \frac{I_{i,0}}{z_{a,st,u}} = \frac{1306772}{54{,}6} = 23934 \text{ cm}^3$$

$$W_{a,fl,u} = \frac{I_{i,0}}{z_{a,fl,u}} = \frac{1306772}{58{,}6} = 22300 \text{ cm}^3$$

Die Verbundquerschnittswerte im Zustand II für die anderen Querschnitte im Stützenbereich und Auflagerbereich werden analog mit dem zuvor gezeigten Berechnungsverfahren ermittelt. Sie sind in den nachfolgenden Tabellen zusammengefasst.

Tabelle 4 – Querschnittswerte des Stahlprofils

Stahlprofil							
A_a [cm²]	I_a [cm⁴]	z_i [cm]		$W_{a,fl,o}$ [cm³]	$W_{a,st,o}$ [cm³]	$W_{a,fl,u}$ [cm³]	$W_{a,st,u}$ [cm³]
565	1005400	50,40		-19948	-21668	19948	21668

Bauteil : Verbundüberbau mit offenem Querschnitt, Walzträger	Archiv Nr.:
Block : Statische Systeme und Querschnittswerte Seite: **30**	
Vorgang :	

Verfasser	: Planungsgemeinschaft h² Hochschule Magdeburg – Stendal (FH)	Proj. – Nr.2100
Programm	: c̄ Hochschule Anhalt (FH)	
Bauwerk	: Straßenbrücke bei Cavertitz ASB Nr.:4131635	Datum: 01.05.2003

Tabelle 5 – Querschnittswerte für Kurzzeitlasten mit Reduktionszahl n_0

Querschnittswerte für Kurzzeitlasten					n_0	6,31	
Q	A_a [cm²]	A_s [cm²]	A_c [cm²]	$A_{c,i}$ [cm²]	A_i [cm²]	z_{ai} [cm]	z_{si} [cm]	z_{ci} [cm]
1	565	65,2	7290,00	1155,99	1786,19	80,40	15,00	15,00
2	565	80,5	9000,00	1427,14	2072,64	80,40	15,00	15,00
3	565	140,0	6690,00	1060,84	1765,84	80,40	15,00	15,00
4	565	80,5	9000,00	1427,14	2072,64	80,40	15,00	15,00
5	565	65,2	7290,00	1155,99	1786,19	80,40	15,00	15,00

	z_i [cm]	$z_{c,o}$ [cm]	$z_{c,u}$ [cm]	z_s [cm]	$z_{a,fl,o}$ [cm]	$z_{a,st,o}$ [cm]	$z_{a,fl,u}$ [cm]	$z_{a,st,u}$ [cm]
Q_1	35,69	-35,69	-5,69	-20,69	-5,69	-1,69	95,11	91,11
Q_2	32,83	-32,83	-2,83	-17,83	-2,83	1,17	97,97	93,97
Q_3	35,93	-35,93	-5,93	-20,93	-5,93	-1,93	94,87	90,87
Q_4	32,83	-32,83	-2,83	-17,83	-2,83	1,17	97,97	93,97
Q_5	35,69	-35,69	-5,69	-20,69	-5,69	-1,69	95,11	91,11

	I_a [cm⁴]	Stein. Ant. A_a [cm⁴]	Stein. Ant. A_s [cm⁴]	I_c [cm⁴]	$I_{c,i}$ [cm⁴]	Stein. Ant. $A_{c,i}$ [cm⁴]	I_i [cm⁴]
Q_1	1005400	1129573	27903	546750	86699	494711	2744285
Q_2	1005400	1278651	25586	675000	107036	453598	2870270
Q_3	1005400	1117563	61302	501750	79563	464515	2728343
Q_4	1005400	1278651	25586	675000	107036	453598	2870270
Q_5	1005400	1129573	27903	546750	86699	494711	2744285

	$W_{c,o}$ [cm³]	$W_{c,u}$ [cm³]	W_s [cm³]	$W_{a,fl,o}$ [cm³]	$W_{a,st,o}$ [cm³]	$W_{a,fl,u}$ [cm³]	$W_{a,st,u}$ [cm³]
Q_1	-484946	-3043081	-132657	-482546	-1626630	28853	30120
Q_2	-551384	-6400650	-160998	-1014960	2448958	29297	30544
Q_3	-478930	-2903723	-130384	-460447	-1417014	28757	30023
Q_4	-551384	-6400650	-160998	-1014960	2448958	29297	30544
Q_5	-484946	-3043081	-132657	-482546	-1626630	28853	30120

Q_1: Querschnittswerte am Auflager 10

Q_2: Querschnittswerte im Feld 1

Q_3: Querschnittswerte an der Mittelstütze/Auflager 20

Q_4: Querschnittswerte im Feld 2

Q_5: Querschnittswerte am Auflager 30

Bauteil	: Verbundüberbau mit offenem Querschnitt, Walzträger	Archiv Nr.:
Block	: Statische Systeme und Querschnittswerte Seite: 31	
Vorgang	:	

Verfasser	: Planungsgemeinschaft h² Hochschule Magdeburg – Stendal (FH)	Proj. – Nr.2100
Programm	: c̄ Hochschule Anhalt (FH)	
Bauwerk	: Straßenbrücke bei Cavertitz ASB Nr.: 4131635	Datum: 01.05.2003

Tabelle 6 – Querschnittswerte für Belastungen aus Schwinden mit Reduktionszahl n_S

Querschnittswerte für zeitlich veränderliche Belastung n_S 16,78

Q	A_a [cm²]	A_s [cm²]	A_c [cm²]	$A_{c,i}$ [cm²]	A_i [cm²]	z_{ai} [cm]	z_{si} [cm]	z_{ci} [cm]
1	565	65,2	7290,00	434,51	1064,71	80,40	15,00	15,00
2	565	80,5	9000,00	536,44	1181,94	80,40	15,00	15,00
3	565	140,0	6690,00	398,75	1103,75	80,40	15,00	15,00
4	565	80,5	9000,00	536,44	1181,94	80,40	15,00	15,00
5	565	65,2	7290,00	434,51	1064,71	80,40	15,00	15,00

	z_i [cm]	$z_{c,o}$ [cm]	$z_{c,u}$ [cm]	z_s [cm]	$z_{a,fl,o}$ [cm]	$z_{a,st,o}$ [cm]	$z_{a,fl,u}$ [cm]	$z_{a,st,u}$ [cm]
Q_1	49,71	-49,71	-19,71	-34,71	-19,71	-15,71	81,09	77,09
Q_2	46,26	-46,26	-16,26	-31,26	-16,26	-12,26	84,54	80,54
Q_3	48,48	-48,48	-18,48	-33,48	-18,48	-14,48	82,32	78,32
Q_4	46,26	-46,26	-16,26	-31,26	-16,26	-12,26	84,54	80,54
Q_5	49,71	-49,71	-19,71	-34,71	-19,71	-15,71	81,09	77,09

	I_a [cm⁴]	Stein. Ant. A_a [cm⁴]	Stein. Ant. A_s [cm⁴]	I_c [cm⁴]	$I_{c,i}$ [cm⁴]	Stein. Ant. $A_{c,i}$ [cm⁴]	I_i [cm⁴]
Q_1	1005400	532329	78530	546750	32588	523347	2172195
Q_2	1005400	658410	78679	675000	40233	524303	2307025
Q_3	1005400	575755	156906	501750	29906	446902	2214869
Q_4	1005400	658410	78679	675000	40233	524303	2307025
Q_5	1005400	532329	78530	546750	32588	523347	2172195

	$W_{c,o}$ [cm³]	$W_{c,u}$ [cm³]	W_s [cm³]	$W_{a,fl,o}$ [cm³]	$W_{a,st,o}$ [cm³]	$W_{a,fl,u}$ [cm³]	$W_{a,st,u}$ [cm³]
Q_1	-733200	-1849457	-62590	-110235	-138311	26786	28176
Q_2	-836646	-2379979	-73794	-141856	-188127	27290	28646
Q_3	-766533	-2011062	-66160	-119867	-152985	26905	28279
Q_4	-836646	-2379979	-73794	-141856	-188127	27290	28646
Q_5	-733200	-1849457	-62590	-110235	-138311	26786	28176

Q_1: Querschnittswerte am Auflager 10

Q_2: Querschnittswerte im Feld 1

Q_3: Querschnittswerte an der Mittelstütze/Auflager 20

Q_4: Querschnittswerte im Feld 2

Q_5: Querschnittswerte am Auflager 30

Bauteil	: Verbundüberbau mit offenem Querschnitt, Walzträger	Archiv Nr.:
Block	: Statische Systeme und Querschnittswerte Seite: **32**	
Vorgang	:	

Verfasser	: Planungsgemeinschaft $\underline{\mathrm{h}^2}$	Hochschule Magdeburg – Stendal (FH)	Proj. – Nr.2100
Programm	:	C Hochschule Anhalt (FH)	
Bauwerk	: Straßenbrücke bei Cavertitz	ASB Nr.:4131635	Datum: 01.05.2003

Tabelle 7 – Querschnittswerte für zeitabhängige sekundäre Beanspruchung mit Reduktionszahl $n_{PT,28}$

Querschnittswerte für zeitlich veränderliche Belastung $n_{PT,28}$ = **11,93**

Q	A_a [cm²]	A_s [cm²]	A_c [cm²]	$A_{c,i}$ [cm²]	A_i [cm²]	z_{ai} [cm]	z_{si} [cm]	z_{ci} [cm]
1	565	65,2	7290,00	610,94	1241,14	80,40	15,00	15,00
2	565	80,5	9000,00	754,25	1399,75	80,40	15,00	15,00
3	565	140,0	6690,00	560,66	1265,66	80,40	15,00	15,00
4	565	80,5	9000,00	754,25	1399,75	80,40	15,00	15,00
5	565	65,2	7290,00	610,94	1241,14	80,40	15,00	15,00

	z_i [cm]	$z_{c,o}$ [cm]	$z_{c,u}$ [cm]	z_s [cm]	$z_{a,fl,o}$ [cm]	$z_{a,st,o}$ [cm]	$z_{a,fl,u}$ [cm]	$z_{a,st,u}$ [cm]
Q_1	44,77	-44,77	-14,77	-29,77	-14,77	-10,77	86,03	82,03
Q_2	41,40	-41,40	-11,40	-26,40	-11,40	-7,40	89,40	85,40
Q_3	44,20	-44,20	-14,20	-29,20	-14,20	-10,20	86,60	82,60
Q_4	41,40	-41,40	-11,40	-26,40	-11,40	-7,40	89,40	85,40
Q_5	44,77	-44,77	-14,77	-29,77	-14,77	-10,77	86,03	82,03

	I_a [cm⁴]	Stein. Ant. A_a [cm⁴]	Stein. Ant. A_s [cm⁴]	I_c [cm⁴]	$I_{c,i}$ [cm⁴]	Stein. Ant. $A_{c,i}$ [cm⁴]	I_i [cm⁴]
Q_1	1005400	717196	57790	546750	45821	541514	2367721
Q_2	1005400	859442	56098	675000	56569	525614	2503122
Q_3	1005400	740601	119329	501750	42050	477879	2385259
Q_4	1005400	859442	56098	675000	56569	525614	2503122
Q_5	1005400	717196	57790	546750	45821	541514	2367721

	$W_{c,o}$ [cm³]	$W_{c,u}$ [cm³]	W_s [cm³]	$W_{a,fl,o}$ [cm³]	$W_{a,st,o}$ [cm³]	$W_{a,fl,u}$ [cm³]	$W_{a,st,u}$ [cm³]
Q_1	-631034	-1912605	-79529	-160287	-219809	27523	28865
Q_2	-721483	-2620414	-94821	-219606	-338339	27999	29310
Q_3	-644004	-2005050	-81701	-168035	-233963	27542	28875
Q_4	-721483	-2620414	-94821	-219606	-338339	27999	29310
Q_5	-631034	-1912605	-79529	-160287	-219809	27523	28865

Q_1: Querschnittswerte am Auflager 10

Q_2: Querschnittswerte im Feld 1

Q_3: Querschnittswerte an der Mittelstütze/Auflager 20

Q_4: Querschnittswerte im Feld 2

Q_5: Querschnittswerte am Auflager 30

Bauteil	: Verbundüberbau mit offenem Querschnitt, Walzträger	Archiv Nr.:
Block	: Statische Systeme und Querschnittswerte Seite: **33**	
Vorgang	:	

Verfasser	: Planungsgemeinschaft h² Hochschule Magdeburg – Stendal (FH)	Proj. – Nr.2100
Programm	: c Hochschule Anhalt (FH)	
Bauwerk	: Straßenbrücke bei Cavertitz ASB Nr.: 4131635	Datum: 01.05.2003

Tabelle 8 – Querschnittswerte für ständige Beanspruchungen mit Reduktionszahl n_B

Querschnittswerte für ständige Einwirkungen					n_B		17,56
Q	A_a [cm²]	A_s [cm²]	A_c [cm²]	$A_{c,i}$ [cm²]	A_i [cm²]	z_{ai} [cm]	z_{si} [cm]	z_{ci} [cm]
1	565	65,2	7290,00	415,19	1045,39	80,40	15,00	15,00
2	565	80,5	9000,00	512,57	1158,07	80,40	15,00	15,00
3	565	140,0	6690,00	381,01	1086,01	80,40	15,00	15,00
4	565	80,5	9000,00	512,57	1158,07	80,40	15,00	15,00
5	565	65,2	7290,00	415,19	1045,39	80,40	15,00	15,00

	z_i [cm]	$z_{c,o}$ [cm]	$z_{c,u}$ [cm]	z_s [cm]	$z_{a,fl,o}$ [cm]	$z_{a,st,o}$ [cm]	$z_{a,fl,u}$ [cm]	$z_{a,st,u}$ [cm]
Q_1	50,35	-50,35	-20,35	-35,35	-20,35	-16,35	80,45	76,45
Q_2	46,91	-46,91	-16,91	-31,91	-16,91	-12,91	83,89	79,89
Q_3	49,02	-49,02	-19,02	-34,02	-19,02	-15,02	81,78	77,78
Q_4	46,91	-46,91	-16,91	-31,91	-16,91	-12,91	83,89	79,89
Q_5	50,35	-50,35	-20,35	-35,35	-20,35	-16,35	80,45	76,45

	I_a [cm⁴]	Stein. Ant. A_a [cm⁴]	Stein. Ant. A_s [cm⁴]	I_c [cm⁴]	$I_{c,i}$ [cm⁴]	Stein. Ant. $A_{c,i}$ [cm⁴]	I_i [cm⁴]
Q_1	1005400	510306	81461	546750	31139	518730	2147036
Q_2	1005400	633796	81955	675000	38443	521839	2281433
Q_3	1005400	556201	162073	501750	28576	441085	2193335
Q_4	1005400	633796	81955	675000	38443	521839	2281433
Q_5	1005400	510306	81461	546750	31139	518730	2147036

	$W_{c,o}$ [cm³]	$W_{c,u}$ [cm³]	W_s [cm³]	$W_{a,fl,o}$ [cm³]	$W_{a,st,o}$ [cm³]	$W_{a,fl,u}$ [cm³]	$W_{a,st,u}$ [cm³]
Q_1	-748778	-1852803	-60742	-105522	-131343	26687	28083
Q_2	-853990	-2369298	-71502	-134938	-176756	27195	28556
Q_3	-785557	-2024318	-64464	-115290	-145985	26821	28201
Q_4	-853990	-2369298	-71502	-134938	-176756	27195	28556
Q_5	-748778	-1852803	-60742	-105522	-131343	26687	28083

Q_1: Querschnittswerte am Auflager 10

Q_2: Querschnittswerte im Feld 1

Q_3: Querschnittswerte an der Mittelstütze/Auflager 20

Q_4: Querschnittswerte im Feld 2

Q_5: Querschnittswerte am Auflager 30

Bauteil	: Verbundüberbau mit offenem Querschnitt, Walzträger	Archiv Nr.:
Block	: Statische Systeme und Querschnittswerte Seite: 34	
Vorgang	:	

Verfasser	: Planungsgemeinschaft h² Hochschule Magdeburg – Stendal (FH)	Proj. – Nr.2100
Programm	: c̱ Hochschule Anhalt (FH)	
Bauwerk : Straßenbrücke bei Cavertitz	ASB Nr.:4131635	Datum: 01.05.2003

Tabelle 9 – Querschnittswerte für Belastungen aus eingeprägten Verformungen mit Reduktionszahl n_A

Querschnittswerte für Belastung aus eingeprägten Verformungen n_A								21,65
Q	A_a [cm²]	A_s [cm²]	A_c [cm²]	$A_{c,i}$ [cm²]	A_i [cm²]	z_{ai} [cm]	z_{si} [cm]	z_{ci} [cm]
1	565	65,2	7290,00	336,72	966,92	80,40	15,00	15,00
2	565	80,5	9000,00	415,70	1061,20	80,40	15,00	15,00
3	565	140,0	6690,00	309,01	1014,01	80,40	15,00	15,00
4	565	80,5	9000,00	415,70	1061,20	80,40	15,00	15,00
5	565	65,2	7290,00	336,72	966,92	80,40	15,00	15,00

	z_i [cm]	$z_{c,o}$ [cm]	$z_{c,u}$ [cm]	z_s [cm]	$z_{a,fl,o}$ [cm]	$z_{a,st,o}$ [cm]	$z_{a,fl,u}$ [cm]	$z_{a,st,u}$ [cm]
Q_1	53,22	-53,22	-23,22	-38,22	-23,22	-19,22	77,58	73,58
Q_2	49,82	-49,82	-19,82	-34,82	-19,82	-15,82	80,98	76,98
Q_3	51,44	-51,44	-21,44	-36,44	-21,44	-17,44	79,36	75,36
Q_4	49,82	-49,82	-19,82	-34,82	-19,82	-15,82	80,98	76,98
Q_5	53,22	-53,22	-23,22	-38,22	-23,22	-19,22	77,58	73,58

	I_a [cm⁴]	Stein. Ant. A_a [cm⁴]	Stein. Ant. A_s [cm⁴]	I_c [cm⁴]	$I_{c,i}$ [cm⁴]	Stein. Ant. $A_{c,i}$ [cm⁴]	I_i [cm⁴]
Q_1	1005400	417543	95218	546750	25254	491745	2035160
Q_2	1005400	528354	97600	675000	31178	504009	2166542
Q_3	1005400	473834	185909	501750	23175	410334	2098653
Q_4	1005400	528354	97600	675000	31178	504009	2166542
Q_5	1005400	417543	95218	546750	25254	491745	2035160

	$W_{c,o}$ [cm³]	$W_{c,u}$ [cm³]	W_s [cm³]	$W_{a,fl,o}$ [cm³]	$W_{a,st,o}$ [cm³]	$W_{a,fl,u}$ [cm³]	$W_{a,st,u}$ [cm³]
Q_1	-827985	-1897955	-53255	-87665	-105914	26231	27657
Q_2	-941508	-2366599	-62221	-109311	-136950	26754	28144
Q_3	-883272	-2119156	-57591	-97882	-120331	26445	27849
Q_4	-941508	-2366599	-62221	-109311	-136950	26754	28144
Q_5	-827985	-1897955	-53255	-87665	-105914	26231	27657

Q_1: Querschnittswerte am Auflager 10

Q_2: Querschnittswerte im Feld 1

Q_3: Querschnittswerte an der Mittelstütze/Auflager 20

Q_4: Querschnittswerte im Feld 2

Q_5: Querschnittswerte am Auflager 30

Bauteil	: Verbundüberbau mit offenem Querschnitt, Walzträger	Archiv Nr.:
Block	: Statische Systeme und Querschnittswerte Seite: 35	
Vorgang	:	

Verfasser : Planungsgemeinschaft h² Hochschule Magdeburg – Stendal (FH)	Proj. – Nr. 2100
Programm : c̄ Hochschule Anhalt (FH)	
Bauwerk : Straßenbrücke bei Cavertitz ASB Nr.: 4131635	Datum: 01.05.2003

Tabelle 10 – Querschnittswerte für den Zustand II

Querschnittswerte für den Zustand II

Q	A_a [cm²]	A_s [cm²]	A_c [cm²]	$A_{c,i}$ [cm²]	A_i [cm²]	z_{ai} [cm]	z_{si} [cm]	z_{ci} [cm]
1	565	65,2	0,00	0,00	630,20	80,40	15,00	15,00
2	565	80,5	0,00	0,00	645,50	80,40	15,00	15,00
3	565	140,0	0,00	0,00	705,00	80,40	15,00	15,00
4	565	80,5	0,00	0,00	645,50	80,40	15,00	15,00
5	565	65,2	0,00	0,00	630,20	80,40	15,00	15,00

	z_i [cm]	$z_{c,o}$ [cm]	$z_{c,u}$ [cm]	z_s [cm]	$z_{a,fl,o}$ [cm]	$z_{a,st,o}$ [cm]	$z_{a,fl,u}$ [cm]	$z_{a,st,u}$ [cm]
Q_1	73,63	-73,63	-43,63	-58,63	-43,63	-39,63	57,17	53,17
Q_2	72,24	-72,24	-42,24	-57,24	-42,24	-38,24	58,56	54,56
Q_3	67,41	-67,41	-37,41	-52,41	-37,41	-33,41	63,39	59,39
Q_4	72,24	-72,24	-42,24	-57,24	-42,24	-38,24	58,56	54,56
Q_5	73,63	-73,63	-43,63	-58,63	-43,63	-39,63	57,17	53,17

	I_a [cm⁴]	Stein. Ant. A_a [cm⁴]	Stein. Ant. A_s [cm⁴]	I_c [cm⁴]	$I_{c,i}$ [cm⁴]	Stein. Ant. $A_{c,i}$ [cm⁴]	I_i [cm⁴]
Q_1	1005400	25867	224152	0	0	0	1255419
Q_2	1005400	37584	263788	0	0	0	1306772
Q_3	1005400	95298	384594	0	0	0	1485291
Q_4	1005400	37584	263788	0	0	0	1306772
Q_5	1005400	25867	224152	0	0	0	1255419

	$W_{c,o}$ [cm³]	$W_{c,u}$ [cm³]	W_s [cm³]	$W_{a,fl,o}$ [cm³]	$W_{a,st,o}$ [cm³]	$W_{a,fl,u}$ [cm³]	$W_{a,st,u}$ [cm³]
Q_1	-107519	-181443	-21411	-28772	-31675	21961	23613
Q_2	-114070	-195079	-22828	-30934	-34169	22317	23953
Q_3	-138946	-250361	-28338	-39700	-44453	23432	25010
Q_4	-114070	-195079	-22828	-30934	-34169	22317	23953
Q_5	-107519	-181443	-21411	-28772	-31675	21961	23613

Q_1: Querschnittswerte am Auflager 10

Q_2: Querschnittswerte im Feld 1

Q_3: Querschnittswerte an der Mittelstütze/Auflager 20

Q_4: Querschnittswerte im Feld 2

Q_5: Querschnittswerte am Auflager 30

<u>Anmerkung:</u>
Die Querschnittswerte für den Zustand II werden nur mit dem
Beton- und Baustahl ermittelt, ohne Ansatz des Betons.

Bauteil : Verbundüberbau mit offenem Querschnitt, Walzträger	Archiv Nr.:
Block : Statische Systeme und Querschnittswerte	
Vorgang :	

3.4.6 Querschnittswerte für die Ermittlung von Schnittgrößen für die Nachweise im Grenzzustand der Tragfähigkeit

Die Schnittgrößen für die Nachweise im Grenzzustand der Tragfähigkeit können mit den Querschnittswerten für die Nachweise im Grenzzustand der Gebrauchstauglichkeit (siehe Fb 104 Abschnitt 3.4.5) ermittelt werden, da Querschnitte der Klasse 4 nicht vorhanden sind - vgl. Abschnitt 3.4.4.

3.4.7 Querschnittswerte für die Ermittlung von Schnittgrößen für die Nachweise im Grenzzustand der Ermüdung

Die Schnittgrößen sind auf der Grundlage der Elastizitätstheorie zu ermitteln.

Fb 104, Kap. II, 4.9.3 (1) P

Damit können die unter Abschnitt 3.4.5 für die Schnittgrößenermittlung im Grenzzustand der Gebrauchstauglichkeit ermittelten Querschnittswerte verwendet werden.

Verfasser : Planungsgemeinschaft h² Hochschule Magdeburg – Stendal (FH) C Hochschule Anhalt (FH)	Proj. – Nr. 2100
Programm :	
Bauwerk : Straßenbrücke bei Cavertitz ASB Nr.: 4131635	Datum: 01.05.2003

4 Charakteristische Werte der einwirkenden Last- und Weggrößen

4.1 Allgemeines

Die Ermittlung der einwirkenden Last- und Weggrößen erfolgt für den Träger A.

siehe Bild 3

4.2 Ständige Einwirkungen

4.2.1 Eigenlast der Konstruktion

Für Raum- und Flächengewichte - Baustoffe, Bauteile und Lagerstoffe - gelten die charakteristischen Werte der DIN 1055-1 (Ausgabe 07/2002).

Fb 101, Kap. III, (1) P

a) Stahlträgereigenlast zuzüglich 3% Kopfbolzenzuschlag

DIN 1055-1, 5.1, Tab.1
γ = spezifisches Gewicht

$$g_{k,\text{Stahlträger}} = \gamma_{\text{Stahl}} \cdot A_a$$
$$= 78,5 \cdot 565 / 10000$$
$$= 4,5 \text{ kN/m}$$

A_a = 565 cm²
Querschnittsfläche des Stahlprofils

$$g_{k,\text{Kopfbolzen}} = 3\% \cdot g_{k,\text{Stahlträger}}$$
$$= 0,03 \cdot 4,44$$
$$= 0,1 \text{ kN/m}$$

Fb 103, Kap. II, 3.2.7 (1)

b) Konstruktionsbeton

$$g_{k,\text{Konstruktionsbeton}} = B/2 \cdot h_c \cdot \gamma_{\text{Beton}}$$
$$= 6,00/2 \cdot 0,3 \cdot 26$$
$$= 23,4 \text{ kN/m}$$

γ_{Beton} = 26,0 kN/m³
Spez. Gewicht des Frischbetons

B = 6,00
Breite der Stahlbetonplatte
h_c = Dicke der Stahlbetonplatte

Bauteil : Verbundüberbau mit offenem Querschnitt, Walzträger	Archiv Nr.:
Block : Charakteristische Last- und Weggrößen Seite: **38**	
Vorgang :	

Verfasser	: Planungsgemeinschaft h² Hochschule Magdeburg – Stendal (FH)	Proj. – Nr. 2100
Programm	: C Hochschule Anhalt (FH)	
Bauwerk	: Straßenbrücke bei Cavertitz ASB Nr.: 4131635	Datum: 01.05.2003

4.2.2 Ausbaulasten

Ständige Restlasten wie Kappen, Fahrbahnbelag (incl. Belagsausgleich für später aufzubringende Instandsetzungsschichten) und Ausbaulasten sowie Berücksichtigung der Umwandlung des Frischbetons in Festbeton.

DIN 1055-1, 5.1, Tab.1
γ = spezifische Gewicht

a) Schalung

Annahme: Flächengewicht der Schalung = 0,8 kN/m²

$$g_{k,Schalung} = g_{Schalung} \cdot B/2$$
$$= 0{,}8 \cdot 3{,}0$$
$$= 2{,}4 \text{ kN/m}$$

b) Abbinden und Ausschalen

$$g_{kAusschalen} = (25{,}0-26{,}0) \cdot 3{,}0 - 0{,}8 \cdot 3{,}0$$
$$= -5{,}4 \text{ kN/m}$$

γ_{Beton} = 25,0 kN/m³
Spez. Gewicht des erhärteten Betons
γ_{Beton} = 26,0 kN/m³
Spez. Gewicht des Frischbetons

c) Kappe

$$A_K = 0{,}332 \text{ m}^2$$
$$g_{k,Kappe} = 0{,}332 \cdot 25{,}0$$
$$= 8{,}3 \text{ KN/m}$$

A_k =0,332 m²
Querschnittsfläche der Kappe
γ_{Beton} = 25,0 kN/m³
Spez. Gewicht des erhärteten Betons

d) Belag

Bei Straßenbrücken ist für den Fahrbahnbelag je cm Dicke mindestens eine Flächenlast von 0,24 kN/m² anzusetzen.

Fb 101, Kap. III, (2)P

Für Mehreinbau von Fahrbahnbelag beim Herstellen einer Ausgleichsgradiente ist zusätzlich eine gleichmäßig verteilte Last von 0,5 kN/m² durchgehend über die gesamte Fahrbahnfläche anzunehmen.

Fb 101, Kap. IV, 4.10.1 (1)P

$$g_{k,Belag} = (0{,}08 \cdot 24{,}0 + 0{,}5) \cdot 2{,}5$$
$$= 6{,}1 \text{ KN/m}$$

h_{fa} = 0,08 cm
Dicke des Fahrbahnbelages
b_f = 2,5 m
halbe Fahrbahnbreite

e) Aus Geländer

$$g_{k,Geländer} = 1{,}0 \text{ kN/m}$$

Bauteil	: Verbundüberbau mit offenem Querschnitt, Walzträger	Archiv Nr.:
Block	: Charakteristische Last- und Weggrößen Seite: **39**	
Vorgang	:	

4.2.3 Lastfälle Eigengewicht

a) Lastfall EG Stahl

$g_{EG\ Stahl}$ $= g_{k,Stahlträger} + g_{k,Kopfbolzen}$
$= 4,5 + 0,1$
$= 4,6$ kN/m

b) Lastfall EG Konstruktionsbeton

$g_{EG\ Konstruktionsb.}$ $= g_{k,Konstruktionsbeton} + g_{k,Schalung}$
$= 23,4 + 2,4$
$= 25,8$ kN/m

c) Lastfall EG Restlasten

$g_{EG\ Restlasten}$ $= g_{k,Ausschalen} + g_{k,Kappe} + g_{k,Belag} + g_{k,Geländer}$
$= -5,4 + 8,3 + 6,1 + 15,4$
$= 24,4$ kN/m

4.2.4 Abfließende Hydratationswärme

Zugbeanspruchungen in der Fahrbahnplatte aus der Entwicklung der Hydratationswärme sind durch betontechnologische Maßnahmen möglichst gering zu halten. Der Zement und die Rezeptur sind so zu wählen, dass die Festigkeitsentwicklung in den ersten Stunden der Hydratation nicht zu groß ist. Zusammen mit der Eignungsprüfung ist dem Auftraggeber ein Nachbehandlungskonzept vorzulegen. Zur Verbesserung der Verarbeitbarkeit des Betons können Fließmittel auf der Baustelle zugegeben werden.

Fb 104, Kap. II, 3.1.3 (1)

Bei hohen Außentemperaturen ist die Frischbetontemperatur zu begrenzen und von der Verwendung eines CEM I-Zementes abzusehen.

Fb 104, Kap. II, 3.1.3 (2)

Wenn höhere Betonfestigkeitsklassen als C 35/45 verwendet werden, sind die Einflüsse aus dem Schrumpfen und der Hydratationswärme des Betons zu berücksichtigen. Wenn kein genauerer Nachweis geführt wird, muss zur Erfassung dieser Einflüsse eine unterschiedliche Temperatur von Fahrbahnplatte und Stahlträger (Abkühlung der Betonplatte) von 20 K angenommen werden. Die zugehörigen Schnittgrößen und Span-

Fb 104, Kap. II, 3.1.3 (3)

nungen sind mit der Reduktionszahl n_0 für kurzzeitige Beanspruchungen zu ermitteln. Die Beanspruchungen sind nur im Bauzustand beim Nachweis der Tragsicherheit und Gebrauchstauglichkeit zu berücksichtigen.

Bei Verbundbrücken mit Eigengewichtsverbund (Betonieren mit Hilfsstützen) ist der Einfluss aus dem Abfließen der Hydratationswärme auf die Verformungen, die Werkstattform und die Beanspruchung in den Hilfsstützen zu berücksichtigen.

Fb 104, Kap. II, 3.1.3 (4)

Für Beanspruchungen aus dem Abfließen der Hydratationswärme gemäss DIN-Fachbericht 104 Abschnitt II-3.1.3 sollte der Teilsicherheitsbeiwert $\gamma_f = 1{,}0$ zugrunde gelegt werden.

Fb 104, Kap. II, 2.3.3.1 (7)

Bei diesem Bauwerk ist der Lastfall „Abfließende Hydratationswärme" nicht weiter zu verfolgen.

4.2.5 Baugrundbewegung (Setzungen)

Fb 101, Kap. IV, Anhang C, C.2.3 (1)

Bei Setzungen (Baugrundbewegungen) sind folgende Arten zu unterscheiden:

a) Als wahrscheinliche Baugrundbewegungen gelten Verschiebungen und/oder Verdrehungen, die eine Stütze unter Einfluss der dauernd wirkenden Last bei den vorliegenden Baugrundverhältnissen voraussichtlich erleiden wird.

b) Als mögliche Baugrundbewegung gelten die Grenzwerte der Verschiebungen und/oder Verdrehungen, die eine Stütze im Rahmen der Unsicherheiten, die mit der Vorhersage von Baugrundbewegungen verbunden sind, erleiden kann.

Nach dem vorliegenden geotechnischen Bericht sind folgende Werte der Setzungen gegenüber den Widerlagern zu berücksichtigen:

$\Delta s_w = 1{,}0$ cm   wahrscheinliche Setzung

$\Delta s_m = 2{,}0$ cm   mögliche Setzung

4.3 Veränderliche Einwirkungen

4.3.1 Einwirkungen aus Straßenverkehr und Menschengedränge

4.3.1.1 Allgemeines

Anwendungsbereich

Fb 101, Kap. IV, 4.1

Falls nicht anderweitig festgelegt, sollte dieser Abschnitt nur für Entwurf, Berechnung und Bemessung von Straßenbrücken mit

Fb 101, Kap. IV, 4.1 (1)

- Einzelstützweiten kleiner als 200 m

und/oder

- Fahrbahnbreiten nicht größer als 42 m

angewendet werden.

Für Brücken mit größeren Abmessungen sollte der Bauherr die Verkehrslasten festlegen oder den von Dritten vorgeschlagenen Verkehrslasten zustimmen.

Anmerkung im DIN-Fachbericht 101:

Für Stützweiten > 200 m kann angenommen werden, dass die charakteristischen Werte der Lastmodelle auf der sicheren Seite liegen.

Einwirkungen aus Straßenverkehr

Mit den Lastmodellen und zugehörigen Regelungen ist beabsichtigt, alle normalerweise absehbaren Verkehrssituationen (d.h. Verkehr in jeder Richtung auf jedem Fahrstreifen infolge Straßenverkehrs) bei Entwurf, Berechnung und Bemessung zu berücksichtigen (siehe jedoch (3) und Abschnitt 4.2.1 des DIN-Fb 101).

Fb 101, Kap. IV, 4.1 (2)

Für Brücken, die gewichtsbeschränkend beschildert sind (z.B. für örtliche Straßen, Wirtschaftswege und Straßen sowie Privatstraßen), dürfen besondere Lastmodelle angewendet werden.

Im ARS 10/2003 nicht vorgesehen.

Lastmodelle für Hinterfüllungen sind gesondert angegeben (siehe Abschnitt 4.9 des DIN-Fb 101).

Verfasser : Planungsgemeinschaft h² Hochschule Magdeburg – Stendal (FH)	Proj. – Nr. 2100
Programm : C Hochschule Anhalt (FH)	
Bauwerk : Straßenbrücke bei Cavertitz ASB Nr.: 4131635	Datum: 01.05.2003

Die Einwirkungen von Lasten aus Straßenbauarbeiten (z.B. infolge von Straßenbaumaschinen und Straßenbaufahrzeugen, usw.) oder von Lasten für Prüfung und Überwachung sowie für Versuche sind in den Lastmodellen nicht berücksichtigt. Falls erforderlich, sollten sie gesondert festgelegt werden.	Fb 101, Kap. IV, 4.1 (2)
Die Fahrbahn ist in Abweichung zur RAS-Q definiert als Teil der auf einem Einzelbauwerk (Überbau, Pfeiler,...) befindlichen Straßenfläche, der alle physikalisch vorhandenen Fahrstreifen (d.h. sie können auf der Straßenoberfläche markiert sein), Standstreifen, Bankette und Markierungsstreifen umfasst. Ihre Breite w wird zwischen den Schrammborden gemessen, wenn die Schrammbordhöhe ≥ 70 mm beträgt. In allen anderen Fällen entspricht w der lichten Weite zwischen den Leiteinrichtungen. Falls im Einzelfall nicht anderweitig festgelegt, umfasst die Fahrbahnbreite weder den Abstand zwischen den auf dem Mittelstreifen angeordneten festen Schutzeinrichtungen oder Schrammborden noch die Breite dieser Schutzeinrichtungen.	
Ein rechnerischer Fahrstreifen ist ein Streifen der Fahrbahn, parallel zu einer Fahrbahnseite, der ein Verkehrsband aufnimmt.	Fb 101, Kap. IV, 1.4.2.5
Falls vorhanden, ist die Restfläche die Differenz zwischen der Gesamtfläche der Fahrbahn und der Summe der Fläche der rechnerischen Fahrstreifen (siehe Abb. 4.1 im DIN-Fb 101).	Fb 101, Kap. IV, 1.4.2.6
Eine Doppelachse ist eine Anordnung von zwei hintereinander liegenden Achsen, die als gleichzeitig belastet angesehen werden.	Fb 101, Kap. IV, 1.4.2.7
Die Lage und Numerierung der rechnerischen Fahrstreifen sollten in Übereinstimmung mit folgenden Regeln festgelegt werden:	Fb 101, Kap. IV, 4.2.4
Die Lage der rechnerischen Fahrstreifen hängt nicht notwendigerweise von ihrer Numerierung ab.	Fb 101, Kap. IV, 4.2.4 (1)
Die Anzahl der zu berücksichtigenden belasteten Fahrstreifen, ihre Lage auf der Fahrbahn und ihre Numerierung sind für jeden Einzelnachweis (z.B. Nachweis der Tragfähigkeit eines Querschnittes bei Momentenbeanspruchung) so zu wählen, dass sich die ungünstigsten Beanspruchungen aus den Lastmodellen ergeben.	Fb 101, Kap. IV, 4.2.4 (2)

Bauteil : Verbundüberbau mit offenem Querschnitt, Walzträger	Archiv Nr.:
Block : Charakteristische Last- und Weggrößen Seite: **43**	
Vorgang :	

Verfasser : Planungsgemeinschaft h² Hochschule Magdeburg – Stendal (FH)	Proj. – Nr. 2100
Programm : C Hochschule Anhalt (FH)	
Bauwerk : Straßenbrücke bei Cavertitz ASB Nr.: 4131635	Datum: 01.05.2003

Der am ungünstigsten wirkende Fahrstreifen trägt die Nummer 1, der als zweitungünstigst wirkende Fahrstreifen trägt die Nr. 2 usw. (siehe Abb. 4.1 im Fb 101).

Fb 101, Kap. IV, 4.2.4 (2)

Die Breite w_l der rechnerischen Fahrstreifen auf Fahrbahnen und die größtmögliche Gesamtzahl n_l solcher Fahrstreifen auf dieser Fahrbahn ergeben sich wie folgt:

Fb 101, Kap. IV, 4.2.3 (1)

$w < 5{,}4\ \text{m} \quad \Rightarrow n_l = 1,\ w_l = 3{,}0\ \text{m}$

Fb 101, Kap. IV, 4.3.2, Tab. 4.1

Die Breite w der Fahrbahn wird zwischen den Schrammborden gemessen, wenn die Schrammbordhöhe ≥ 0,07 m beträgt.

Fb 101, Kap. IV, 1.4.2.1

Die Restfläche ergibt sich zu:

$$w_R = w - w_l = 5{,}0 - 3{,}0 = 2{,}0\ \text{m}$$

Für jeden Einzelnachweis ist das Lastmodell in den rechnerischen Fahrstreifen in ungünstigster Stellung (Länge der Belastung und Stellung in Längsrichtung) und verträglich mit den weiteren angegebenen Anwendungsbedingungen anzuordnen. Dabei ist die Doppelachse in Querrichtung als nebeneinanderstehend anzunehmen.

Fb 101, Kap. IV, 4.2.5 (1) P

Bauteil : Verbundüberbau mit offenem Querschnitt, Walzträger	Archiv Nr.:
Block : Charakteristische Last- und Weggrößen	
Vorgang :	

Verfasser : Planungsgemeinschaft h² Hochschule Magdeburg – Stendal (FH)	Proj. – Nr. 2100
Programm : C Hochschule Anhalt (FH)	
Bauwerk : Straßenbrücke bei Cavertitz ASB Nr.: 4131635	Datum: 01.05.2003

Die Modelle für die Vertikallasten geben die folgenden Einwirkungen aus Verkehr wieder:

Fb 101, Kap. IV, 4.3.1 (2)*

(a) Lastmodell 1: Einzellasten und gleichmäßig verteilte Lasten, die die meisten der Einwirkungen aus LKW- und PKW- Verkehr abdecken. Dieses Modell gilt nur für globale Nachweise.

(b) Lastmodell 2: Eine Einzelachse mit typischen Reifenaufstandsflächen, die die dynamischen Einwirkungen üblichen Verkehrs bei Bauteilen mit sehr kurzen Stützweiten berücksichtigt. Dieses Lastmodell sollte gesondert angewendet werden und gilt nur für lokale Nachweise.

(c) Lastmodell 4: Menschengedränge. Dieses Modell sollte nur angewendet werden, wenn der Bauherr es verlangt. Es ist nur für globale Nachweise gedacht. Dieses Lastmodell gilt nur für gewisse vorübergehende Bemessungssituationen.

<u>Anmerkung</u>:

- Für das betrachtete Bauwerk ist nach Vorgabe des Bauherren das LM 4 nicht anzusetzen.

- Die Einzellasten der Lastmodelle 1 und 2 werden als gleichmäßig über die Aufstandsfläche verteilt angenommen.

Fb 101, Kap. IV, 4.3.6 (1)

- Die Lastverteilung durch Belag und Betonplatte wird unter einem Winkel von 45° bis zur Mittellinie der Betonplatte angenommen.

Fb 101, Kap. IV, 4.3.6 (2)

- Grundsätzlich sieht der Fachbericht 101 eine Anpassung an verschiedene Verkehrszusammensetzungen mit den α-Anpassungswerten vor. Für die hier vorliegende Wirtschaftswegüberführung ist eine Wahl von geringeren Anpassungsfaktoren denkbar. Im ARS 10/2003 finden sich jedoch keinerlei Hinweise auf eine vorgesehene Reduzierung. Es werden im Weiteren die Standardwerte aus dem Fachbericht 101 übernommen.

Bauteil : Verbundüberbau mit offenem Querschnitt, Walzträger	Archiv Nr.:
Block : Charakteristische Last- und Weggrößen Seite: **45**	
Vorgang :	

Verfasser : Planungsgemeinschaft h² Hochschule Magdeburg – Stendal (FH) C Hochschule Anhalt (FH)	Proj. – Nr. 2100
Programm :	
Bauwerk : Straßenbrücke bei Cavertitz ASB Nr.: 4131635	Datum: 01.05.2003

4.3.1.2 Lastmodell 1 (Doppelachsfahrzeug)

Das Lastmodell besteht aus zwei Teilen: *Fb 101, Kap. IV, 4.3.2 (1)*

    a)   Doppelachse (Tandem-System TS)
    b)   Gleichmäßig verteilte Belastung (UDL)

Die Lasten werden mit Anpassungsfaktoren multipliziert.   *Fb 101, Kap. IV, 4.3.2, Tab. 4.2*
Als angepasste Lasten ergeben sich:

    a) $\alpha_{Q1} \cdot Q_{1k} = 0{,}8 \cdot 300 \text{ kN} = 240 \text{ kN}$ Achslast $\alpha_{Q1} = 0{,}8$

    b) $\alpha_{q1} \cdot q_k = 9{,}0 \text{ kN/m}^2$ gleichmäßig $\alpha_{q1} = 1{,}0$
                                                 verteilte Überlast $\alpha_{qrk} = 1{,}0$

       $\alpha_{qrk} \cdot q_{qrk} = 2{,}5 \text{ kN/m}^2$ Restflächenlast

In jedem Fahrstreifen sollte nur eine Doppelachse aufgestellt werden und es sollten nur vollständige Doppelachsen angeordnet werden. Jede Doppelachse sollte in der ungünstigsten Stellung angeordnet werden. Jede Achse der Doppelachse hat zwei identische Räder, so dass jede Radlast $0{,}5 \cdot \alpha_Q \cdot Q_k$ beträgt. Die Aufstandsfläche jedes Rades ist ein Quadrat mit einer Seitenlänge von 0,40 m.   *Fb 101, Kap. IV, 4.3.2 (1)*

<u>Anmerkung</u>:

Auf eine seitliche Ausbreitung der Lasten über die Plattendicke sowie eine Verteilung über die Aufstandsflächen wird auf der sicheren Seite liegend verzichtet.

Das Tandem-System ist quer zu Fahrtrichtung in dem Fahrstreifen in ungünstigster Laststellung anzusetzen.   *ARS 10/2003*
Dabei sollte die Einzellast des Lastmodells einen seitlichen Abstand vom Schrammbord in Höhe der halben Radaufstandsfläche, d.h. 0,20 m, einhalten.

Bauteil : Verbundüberbau mit offenem Querschnitt, Walzträger	Archiv Nr.:
Block : Charakteristische Last- und Weggrößen Seite: **46**	
Vorgang :	

Verfasser : Planungsgemeinschaft h² Hochschule Magdeburg – Stendal (FH)	Proj. – Nr. 2100
Programm : C Hochschule Anhalt (FH)	
Bauwerk : Straßenbrücke bei Cavertitz ASB Nr.: 4131635	Datum: 01.05.2003

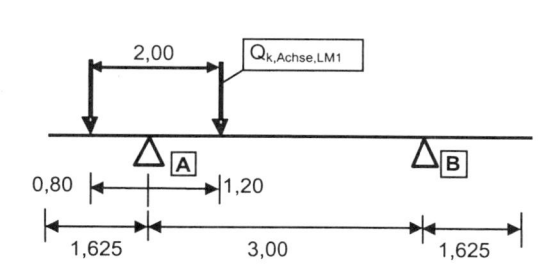

Bild 7 Laststellung des Lastmodells 1 im Längs- und Quersystem

Ermittlung der maximalen und minimalen Hauptträgerlast $V_{k,A}$ infolge der Gleichflächenlast (UDL):

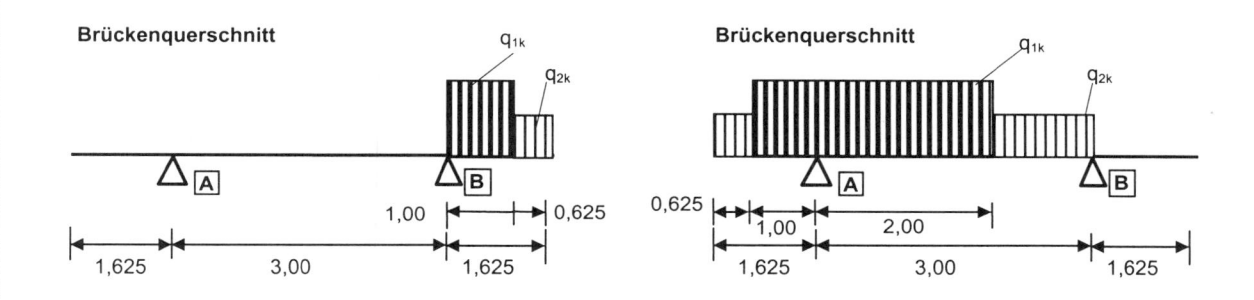

Bild 8 Laststellung des Lastmodells 1 (Anteil UDL) im Quersystem für min $V_{k,A}$ und max $V_{k,A}$

max $V_{k,A}$ = 25,2 kN/m   Fb 101, Kap. IV, 4.3.2 (1)

min $V_{k,A}$ = -6,5 KN/m

Ermittlung der maximalen und minimalen Hauptträgerlast infolge des Tandem-Systems:

max $V_{k,A\,Achse}$ = 224,0 kN/Achse   Doppelachse   Fb 101, Kap. IV, 4.3.3 (1) P

min $V_{k,A\,Achse}$ = 0 KN/m

Da nur vollständige Doppelachsen angeordnet werden sollten, gibt es keinen entlastenden Anteil auf dem Kragarm.
Fb 101, Kap. IV, 4.3.3 (2)

Bauteil : Verbundüberbau mit offenem Querschnitt, Walzträger	Archiv Nr.:
Block : Charakteristische Last- und Weggrößen Seite: **47**	
Vorgang :	

4.3.1.3 Lastmodell 2 (Einzelachse)

Fb 101, Kap. IV, 4.3.3

Dieses Modell besteht aus einer Einzelachse $\beta_Q \cdot Q_{ak}$ wobei in Q_{ak} die dynamische Erhöhung bereits enthalten ist. β_Q ist ein Faktor zur Anpassung an das nationale Sicherheitsniveau. Die anzusetzende Einwirkung ergibt sich, wenn Q_{ak} = 240 kN mit dem dynamischen Anpassungsfaktor β_Q multipliziert wird. Das Lastmodell ist in beliebiger Stellung auf der Fahrbahn anzuordnen. Gegegebenenfalls ist nur ein Rad von 120 · β_Q (in kN) zu berücksichtigen.
Sowohl für die Achslast als auch für die Radlast gilt β_Q = 0,8.

Fb 101, Kap. IV, 4.3.3 (1) P

Die Radaufstandsfläche ist wie im Lastmodell 1 anzunehmen.

Fb 101, Kap. IV, 4.3.3 (2) P

Somit ergibt sich:

$Q_k = \beta_Q \cdot Q_{ak} = 0{,}8 \cdot 240 = 192$ kN   Achslast

Nebenrechnungen haben ergeben, dass die Auswirkungen dieses Lastmodell stets kleiner sind als die des Lastmodells 1.
Somit ist es nicht bemessungsrelevant und wird nicht weiter verfolgt.

4.3.1.4 Lastmodell 4 (Menschengedränge)

Fb 101, Kap. IV, 4.3.5

Falls zu berücksichtigen, wird Menschengedränge durch eine der in 5.3.2 (1) festgelegten charakteristischen Last entsprechende Nominallast (welche dynamische Erhöhung beinhaltet) dargestellt. Falls nicht anderweitig festgelegt, sollte sie auf den jeweils maßgebenden Teilen (Länge und Breite) des Überbaues angeordnet werden. Dieses für globale Nachweise gedachte Lastmodell deckt nur die vorübergehende Bemessungssituation ab.

Fb 101, Kap. IV, 4.3.5 (1)

Anmerkung:

Nach Vorgabe des Bauherren ist das Lastmodell 4 für dieses Bauwerk nicht zu berücksichtigen.

4.3.1.5 Lasten aus Bremsen und Anfahren

Fb 101, Kap. IV, 4.4.1

Die Bremslast Q_{lk} ist in Längsrichtung in Höhe des fertigen Belages wirkend anzunehmen.

Fb 101, Kap. IV, 4.4.1 (1) P

Der für die gesamte Brückenbreite auf 900 kN begrenzte charakteristische Wert Q_{lK} ist anteilig zu den maximalen vertikalen Lasten des in Fahrstreifen 1 vorgesehenen Lastmodells wie folgt festgelegt:

Fb 101, Kap. IV, 4.4.1 (2) P

$$Q_{lk} = 0{,}6 \cdot \alpha_{Q1} \cdot (2 \cdot Q_{lk}) + 0{,}10 \cdot \alpha_{q1} \cdot q_{lk} \cdot w_l \cdot L$$

Fb 101, Kap. IV, 4.4.1 (2) P, Gl. (4.6)

mit:

- α_{Q1} Anpassungsfaktor $\alpha_{Q1} = 0{,}8$
- Q_{lk} charakteristischer Wert der Doppelachse in der Spur 1
- α_{q1} Anpassungsfaktor $\alpha_{q1} = 1{,}0$
- q_{lk} charakteristischer Wert der Gleichlast in der Spur 1
- w_l Fahrstreifenbreite
- L Länge des Überbaus oder des zu berücksichtigenden Teiles des Überbaus

$$\alpha_{Q1} \cdot 360 \text{ kN} \leq Q_{lk} \leq 900 \text{ kN}$$

$$\begin{aligned} Q_{lk} &= 0{,}6 \cdot 0{,}8 \cdot (2 \cdot 300) + 0{,}10 \cdot 1{,}0 \cdot 9{,}00 \cdot 3{,}00 \cdot 30{,}8 \\ &= 371{,}2 \text{ kN} \end{aligned}$$

Diese Last sollte entlang der Mittellinie **eines** rechnerischen Fahrstreifens angenommen werden. Falls jedoch die Exzentrizität unbedeutend ist, darf die Last in der Mittellinie der Fahrbahn wirkend angenommen werden. Sie darf als gleichmäßig verteilt über die Belastungslänge angenommen werden.

Fb 101, Kap. IV, 4.4.1 (3)

Falls nicht anderweitig festgelegt, sollten Lasten aus Anfahren in der selben Größe wie die Bremskräfte angesetzt werden, jedoch in entgegengesetzter Richtung wirkend.

Fb 101, Kap. IV, 4.4.1 (4)

<u>Anmerkung</u>:

Dies bedeutet, dass Q_{lk} sowohl positiv als auch negativ anzusetzen ist.

Durch die Verschiebung der Mittellinie des Fahrstreifens 1 gegenüber der Mittelachse des Überbaus ergibt sich ein geringes Querbiegemoment in der Fahrbahnplatte.

Die Abtragung der Horizontalkraft erfolgt über die längsfesten Lager auf der Mittelstütze. Die Beanspruchung des daraus entstehenden Versatzmomentes wird am Mittelauflager in die Hauptträger eingeleitet. Der Hebelarm $a_{Versatz}$ für das Versatzmoment M_{lk} ergibt sich aus dem Abstand von Oberkante Fahrbahnbelag bis Mitte Lager zu 1,48 m.

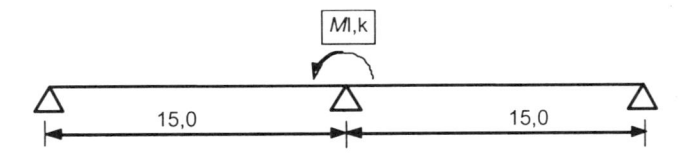

Bild 9 Belastung infolge Bremsen und Anfahren

$$M_{lk} = Q_{lk} \cdot a_{Versatz}$$
$$= 371{,}2 \cdot 1{,}48 = 549{,}4 \text{ kNm}$$

$a_{Versatz}$ = 1,48 m
Höhenversatz zwischen Lager und Bremslast

4.3.1.6 Zentrifugallasten

Fb 101, Kap. IV, 4.4.2

Die Zentrifugallast Q_{tk} ist als in Höhe des fertigen Fahrbahnbelages in Querrichtung wirkende Last radial zur Fahrbahnachse anzunehmen.

Fb 101, Kap. IV, 4.4.2 (1)

Der charakteristische Wert von Q_{tk}, der die dynamische Erhöhung schon beinhaltet, ist in Abhängigkeit vom horizontalen Radius der Fahrbahnmittellinie zu bestimmen.

Fb 101, Kap. IV, 4.4.2 (2), Tab. 4.3

Q_{tk} sollte in der Regel nur in den Stützenachsen angesetzt werden.

Fb 101, Kap. IV, 4.4.2 (3)

$$r = \infty \quad \Rightarrow \quad Q_{tk} = 0 \text{ kN}$$

Verfasser : Planungsgemeinschaft h² Hochschule Magdeburg – Stendal (FH) C Hochschule Anhalt (FH)	Proj. – Nr. 2100
Programm :	
Bauwerk : Straßenbrücke bei Cavertitz ASB Nr.: 4131635	Datum: 01.05.2003

4.3.2 Einwirkungen aus Fußgänger- und Radverkehr

Fb 101, Kap. IV, 5.3.2.1

4.3.2.1 Allgemeines

Die gleichmäßig verteilte Last q_{fk} und die Einzellast Q_{fwk} können sowohl bei Straßen- und Eisenbahnbrücken als auch bei Fußgänger- und Radwegbrücken angewendet werden.

Fb 101, Kap. IV, 5.1 (2)

4.3.2.2 Verkehrslast auf Kappen

Die gleichmäßig verteilte Last beträgt:

q_{fk} = 5,0 kN/m²

Fb 101, Kap. IV, 5.3.2.1 (1)

Für Geh- oder Radwege auf Straßenbrücken sollte nur der Wert von 5,0 kN/m² angewendet werden. Ein abgeminderter Wert von 2,5 kN/m² darf bei Kombinationen berücksichtigt werden.

Fb 101, Kap. IV, 5.3.2.1 (3)

Bei Kombinationen mit Lastmodellen für den Straßenverkehr

Die Einzellast Q_{fwk} beträgt 10 kN und hat eine quadratische Aufstandsfläche mit einer Seitenlänge von 0,10 m. Falls getrennte Nachweise für globale und lokale Einflüsse durchgeführt werden, ist diese Last nur bei dem Nachweis für lokale Einwirkungen zu berücksichtigen.

Fb 101, Kap. IV, 5.3.2.2 (1) P

Die Belastungen für Träger A ergeben sich wie folgt:

- Flächenlast   = 2,50 kN/m²

- Streckenlast   = 2,50 · 0,75   = 1,88 kN/m

- Torsionsmoment = 1,88 · 1,50   = 2,82 kNm/m

Gehwegbreite: 0,75 m
Hebelarm: 1,50 m
(siehe Bild 3)

Bauteil : Verbundüberbau mit offenem Querschnitt, Walzträger	Archiv Nr.:
Block : Charakteristische Last- und Weggrößen Seite: **51**	
Vorgang :	

4.3.2.3 Einwirkungen auf Geländer

Fb 101, Kap. IV, 4.8

Es ist eine horizontal wirkende Linienlast von q_k = 0,80 kN/m in Oberkante Geländer, horizontal nach außen oder innen wirkend, anzunehmen.

Fb 101, Kap. IV, 4.8.1 (1)

Diese Einwirkung ist für die Bemessung des Überbaus nicht relevant und wird nicht weiter verfolgt.

4.3.3 Andere für Straßenbrücken typische Einwirkungen

4.3.3.1 Schwinden des Betons

Die Schwinddehnung des Betons setzt sich aus den Anteilen Schrumpfdehnung und Trocknungsschwinddehnung zusammen und darf für den Zeitpunkt t_∞ wie folgt berechnet werden:

Fb 102, Kap. II, 3.1.5.5 (8)*

$$\varepsilon_{cs\infty} = \varepsilon_{cas\infty} + \varepsilon_{cds\infty}$$

Sie wurde in Abschnitt 3.4.2 ermittelt.

$$\varepsilon_{cs\infty} = -0,000299$$

4.3.3.2 Schneelasten

Schneelasten sind nur bei überdachten Brücken, bei beweglichen Brücken oder bei Nachweisen in Bauzuständen nachzuweisen.

Beim Nachweis von Bauzuständen sind die Schneelasten entsprechend E DIN 1055-5 anzunehmen.

4.3.3.3 Anheben zum Auswechseln von Lagern

Fb 101, Kap. IV, 4.10.4

Für das Auswechseln von Lagern oder Lagerteilen ist ein Anheben des gelagerten Bauteils in den einzelnen Auflagerlinien je für sich zu berücksichtigen.

Fb 101, Kap. IV, 4.10.4 (1) P

Das Anhebemaß beträgt 1 cm, sofern nicht die gewählte Lagerbauart einen größeren Wert erfordert (siehe hierzu die Lagernormen der Reihen DIN 4141 bzw. DIN EN 1337-1).

Fb 101, Kap. IV, 4.10.4 (2) P

Bei sehr eng beieinanderliegenden Auflagerlinien (z.B. bei zwei benachbarten Auflagerlinien auf einem Pfeiler) darf ausnahmsweise ein gleichzeitiges Anheben an zwei Auflagerlinien in Betracht gezogen werden.

Fb 101, Kap. IV, 4.10.4 (3) P

Das Anheben zum Auswechseln von Lagern ist als vorübergehende Bemessungssituation zu betrachten. Wenn seitens des Bauherren keine speziellen Vorgaben gemacht werden, sind die Verkehrslasten der Lastgruppe *gr* 6 zu berücksichtigen.

Fb 101, Kap. IV, 4.10.4 (4) P

Anmerkung:

Seitens des Bauherren wurden keine speziellen Vorgaben gemacht. Es werden deshalb die Verkehrslasten der Lastgruppe *gr* 6 angesetzt.

4.3.3.4 Temperatureinwirkungen

Das Temperaturprofil in einem einzelnen Bauteil kann in vier Anteile aufgespalten werden.

    a) konstanter Temperaturanteil, ΔT_N

    b) linear veränderlicher Temperaturanteil in der x – z Ebene, ΔT_{Mz}

    c) linear veränderlicher Temperaturanteil in der x – y Ebene, ΔT_{My}

    d) nicht - lineare Temperaturverteilung, ΔT_E

Fb 101, Kap. V
vgl. DIN-Fachbericht 101, Abschnitt V, 6.1 (3) P Abb. 6.1

Der betrachtete Verbundüberbau ist in Überbaugruppe 2 einzustufen.

Fb 101, Kap. V, 6.3.1.1 (1) P

Bei Brücken sollten in der Regel nur der konstante Temperaturanteil und der lineare Temperaturunterschied mit ihren entsprechenden repräsentativen Werten berücksichtigt werden.

Fb 101, Kap. V, 6.3.1.2 (2)

a) Konstanter Temperaturanteil

Fb 101, Kap. V, 6.3.1.3

Der konstante Temperaturanteil ist in Abhängigkeit von der Außenlufttemperatur tabelliert.

Fb 101, Kap. V, 6.3.1.3.1 (4)

Es ergeben sich für Gruppe 2:

Fb 101, Kap. V, 6.3.1.3.1 (5)

$T_{e,\,min} = -20\ K$
$T_{e,\,max} = +41\ K$

Die Aufstelltemperatur T_0, die während der Tragwerkserstellung im Bauteil vorherrscht, darf als Bezugswert für die Berechnung der Verkürzung infolge des minimalen konstanten Temperaturanteils und der Ausdehnung infolge des maximalen konstanten Temperaturanteils verwendet werden. In der Regel darf $T_0 = 10\ °C$ angenommen werden.

Fb 101, Kap. V, 6.3.1.3.3 (2) P

Der Wert der maximalen Schwankung des negativen Temperaturanteils $\Delta T_{N,neg}$ beträgt:

$$\Delta T_{N,neg} = T_{e,min} - T_0$$
$$= -20 - 10 = -30 \text{ K}$$

Der Wert der maximalen Schwankung des positiven Temperaturanteils $\Delta T_{N,pos}$ beträgt:

Fb 101, Kap. V, 6.3.1.3.3 (3) P

$$\Delta T_{N,pos} = T_{e,max} - T_0$$
$$= 41 - 10 = 31 \text{ K}$$

Die Gesamtschwankung des konstanten Temperaturanteils ist dann definiert als:

$$\Delta T_N = T_{e,max} - T_{e,min}$$
$$= 31 - (-30) = 61 \text{ K}$$

Für die Berechnung der Bewegungsschwankungen (z.B. bei der Bemessung von Lagern und Dehnungsfugen) muss, sofern keine anderen Werte vorliegen, die maximale Schwankung des positiven Temperaturanteils zu ($\Delta T_{N,pos}$ +20 K) und die maximale Schwankung des negativen Temperaturanteils zu ($\Delta T_{N,neg}$ -20 K) angenommen werden.

Fb 101, Kap. V, 6.3.1.3.3 (4) P

Wenn die mittlere Bauwerkstemperatur beim Herstellen der endgültigen Verbindung mit den Lagern und bei der Ausbildung von Dehnungsfugen bekannt ist, kann der Wert von 20 K auf 10 K reduziert werden.

Fb 101, Kap. V, 6.3.1.3.3 (5) P

b1) linearer Temperaturunterschied - Vertikalkomponente

Fb 101, Kap. V, 6.3.1.4.1

Zu bestimmten Zeitperioden verursachen eine Erwärmung und Abkühlung der Oberfläche des Brückenüberbaues maximal positive (Oberseite wärmer) und maximal negative (Unterseite wärmer) Temperaturänderungen.

Fb 101, Kap. V, 6.3.1.4.1 (1) P

Die Effekte sollten durch gleichwertige positive und negative lineare Temperaturunterschiede nach DIN-Fachbericht 101 Tabelle 6.1 erfasst werden.

Fb 101, Kap. V, 6.3.1.4.1 (3)

Abgelesen wurden für Gruppe 2:

$\Delta T_{M,pos} = +15$ K
$\Delta T_{M,neg} = -18$ K

Die im Fb 101 Tabelle 6.1 angegebenen Temperaturunterschiede sind zwischen Ober- und Unterseite des Brückenüberbaues anzusetzen.

Fb 101, Kap. V, 6.3.1.4.1 (5) P

Die im Fb 101 Tabelle 6.1 angegebenen Werte der Temperaturunterschiede wurden für Straßen- und Eisenbahnbrücken mit einer Belagsdicke von 50 mm ermittelt. Für andere Belagsdicken sind diese Werte mit einem im Fb 101 Tabelle 6.2 angegebenen Faktor K_{sur} zu multiplizieren.

Fb 101, Kap. V, 6.3.1.4.1 (6) P

hier: d = 80 mm

Die Faktoren K_{sur} ergeben sich wie folgt:

$K_{sur} = 1{,}00$ (Oberseite wärmer)
$K_{sur} = 1{,}00$ (Unterseite wärmer)

Fb 101, Kap. V, 6.3.1.4.1, Tab. 6.2

Damit ergeben sich die linearen Temperaturunterschiede zu:

$\Delta T_{M,pos} = 1{,}00 \cdot 15{,}0 \quad = 15{,}0$ K
$\Delta T_{M,neg} = 1{,}00 \cdot (-18{,}0) \quad = -18{,}0$ K

b2) linearer Temperaturunterschied - Horizontalkomponente

Fb 101, Kap. V, 6.3.1.4.2

Im Allgemeinen braucht die lineare Temperaturverteilung nur in vertikaler Richtung berücksichtigt zu werden.

Fb 101, Kap. V, 6.3.1.4.2 (1) P

In besonderen Fällen sollte man jedoch den horizontalen Temperaturgradienten betrachten. Für diese Fälle darf ein Temperaturunterschied von 5 K angesetzt werden, wenn keine anderen Informationen vorhanden sind und keine Hinweise auf höhere Werte vorliegen.

Fb 101, Kap. V, 6.3.1.4.2 (2)

<u>Anmerkung:</u>

Im vorliegenden Fall braucht keine lineare Temperatureinwirkung in horizontaler Richtung angesetzt werden.

Die folgenden Kombinationen dürfen verwendet werden, wenn vorausgesetzt wird, dass sowohl der konstante Temperaturanteil ΔT_N als auch der lineare Temperaturunterschied ΔT_M gleichzeitig (z.B. in Rahmentragwerken) betrachtet werden.

Fb 101, Kap. V, 6.3.1.5 (1) P

$\Delta T_M + \omega_N \cdot \Delta T_N$ oder

$\omega_M \cdot \Delta T_M + \Delta T_N$

Der ungünstigere Fall ist maßgebend. Die obigen Faktoren haben die folgenden Werte:

$\omega_N = 0{,}35$
$\omega_M = 0{,}75$

4.3.3.5 Windeinwirkungen

Fb 101, Anhang N

Die anzusetzenden Windeinwirkungen sind im DIN-Fachbericht 101 tabellarisch in Abhängigkeit vom Verhältnis der Überbaubreite zur Höhe der Windangriffsfläche und der Höhe der Windresultierenden über OK Gelände angegeben.

Fb 101, Anhang N, N.2, Tab. N.1

Den Angaben der Tabelle liegen folgende Voraussetzungen zugrunde:

- Höhenlage der Windresultierenden
  über OK Gelände $\leq$ 100 m
- Windzone 3
- Geländekategorie II
- dynamischer Beiwert c_d = 0,95

Fb 101, Anhang N, N.1 (2)
Fb 101, Anhang N, N.1 (4)
Fb 101, Anhang N, N.1 (4)
Fb 101, Anhang N, N.1 (4)

Für den Endzustand sind zwei Fälle zu unterscheiden:

- Einwirkungen ohne Verkehr und ohne Lärmschutzwand
- Einwirkungen mit Verkehr oder Lärmschutzwand

Bei Kombination von Einwirkungen aus Wind und Verkehr sollte die Windangriffsfläche A_{ref} durch ein Verkehrsband von 2,00 m Höhe über der Fahrbahnoberkante vergrößert werden. Dieses Verkehrsband ist zusätzlich zur Überbauhöhe, aber ohne die in DIN-Fachbericht 101 angegebenen zusätzlichen Höhen von Geländern, Schutzeinrichtungen oder Lärmschutzwänden anzuordnen. Der Winddruck auf Fahrzeuge sollte aus ungünstigster Länge, unabhängig von der Länge der aufgebrauchten Vertikallasten angenommen werden.

Windkräfte in Brückenlängsrichtung werden nicht ermittelt, da sie nicht bemessungsrelevant sind.

Fb 101, Anhang N, N.2 (1)

    d bei Brücken ohne Verkehr und ohne Lärmschutzwand:
Höhe von Oberkante Fahrbahn bis Unterkante Tragkonstruktion

    d^* bei Brücken mit Verkehrsband oder mit Lärmschutzwand:
Höhe Oberkante Verkehrsband bzw. Lärmschutzwand bis Unterkante Tragkonstruktion

Verfasser : Planungsgemeinschaft h² Hochschule Magdeburg – Stendal (FH) Programm : C Hochschule Anhalt (FH)		Proj. – Nr. 2100
Bauwerk : Straßenbrücke bei Cavertitz ASB Nr.: 4131635		Datum: 01.05.2003

b — Gesamtbreite der Deckbrücke

z_e — größte Höhe der Windresultierenden über der Geländeoberfläche oder über dem mittleren Wasserstand bei Brücken ohne Verkehr und ohne Lärmschutzwand

z_e^* — größte Höhe der Windresultierenden über der Geländeoberfläche oder über dem mittleren Wasserstand bei Brücken mit Verkehr oder Lärmschutzwand

e — Abstand der Windresultierenden zum Schubmittelpunkt (hier zur Mittellinie der Fahrbahnplatte (h_{fa} + h_f + h_{ob})/2)

Fb 101, Anhang N, N.2, Tab. N.1

Maßgebend ist die Windeinwirkung mit Verkehr.

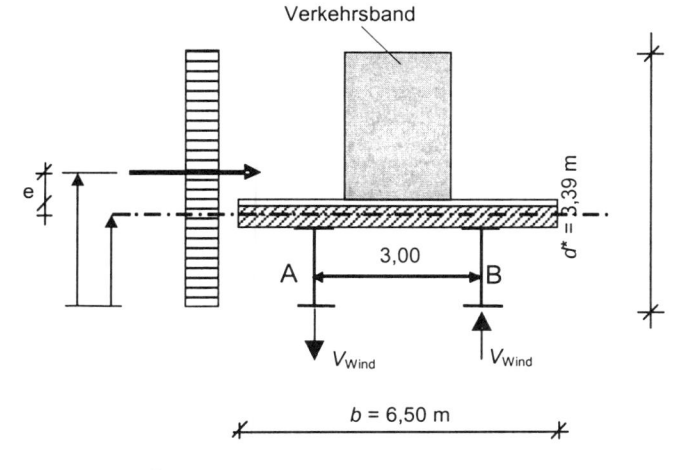

Bild 10 Wind auf Überbau mit Verkehrsband

B_{Ka} = 6,50 m
Brückenbreite mit Kappen

h_a = 100,8 cm
Höhe des Stahlprofils

h_c = 30,0 cm
Betongurtdicke

h_{fa} = 0,08 m
Dicke des Fahrbahnbelags

b/d^* = B_{Ka} / (h_a + h_c + h_{fa} + 2,0)
 = 6,50 / (1,01 + 0,30 + 0,08 + 2,0)
 = 1,92

z_e^* = (h_a + h_f + h_{ob} + h_{fa} + 2,0) / 2 + $H_{UK, Träger}$
 = (1,01 + 0,10 + 0,20 + 0,08 + 2,0)/2 + 4,70
 = 6,39 m

w_k = 2,4 KN/m²

$W_{k,res}$ = 2,4 · 3,39 = 8,1 KN/m

Bauteil : Verbundüberbau mit offenem Querschnitt, Walzträger Block : Charakteristische Last- und Weggrößen Seite: **59**		Archiv Nr.:
Vorgang :		

Ermittlung der Zusatzvertikallast infolge Wind für Hauptträger A

M_{ref} $= \pm W_{ref} \cdot e$
$\phantom{M_{ref}} = \pm 7{,}94 \cdot 0{,}53$
$\phantom{M_{ref}} = \pm 4{,}22 \text{ KNm/m}$

V_{Wind} $= \pm M_{ref} / a_a$
$\phantom{V_{Wind}} = \pm 4{,}22 / 3{,}00$
$\phantom{V_{Wind}} = \pm 1{,}4 \text{ KN/m}$

$2{,}35 \cdot 3{,}37 = 7{,}94 \text{ kN/m}$

$(1{,}00 + 0{,}15) / (3{,}37 / 2)$
$= 0{,}53 \text{ m}$

Zusatzvertikallast für Träger A infolge M_{ref}

4.4 Außergewöhnliche Einwirkungen

Fb 101, Kap. IV, 4.7

4.4.1 Allgemeines

Die außergewöhnlichen Einwirkungen aus Straßenfahrzeugen sind entsprechend den folgenden Situationen zu berücksichtigen:

Fb 101, Kap. IV, 4.7.1 (1) P

- Fahrzeuganprall an Überbauten oder Pfeilern
- schwere Radlasten auf Gehwegen
  (Einwirkungen schwerer Radlasten sind bei allen Straßenbrücken zu berücksichtigen, bei denen Gehwege nicht durch starre Schutzeinrichtungen gesichert sind.)
- Fahrzeuganprall an Kappen, Schutzeinrichtungen und Stützen (Anprall an Schutzeinrichtungen ist bei allen Straßenbrücken zu berücksichtigen, bei denen solche Schutzeinrichtungen vorgesehen sind; Anprall an Kappen ist immer zu berücksichtigen.)

4.4.2 Anpralllasten aus Fahrzeugen unter der Brücke

Fb 101, Kap. IV, 4.7.2

4.4.2.1 Anprall an Überbauten

Fb 101, Kap. IV, 4.7.2.2

Die Gefährdung durch Anprall ist durch konstruktive Maßnahmen zu begrenzen. Leichte Überbauten mit geringen Eigenlasten sind an den Auflagern gegen waagerechte Verschiebung zu sichern.

Fb 101, Kap. IV, 4.7.2.2 (1) P

Anmerkung im Fb 101: Als leichte Überbauten können in der Regel Überbauten mit Auflagerlasten aus ständigen Lasten je Stützenachse von weniger als 250 kN gelten.

Anmerkung:

Die Auflagerlasten aus ständigen Lasten je Stützenachse sind größer als 250 kN. Ein Anprall an den Überbau ist nicht zu untersuchen.

4.4.3 Einwirkungen aus Fahrzeugen auf der Brücke

Fb 101, Kap. IV, 4.7.3

4.4.3.1 Fahrzeuge auf Geh- und Radwegen von Straßenbrücken

Fb 101, Kap. IV, 4.7.3.1

Wird eine starre Schutzeinrichtung vorgesehen, so ist eine Berücksichtigung der Achslast hinter der Schutzeinrichtung nicht erforderlich.

Fb 101, Kap. IV, 4.7.3.1 (1) P

Anmerkung im Fb 101:
Eine verformbare Schutzeinrichtung (Seil, Leitplanken) ist dafür unzureichend.

Wenn eine Schutzeinrichtung entsprechend (1) vorgesehen wird, sollte eine außergewöhnliche Achslast von $\alpha_{Q2} \cdot Q_{2k}$ (siehe Abschnitt 4.3.2) berücksichtigt werden. Sie sollte auf der Fahrbahn neben der Schutzeinrichtung in ungünstigster Stellung entsprechend Abb. 4.11 angeordnet werden. Diese Achslast wirkt nicht gleichzeitig mit den anderen Verkehrslasten auf der Fahrbahn. Wenn aus geometrischen Gründen die Anordnung einer ganzen Achse nicht möglich ist, sollte ein einzelnes Rad berücksichtigt werden. Hinter der Schutzeinrichtung ist mindestens eine Radlast von 40 kN mit einer Aufstandsfläche von 20 cm x 20 cm anzunehmen.

Fb 101, Kap. IV, 4.7.3.1 (21)

Werden keine Schutzeinrichtungen entsprechend (1) vorgesehen, so sind die Regelungen von (2) bis 1 m hinter deformierbaren Schutzeinrichtungen oder bis zum Überbaurand bei ganz fehlender Schutzeinrichtung anzuwenden.

Fb 101, Kap. IV, 4.7.3.1 (3) P

<u>Anmerkung:</u>

Eine starre Schutzeinrichtung ist nicht vorgesehen. Da keine Schutzeinrichtungen vorgesehen wird, ist die außergewöhnliche Achslast bis zum Überbaurand zu verschieben.
Die Achslast beträgt $\alpha_{Q2} \cdot Q_{2k}$ = 160 kN, die zugehörigen Aufstandsflächen 0,40 x 0,40 m.

Verfasser : Planungsgemeinschaft h² Hochschule Magdeburg – Stendal (FH)	Proj. – Nr. 2100
Programm : C Hochschule Anhalt (FH)	
Bauwerk : Straßenbrücke bei Cavertitz ASB Nr.: 4131635	Datum: 01.05.2003

Überbaurand   oder   Überbaurand

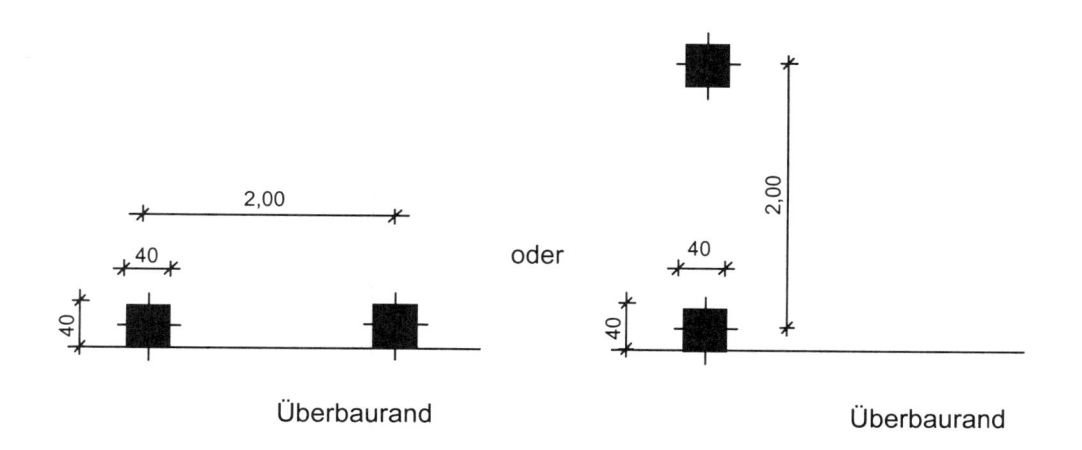

Bild 11 Anordnung der außergewöhnlichen Achslast

Bauteil : Verbundüberbau mit offenem Querschnitt, Walzträger	Archiv Nr.:
Block : Charakteristische Last- und Weggrößen Seite: **63**	
Vorgang :	

4.4.3.2 Anpralllasten auf Schrammborde

Fb 101, Kap. IV, 4.7.3.2

Als Einwirkung aus Fahrzeuganprall an Schrammborde sollte eine in Querrichtung wirkende Horizontallast von 100 kN im Abstand von 0,05 m unter der Oberkante des Schrammbordes wirkend angenommen werden. Diese Last wirkt auf einer Länge von 0,50 m und wird von den Schrammborden auf die tragenden Bauteile übertragen. Bei starren Bauteilen wird eine Lastausbreitung unter 45° angenommen. Gleichzeitig mit der Anpralllast sollte eine vertikale Verkehrslast von $0,75 \cdot \alpha_{Ql} \cdot Q_{lk}$ angenommen werden, wenn dies zu ungünstigeren Ergebnissen führt.

Fb 101, Kap. IV, 4.7.3.2 (1)

Schrammbordstoß in Mitte Überbau   **Schrammbordstoß am Überbauende**

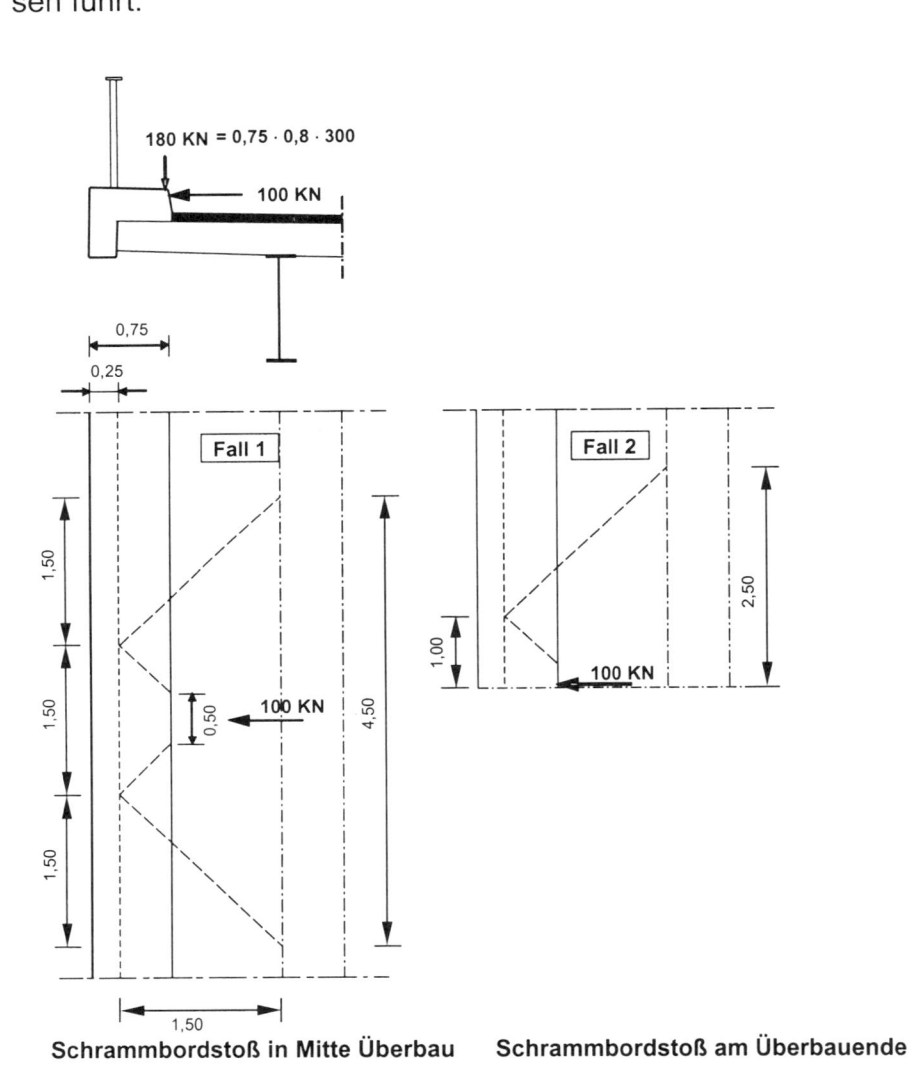

Bild 12 Anprall an Schrammborde

Zur Ermittlung der Verteilungsbreite b_l werden folgende Fälle untersucht:

Fall 1: Schrammbordstoß in der Mitte des Überbaus
Fall 2: Schrammbordstoß am Überbauende

a) Fall 1:

horizontale Belastung

$$b_{l, Fall\ 1} = 4{,}50\ m$$

Randlast aus Schrammbordstoß:

$$n_{k,Rand} = 100\ /\ 4{,}50 = 22{,}2\ kN/m$$

Randmoment aus Schrammbordstoß mit dem Hebelarm von:

$$\begin{aligned}e &= h_{ka} - 0{,}05 - h_c/2 - 0{,}05 \\ &= 0{,}65 - 0{,}05 - 0{,}30/2 - 0{,}05 \\ &= 0{,}40\ m\end{aligned}$$

$$\begin{aligned}m_{k,Rand} &= n_{k,Rand} \cdot e \\ &= 22{,}2 \cdot 0{,}40 = 8{,}9\ kNm/m\end{aligned}$$

vertikale Belastung

$$\begin{aligned}b_{l, Fall\ 1} &= 2 \cdot h_{ka} + 2 \cdot a \\ b_{l, Fall\ 1} &= 2 \cdot 0{,}30 + 2 \cdot 1{,}0 = 2{,}60\ m\end{aligned}$$

a – Anschnittlänge
$a = 1{,}50 - 0{,}75 + 0{,}25 = 1{,}00\ m$

Randlast aus Schrammbordstoß:

Fb 101, Kap. IV, 4.7.3.2

$$n_{k,Rand} = 180\ /\ 2{,}60 = 69{,}2\ kN/m$$

Fb 101, Kap. IV, 4.7.3.2 (1)

Randmoment aus Schrammbordstoß mit dem Hebelarm von:

$$e = 1{,}00\ m$$

$$\begin{aligned}m_{k,Rand} &= n_{k,Rand} \cdot e \\ &= 69{,}2 \cdot 1{,}00 = 69{,}2\ kNm/m\end{aligned}$$

b) Fall 2:

horizontale Belastung

$$b_{l, Fall\ 2} = 2{,}50\ m$$

Randlast aus Schrammbordstoß:

$$n_{k,Rand} = 100\ /\ 2{,}50 = 40{,}0\ kN/m$$

Randmoment aus Schrammbordstoß mit dem Hebelarm von:

$$m_{k,Rand} = 40{,}0 \cdot 0{,}40 = 16{,}0\ kNm/m$$

vertikale Belastung

$$b_{l, Fall\ 2} = h_{ka} + a$$
$$b_{l, Fall\ 2} = 1{,}30\ m$$

Randlast aus Schrammbordstoß:

$$n_{k,Rand} = 180\ /\ 1{,}30 = 138{,}5\ kN/m$$

Randmoment aus Schrammbordstoß mit dem Hebelarm von:

$$m_{k,Rand} = 138{,}5 \cdot 1{,}00 = 138{,}5\ kNm/m$$

4.4.3.3 Anpralllasten auf Schutzeinrichtungen

Fb 101, Kap. IV, 4.7.3.3

Bei Schutzeinrichtungen ist für die Tragwerksbemessung eine auf den Überbau zu übertragene Last von 100 kN anzunehmen. Diese Last wirkt quer zur Fahrtrichtung 100 mm unter Oberkante Schutzeinrichtung oder 1,0 m über der Fahrbahn bzw. dem Gehweg. Der kleinere Wert ist anzusetzen. Wie bei Schrammborden wirkt diese Last auf einer Länge von 0,5 m. Die ggf. gleichzeitig mit der Anpralllast wirkende vertikale Verkehrslast beträgt $0{,}5\ \alpha_{Q1} \cdot Q_{1k}$.

Fb 101, Kap. IV, 4.7.3.3 (1) P

Bei der Konstruktion der Leiteinrichtungen ist die Richtlinie für passive Schutzeinrichtungen (RPS) zu berücksichtigen.

Fb 101, Kap. IV, 4.7.3.3 (2) P

Verfasser : Planungsgemeinschaft h² Hochschule Magdeburg – Stendal (FH)	Proj. – Nr. 2100
Programm : C Hochschule Anhalt (FH)	
Bauwerk : Straßenbrücke bei Cavertitz ASB Nr.: 4131635	Datum: 01.05.2003

Anmerkung:

Schutzeinrichtungen sind nicht vorhanden.

4.4.3.4 Anpralllasten an tragende Teile

Fb 101, Kap. IV, 4.7.3.4

Die Anpralllasten an tragende vertikale Endbauteile oberhalb der Fahrbahnebene entsprechen den im Fb 101, Kap IV, Abschnitt 4.7.2.1 (1) festgelegten Lasten. Die Resultierende wirkt 1,25 m oberhalb der Fahrbahnebene und die vertikale Belastungslänge beträgt $h = 0,5$ m.
Werden zusätzliche Schutzmaßnahmen zwischen der Fahrbahn und diesen Bauteilen vorgesehen, so können die Lasten abgemindert werden.

Fb 101, Kap. IV, 4.7.3.4 (1)

Als zusätzliche Schutzmaßnahmen gelten Schutzeinrichtungen, die in mindestens 1 m Abstand zwischen der Vorderkante der Schutzeinrichtung und der Vorderkante des zu schützenden Bauteils angeordnet sind, oder Betonsockel neben den zu schützenden Bauteilen, die mindestens 80 cm hoch sind und parallel zur Verkehrssicherung mindestens 2 m und rechtwinklig dazu mindestens 50 cm über die Außenkante dieser Bauteile hinausragen.

Fb 101, Kap. IV, 4.7.3.4 (2)

Falls nicht anderweitig festgelegt, wirken diese Lasten nicht gleichzeitig mit anderen veränderlichen Lasten.

Fb 101, Kap. IV, 4.7.3.4 (3)

Anmerkung im Fb 101:
Für Einzelbauteile, deren Ausfall nicht zum Gesamtversagen des Tragwerkes führt (z.B. Hänger oder Streben), können von der zuständigen Behörde geringere Lasten festgelegt werden.

Anmerkung:

Tragende vertikale Bauteile oberhalb der Fahrbahnebene sind nicht vorhanden.

Bauteil : Verbundüberbau mit offenem Querschnitt, Walzträger	Archiv Nr.:
Block : Charakteristische Last- und Weggrößen Seite: **67**	
Vorgang :	

4.5 Lastmodelle für Ermüdungsberechnungen

Fb 101, Kap. IV, 4.6

4.5.1 Allgemeines

Fb 101, Kap. IV, 4.6.1

Der über die Brücke fließende Verkehr führt zu einem Spannungsspektrum, das Ermüdung herbeiführen kann. Das Spannungsspektrum hängt von den Abmessungen der Fahrzeuge, den Achslasten, dem Fahrzeugabstand, der Verkehrszusammensetzung und deren dynamischen Wirkungen ab. Es ist Ermüdungslastmodell 3 anzuwenden.

Fb 101, Kap. IV, 4.6.1 (1) P

Für Ermüdungsnachweise sollte eine Verkehrskategorie auf Brücken mindestens festgelegt werden durch:

Fb 101, Kap. IV, 4.6.1 (4)

- Anzahl der Streifen mit Lastkraftverkehr,
- Anzahl der Lastkraftwagen pro Jahr und Streifen mit LKW-Verkehr N_{obs} aus Verkehrszählungen oder Verkehrsschätzungen.

Die Zahlenwerte von N_{obs} im Fb 101 Tabelle 4.5 beziehen sich auf einen Streifen mit LKW-Verkehr. Falls nicht anders festgelegt, sollten für das Ermüdungslastmodell 3 diese Zahlenwerte gewählt werden.

Auf jedem weiteren Fahrstreifen sollten zusätzlich 10 % von N_{obs} berücksichtigt werden.

Zur Ermittlung globaler Einwirkungen (z.B. für Hauptträger) sollten alle Modelle für Ermüdungsnachweise in der Achse der rechnerischen Fahrstreifen angeordnet werden; jeweils übereinstimmend mit den im Fb 101 Abschnitt 4.2.4 (2) angegebenen Regeln. Die LKW-Fahrstreifen sollten bei Entwurf, Berechnung und Bemessung festgelegt werden.

Fb 101, Kap. IV, 4.6.1 (5)

Zur Ermittlung lokaler Einwirkungen (z.B. für Platten oder orthotrope Fahrbahntafeln) sollten die Lastmodelle in der Achse der rechnerischen Fahrstreifen angeordnet werden. Die rechnerischen Fahrstreifen können dabei an jeder beliebigen Stelle der Fahrbahn liegen.

Fb 101, Kap. IV, 4.6.1 (6)

Das Ermüdungslastmodell 3 beinhaltet dynamische Erhöhungsfaktoren bei Annahme einer guten Belagsqualität. Bei Brückenneubauten kann von einer guten Belagsqualität ausgegangen werden. Ein zusätzlicher Erhöhungsfaktor $\Delta \varphi_{fat}$ sollte in der Nä-

Fb 101, Kap. IV, 4.6.1 (7)

he von Fahrbahnübergängen berücksichtigt werden. Dieser Faktor ist für alle Lasten entsprechend dem Abstand des untersuchten Querschnitts vom Fahrbahnübergang anzunehmen.

4.5.2 Ermüdungslastmodell 3

Fb 101, Kap. IV, 4.6.4

Das Ermüdungslastmodell 3 besteht aus vier Achsen mit je zwei identischen Rädern. Abb. 4.10 im Fb 101 zeigt die Geometrie. Die Achslasten betragen je 120 kN; die Aufstandsfläche jedes Rades ist ein Quadrat mit 0,40 m Seitenlänge.

Fb 101, Kap. IV, 4.6.4.1
siehe Bild 12

Die maximalen und minimalen Spannungen sowie die Spannungsunterschiede, d.h. ihre algebraische Differenz aus der Überfahrt des Lastmodells über die Brücke, sollten berechnet werden.

Fb 101, Kap. IV, 4.6.4.2

Bei Durchlaufträgerbrücken mit Stahl- und Verbundquerschnitt mit Einzelspannweiten ≥ 40 m sollte, sofern ungünstig wirkend, ein zweites Ermüdungslastmodell 3 (Einzelfahrzeugmodell) nach Abb. 4.10 im Fb 101 mit einem Abstand von 40 m von der Vorderachse des ersten Fahrzeuges bis Vorderachse des zweiten Fahrzeuges berücksichtigt werden (s. Fb 101, Abb. 4.10 a).

Fb 101, Kap. IV, 4.6.4.3

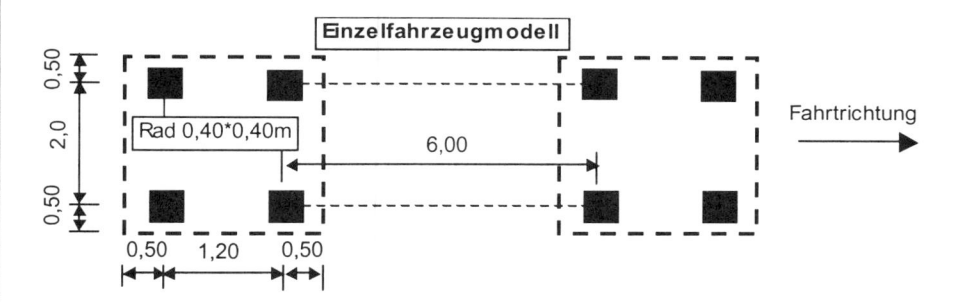

Bild 13 Lastmodell 3

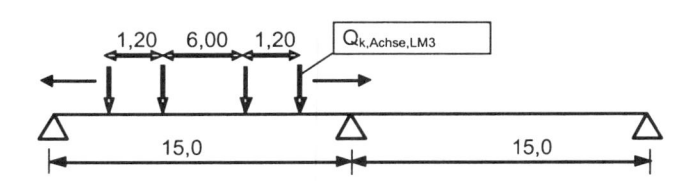

Bild 14 Laststellung (Längssystem) des Lastmodell 3

Verfasser : Planungsgemeinschaft h² Hochschule Magdeburg – Stendal (FH)	Proj. – Nr. 2100
Programm : C Hochschule Anhalt (FH)	
Bauwerk : Straßenbrücke bei Cavertitz ASB Nr.: 4131635	Datum: 01.05.2003

Brückenquerschnitt

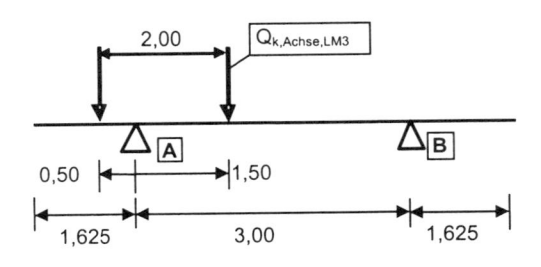

Bild 15 Laststellung (Quersystem) des Lastmodell 3

$\Delta\varphi_{fat}$ = 1,3
$Q_{k,Achse,LM3}$ = 100,00 · 1,3
= 130 kN/Achse

$Q_{k,Achse,LM3}$ = 20,00 · 1,3
= 26,00 kN/Achse

Maximale Belastung :

$Q_{k,Achse,LM3}$ = 100,0 kN/Achse

Bauteil : Verbundüberbau mit offenem Querschnitt, Walzträger	Archiv Nr.:
Block : Charakteristische Last- und Weggrößen Seite: **70**	
Vorgang :	

5 Charakteristische Werte der Schnittgrößen

Fb 104, Kap. II, 6

5.1 Allgemeines

Fb 104, Kap. II, 6.1

Die Schnittgrößen werden linear elastisch ermittelt. Damit gilt das Superpositionsprinzip, so dass aus den charakteristischen Werten der Schnittgrößen unter Zugrundelegung der Kombinationsbeiwerte ψ und der Teilsicherheitsbeiwerte γ sowie der Vorschriften zur Bildung von Einwirkungskombinationen die Bemessungsschnittgrößen berechnet werden können.

Fb 104, Kap. II, 6.1.1 (1)

Aufgrund des Bauablaufs und der zeit- und lastfallabhängigen Querschnittswerte sind unterschiedliche statische Systeme zu untersuchen, die in den folgenden Unterpunkten erläutert werden.

Die Auswirkungen der Normalkraft auf die Nachweise in den Grenzzuständen der Tragfähigkeit, der Gebrauchstauglichkeit und der Ermüdung sind für den betrachteten Überbau so gering, dass auf die Ermittlung der charakteristischen Werte der Normalkräfte verzichtet wird.

5.2 Charakteristische Werte der Schnittgrößen infolge der einzelnen Einwirkungen

Fb 104, Kap. II, 6.2

5.2.1 Eigenlast der Konstruktion

Fb 104, Kap. II, 6.2.1

Die Eigenlasten des Baustahls und der Fahrbahnplatte wirken herstellungsbedingt auf die Stahlträger. Das statische System mit Verteilung der anzusetzenden Steifigkeiten ist im Folgenden abgebildet.

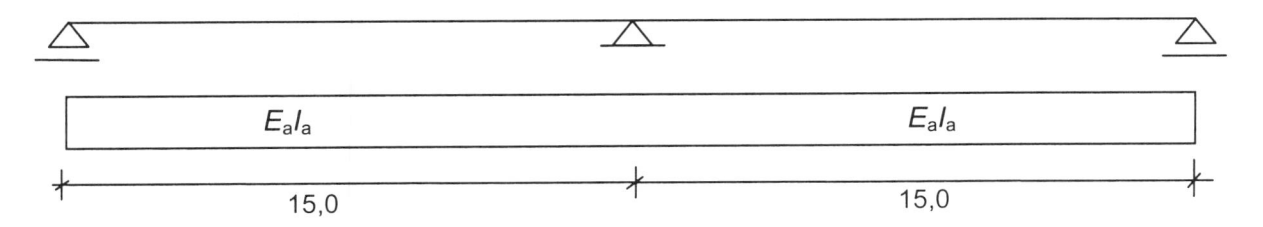

Bild 16 Steifigkeiten bei Einwirkungen aus Eigenlast der Konstruktion

5.2.2 Ausbaulasten

Fb 104, Kap. II, 6.2.2

Die Ausbaulasten wirken auf den Verbundträger. Das statische System mit Verteilung der anzusetzenden Steifigkeiten ist im Folgenden abgebildet.

Fb 104, Kap. II, 6.2.2 (1)

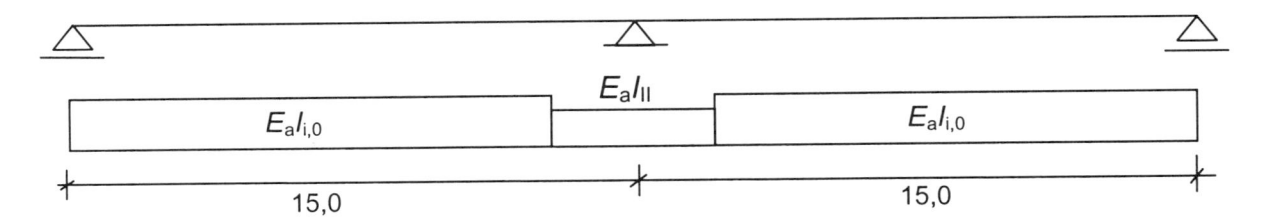

Bild 17 Steifigkeiten bei Einwirkungen aus Ausbaulasten

Statisches System: Zweifeldträger mit Feldweiten 15,0 und 15,0. Steifigkeiten in den Feldern $E_a I_{i,0}$, über dem Mittelauflager $E_a I_{II}$.

5.2.3 Abfließende Hydratationswärme

Fb 104, Kap. II, 6.2.2

Die Beanspruchungen infolge der abfließenden Hydratationswärme müssen für den Endzustand nicht untersucht werden. Falls sie berücksichtigt werden sollen, ist folgendes statisches System zu untersuchen.

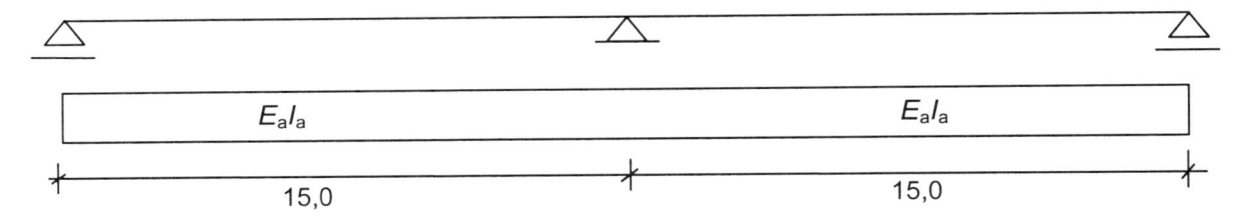

Bild 18 Steifigkeiten bei Einwirkungen aus Hydratationswärme

Statisches System: Zweifeldträger mit Feldweiten 15,0 und 15,0. Steifigkeit $E_a I_a$ in beiden Feldern.

5.2.4 Baugrundbewegungen (Setzungen)

Fb 104, Kap. II, 6.2.2

Die Baugrundbewegungen wirken auf den Verbundträger. Die statischen Systeme mit Verteilung der anzusetzenden Steifigkeiten zu den Zeitpunkten t_0 und t_∞ sind im Folgenden abgebildet.

Fb 104, Kap. II, 6.2.2 (1)

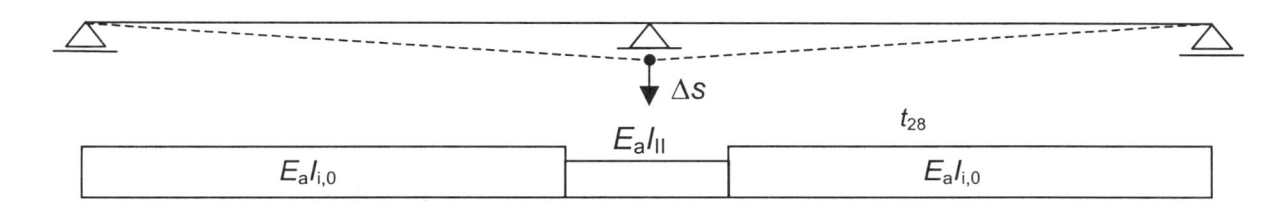

Bild 19 Steifigkeiten bei Einwirkungen aus Baugrundbewegungen

5.2.5 Straßen-, Fußgänger- und Radverkehr

Fb 104, Kap. II, 6.2.2

Die Einwirkungen aus Straßen-, Fußgänger- und Radverkehr wirken auf den Verbundträger. Das statische System mit Verteilung der anzusetzenden Steifigkeiten ist im Folgenden abgebildet.

Fb 104, Kap. II, 6.2.2 (1)

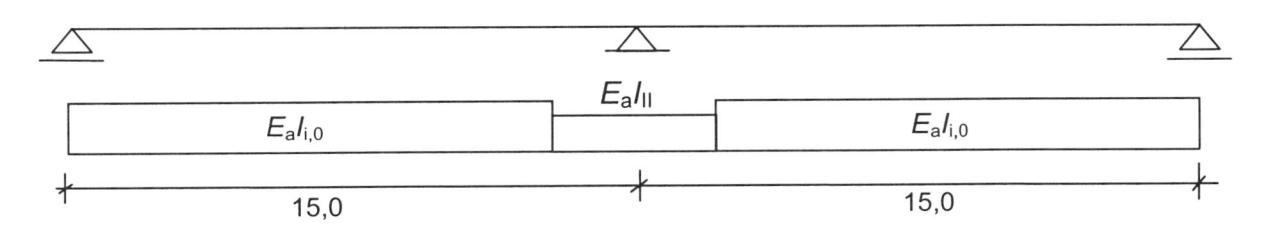

Bild 20 Steifigkeiten bei Einwirkungen aus Straßen-, Fußgänger- und Radverkehr

5.2.6 Schneelasten

Fb 104, Kap. II, 6.2.2

Die Einwirkungen aus Schneelasten wirken auf den Verbundträger. Das statische System mit Verteilung der anzusetzenden Steifigkeiten ist im Folgenden abgebildet.

Fb 104, Kap. II, 6.2.2 (1)

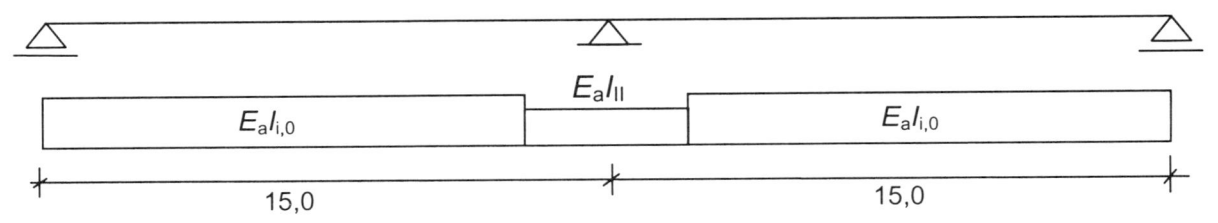

Bild 21 Steifigkeiten bei Einwirkungen aus Schneelasten

5.2.7 Anheben zum Auswechseln von Lagern

Fb 104, Kap. II, 6.2.2

Die Einwirkungen aus dem Anheben des Überbaus zum Auswechseln von Lagern wirken auf den Verbundträger. Das statische System mit Verteilung der anzusetzenden Steifigkeiten ist im Folgenden abgebildet.

Fb 104, Kap. II, 6.2.2 (1)

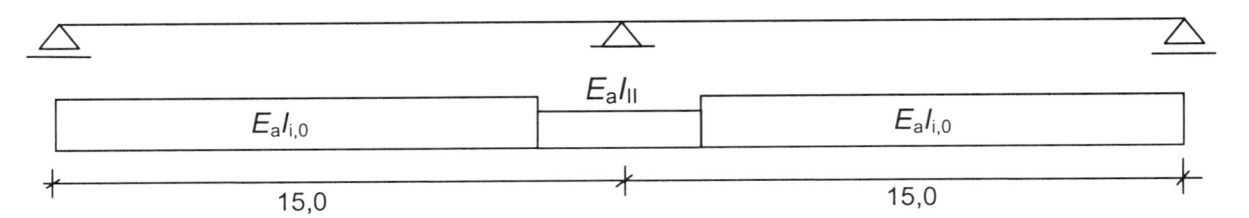

Bild 22 Steifigkeiten bei Einwirkungen aus dem Anheben des Überbaus

5.2.8 Temperatureinwirkungen

Fb 104, Kap. II, 6.2.2

Die Temperatureinwirkungen wirken auf den Verbundträger. Das statische System mit Verteilung der anzusetzenden Steifigkeiten ist im Folgenden abgebildet.

Fb 104, Kap. II, 6.2.2 (1)

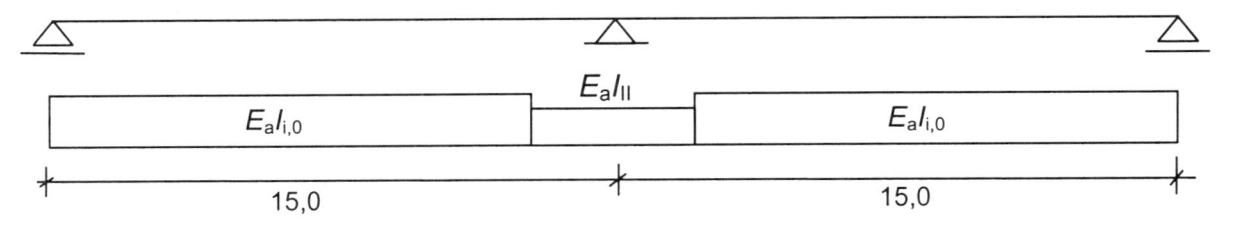

Bild 23 Steifigkeiten bei Einwirkungen aus Temperatureinwirkungen

5.2.9 Windeinwirkungen

Fb 104, Kap. II, 6.2.2

Die Windeinwirkungen wirken auf den Verbundträger. Das statische System mit Verteilung der anzusetzenden Steifigkeiten ist im Folgenden abgebildet.

Fb 104, Kap. II, 6.2.2 (1)

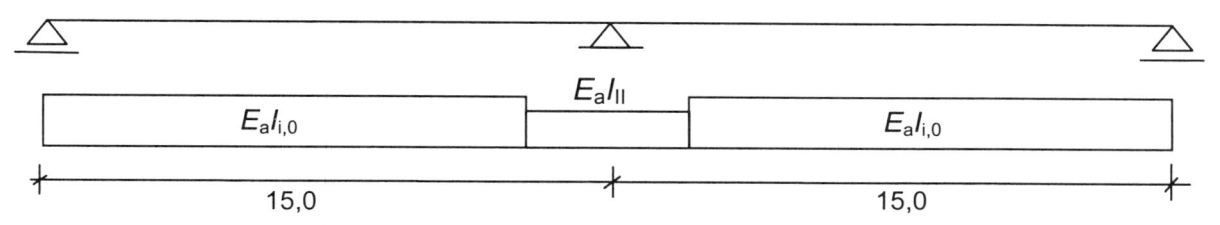

Bild 24 Steifigkeiten bei Einwirkungen aus Windeinwirkung

5.2.10 Außergewöhnliche Einwirkungen

Fb 104, Kap. II, 6.2.2

Die außergewöhnlichen Einwirkungen wirken auf den Verbundträger. Das statische System mit Verteilung der anzusetzenden Steifigkeiten ist im Folgenden abgebildet.

Fb 104, Kap. II, 6.2.2 (1)

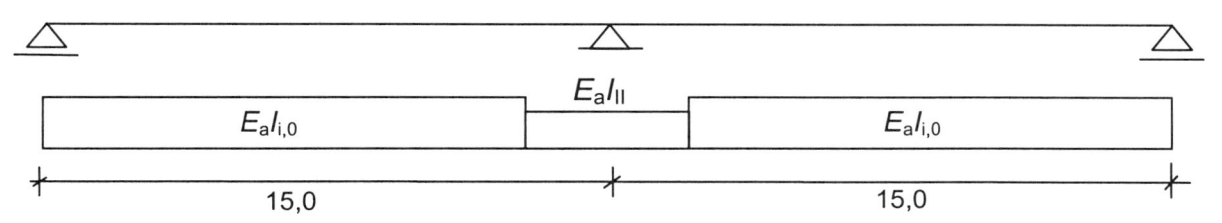

Bild 25 Steifigkeiten bei Einwirkungen aus Außergewöhnlichen Einwirkungen

5.2.11 Lastmodelle für Ermüdungsberechnungen

Fb 104, Kap. II, 6.2.2

Die Lastmodelle für Ermüdung wirken auf den Verbundträger. Das statische System mit Verteilung der anzusetzenden Steifigkeiten ist im Folgenden abgebildet.

Fb 104, Kap. II, 6.2.2 (1)

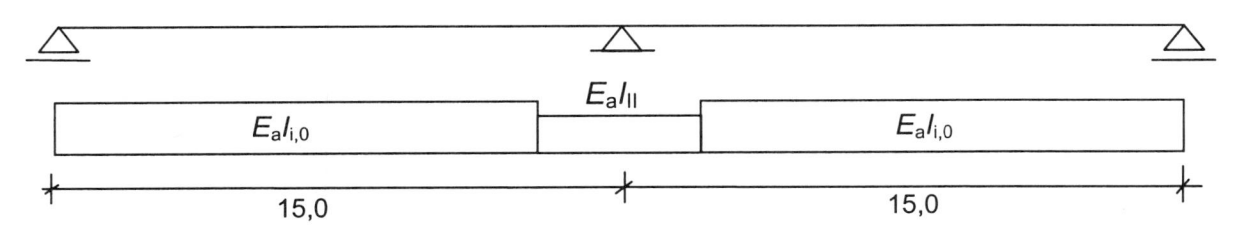

Bild 26 Steifigkeiten bei Einwirkungen aus Lastmodell für Ermüdungslasten

5.2.12 Zwangsschnittgrößen aus dem Kriechen

Fb 104, Kap. II, 6.2.2

Durch das Kriechen der tragenden Betonbauteile entstehen Zwangsschnittgrößen. Diese werden als sekundäre Schnittgrößen bezeichnet. Sie werden mit Hilfe eines fiktiven Temperaturlastfalls berechnet.

Fb 104, Kap. II, 6.2.2 (1)

5.2.12.1 Zwangsschnittgrößen aus dem Kriechen infolge Ausbaulasten

Die sekundären Zwangsschnittgrößen aus dem Kriechen infolge Ausbaulasten auf den Verbundquerschnitt werden mit Hilfe eines fiktiven Temperaturlastfalls berechnet.

$$\Delta t_{cr} = \frac{M_{B,0}}{E_a \cdot I_{i,B}} \cdot \left(1 - \frac{I_{i,B}}{I_{i,0}}\right) \cdot \frac{h}{\alpha_T}$$

E_a Elastizitätsmodul des Baustahls

$I_{i,B}$ ideelles Trägheitsmoment des Verbundquerschnitts für ständige Einwirkungen

$I_{i,0}$ ideelles Trägheitsmoment des Verbundquerschnitts für Kurzzeitlasten

$M_{B,0}$ Moment im betrachteten Querschnitt infolge der auf den Verbundquerschnitt wirkenden Ausbaulasten zum Zeitpunkt t_{28}

Beispiel: Stab1

Biegemoment infolge der Beanspruchung aus Ausbaulasten

$M_{B,0}$ = 48,79 kNm

$$\Delta t_{cr} = \frac{48,79 \cdot 100}{21000 \cdot 2281433} \cdot \left(1 - \frac{22811433}{2870270}\right) \cdot \frac{130,8}{12 \cdot 10^{-6}} = 0,24 \text{ K}$$

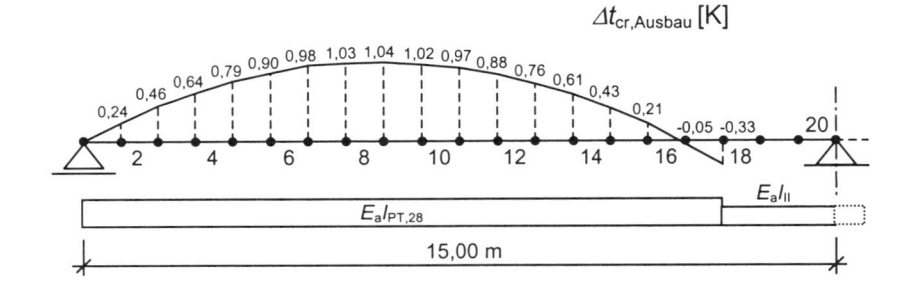

Bild 27
Ermittlung der Zwangsschnittgrößen aus dem Kriechen infolge Ausbaulasten

5.2.12.2 Zwangsschnittgrößen aus dem Kriechen infolge Baugrundbewegungen (Setzungen)

Die Stützensenkungen resultieren i.d.R. zum größten Teil aus den ständigen Einwirkungen und stellen sich deshalb bei nicht stark bindigen Böden in fast voller Größe bereits bei Verkehrsübergabe (hier t_{28}) ein.
Sie sind an folgendem statischen System zu ermitteln.

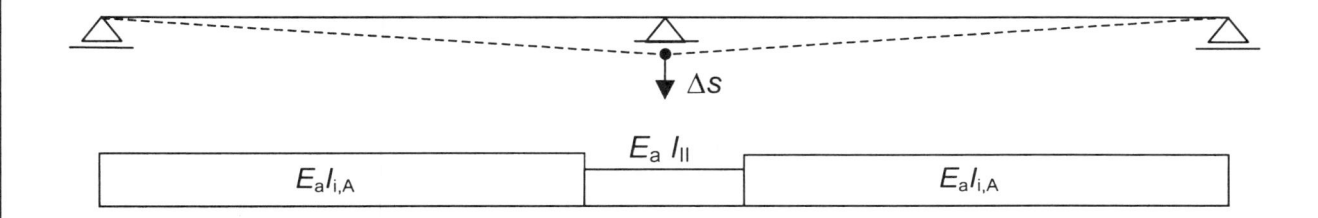

Bild 28   **Steifigkeiten bei Ermittlung der Zwangsschnittgrößen aus Baugrundbewegung**

5.2.13 Zwangsschnittgrößen aus dem Schwinden

Schwinden des Betons ruft Eigenspannungen im Querschnitt sowie Krümmungen und Längsdehnungen in Bauteilen hervor. Dies führt auch in statisch bestimmten Systemen zu einem Eigenspannungszustand innerhalb des Querschnittes, der als primäre Beanspruchung bezeichnet wird.
Die primären Beanspruchungen rufen in statisch unbestimmten Tragwerken aufgrund der Verträglichkeitsbedingungen zusätzliche Zwängungen hervor. Diese werden als sekundäre Beanspruchungen bezeichnet. Die zugehörigen Einwirkungen, im Allgemeinen Auflagerkräfte, werden als indirekte Einwirkungen betrachtet.

Fb 104, Kap. II, 2.2.2.1 (4) P

Im Grenzzustand der Tragfähigkeit ist der Teilsicherheitsbeiwert $\gamma_F = 1,00$ für den Nennwert des Schwindmaßes anzunehmen.

Fb 104, Kap. II, 2.3.3.1 (6) P

Die sekundären Beanspruchungen infolge Schwinden werden über einen äquivalenten linearen Temperaturunterschied erfaßt. In Bereichen, in denen der Verbundquerschnitt sich im Zustand II befindet, wird kein äquivalenter linearer Temperaturunterschied angesetzt.

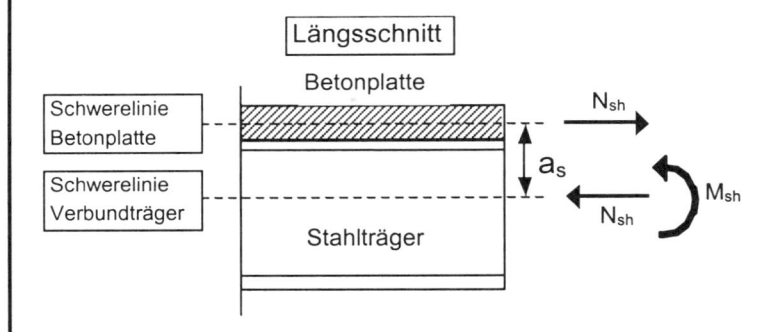

Bild 29 Primäre Beanspruchungen aus dem Schwinden des Betons

a) Primäre Beanspruchung

Schwindkraft:

$$N_{Sh} = \varepsilon_{cs\infty} \cdot \frac{n_0}{n_S} \cdot E_{cm} \cdot A_c = 0{,}299 \cdot 10^{-3} \cdot \frac{6{,}31}{16{,}78} \cdot 33300 \cdot 30 \cdot 300 = 3369{,}73 \text{ kN}$$

Schwindmoment:

$$M_{Sh} = N_{Sh} \cdot (z_{i,S} - z_{ic}) = 3369{,}73 \cdot (46{,}26 - 15{,}0) = 1053{,}38 \text{ kNm}$$

b) Sekundäre Beanspruchungen:

Krümmungsänderung infolge Schwinden

$$\Delta \kappa_{Sh} = \frac{M_{Sh}}{E_a \cdot I_{i,S}}$$

Krümmungsänderung infolge Temperatur

$$\Delta \kappa_{\Delta t} = \alpha_T \cdot \frac{\Delta t_{Sh}}{h}$$

Aus der Bedingung $\Delta \kappa_{Sh} = \Delta \kappa_{\Delta t}$ folgt:

$$\frac{M_{Sh}}{E_a \cdot I_{i,S}} = \alpha_T \cdot \frac{\Delta t_{Sh}}{h} \qquad \Delta t_{Sh} = \frac{M_{Sh}}{E_a \cdot I_{i,S}} \cdot \frac{h}{\alpha_T}$$

h Gesamtträgerhöhe: $h = h_c + h_a$

α_t Temperaturdehnzahl: $\alpha_T = 12 \cdot 10^{-6} \text{K}^{-1}$

Äquivalenter linearer Temperaturlastfall

$$\Delta t_{Sh} = \frac{1053{,}38}{21000 \cdot 2307025} \cdot \frac{100{,}8 + 30{,}0}{12 \cdot 10^{-6}} = 23{,}70 \text{ K}$$

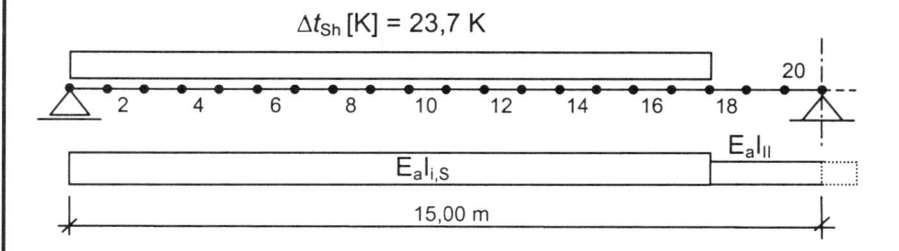

Bild 30 Sekundäre Beanspruchungen aus dem Schwinden des Betons

Verfasser	: Planungsgemeinschaft h² Hochschule Magdeburg – Stendal (FH)	Proj. – Nr. 2100
Programm	: C Hochschule Anhalt (FH)	
Bauwerk	: Straßenbrücke bei Cavertitz ASB Nr.: 4131635	Datum: 01.05.2003

5.3 Zusammenstellung der charakteristischen Werte der Schnittgrößen

Fb 104, Kap. II, 6.2
Tabelle 11

Feld

Lastfall	Nr.	max $M_{y,k}$ [kNm]	min $M_{y,k}$ [kNm]	max $V_{z,k}$ [kN]	min $V_{z,k}$ [kN]
EG Stahl	1	72,30	72,30	0,00	0,00
EG Konstruktionsbeton	2	405,52	405,52	0,00	0,00
EG Restlasten	3	215,63	215,63	0,00	0,00
Kriechen infolge Restlasten	4	-8,70	-8,70	0,00	0,00
Wind mit Verkehrsband	5	26,70	-26,70	0,00	0,00
Bremsen / Anfahren	6	109,86	-109,86	0,00	0,00
Lagerwechsel	7	117,79	-235,57	0,00	0,00
Setzungen Δu_z =1cm t_{28}	8	235,60	235,60	0,00	0,00
Setzungen Δu_z =1cm t_∞	9	203,90	203,90	0,00	0,00
Setzungen Δu_z =2cm t_{28}	10	471,10	471,10	0,00	0,00
Setzungen Δu_z =2cm t_∞	11	407,90	407,90	0,00	0,00
Schwinden	12	-385,70	-385,70	0,00	0,00
Temperatur linear T_N	13	0,00	0,00	0,00	0,00
Temperatur delta T_M	14	437,00	-364,10	0,00	0,00
LM 1 UDL belastend	15	564,14	-115,05	0,00	0,00
LM 1 UDL entlastend	16	29,68	-145,51	0,00	0,00
LM 1 UDL be- und entlastend	17	593,82	-260,56	0,00	0,00
LM 1 TS Achslasten	18	1315,16	-205,78	0,00	0,00
LM 3 Ermüdung DTS	19	713,90	-145,12	0,00	0,00

Stütze

Lastfall	Nr.	max $M_{y,k}$ [kNm]	min $M_{y,k}$ [kNm]	max $V_{z,k}$ [kN]	min $V_{z,k}$ [kN]
EG Stahl	1	-129,20	-129,20	43,10	43,10
EG Konstruktionsbeton	2	-724,60	-724,60	241,70	241,70
EG Restlasten	3	-276,20	-276,20	109,10	109,10
Kriechen infolge Restlasten	4	-21,80	-21,80	1,50	1,50
Wind mit Verkehrsband	5	34,20	-34,20	13,50	-13,50
Bremsen / Anfahren	6	274,72	-274,72	13,50	-13,50
Lagerwechsel	7	-588,90	294,50	39,30	-19,60
Setzungen Δu_z =1cm t_{28}	8	588,90	588,90	-39,30	-39,30
Setzungen Δu_z =1cm t_∞	9	509,80	509,80	-34,00	-34,00
Setzungen Δu_z =2cm t_{28}	10	1177,90	1177,90	-78,50	-78,50
Setzungen Δu_z =2cm t_∞	11	1019,70	1019,70	-68,00	-68,00
Schwinden	12	-964,10	-964,10	64,30	64,30
Temperatur linear T_N	13	0,00	0,00	0,00	0,00
Temperatur delta T_M	14	1092,40	-910,30	60,70	-72,80
LM 1 UDL belastend	15	0,00	-575,30	227,20	0,00
LM 1 UDL entlastend	16	148,40	0,00	0,00	-58,60
LM 1 UDL be- und entlastend	17	148,40	-575,30	227,20	-58,60
LM 1 TS Achslasten	18	17,50	-514,50	424,40	-7,40
LM 3 Ermüdung DTS	19	0,00	-398,50	290,40	0,00

Bauteil	: Verbundüberbau mit offenem Querschnitt, Walzträger	Archiv Nr.:
Block	: Charakteristische Werte der Schnittgrößen Seite: 80	
Vorgang	:	

6 Bemessungsschnittgrößen

6.1 Begriffe und grundsätzliche Klasseneinteilung

6.1.1 Einwirkungen

Fb 104, Kap II, 2.2.2

Eine Einwirkung (F) ist:

Fb 104, Kap II, 2.2.2 (1) P

- eine Kraft (Last), die auf das Tragwerk einwirkt (direkte Einwirkung), oder
- ein Zwang (indirekte Einwirkung), z.B. durch Temperatureinwirkungen oder Setzungen.

Einwirkungen werden eingeteilt:

Fb 104, Kap II, 2.2.2 (2) P

(i) nach ihrer zeitlichen Veränderlichkeit

- ständige Einwirkungen (G), z.B. Eigengewicht von Tragwerken, Ausrüstungen und feste Einbauten,
- veränderliche Einwirkungen (Q), z.B. Verkehrslasten, Windlasten oder Schneelasten,
- außergewöhnliche Einwirkungen (A), z.B. Explosionen oder Anprall von Fahrzeugen.

(ii) nach ihrer räumlichen Veränderlichkeit

- ortsfeste Einwirkungen, z.B. Eigengewicht (Tragwerke mit hoher Empfindlichkeit gegenüber Veränderungen des Eigengewichtes, siehe Abschnitt II-2.3.2.3(2) P),
- ortsveränderliche Einwirkungen, die sich aus unterschiedlichen Anordnungen der Einwirkungen ergeben, z.B. Verkehrslasten, Windlasten, Schneelasten, Explosion, Anprall.

Für Verbundtragwerke wird ferner eine Unterscheidung in primäre und sekundäre Beanspruchungen vorgenommen:

- Schwinden des Betons und nichtlineare Temperaturverteilungen rufen Eigenspannungen im Querschnitt sowie Krümmungen und Längsdehnungen in Bauteilen hervor. Dies führt auch in statisch bestimmten Systemen zu einem Eigenspannungszustand innerhalb des Querschnittes, der als primäre Beanspruchung bezeichnet wird. Die zu diesen Beanspruchungen zugehörigen Einwirkungen sind als direkte oder als indirekte Einwirkungen (siehe (1) P oben) gemäß ihrer Eigenart zu betrachten.
- Die primären Beanspruchungen aus Schwinden und Temperatur rufen in statisch unbestimmten Tragwerken aufgrund der Verträglichkeitsbedingungen zusätzliche Zwängungen hervor. Diese werden als sekundäre Beanspruchungen bezeichnet. Die zugehörigen Einwirkungen, im Allgemeinen Auflagerkräfte, werden als indirekte Einwirkungen betrachtet.

Zwangseinwirkungen sind entweder ständige Einwirkungen G_{IND} (z.B. Baugrundbewegungen) oder veränderliche Einwirkungen Q_{IND} (z.B. Temperatur) und werden entsprechend behandelt.

6.1.2 Charakteristische Werte der Einwirkungen

Charakteristische Werte F_k werden im DIN-Fachbericht 101 festgelegt. Einwirkungen die nicht vollständig im DIN-Fachbericht 101 angegeben sind, müssen in Absprache mit der zuständigen Behörde festgelegt werden.

<u>Anmerkung:</u>

Die charakteristischen Werte der Einwirkungen werden in Abschnitt 4 angegeben.

6.1.3 Charakteristische Werte mehrkomponentiger Einwirkungen (Verkehrslastgruppen)

Die vertikalen und horizontalen Einwirkungen aus Straßenverkehr sowie der Belastung durch Fußgänger- und Radverkehr werden zu sogenannten Verkehrslastgruppen zusammengefasst. Sie sind als charakteristische Werte der mehrkomponentigen Einwirkungen zu verstehen.

Falls nicht anderweitig festgelegt, wird die Gleichzeitigkeit des Ansatzes der Lastmodelle nach den Abschnitten 4.3.2 des DIN-Fachberichtes 101 (Lastmodell 1), 4.4 (Horizontallasten) und den in Abschnitt 5 für Fußgänger- und Radwegbrücken festgelegten Lasten entsprechend den in DIN-Fachbericht 101 Tabelle 4.4 angegebenen Gruppen berücksichtigt. Jede dieser sich gegenseitig ausschließenden Gruppen sollte in gleicher Weise wie bei der Festlegung von charakteristischen Einwirkungen bei der Kombination mit anderen als Verkehrslasten behandelt werden. Die Einzelachse (Lastmodell 2) entsprechend DIN-Fachbericht 101 4.3.3 sollte nicht gleichzeitig mit irgendeinem der anderen Modelle berücksichtigt werden.

Fb 101, Kap IV, 4.5.1 (1)

Verfasser : Planungsgemeinschaft h² Hochschule Magdeburg – Stendal (FH)	Proj. – Nr. 2100
Programm : c Hochschule Anhalt (FH)	
Bauwerk : Straßenbrücke bei Cavertitz ASB Nr.: 4131635	Datum: 01.05.2003

Verkehrslastgruppen:

Fb 101, Kap. IV, 4.5.1
Tab. 4.4

Tabelle 12 Festlegung von Verkehrslastgruppen (*) charakteristische Werte mehrkomponentiger Einwirkungen)

		Fahrbahn				Geh- und Radwege auf Brücken 1)
Lastart		Vertikallasten		Horizontallasten		Nur Vertikallasten
Bezug		Fb 101, 4.3.2	Fb 101, 4.3.5	Fb 101, 4.4.1	Fb 101, 4.4.2	Fb 101, 5.3.2.1
Lastmodell		Lastmodell 1	Menschen-gedränge	Brems- und Anfahrlasten	Zentrifugal lasten	Gleichmäßig verteilte Belastung
Lastgruppe	gr 1	Charakteristischer Wert		(*)	(*)	Abgeminderter Wert (**)
	gr 2	Häufiger Wert (*)		Charakteristischer Wert	Charakteristischer Wert	
	gr 3					Charakteristischer Wert (**)
	gr 4		Charakteristischer Wert			
	gr 6 (***)	0,5-fach charakteristischer Wert		0,5-fach charakteristischer Wert	0,5-fach charakteristischer Wert	Charakteristischer Wert (**)

Bauteil : Verbundüberbau mit offenem Querschnitt, Walzträger	Archiv Nr.:
Block : Bemessungsschnittgrößen Seite: **84**	
Vorgang :	

☐ Dominante Komponente der Einwirkungen (gekennzeichnet als zur Gruppe gehörige Komponente)

(*) Falls nicht anderweitig in Normen für Entwurf, Berechnung und Konstruktion oder anderen Regelwerken angegeben

(**) Siehe 5.3.2.1 (3). Es sollte nur ein Gehweg belastet werden, falls dies ungünstiger ist, als der Ansatz von zwei belasteten Gehwegen.

(***) Auswechseln von Lagern

*) Regel (1) und Tabelle 4.4 sind modifiziert, da die Lasten aus "Sonderfahrzeugen" nicht enthalten sind.

1) Auf Kappen ist, wenn es sich nicht um öffentliche Gehwege handelt, die Verkehrslast wie auf Restflächen mit 2,50 kN/m² anzunehmen.

6.1.4 Repräsentative Werte der veränderlichen Einwirkungen

Nach den DIN-Fachberichten wird zunächst der repräsentative Wert der veränderlichen Einwirkung Q_k gebildet.

Fb 104, Kap II, 2.2.2.3

Der wichtigste repräsentative Wert ist der charakteristische Wert Q_k.

Fb 104, Kap II, 2.2.2.3 (1) P

Weitere repräsentative Werte werden durch den charakteristischen Wert Q_k unter Verwendung eines Beiwertes ψ_i ausgedrückt. Diese Werte werden folgendermaßen definiert:

Fb 104, Kap II, 2.2.2.3 (2) P

- Kombinationsbeiwert: $\psi_0 \cdot Q_k$
- nicht-häufiger Wert: $\psi'_1 \cdot Q_k$
- häufiger Wert: $\psi_1 \cdot Q_k$
- quasi-ständiger Wert: $\psi_2 \cdot Q_k$

Für den Nachweis der Ermüdung sowie für den Nachweis von dynamisch beanspruchten Tragwerken werden zusätzliche repräsentative Werte verwendet.

Fb 104, Kap II, 2.2.2.3 (3) P

Verfasser : Planungsgemeinschaft h² Hochschule Magdeburg – Stendal (FH)	Proj. – Nr. 2100
Programm : C Hochschule Anhalt (FH)	
Bauwerk : Straßenbrücke bei Cavertitz ASB Nr.: 4131635	Datum: 01.05.2003

Die Beiwerte ψ_i sind im Kapitel IV des DIN-Fachberichtes 101 festgelegt (siehe Tabelle 13). Sind Beiwerte ψ_i für eine bestimmte Einwirkung nicht angegeben, so sollten sie in Absprache mit der zuständigen Behörde festgelegt werden.

Fb 104, Kap II, 2.2.2.3 (4) P

Kombinationsbeiwerte:

Fb 101, Anhang C, Tab. C.2

Für die Kombination der charakteristischen Werte der Einwirkungen gelten die Kombinationsbeiwerte nach Tabelle 13.

Tabelle 13 Ψ - Beiwerte für Straßenbrücken

Einwirkungen	Bezeichnung		ψ_0	ψ_1	ψ_2	ψ'_1 [1]
Verkehrslasten	gr 1 (LM 1) [4]	TS	0,75	0,75	0,20	0,80
		UDL [3]	0,40	0,40	0,20	0,80
	Einzelachse (LM 2)		0	0,75	0	0,80
	gr 2 (Horiz. Lasten)		0	0	0	0
	gr 3 (Fußg. Lasten)		0	0	0	0,80
Horizontallasten			0	0	0	0
Windlasten	F_{Wk}		0,30	0,50	0	0,60
Temperatur	T_k		0 [5]	0,60	0,50	0,80

[1] ψ'_1 ist ein ψ - Beiwert zur Bestimmung der nicht häufigen Lasten.

[3] Die Beiwerte für die gleichmäßig verteilte Belastung beziehen sich nicht nur auf die Flächenlast des LM 1, sondern auch auf die abgeminderte Vertikallast auf Geh- und Radwegen

[4] Die Lastgruppe gr 1 (LM 1) besteht aus den Elementen TS und UDL, die wenn ungünstig wirkend, immer gemeinsam anzusetzen sind.

[5] Falls nachweisrelevant, sollte ψ_0 = 0,80 gesetzt werden, siehe hierzu die relevanten DIN-Fachberichte für Bemessung

Bauteil : Verbundüberbau mit offenem Querschnitt, Walzträger	Archiv Nr.:
Block : Bemessungsschnittgrößen	
Vorgang :	

6.1.5 Bemessungswerte der Einwirkungen

Der Bemessungswert F_d einer Einwirkung ergibt sich im Allgemeinen aus:

$$F_d = \gamma_F \cdot F_k.$$

Dabei ist γ_F der Teilsicherheitsbeiwert für die betrachtete Einwirkung, der beispielsweise die Möglichkeit der ungenauen Modellierung der Einwirkungen, Unsicherheiten in der Ermittlung der Schnittgrößen sowie Unsicherheiten bei der Annahme des betreffenden Grenzzustandes berücksichtigt.

Spezielle Beispiele für die Anwendung von γ_F sind:

$$G_d = \gamma_G \cdot G_k,$$
$$Q_d = \gamma_Q \cdot Q_k \text{ oder } \gamma_Q \cdot \psi_i \cdot Q_k,$$
$$A_d = \gamma_A \cdot A_k \text{ (sofern } A_d \text{ nicht direkt festgelegt wird),}$$
$$P_d = \gamma_P \cdot P_k.$$

Die oberen und unteren Bemessungswerte der ständigen Einwirkungen werden folgendermaßen definiert:

$$G_{d,sup} = \gamma_{G,sup} \cdot G_k,$$
$$G_{d,inf} = \gamma_{G,inf} \cdot G_k,$$

Dabei sind G_d die charakteristischen Werte einer ständigen Einwirkung und $\gamma_{G,sup}$ und $\gamma_{G,inf}$ die oberen und unteren Werte des Teilsicherheitsbeiwertes für ständige Einwirkungen.

Teilsicherheitsbeiwerte für Einwirkungen:

Für Nachweise, die durch die Festigkeit des Materials der Bauteile oder durch die Baugrundeigenschaften bestimmend werden, sind in Tabelle 14 die Teilsicherheitsbeiwerte der Einwirkungen für die Grenzzustände der Tragsicherheit in der ständigen, vorübergehenden und außergewöhnlichen Bemessungssituation angegeben.

Verfasser	: Planungsgemeinschaft h² Hochschule Magdeburg – Stendal (FH)	Proj. – Nr. 2100
Programm	: C Hochschule Anhalt (FH)	
Bauwerk	: Straßenbrücke bei Cavertitz ASB Nr.: 4131635	Datum: 01.05.2003

Tabelle 14 Teilsicherheitsbeiwerte für Einwirkungen:
Grenzzustände der Tragfähigkeit bei Straßenbrücken

Einwirkung	Bezeichnung	Bemessungssituation S / V	Bemessungssituation A
Ständige Einwirkungen: Eigenlasten der tragenden und nichttragenden Bauteile, ständige Einwirkungen des Baugrundes, Grundwasser und Wasser			
ungünstig	γ_{Gsup}	1,35 [2), 3), 4)]	1,00
günstig	γ_{Ginf}	1,00 [2), 3), 4)]	1,00
Horizontaler Erddruck aus Bodeneigengewicht und Auflast [7)]			
ungünstig	γ_{Gsup}	1,50	--
günstig	γ_{Ginf}	1,00	--
Vorspannung	γ_P	1,00 [5)]	1,00
Setzungen [8)]	γ_{Gset}	1,00 [6)]	--
Verkehr [9)]			
ungünstig	γ_Q	1,50	1,00
günstig	γ_Q	0	0
Andere variable Einwirkungen			
ungünstig	γ_Q	1,50	1,00
günstig	γ_Q	0	0
Außergewöhnliche Einwirkungen	γ_A	--	1,00

S – Ständige Bemessungssituation
V – Vorübergehende Bemessungssituation
A – Außergewöhnliche Bemessungssituation

[2)] Bei diesem Nachweis werden die charakteristischen Werte aller ständigen Teileinwirkungen, die sich aus ein und derselben Einwirkung ergeben, mit 1,35 multipliziert, wenn die resultierende Gesamteinwirkung ungünstig wirkt, und mit 1,00, wenn die resultierende Gesamteinwirkung günstig wirkt. Siehe auch die Anmerkung in DIN-Fachbericht 101 Kapitel II, 9.4.2 (3) a).

[3)] Falls nicht anderweitig festgelegt, werden die Teilsicherheitsbeiwerte bei den jeweils zugehörigen charakteristischen Werten angewendet, die in Kapitel III des DIN-Fachberichtes 101 festgelegt sind (insbesondere für das Gewicht des Fahrbahnbelages).

Bauteil	: Verbundüberbau mit offenem Querschnitt, Walzträger	Archiv Nr.:
Block	: Bemessungsschnittgrößen Seite: **88**	
Vorgang	:	

4) In Fällen, in denen der Grenzzustand der Tragfähigkeit empfindlich gegen räumliche Lageänderungen der ständigen Einwirkungen ist, sollten die unteren und oberen charakteristischen Werte dieser Einwirkungen angesetzt werden.

5) Falls nicht anderweitig festgelegt: Bei Vorspannung mit Spanngliedern bezieht sich der Teilsicherheitsbeiwert auf den jeweiligen charakteristischen Wert, der in den DIN-Fachberichten für Bemessung angegeben ist. Wird die Vorspannung durch dem Tragwerk aufgezwungene Verformungen erzeugt, sollten die Teilsicherheitsbeiwerte für G und für die aufgezwungenen Verformungen entsprechend den DIN-Fachberichten für Bemessung angesetzt werden.

6) Nur anwendbar, wenn die Setzungen hinreichend genau ermittelt werden können.

7) Entsprechend DIN 1054.

8) Bei Setzungen (Baugrundbewegungen) sind folgende Arten zu unterscheiden:
   (a) Als wahrscheinliche Baugrundbewegungen gelten Verschiebungen und/oder Verdrehungen, die eine Stützung unter dem Einfluss der dauernd wirkenden Lasten bei den vorliegenden Baugrundverhältnissen voraussichtlich erleiden wird.
   (b) Als mögliche Baugrundbewegungen gelten die Grenzwerte der Verschiebungen und/oder Verdrehungen, die eine Stützung im Rahmen der Unsicherheiten, die mit der Vorhersage von Baugrundbewegungen verbunden sind, erleiden kann.
   Welche Art von Setzung zu verwenden ist, ist in den DIN-Fachberichten 102 bis 104 geregelt.

9) Die Komponenten der Verkehrseinwirkungen werden bei Kombinationen durch die Lastgruppe *gr* i als eine einzige Einwirkung angesehen. Die günstig wirkenden Komponenten dieser Gruppe werden vernachlässigt.

Teilsicherheitsbeiwerte im Grenzzustand der Gebrauchstauglichkeit

Fb 101, Kap. IV, Anh. C, C.3.3

Bei Straßenbrücken sollten die Teilsicherheitsbeiwerte der Einwirkungen für die Grenzzustände der Gebrauchstauglichkeit bei ständiger und vorübergehender Bemessungssituation zu 1,0 angenommen werden, falls nichts anderes festgelegt ist.

Fb 101, Kap. IV, Anh. C, C.3.3 (1)

Anmerkung:

Bei der Ermittlung der Bemessungschnittgrößen für Nachweise im Grenzzustand der Gebrauchstauglichkeit werden die Teilsicherheitsbeiwerte, da sie sich zu 1,0 ergeben, üblicherweise nicht erwähnt.

6.1.6 Lastanordnung und Lastfälle

Eine Lastanordnung beschreibt Lage, Größe und Richtung einer ortsveränderlichen Einwirkung, siehe hierzu Abschnitt II-2.2.2. Für Verkehrslasten gilt Kapitel IV des DIN-Fachberichtes 101.

Ein Lastfall beschreibt zusammenhängende Lastanordnungen, Verformungen und Imperfektionen für einzelne Nachweise.

6.1.7 Einwirkungskombinationen für den Grenzzustand der Tragfähigkeit

Für jeden kritischen Lastfall sollte der Bemessungswert der Beanspruchung infolge der Einwirkungen E_d durch Kombination der Einwirkungswerte, die gleichzeitig auftreten, wie folgt ermittelt werden:

a) Ständige und vorübergehende Situation:
Bemessungswerte der vorherrschenden Einwirkungen und die Kombinationswerte von weiteren Einwirkungen.

b) Außergewöhnliche Situation:
Bemessungswerte von ständigen Einwirkungen zusammen mit dem häufigen Wert der vorherrschenden veränderlichen Einwirkung und die quasi-ständigen Werte von weitern veränderlichen Einwirkungen und der Bemessungswert einer außergewöhnlichen Einwirkung.

c) Situation infolge Erdbeben:
Charakteristische Werte der ständigen Einwirkungen zusammen mit den quasi-ständigen Werten von weiteren veränderlichen Einwirkungen und der Bemessungswert der Einwirkung infolge Erdbeben.

Symbolisch können die Kombinationsregeln folgendermaßen dargestellt werden:

a) Ständige und vorübergehende Bemessungssituation für den Nachweis des Grenzzustandes der Tragfähigkeit, wenn sie sich nicht auf Materialermüdung bezieht,

$$\sum_{j\geq 1} \gamma_{Gj} \cdot G_{kj} \text{ "+" } \gamma_P \cdot P_k \text{ "+" } \gamma_{Q1} \cdot Q_{k1} \text{ "+" } \sum_{i>1} \gamma_{Qi} \cdot \Psi_{0i} \cdot Q_{ki}$$

b) Kombinationen für außergewöhnliche Bemessungssituation

$$\sum_{j\geq 1} \gamma_{GAj} \cdot G_{kj} \text{ "+" } \gamma_{PA} \cdot P_k \text{ "+" } A_d \text{ "+" } \Psi_{11} \cdot Q_{k1} \text{ "+" } \sum_{i>1} \Psi_{2i} \cdot Q_{ki}$$

c) Kombination für die Bemessung infolge Erdbeben

$$\sum_{j\geq 1} G_{kj} \text{ "+" } P_k \text{ "+" } \gamma_1 \cdot A_{Ed} \text{ "+" } \sum_{i>1} \Psi_{2i} \cdot Q_{ki}$$

wobei:

- "+ "   "in Kombination mit" aussagt
- G_{kj} Charakteristischer Wert einer ständigen Einwirkungen
- P_k Charakteristischer Wert einer Vorspannung
- Q_{k1} Charakteristischer Wert einer vorherrschenden veränderlichen Einwirkung
- Q_{ki} Charakteristischer Wert einer nicht vorherrschenden veränderlichen Einwirkung
- A_d Bemessungswert einer außergewöhnlichen Einwirkung
- A_{Ed} Bemessungswert einer Einwirkung infolge Erdbeben
- γ_{Gj} Teilsicherheitsbeiwert der ständigen Einwirkung j
- γ_{GAj} wie γ_{Gj}, jedoch für außergewöhnliche Bemessungssituation
- γ_P Teilsicherheitsbeiwert für Einwirkung infolge Vorspannung
- γ_{PA} wie γ_P, jedoch für außergewöhnliche Bemessungssituation

6.1.8 Einwirkungskombinationen für den Grenzzustand der Gebrauchstauglichkeit

a) Charakteristische (seltene) Kombination

$$\sum_{j\geq 1} G_{kj} \text{ "+" } P_k \text{ "+" } Q_{k1} \text{ "+" } \sum_{i>1} \Psi_{0i} \cdot Q_{ki}$$

b) nicht häufige Kombination

$$\sum_{j\geq 1} G_{kj} \text{ "+" } P_k \text{ "+" } \Psi_1' \cdot Q_{k1} \text{ "+" } \sum_{i>1} \Psi_{1i} \cdot Q_{ki}$$

c) Quasi-ständige Kombination

$$\sum_{j\geq 1} G_{kj} \text{ "+" } P_k \text{ "+" } \sum_{i\geq 1} \Psi_{2i} \cdot Q_{ki}$$

Fb 101, Kap. II, 9.5.2
Gl. 9.17

d) Häufige Kombination

$$\sum_{j\geq 1} G_{kj} \text{ "+" } P_k \text{ "+" } \Psi_{11} \cdot Q_{k1} \text{ "+" } \sum_{i>1} \Psi_{2i} \cdot Q_{ki}$$

Fb 101, Kap. II, 9.5.2
Gl. 9.18

6.1.9 Einwirkungskombinationen für den Grenzzustand der Ermüdung

Zur Bestimmung der schadensäquivalenten Spannungsschwingbreiten für den Ermüdungsnachweis des Baustahls, des Betonstahls und des Spannstahls sind die ermüdungswirksame Einwirkungen anzusetzen, diese sind:

- Vertikaler Lastanteil des Lastmodells LM 3 für Straßenbrücken
- Vertikaler Lastanteil des Lastmodells LM 71 für Eisenbahnbrücken

Für den Nachweis des Betons unter Druckbeanspruchung sind die Einwirkungskombinationen bei den entsprechenden Nachweisen angegeben.

6.1.10 Einwirkungskombinationen zur Beurteilung der Rissbildung des Betons

Um festzustellen, ob der Betonquerschnitt in den Zustand II übergeht, sollte die seltene Einwirkungskombination angesetzt werden.

6.1.11 Spezielle Kombinationsregeln

<u>Modelle für veränderliche Einwirkungen</u>   Fb 101, Kap. IV, Anh. C, C.2.1.1

Die Kräfte und aufgezwungenen Verformungen, die aus den jeweiligen ständigen und veränderlichen Einwirkungen auf Brücken herrühren, sind ggf. mit denen, die aus gleichzeitig einwirkenden Verkehrslasten herrühren, zu überlagern.   Fb 101, Kap. IV, Anh. C, C.2.1.1 (3) P

Falls nicht anderweitig festgelegt, sollten das Lastmodell 2 und die Einzellast Q_{fwk} auf Gehwegen mit keiner anderen veränderlichen, nicht aus Verkehr herrührenden Belastung kombiniert werden.   Fb 101, Kap. IV, Anh. C, C.2.1.1 (4)

Falls nicht anderweitig festgelegt – und mit Ausnahme von überdachten Brücken – sollte weder Schnee noch Wind kombiniert werden mit: Fb 101, Kap. IV, Anh. C, C.2.1.1 (5)
 - Brems- und Anfahrlasten auf Straßenbrücken (siehe Abschnitt 4.4.1) oder Zentrifugallasten (siehe Abschnitt 4.4.2) oder der zugehörigen Lastgruppe gr 2 (siehe Abschnitt 4.5.1),
 - Lasten auf Geh- oder Radwegen oder der zugehörigen Lastgruppe gr 3 (siehe Abschnitt 4.5.1).

Schneelasten sollten weder mit dem Lastmodell 1 noch mit der zugehörigen Lastgruppe gr 1 kombiniert werden.   Fb 101, Kap. IV, Anh. C, C.2.1.1 (6)

Windeinwirkungen, die größer sind als $\psi_0 \cdot F_{wk}$, sollten weder mit dem Lastmodell 1 noch mit der zugehörigen Lastgruppe gr 1 kombiniert werden.   Fb 101, Kap. IV, Anh. C, C.2.1.1 (7)

Falls nicht anderweitig festgelegt, sollten bei Straßenbrücken Wind- und Temperatureinwirkungen nicht gleichzeitig berücksichtigt werden.   Fb 101, Kap. IV, Anh. C, C.2.1.1 (8)

Modelle, die außergewöhnliche Einwirkungen einschließen

Fb 101, Kap. IV, Anh. C, C.2.1.2

Wird eine außergewöhnliche Einwirkung angesetzt, sollten weder andere außergewöhnliche Einwirkungen noch Wind oder Schnee gleichzeitig berücksichtigt werden.

Fb 101, Kap. IV, Anh. C, C.2.1.2 (1)

Der gleichzeitige Ansatz von außergewöhnlichen Einwirkungen mit Verkehrslasten ist bei den maßgebenden einzelnen außergewöhnlichen Einwirkungen angegeben.

Fb 101, Kap. IV, Anh. C, C.2.1.2 (2)

Wird Anprall aus Verkehr unter der Brücke berücksichtigt, sollten die Verkehrslasten auf der Brücke als vorherrschende Einwirkung mit dem Kombinationsbeiwert ψ_1 berücksichtigt werden. Bei mehrstreifigen Brücken braucht nur ein Fahrstreifen berücksichtigt zu werden. Weitere veränderliche Einwirkungen brauchen nicht berücksichtigt zu werden.

Fb 101, Kap. IV, Anh. C, C.2.1.2 (3)

Werden außergewöhnliche Einwirkungen aus Verkehr auf der Brücke angesetzt, so sollten – falls nichts anderes festgelegt wurde – alle begleitenden quasi-ständigen Einwirkungen aus Straßenverkehr berücksichtigt werden, soweit die Auswirkungen nicht auf den lokalen Bereich beschränkt sind.

Fb 101, Kap. IV, Anh. C, C.2.1.2 (4)

6.2 Einwirkungskombinationen

Im Folgenden werden beispielhaft die Biegemomente über der Innenstütze für die verschiedenen Einwirkungskombinationen berechnet.

Die Zahlen in Klammern entsprechen dabei den Lastnummern in Tabelle 11.

- Ständige Einwirkungskombination mit LM1

<u>Zeitpunkt t_{28}:</u>

Gesamtmoment:
    max M_{Sd} = 1,0·[(1)+(2)+(3)]+(10)+1,5·[(17)+(18)]+1,5·0,6·[(14)]
    min M_{Sd} = 1,35·[(1)+(2)+(3)]+(10)+1,5·[(17)+(18)]+1,5·0,6·[(14)]

auf den Stahlquerschnitt wirkendes Moment:
    max $M_{a,Sd}$ = 1,0·[(1)+(2)]
    min $M_{a,Sd}$ = 1,35·[(1)+(2)]

auf den Verbundquerschnitt wirkendes Moment:
    max $M_{v,Sd}$ = 1,0·[(3)]+(10)+1,5·[(17)+(18)]+1,5·0,6·[(14)]
    min $M_{v,Sd}$ = 1,35·[(3)]+(10)+1,5·[(17)+(18)]+1,5·0,6·[(14)9

<u>Zeitpunkt t_∞:</u>

Gesamtmoment:
    max M_{Sd} = 1,0·[(1)+(2)+(3)]+1,5·[(17)+(18)]+1,5·0,6·[(14)]+(4)+(11)+(12)
    min M_{Sd} = 1,35·[(1)+(2)+(3)]+1,5·[(17)+(18)]+1,5·0,6·[(14)]+1,35·[(4)]+(11)+(12)

auf den Stahlquerschnitt wirkendes Moment:
    max $M_{a,Sd}$ = 1,0·[(1)+(2)]
    min $M_{a,Sd}$ = 1,35·[(1)+(2)]

auf den Verbundquerschnitt wirkendes Moment:
    max $M_{v,Sd}$ = 1,0·[(3)]+1,5·[(17)+(18)]+1,5·0,6·[(14)]+(4)+(11)+(12)
    min $M_{v,Sd}$ = 1,35·[(3)]+1,5·[(17)+(18)]+1,5·0,6·[(14)]+1,35·[(4)]+(11)+(12)

- Häufige Einwirkungskombination mit dem Lastmodell LM3

Zeitpunkt t_∞:

$\max M_{Ed,a} = 1,0 \cdot [(1)+(2)]$
$\min M_{Ed,a} = 1,0 \cdot [(1)+(2)]$

$\max M_{Ed,v,EG} = 1,0 \cdot (3)$
$\min M_{Ed,v,EG} = 1,0 \cdot (3)$

$\max M_{Ed,v,T+V} = 1,0 \cdot (19)+0,5 \cdot (14)$
$\min M_{Ed,v,EG} = 1,0 \cdot (19)+0,5 \cdot (14)$

$\max M_{Ed,v,B} = 1,0 \cdot (4)$
$\min M_{Ed,v,B} = 1,0 \cdot (4)$

$\max M_{Ed,v,Setz} = 1,0 \cdot (9)$
$\min M_{Ed,v,Setz} = 1,0 \cdot (9)$

$\max M_{Ed,v,Schw.} = 1,0 \cdot (12)$
$\min M_{Ed,v,Schw.} = 1,0 \cdot (12)$

$\max M_{Ed,v} = \sum (\max M_{Ed,v,EG},\ \max M_{Ed,v,T+V},\ \max M_{Ed,v,B},\ \max M_{Ed,v,Setz},\ \max M_{Ed,v,Schw.})$
$\min M_{Ed,v} = \sum (\min M_{Ed,v,EG},\ \min M_{Ed,v,T+V},\ \min M_{Ed,v,B},\ \min M_{Ed,v,Setz},\ \min M_{Ed,v,Schw.})$

$\max M_{Ed} = \max M_{Ed,v} + \max M_{Ed,a}$
$\min M_{Ed} = \min M_{Ed,v} + \min M_{Ed,a}$

Verfasser : Planungsgemeinschaft h² Hochschule Magdeburg – Stendal (FH)	Proj. – Nr. 2100
Programm : C Hochschule Anhalt (FH)	
Bauwerk : Straßenbrücke bei Cavertitz ASB Nr.: 4131635	Datum: 01.05.2003

- Häufige Einwirkungskombination mit dem Lastmodell LM1

<u>Zeitpunkt t_{28}:</u>

    max $M_{ED,a}$ = 1,0·[(1)+(2)]
    min $M_{ED,a}$ = 1,0·[(1)+(2)]

    max $M_{ED,v,EG}$ = 1,0·(3)
    min $M_{ED,v,EG}$ = 1,0·(3)

    max $M_{ED,v,T+V}$ = 0,4·(17)+0,5·(14)+0,75·(18)
    min $M_{ED,v,EG}$ = 0,4·(17)+0,5·(14)+0,75·(18)

    max $M_{ED,v,B}$ = 0
    min $M_{ED,v,B}$ = 0

    max $M_{ED,v,Setz}$ = 1,0·(8)
    min $M_{ED,v,Setz}$ = 1,0·(8)

    max $M_{ED,v,Schw.}$ = 0
    min $M_{ED,v,Schw.}$ = 0

    max $M_{Ed,v}$ = $\sum$ (max $M_{Ed,v,EG}$, max $M_{Ed,v,T+V}$, max $M_{Ed,v,B}$, max $M_{Ed,v,Setz}$, max $M_{Ed,v,Schw.}$)
    min $M_{Ed,v}$ = $\sum$ (min $M_{Ed,v,EG}$, min $M_{Ed,v,T+V}$, min $M_{Ed,v,B}$, min $M_{Ed,v,Setz}$, min $M_{Ed,v,Schw.}$)

    max M_{Ed} = max $M_{Ed,v}$ + max $M_{Ed,a}$
    min M_{Ed} = min $M_{Ed,v}$ + min $M_{Ed,a}$

- Nicht-häufige Einwirkungskombination mit dem Lastmodell LM1

<u>Zeitpunkt t_{28}:</u>

    max $M_{Ed,a}$ = 1,0·[(1)+(2)]
    min $M_{Ed,a}$ = 1,0·[(1)+(2)]

    max $M_{Ed,v,EG}$ = 1,0·(3)
    min $M_{Ed,v,EG}$ = 1,0·(3)

    max $M_{Ed,v,T+V}$ = 0,8·(17)+0,6·(14)+0,8·(18)
    min $M_{Ed,v,EG}$ = 0,8·(17)+0,6·(14)+0,8·(18)

    max $M_{Ed,v,B}$ = 0
    min $M_{Ed,v,B}$ = 0

Bauteil : Verbundüberbau mit offenem Querschnitt, Walzträger	Archiv Nr.:
Block : Bemessungsschnittgrößen Seite: **97**	
Vorgang :	

$\max M_{Ed,v,Setz} = 1{,}0 \cdot (8)$
$\min M_{Ed,v,Setz} = 1{,}0 \cdot (8)$

$\max M_{Ed,v,Schw.} = 0$
$\min M_{Ed,v,Schw.} = 0$

$\max M_{Ed,v} = \sum (\max M_{Ed,v,EG},\ \max M_{Ed,v,T+V},\ \max M_{Ed,v,B},\ \max M_{Ed,v,Setz},\ \max M_{Ed,v,Schw.})$
$\min M_{Ed,v} = \sum (\min M_{Ed,v,EG},\ \min M_{Ed,v,T+V},\ \min M_{Ed,v,B},\ \min M_{Ed,v,Setz},\ \min M_{Ed,v,Schw.})$

$\max M_{Ed} = \max M_{Ed,v} + \max M_{Ed,a}$
$\min M_{Ed} = \min M_{Ed,v} + \min M_{Ed,a}$

- Häufige Einwirkungskombination mit dem Lastmodell LM1

<u>Zeitpunkt t_∞:</u>

$\max M_{Ed,a} = 1{,}0 \cdot [(1)+(2)]$
$\min M_{Ed,a} = 1{,}0 \cdot [(1)+(2)]$

$\max M_{Ed,v,EG} = 1{,}0 \cdot (3)$
$\min M_{Ed,v,EG} = 1{,}0 \cdot (3)$

$\max M_{Ed,v,T+V} = 0{,}4 \cdot (17)+0{,}5 \cdot (14)+0{,}75 \cdot (18)$
$\min M_{Ed,v,EG} = 0{,}4 \cdot (17)+0{,}5 \cdot (14)+0{,}75 \cdot (18)$

$\max M_{Ed,v,B} = 1{,}0 \cdot (4)$
$\min M_{Ed,v,B} = 1{,}0 \cdot (4)$

$\max M_{Ed,v,Setz} = 1{,}0 \cdot (9)$
$\min M_{Ed,v,Setz} = 1{,}0 \cdot (9)$

$\max M_{Ed,v,Schw.} = 1{,}0 \cdot (12)$
$\min M_{Ed,v,Schw.} = 1{,}0 \cdot (12)$

$\max M_{Ed,v} = \sum (\max M_{Ed,v,EG},\ \max M_{Ed,v,T+V},\ \max M_{Ed,v,B},\ \max M_{Ed,v,Setz},\ \max M_{Ed,v,Schw.})$
$\min M_{Ed,v} = \sum (\min M_{Ed,v,EG},\ \min M_{Ed,v,T+V},\ \min M_{Ed,v,B},\ \min M_{Ed,v,Setz},\ \min M_{Ed,v,Schw.})$

$\max M_{Ed} = \max M_{Ed,v} + \max M_{Ed,a}$
$\min M_{Ed} = \min M_{Ed,v} + \min M_{Ed,a}$

- Nicht-häufige Einwirkungskombination mit Lastmodell LM1

Zeitpunkt t_∞:

$\max M_{Ed,a}$ = 1,0·[(1)+(2)]
$\min M_{Ed,a}$ = 1,0·[(1)+(2)]

$\max M_{Ed,v,EG}$ = 1,0·(3)
$\min M_{Ed,v,EG}$ = 1,0·(3)

$\max M_{Ed,v,T+V}$ = 0,8·(17)+0,6·(14)+0,8·(18)
$\min M_{Ed,v,EG}$ = 0,8·(17)+0,6·(14)+0,8·(18)

$\max M_{Ed,v,B}$ = 1,0·(4)
$\min M_{Ed,v,B}$ = 1,0·(4)

$\max M_{Ed,v,Setz}$ = 1,0·(9)
$\min M_{Ed,v,Setz}$ = 1,0·(9)

$\max M_{Ed,v,Schw.}$ = 1,0·(12)
$\min M_{Ed,v,Schw.}$ = 1,0·(12)

$\max M_{Ed,v}$ = $\sum$ (max $M_{Ed,v,EG}$, max $M_{Ed,v,T+V}$, max $M_{Ed,v,B}$, max $M_{Ed,v,Setz}$, max $M_{Ed,v,Schw.}$)
$\min M_{Ed,v}$ = $\sum$ (min $M_{Ed,v,EG}$, min $M_{Ed,v,T+V}$, min $M_{Ed,v,B}$, min $M_{Ed,v,Setz}$, min $M_{Ed,v,Schw.}$)

$\max M_{Ed}$ = max $M_{Ed,v}$ + max $M_{Ed,a}$
$\min M_{Ed}$ = min $M_{Ed,v}$ + min $M_{Ed,a}$

6.3 Zusammenstellung der Bemessungsschnittgrößen

Tabelle 15: Bemessungsschnittgrößen für den Feldquerschnitt

Lastfallkombinationen		max M_{Sd} [kNm]	min M_{Sd} [kNm]	max V_{Sd} [kN]	min V_{Sd} [kN]	Feld
Tragfähigkeit						
M_{Sd}	t_{28}	4664,03	137,35	0,00	0,00	V_{Sd}
$M_{a,Sd}$		645,06	477,82	0,00	0,00	$V_{a,Sd}$
$M_{v,Sd}$		4018,97	-340,47	0,00	0,00	$V_{v,Sd}$
M_{Sd}	t_{∞}	4206,43	-323,30	0,00	0,00	V_{Sd}
$M_{a,Sd}$		645,06	477,82	0,00	0,00	$V_{a,Sd}$
$M_{v,Sd}$		3561,37	-801,12	0,00	0,00	$V_{v,Sd}$
Lagerwechsel	t_{28}	2931,73	250,335	0,00	0,00	Lastgruppe 6
	t_{∞}	2471,09	-207,265	0,00	0,00	
Ermüdung		max M_{Ed} [kNm]	min M_{Ed} [kNm]	max V_{Ed} [kN]	min V_{Ed} [kN]	**Feld**
Häufige LFK mit LM3	t_{∞}	1435,35	175,78	0,00	0,00	
$M_{Ed,a}$ [kNm] =		477,82	477,82	0,00	0,00	$V_{Ed,a}$ [kN]
$M_{Ed,v,EG}$ [kNm] =		215,63	215,63	0,00	0,00	$V_{Ed,v,EG}$ [kN]
$M_{Ed,v,T+V}$ [kNm] =		932,40	-327,17	0,00	0,00	$V_{Ed,v,T+V}$ [kN]
$M_{Ed,v,B}$ [kNm] =		-8,70	-8,70	0,00	0,00	$V_{Ed,v,B}$ [kN]
$M_{Ed,v,Setz}$ [kNm] =		203,90	203,90	0,00	0,00	$V_{Ed,v,Setz}$ [kN]
$M_{Ed,v,Schw.}$ [kNm] =		-385,70	-385,70	0,00	0,00	$V_{Ed,v,Schw.}$ [kN]
$M_{Ed,v}$ [kNm] =		957,53	-302,04	0,00	0,00	$V_{Ed,v}$ [kN]

Tabelle 16: Bemessungsschnittgrößen für den Querschnitt an der Innenstütze

Lastfallkombinationen						Stütze
Tragfähigkeit		max M_{Sd} [kNm]	min M_{Sd} [kNm]	max V_{Sd} [kN]	min V_{Sd} [kN]	
M_{Sd}	t_{28}	1279,91	-2801,57	1485,30	150,88	V_{Sd}
$M_{a,Sd}$		-853,80	-1152,63	384,48	284,80	$V_{a,Sd}$
$M_{v,Sd}$		2133,71	-1648,94	1100,82	-133,92	$V_{v,Sd}$
M_{Sd}	t_∞	135,81	-3953,30	1561,60	227,18	V_{Sd}
$M_{a,Sd}$		-853,80	-1152,63	384,48	284,80	$V_{a,Sd}$
$M_{v,Sd}$		989,61	-2800,67	1177,12	-57,62	$V_{v,Sd}$
Lagerwechsel	t_{28}	230,66	-874,52	892,645	187,48	Lastgruppe 6
	t_∞	-913,44	-2018,62	969,47	263,78	
Ermüdung		max M_{Ed} [kNm]	min M_{Ed} [kNm]	max V_{Ed} [kN]	min V_{Ed} [kN]	Stütze
Häufige LFK mit LM3	t_∞	-1059,90	-2459,75	746,45	389,30	
$M_{Ed,a}$ [kNm] =		-853,80	-853,80	284,80	284,80	$V_{Ed,a}$ [kN]
$M_{Ed,v,EG}$ [kNm] =		-276,20	-276,20	109,10	109,10	$V_{Ed,v,EG}$ [kN]
$M_{Ed,v,T+V}$ [kNm] =		546,20	-853,65	320,75	-36,40	$V_{Ed,v,T+V}$ [kN]
$M_{Ed,v,B}$ [kNm] =		-21,80	-21,80	1,50	1,50	$V_{Ed,v,B}$ [kN]
$M_{Ed,v,Setz}$ [kNm] =		509,80	509,80	-34,00	-34,00	$V_{Ed,v,Setz}$ [kN]
$M_{Ed,v,Schw.}$ [kNm] =		-964,10	-964,10	64,30	64,30	$V_{Ed,v,Schw.}$ [kN]
$M_{Ed,v}$ [kNm] =		-206,10	-1605,95	461,65	104,50	$V_{Ed,v}$ [kN]

Verfasser	: Planungsgemeinschaft h² Hochschule Magdeburg – Stendal (FH)	Proj. – Nr. 2100
Programm	: c Hochschule Anhalt (FH)	
Bauwerk	: Straßenbrücke bei Cavertitz ASB Nr.: 4131635	Datum: 01.05.2003

Tabelle 17: Schnittgrößen für den Nachweis im Grenzzustand der Gebrauchstauglichkeit (Feldquerschnitt)

Gebrauchstauglichkeit		max $M_{y,Ed}$ [kNm]	min $M_{y,Ed}$ [kNm]	max $V_{z,Ed}$ [kN]	min $V_{z,Ed}$ [kN]	Feld
Häufige LFK mit LM1	t_{28}	2371,45	488,44	0,00	0,00	
$M_{Ed,a}$ [kNm] =		477,82	477,82	0,00	0,00	$V_{Ed,a}$ [kN]
$M_{Ed,v,EG}$ [kNm] =		215,63	215,63	0,00	0,00	$V_{Ed,v,EG}$ [kN]
$M_{Ed,v,T+V}$ [kNm] =		1442,40	-440,61	0,00	0,00	$V_{Ed,v,T+V}$ [kN]
$M_{Ed,v,B}$ [kNm] =		0,00	0,00	0,00	0,00	$V_{Ed,v,B}$ [kN]
$M_{Ed,v,Setz}$ [kNm] =		235,60	235,60	0,00	0,00	$V_{Ed,v,Setz}$ [kN]
$M_{Ed,v,Schw.}$ [kNm] =		0,00	0,00	0,00	0,00	$V_{Ed,v,Schw.}$ [kN]
$M_{Ed,v}$ [kNm] =		1893,63	10,62	0,00	0,00	$V_{Ed,v}$ [kN]
	t_∞	1945,35	62,34	0,00	0,00	
$M_{Ed,a}$ [kNm] =		477,82	477,82	0,00	0,00	$V_{Ed,a}$ [kN]
$M_{Ed,v,EG}$ [kNm] =		215,63	215,63	0,00	0,00	$V_{Ed,v,EG}$ [kN]
$M_{Ed,v,T+V}$ [kNm] =		1442,40	-440,61	0,00	0,00	$V_{Ed,v,T+V}$ [kN]
$M_{Ed,v,B}$ [kNm] =		-8,70	-8,70	0,00	0,00	$V_{Ed,v,B}$ [kN]
$M_{Ed,v,Setz}$ [kNm] =		203,90	203,90	0,00	0,00	$V_{Ed,v,Setz}$ [kN]
$M_{Ed,v,Schw.}$ [kNm] =		-385,70	-385,70	0,00	0,00	$V_{Ed,v,Schw.}$ [kN]
$M_{Ed,v}$ [kNm] =		1467,53	-415,48	0,00	0,00	$V_{Ed,v}$ [kN]
Nicht-Häufige LFK	t_{28}	2718,43	337,52	0,00	0,00	
$M_{Ed,a}$ [kNm] =		477,82	477,82	0,00	0,00	$V_{Ed,a}$ [kN]
$M_{Ed,v,EG}$ [kNm] =		215,63	215,63	0,00	0,00	$V_{Ed,v,EG}$ [kN]
$M_{Ed,v,T+V}$ [kNm] =		1789,38	-591,53	0,00	0,00	$V_{Ed,v,T+V}$ [kN]
$M_{Ed,v,B}$ [kNm] =		0,00	0,00	0,00	0,00	$V_{Ed,v,B}$ [kN]
$M_{Ed,v,Setz}$ [kNm] =		235,60	235,60	0,00	0,00	$V_{Ed,v,Setz}$ [kN]
$M_{Ed,v,Schw.}$ [kNm] =		0,00	0,00	0,00	0,00	$V_{Ed,v,Schw.}$ [kN]
$M_{Ed,v}$ [kNm] =		2240,61	-140,30	0,00	0,00	$V_{Ed,v}$ [kN]
	t_∞	2292,33	-88,58	0,00	0,00	
$M_{Ed,a}$ [kNm] =		477,82	477,82	0,00	0,00	$V_{Ed,a}$ [kN]
$M_{Ed,v,EG}$ [kNm] =		215,63	215,63	0,00	0,00	$V_{Ed,v,EG}$ [kN]
$M_{Ed,v,T+V}$ [kNm] =		1789,38	-591,53	0,00	0,00	$V_{Ed,v,T+V}$ [kN]
$M_{Ed,v,B}$ [kNm] =		-8,70	-8,70	0,00	0,00	$V_{Ed,v,B}$ [kN]
$M_{Ed,v,Setz}$ [kNm] =		203,90	203,90	0,00	0,00	$V_{Ed,v,Setz}$ [kN]
$M_{Ed,v,Schw.}$ [kNm] =		-385,70	-385,70	0,00	0,00	$V_{Ed,v,Schw.}$ [kN]
$M_{Ed,v}$ [kNm] =		1814,51	-566,40	0,00	0,00	$V_{Ed,v}$ [kN]

Bauteil	: Verbundüberbau mit offenem Querschnitt, Walzträger	Archiv Nr.:
Block	: Bemessungsschnittgrößen Seite: **102**	
Vorgang	:	

Verfasser	: Planungsgemeinschaft h² Hochschule Magdeburg – Stendal (FH)	Proj. – Nr. 2100
Programm	: c Hochschule Anhalt (FH)	
Bauwerk	: Straßenbrücke bei Cavertitz ASB Nr.: 4131635	Datum: 01.05.2003

Tabelle 18: Schnittgrößen für den Nachweis im Grenzzustand der Gebrauchstauglichkeit (Querschnitt an der Innenstütze)

Gebrauchstauglichkeit		max $M_{y,Ed}$ [kNm]	min $M_{y,Ed}$ [kNm]	max $V_{z,Ed}$ [kN]	min $V_{z,Ed}$ [kN]	Stütze
Häufige LFK mit LM1	t_{28}	77,59	-1612,25	794,13	289,21	
$M_{Ed,a}$ [kNm] =		-853,80	-853,80	284,80	284,80	$V_{Ed,a}$ [kN]
$M_{Ed,v,EG}$ [kNm] =		-276,20	-276,20	109,10	109,10	$V_{Ed,v,EG}$ [kN]
$M_{Ed,v,T+V}$ [kNm] =		618,69	-1071,15	439,53	-65,39	$V_{Ed,v,T+V}$ [kN]
$M_{Ed,v,B}$ [kNm] =		0,00	0,00	0,00	0,00	$V_{Ed,v,B}$ [kN]
$M_{Ed,v,Setz}$ [kNm] =		588,90	588,90	-39,30	-39,30	$V_{Ed,v,Setz}$ [kN]
$M_{Ed,v,Schw.}$ [kNm] =		0,00	0,00	0,00	0,00	$V_{Ed,v,Schw.}$ [kN]
$M_{Ed,v}$ [kNm] =		931,39	-758,45	509,33	4,41	$V_{Ed,v}$ [kN]
	t_{∞}	-987,42	-2677,25	865,23	360,31	
$M_{Ed,a}$ [kNm] =		-853,80	-853,80	284,80	284,80	$V_{Ed,a}$ [kN]
$M_{Ed,v,EG}$ [kNm] =		-276,20	-276,20	109,10	109,10	$V_{Ed,v,EG}$ [kN]
$M_{Ed,v,T+V}$ [kNm] =		618,69	-1071,15	439,53	-65,39	$V_{Ed,v,T+V}$ [kN]
$M_{Ed,v,B}$ [kNm] =		-21,80	-21,80	1,50	1,50	$V_{Ed,v,B}$ [kN]
$M_{Ed,v,Setz}$ [kNm] =		509,80	509,80	-34,00	-34,00	$V_{Ed,v,Setz}$ [kN]
$M_{Ed,v,Schw.}$ [kNm] =		-964,10	-964,10	64,30	64,30	$V_{Ed,v,Schw.}$ [kN]
$M_{Ed,v}$ [kNm] =		-133,62	-1823,45	580,43	75,51	$V_{Ed,v}$ [kN]
Nicht-Häufige LFK	t_{28}	247,06	-1959,12	912,30	258,12	
$M_{Ed,a}$ [kNm] =		-853,80	-853,80	284,80	284,80	$V_{Ed,a}$ [kN]
$M_{Ed,v,EG}$ [kNm] =		-276,20	-276,20	109,10	109,10	$V_{Ed,v,EG}$ [kN]
$M_{Ed,v,T+V}$ [kNm] =		788,16	-1418,02	557,70	-96,48	$V_{Ed,v,T+V}$ [kN]
$M_{Ed,v,B}$ [kNm] =		0,00	0,00	0,00	0,00	$V_{Ed,v,B}$ [kN]
$M_{Ed,v,Setz}$ [kNm] =		588,90	588,90	-39,30	-39,30	$V_{Ed,v,Setz}$ [kN]
$M_{Ed,v,Schw.}$ [kNm] =		0,00	0,00	0,00	0,00	$V_{Ed,v,Schw.}$ [kN]
$M_{Ed,v}$ [kNm] =		1100,86	-1105,32	627,50	-26,68	$V_{Ed,v}$ [kN]
	t_{∞}	-817,94	-3024,12	983,40	329,22	
$M_{Ed,a}$ [kNm] =		-853,80	-853,80	284,80	284,80	$V_{Ed,a}$ [kN]
$M_{Ed,v,EG}$ [kNm] =		-276,20	-276,20	109,10	109,10	$V_{Ed,v,EG}$ [kN]
$M_{Ed,v,T+V}$ [kNm] =		788,16	-1418,02	557,70	-96,48	$V_{Ed,v,T+V}$ [kN]
$M_{Ed,v,B}$ [kNm] =		-21,80	-21,80	1,50	1,50	$V_{Ed,v,B}$ [kN]
$M_{Ed,v,Setz}$ [kNm] =		509,80	509,80	-34,00	-34,00	$V_{Ed,v,Setz}$ [kN]
$M_{Ed,v,Schw.}$ [kNm] =		-964,10	-964,10	64,30	64,30	$V_{Ed,v,Schw.}$ [kN]
$M_{Ed,v}$ [kNm] =		35,86	-2170,32	698,60	44,42	$V_{Ed,v}$ [kN]

Bauteil	: Verbundüberbau mit offenem Querschnitt, Walzträger	Archiv Nr.:
Block	: Bemessungsschnittgrößen	
Vorgang	:	

7 Nachweise im Grenzzustand der Tragfähigkeit

7.1 Allgemeines

Die Teilsicherheitsbeiwerte γ_M und γ_{Rd} werden im Fachbericht 104, Kapitel II-2.2.3.2 erläutert und für den Grenzzustand der Tragfähigkeit im Kapitel II-2.3.3.2 angegeben. Bei Stabilitätsversagen ist anstelle des Teilsicherheitsbeiwertes γ_a für Baustahl der Teilsicherheitsbeiwert γ_{Rd} maßgebend.

Fb 104, Kap. II, 4.1 (4)

Anmerkung:

„Stabilitätsversagen" ist anzunehmen, wenn der bezogene Schlankheitsgrad $\overline{\lambda}_{LT} > 0{,}4$ ist und deswegen Biegedrillknicken berücksichtigt werden muss oder wenn Querschnitte der Klasse 4 nachgewiesen werden.

Fb 103, Kap. II, 5.5.2.1 (4)

Fb 104, Kap. II, 4.4.1.4 (3)

Für die Grundkombination wird γ_{Rd} in den entsprechenden Abschnitten angegeben; für außergewöhnliche Kombinationen gilt $\gamma_{Rd} = 1{,}0$.

Das Kriechen des Betons darf bei der Schnittgrößenermittlung und den Querschnittsnachweisen für Verbundbrücken bei Anwendung des Gesamtquerschnittsverfahrens durch entsprechende Reduktionszahlen berücksichtigt werden.

Fb 104, Kap. II, 4.1 (5)

Bei Brücken mit Querträgern in Verbundbauweise, bei denen die Tragrichtung der Fahrbahnplatte mit der Brückenlängsrichtung übereinstimmt, sind die Beanspruchungen aus Haupttragwerkswirkung und örtlicher Plattenbeanspruchung zu berücksichtigen, wenn die Breite der örtlichen Plattenbeanspruchungen etwa der mittragenden Gurtbreite für Haupttragwerksbeanspruchungen entspricht. Dies gilt für Nachweise im Grenzzustand der Tragfähigkeit (ausgenommen Ermüdung), und kann auch für den Nachweis der Ermüdung von Fahrbahnplatten von Bedeutung sein, die gemäß Abschnitt II-4.4.0.3 des DIN-Fachberichtes 102 in die Klassen D oder E eingestuft werden.

Fb 104, Kap. II, 4.1 (5)

Anmerkung:
Querträger in Verbundbauweise sind bei diesem Beispiel nicht vorhanden.

7.2 Mittragende Breiten beim Nachweis der Tragfähigkeit der Querschnitte

Fb 104, Kap. II, 4.2.2.2

a) Betongurt

Für den Nachweis der Grenzzustände der Tragfähigkeit und der Ermüdung von Betongurten darf die mittragende Gurtbreite nach der folgenden Gleichung berechnet werden:

Fb 104, Kap. II, 4.2.2.2 (2)

$$b_{eff} = b_0 + \Sigma b_{ei}$$

Fb 104, Kap. II, 4.2.2.2 (2), Gl. (4.1)

Dabei ist:

b_0 der Abstand der äußeren Dübel.

Fb 104, Kap. II, 4.2.2.2 (2), Bild 4.1

b_{ei} der Wert der mittragenden Breite des Betongurtes auf jeder Seite des Steges. Er sollte mit $L_e / 8$, jedoch nicht größer als die geometrische Breite b angenommen werden

Für die mittragende Breite $b_{eff,0}$ an den Endauflagern gilt:

Fb 104, Kap. II, 4.2.2.2 (2), Gl. (4.2)

$$b_{eff,0} = b_o + \Sigma \beta_i \cdot b_{ei}$$

mit $\beta_i = (0{,}55 + 0{,}025 \cdot L_e / b_i) \leq 1{,}0$
wobei b_{ei} die mittragende Breite der Endfelder in Feldmitte und L_e die äquivalente Stützweite des Endfeldes ist.

Fb 104, Kap. II, 4.2.2.2 (2), Bild 4.1

Für den vorliegenden Überbau ergibt sich:

- Endauflagerbereich

Ermittlung der äquivalenten Stützweite:

$$L_e = 0{,}85 \cdot L_1 = 0{,}85 \cdot 15{,}00 = 12{,}75 \text{ m}$$

Ermittlung der mittragenden Breite in Abhängigkeit von L_e:

$b_{e1} = 3{,}00 / 2 - 0{,}353 / 2 = 1{,}32 \text{ m} \leq L_e / 8 = 1{,}59 \text{ m}$
$b_{e2} = 3{,}00 / 2 - 0{,}353 / 2 = 1{,}32 \text{ m} \leq L_e / 8 = 1{,}59 \text{ m}$
$\beta_1 = (0{,}55 + 0{,}025 \cdot L_e / b_1) \leq 1{,}0$
$ = (0{,}55 + 0{,}025 \cdot 12{,}75 / 1{,}32) = 0{,}79$

β_2 = $(0{,}55 + 0{,}025 \cdot L_e / b_2) \leq 1{,}0$
= $(0{,}55 + 0{,}025 \cdot 12{,}75 / 1{,}32) = 0{,}79$

$b_{eff,0}$ = $0{,}353 + 0{,}79 \cdot 2 \cdot 1{,}32 = 2{,}43$ m

Der Gurt trägt nur teilweise mit.

- Feldbereich

Ermittlung der äquivalenten Stützweite:

Fb 104, Kap. II, 4.2.2.2 (2), Bild 4.1

L_e = $0{,}85 \cdot L_1 = 0{,}85 \cdot 15{,}00 = 12{,}75$ m

Ermittlung der mittragenden Breite:

b_{e1} = $3{,}00 / 2 - 0{,}353 / 2 = 1{,}32$ m $\leq L_e / 8 = 1{,}59$ m
b_{e2} = $3{,}00 / 2 - 0{,}353 / 2 = 1{,}32$ m $\leq L_e / 8 = 1{,}59$ m

b_{eff} = $0{,}353 + 1{,}32 + 1{,}32 = 3{,}00$ m

b_a = 353 mm

- Stützbereich

Ermittlung der äquivalenten Stützweite:

Fb 104, Kap. II, 4.2.2.2 (2), Bild 4.1

L_e = $(L_1 + L_2) \cdot 0{,}25 = (15{,}00 + 15{,}00) \cdot 0{,}25 = 7{,}50$ m

Ermittlung der mittragenden Breite in Abhängigkeit von L_e:

b_{e1} = $3{,}00 / 2 - 0{,}353 / 2 = 1{,}32$ m $\leq L_e / 8 = 0{,}94$ m
b_{e2} = $3{,}00 / 2 - 0{,}353 / 2 = 1{,}32$ m $\leq L_e / 8 = 0{,}94$ m

b_{eff} = $0{,}353 + 0{,}94 + 0{,}94 = 2{,}23$ m

b_a = 353 mm

Der Gurt trägt nur teilweise mit.

b_{eff} = $2{,}23$ m

b) Stahlprofil:

Die mittragenden Breiten und die Auswirkungen von Plattenbeulen sind zu berücksichtigen, wenn dadurch der Grenzzustand der Tragsicherheit, Gebrauchstauglichkeit oder Ermüdung wesentlich beeinflusst wird.

Fb 103, Kap III, 2.1 (1) P

Zur Überprüfung, ob das Plattenbeulen die Beanspruchbarkeit beeinflusst, werden die Querschnitte in Querschnittsklassen eingestuft.

Fb 104, Kap II, 4.3

Die Einstufung erfolgt nach den geometrischen Abmessungen (b/t-Verhältnisse) der auf Druck beanspruchten Teile eines Querschnittes. Im Fachbericht 103, Tab. II-5.3.1 werden Grenzverhältnisse angegeben, nach denen die Einstufung erfolgt. Diese Grenzverhältnisse basieren auf der Berechnung der plastischen Ausnutzbarkeit von nicht ausgesteiften Beulfeldern durch Normaldruckspannungen. Mit der Einteilung in die Querschnittsklasse wird demnach das Stabilitätsversagen durch Beulen infolge Längsdruckspannungen erfasst.
Bei lokaler Lasteinleitung oder großen Querlasten sind zusätzliche (Beul-) Nachweise erforderlich.
Die Einstufung des Gesamtquerschnitts erfolgt nach der ungünstigsten Klasse seiner Teile (z. B. Steg oder Flansch).
Ist ein Querschnitt durch positive und negative Momente beansprucht, ist eine Einstufung für beide Beanspruchungen durchzuführen. Bei Verbundquerschnitten ist zudem eine mögliche Rissbildung im Betongurt zu berücksichtigen.

Die Querschnittsklasse hat Auswirkungen auf die Schnittgrößenermittlung, die Nachweise im Grenzzustand der Tragfähigkeit und der Gebrauchstauglichkeit.

Die im DIN-Fachbericht 103 angegebene Einstufung in Querschnittsklassen gilt auch für die Querschnitte von Verbundträgern. Die dort angegebenen vier Querschnittsklassen sind wie folgt definiert:

Fb 104 Kap. II, 4.3

Fb 104 Kap. II, 4.3.1 (1) P

- **Klasse 1:** Diese Querschnitte können plastische Gelenke mit ausreichendem Rotationsvermögen für eine plastische Berechnung des Systems ausbilden.
Bei diesen Querschnitten besteht keine Beulgefahr unter Längsdruckspannung. Die Querschnitte können plastisch voll ausgenutzt werden. Auf Grund des vorhandenen Rotations-

vermögens ist prinzipiell eine plastische Schnittgrößenermittlung möglich.

Nachweisführung: plastisch-plastisch

- **Klasse 2:** Querschnitte der Klasse 2 können bei eingeschränktem Rotationsvermögen die volle plastische Querschnittstragfähigkeit entwickeln.
Diese Querschnitte können zwar plastisch voll ausgenutzt werden, auf Grund des eingeschränkten Rotationsvermögen ist jedoch nur eine elastische Schnittgrößenermittlung möglich.

Nachweisführung: elastisch-plastisch

- **Klasse 3:** Diese Querschnitte können in der ungünstigsten Faser des Stahlquerschnitts bis zur Streckgrenze ausgenutzt werden. Plastischen Reserven sind infolge örtlichen Beulens nicht vorhanden.
Bei diesen Querschnitten besteht aufgrund der Querschnittsgeometrie eine Beulgefahr unter Längsdruckspannungen. Die Ausnutzung des Querschnitts ist auf das Erreichen des Bemessungswertes der Streckgrenze an der am stärksten ausgenutzten Querschnittsfaser des Baustahls begrenzt.

Nachweisführung: elastisch-elastisch

- **Klasse 4:** Querschnitte der Klasse 4 sind unter Berücksichtigung des örtlichen Querschnittsversagen infolge Beulens nachzuweisen.
Bei diesen Querschnitten besteht aufgrund der Querschnittsgeometrie eine Beulgefahr unter Längsdruckspannungen. Die Ausnutzung des Baustahlquerschnitts ist auf Erreichen einer abgeminderten Randspannung an der am stärksten ausgenutzten Querschnittsfaser begrenzt.

Nachweisführung: elastisch-elastisch (mit abgemindertem Bemessungswert der Spannung, oder mit reduzierten wirksamem Querschnitten)

Bei Verbundquerschnitten ist die Lage der plastischen Nulllinie mit den Bemessungswerten der Materialfestigkeiten zu bestimmen.

Fb 104 Kap. II, 4.3.1 (2) P

Zugbeanspruchte Querschnittsteile werden in Klasse 1 eingestuft.

Einstufung der Querschnitte

a) Im Feld mit Beanspruchung durch positive Momente:

Lage der plastischen Nulllinie:

s. Abschnitt 7.3.1.2

$$z_{pl} = 30{,}7 \text{ cm}$$

$\Rightarrow$ Die plastische Nulllinie liegt im Stahlträgerflansch.

- Querschnittsklassifizierung:

Stahlträgerobergurt:

$$\frac{c}{t_f} \leq 10 \cdot \varepsilon$$

Fb 104 Kap. II, 4.3.2

Fb 103, Tabelle. II, 5.3.1 Blatt 3

$$\frac{453 \cdot 0{,}5}{40} = 5{,}7 < 10 \cdot 0{,}81 = 8{,}1$$

$\Rightarrow$ QKL 1

<u>Anmerkung</u>:

Die Einstufung liegt auf der sicheren Seite. Von der Möglichkeit nach DIN-Fachbericht 104, Abschnitt II-6.4.6 (4) wird kein Gebrauch gemacht.

- Stahlträgersteg:

Der Stahlträgersteg wird nur auf Zug beansprucht.

$\Rightarrow$ QKL 1

- Stahlträgeruntergurt:

Der Stahlträgeruntergurt wird nur auf Zug beansprucht.

$\Rightarrow$ QKL 1

Der Gesamtquerschnitt ist unter positiver Momentenbeanspruchung in die Querschnittsklasse 1 einzustufen.

b) Im Feld mit Beanspruchung durch negative Momente:

Lage der plastischen Nulllinie   s. Abschnitt 7.3.1.2

z_{pl} = 58,8 cm

$\Rightarrow$ Die plastische Nulllinie liegt im Stahlträgersteg.

Querschnittsklassifizierung:

- Stahlträgerobergurt: Fb 104 Kap. II, 4.3.2

Der Stahlträgerobergurt wird nur auf Zug beansprucht.

$\Rightarrow$ QKL 1

- Stahlträgersteg: Fb 104 Kap. II, 4.3.3

Wirksame Steghöhe d:

$d = h - 2 \cdot t_f - 2 \cdot r = 100{,}8 - 2 \cdot 4{,}0 - 2 \cdot 3{,}0 = 86{,}8$ cm   Fb 103, Tabelle. II, 5.3.1 Blatt 1

Gedrückte Steghöhe $\alpha \cdot d$:

$\alpha \cdot d = d - (z_{pl} - h_c - t_f - r) = 86{,}8 - (58{,}8 - 30{,}0 - 4{,}0 - 3{,}0)$
$= 65{,}0$ cm

h = 100,8 cm Profilhöhe
t_f = 4,0 cm Flanschdicke
r = 3,0 cm Walzradius

$\alpha = \dfrac{65{,}0}{86{,}8} = 0{,}75$

$\alpha > 0{,}5$

$$\frac{d}{t_w} \leq \frac{456 \cdot \varepsilon}{13 \cdot \alpha - 1}$$

$$\frac{868}{21} = 41{,}3 < \frac{456 \cdot 0{,}81}{13 \cdot 0{,}75 - 1} = 42{,}2$$

$\Rightarrow$ QKL 2

- Stahlträgeruntergurt:

Fb 104 Kap. II, 4.3.2

$$\frac{c}{t_f} \leq 10 \cdot \varepsilon$$

$$\frac{453 \cdot 0{,}5}{40} = 5{,}7 < 10 \cdot 0{,}81 = 8{,}1$$

$\Rightarrow$ QKL 1

Der Gesamtquerschnitt ist bei negativer Momentenbeanspruchung in die Querschnittsklasse 2 einzustufen.

c) Querschnitt an der Innenstütze mit Beanspruchung durch negative Momente:

Lage der plastischen Nulllinie:

s. Abschnitt 7.3.1.2

z_{pl} = 41 cm

$\Rightarrow$ Die plastische Nulllinie liegt im Stahlträgersteg

Querschnittsklassifizierung:

- Stahlträgerobergurt:

Fb 104 Kap. II, 4.3.2

Der Stahlträgerobergurt wird nur auf Zug beansprucht.

$\Rightarrow$ QKL 1

Verfasser : Planungsgemeinschaft h² Hochschule Magdeburg – Stendal (FH)	Proj. – Nr. 2100
Programm : C Hochschule Anhalt (FH)	
Bauwerk : Straßenbrücke bei Cavertitz ASB Nr.: 4131635	Datum: 01.05.2003

- Stahlträgersteg:

Fb 104 Kap. II, 4.3.3 (1) P

Wirksame Steghöhe d:

Fb 103 Kap. II, 5.3.1
Blatt 1 bis 3

$$d = h - 2 \cdot t_f - 2 \cdot r = 100{,}8 - 2 \cdot 4{,}0 - 2 \cdot 3{,}0 = 86{,}8 \text{ cm}$$

Gedrückte Steghöhe $\alpha \cdot d$:

$$\alpha \cdot d = d - (z_{pl} - h_c - t_f - r) = 86{,}8 - (41{,}4 - 30{,}0 - 4{,}0 - 3{,}0)$$
$$= 82{,}4 \text{ cm}$$

$$\alpha = \frac{82{,}4}{86{,}8} = 0{,}95$$

$$\alpha > 0{,}5$$

$$\frac{d}{t_w} \leq \frac{456 \cdot \varepsilon}{13 \cdot \alpha - 1}$$

$$\frac{868}{21} = 41{,}3 < \frac{456 \cdot 0{,}81}{13 \cdot 0{,}95 - 1} = 32{,}5$$

$\Rightarrow$ nicht erfüllt $\Rightarrow$ QKL 3 oder 4

Die Einstufung des Stahlträgerunterflansches in die Querschnittsklasse 3 oder 4 erfolgt auf Grundlage der linearelastischen Spannungsverteilung zur Ermittlung des gedrückten Stegunterteils. Die Einstufung erfolgt sowohl für den Zeitpunkt t_{28} als auch für den Zeitpunkt t_∞.

Zeitpunkt t_{28}:

Spannung an der Oberkante Stahlträgersteg:

$$\sigma_{a,st,o}^{t=28} = \frac{M_{Sd,a}}{W_{a,st,o}} + \frac{M_{Sd,v}}{W_{a,st,o}^{II}}$$

$$\sigma_{a,st,o}^{t=28} = \frac{-115260}{-21668} + \frac{-164890}{-44453} = 9{,}03 \text{ kN/cm}^2 \text{ (Zug)}$$

Bauteil : Verbundüberbau mit offenem Querschnitt, Walzträger	Archiv Nr.:
Block : Grenzzustand der Tragfähigkeit Seite: **112**	
Vorgang :	

Spannung an der Unterkante Stahlträgersteg:

$$\sigma_{a,st,o}^{t=28} = \frac{M_{Sd,a}}{W_{a,st,u}} + \frac{M_{Sd,v}}{W_{a,st,u}^{II}}$$

$$\sigma_{a,st,o}^{t=28} = \frac{-115260}{21668} + \frac{-164890}{25010} = -11{,}91 \text{ kN/cm}^2 \text{ (Druck)}$$

Randspannungsverhältnis:

$$\psi = \frac{-9{,}03}{11{,}91} = -0{,}76$$

$$\psi > -1$$

Daraus folgt:

$$\frac{d}{t_w} \leq \frac{42 \cdot \varepsilon}{0{,}67 + 0{,}33 \cdot \psi}$$

$$\frac{868}{21} = 41{,}3 < \frac{42 \cdot 0{,}81}{0{,}67 + 0{,}33 \cdot -0{,}76} = 81{,}2$$

Der Steg ist zum Zeitpunkt t_{28} in die Querschnittsklasse 3 einzustufen.

Zeitpunkt t_∞ :

Spannung an der Oberkante Stahlträgersteg:

$$\sigma_{a,st,o}^{t=\infty} = \frac{M_{Sd,a}}{W_{a,st,o}} + \frac{M_{Sd,v}}{W_{a,st,o}^{II}}$$

$$\sigma_{a,st,o}^{t=\infty} = \frac{-115260}{-21668} + \frac{-280070}{-44453} = 11{,}62 \text{ kN/cm}^2 \text{ (Zug)}$$

Spannung an der Unterkante Stahlträgersteg:

$$\sigma_{a,st,o}^{t=\infty} = \frac{M_{Sd,a}}{W_{a,st,u}} + \frac{M_{Sd,v}}{W_{a,st,u}^{II}}$$

$$\sigma_{a,st,o}^{t=\infty} = \frac{-115260}{21668} + \frac{-280070}{25010} = 16{,}52 \text{ kN/cm}^2 \text{ (Druck)}$$

Randspannungsverhältnis:

$$\psi = \frac{-11{,}62}{16{,}52} = -0{,}70$$

$$\psi > -1$$

Daraus folgt:

$$\frac{d}{t_w} \leq \frac{42 \cdot \varepsilon}{0{,}67 + 0{,}33 \cdot \psi}$$

$$\frac{868}{21} = 41{,}3 < \frac{42 \cdot 0{,}81}{0{,}67 + 0{,}33 \cdot (-0{,}70)} = 77{,}5$$

Der Steg ist zum Zeitpunkt t_∞ in die Querschnittsklasse 3 einzustufen.

Stahlträgeruntergurt:

$$\frac{c}{t_w} \leq 10 \cdot \varepsilon$$

Fb 104 Kap. II, 4.3.2 (2) P

Fb 103 Kap. II, 5.3.1
Blatt 1 bis 3

$$\frac{453 \cdot 0{,}5}{40} = 5{,}7 < 10 \cdot 0{,}81 = 8{,}1$$

$\Rightarrow$ QKL 1

Ergebnis:
Der Gesamtquerschnitt ist in die Querschnittsklasse 3 einzustufen.

Maßgebendes Querschnittsteil: Steg

Damit liegt in keinem Bemessungsschnitt eine Querschnittsklasse 4 vor. Eine Reduzierung der zulässigen Randspannung zur Berücksichtigung des Plattebeulens ist damit nicht erforderlich.

Anmerkung:

Für Querschnitte der Klasse 4 stehen folgende Verfahren zur Verfügung:

a) Verfahren mit wirksamen Breiten zur Berücksichtigung der mittragenden Breite und des Plattenbeulens infolge von Längsdruckspannungen bei der statischen Berechnung von Stabwerken, siehe Abschnitt III-2.2 des DIN-Fachberichtes 103.

Fb 103 Kap. III, 2.1 (1) P

b) Verfahren mit wirksamen Breiten zur Berücksichtigung der mittragenden Breite und/oder des Plattenbeulens infolge von Längsdruckspannungen bei der Bemessung von Bauteilen, wobei unterschieden wird nach
   - mittragenden Breiten mit oder ohne Plattenbeulen infolge von Längsspannungen, siehe Abschnitt III-3 des DIN-Fachberichtes 103
   - Plattenbeulen nicht ausgesteifter Blechfelder oder von Einzelfeldern ausgesteifter Blechfelder infolge von Längsspannungen, siehe Abschnitt III-4 des DIN-Fachberichtes 103
   - Plattenbeulen ausgesteifter Blechfelder infolge von Längsspannungen, siehe Abschnitt III-4 des DIN-Fachberichtes 103

c) Interaktionsformeln zur Bestimmung der Beanspruchbarkeit von Bauteilen bei Kombination von
   - Plattenbeulen infolge von Längsspannungen,
   - Schubbeulen
   - örtlichem Beulen unter Lasteinleitung am Querrand, siehe Abschnitt III-7 des DIN-Fachberichtes 103

Die Anwendung des Verfahrens mit wirksamen Querschnitten bedarf der Zustimmung im Einzelfall.

Fb 103, Kap III, 2.1 (3) P

Anmerkung:

Es wird damit im Regelfall nicht zur Anwendung kommen.

Fb 103, Kap III, 2.3 (1)

Die Verfahren mit wirksamen Breiten bei Längsspannungen, die Verfahren zur Ermittlung der Beanspruchbarkeit bei Schubbeulen und bei Beulen infolge Querlasten auf den Längsrändern der Beulfelder sowie die Interaktionsformeln zur Bestimmung der Beanspruchbarkeit im Grenzzustand der Tragfähigkeit beim Zusammenwirken dieser Effekte gelten unter folgenden Bedingungen:

- die Plattenfelder sind rechteckig und die Flansche laufen parallel mit einer maximalen Abweichung von $a_{limit} = 10°$;

- offene Löcher oder Ausschnitte sind klein und der Durchmesser d auf $d/h < 0,05$ beschränkt;

- die Krümmung r bei nicht ausgesteiften gekrümmten Beulfeldern erfüllt die Bedingung

$$r \geq \frac{b^2}{t}$$

<u>Anmerkung:</u>

Zu den Verfahren siehe Abschnitt III-4 bis III-7 des DIN-Fachberichtes 103.

Für die Berechnung von Spannungen für Gebrauchstauglichkeitsnachweise oder von Spannungsschwingbreiten für Ermüdungsnachweise darf die Bruttoquerschnittsfläche verwendet werden, wenn Abschnitt III-2.2 (4) erfüllt ist. Anderenfalls ist die wirksame Fläche nach Abschnitt III-4.4 des DIN-Fachberichtes zu verwenden. — Fb 103, Kap III, 2.3 (2)

Als Alternative zu dem Verfahren mit effektiven Breiten für Bauteile mit Querschnitten der Querschnittsklasse 4, das in den Abschnitten III-4 bis III-7 des DIN-Fachberichtes angegeben ist, dürfen die Querschnitte auch der Querschnittsklasse 3 zugeordnet werden, wenn die Längsdruckspannungen für jedes Blechfeld bestimmte Grenzwerte nicht überschreiten. Diese Grenzwerte sind in Abschnitt III-10 des DIN-Fachberichtes 103 angegeben. — Fb 103, Kap III, 2.4 (1)

7.3 Tragfähigkeit der Querschnitte

Fb 104, Kap. II, 4.4

7.3.1 Biegemomente

Fb 104, Kap. II, 4.4.1

7.3.1.1 Allgemeines

Fb 104, Kap. II, 4.4.1.1

Der Einfluss schiefer Hauptachsen muss berücksichtigt werden.

Fb 104, Kap. II, 4.4.1.1 (1) P

Anmerkung:

Bei Trägern mit offenen Profilen ist dies nach Einschätzung des Aufstellers nicht notwendig.

Die Querschnittstragfähigkeit darf nur dann vollplastisch berechnet werden, wenn mindestens wirksame Verbundquerschnitte der Klassen 1 und 2, vorliegen.

Fb 104, Kap. II, 4.4.1.1 (2) P

Eine elastische Berechnung nach Abschnitt II-4.4.1.4 des DIN-Fachberichtes 104 ist für alle Querschnittsklassen zulässig. Eine dehnungsbeschränkte Berechnung nach Abschnitt II-4.4.1.3 des DIN-Fachberichtes 104 ist für Querschnitte der Klassen 1, 2 und 3 zulässig.

Fb 104, Kap. II, 4.4.1.1 (3) P

Die Zugfestigkeit des Betons ist bei der Ermittlung der Querschnittstragfähigkeit zu vernachlässigen. Wenn die Verbundmittel nach Abschnitt II-6 des DIN-Fachberichtes 104 ausgeführt werden, darf Ebenbleiben des Gesamtquerschnittes angenommen werden.

Fb 104, Kap. II, 4.4.1.1 (4) P

Primäre Beanspruchungen aus Temperatur dürfen beim Nachweis der Querschnittstragfähigkeit von Querschnitten der Klassen 1 und 2 vernachlässigt werden.

Fb 104, Kap. II, 4.4.1.1 (9) P

Anmerkung:

Von dieser Möglichkeit wird auf der sicheren Seite liegend kein Gebrauch gemacht.

7.3.1.2 Plastische Momententragfähigkeit

Fb 104, Kap. II, 4.4.1.2

Die plastische Momententragfähigkeit darf nur für Verbundträger mit nicht gekrümmten Stahlträgern ausgenutzt werden.

Fb 104, Kap. II, 4.4.1.2 (1) P

Bei der Berechnung des plastischen Grenzmomentes $M_{pl,Rd}$ gelten folgende Annahmen:

Fb 104, Kap. II, 4.4.1.2 (2) P

a) Es tritt kein Schlupf zwischen Baustahl, Beton und Bewehrung auf.
b) Im gesamten Baustahlquerschnitt wirken Zug- und/oder Druckspannungen mit dem Bemessungswert der Streckgrenze f_y/γ_a.
c) Im Betonstahl wirken im Bereich der mittragenden Gurtbreite Zug- oder Druckspannungen mit dem Bemessungswert der Streckgrenze f_{sk}/γ_s. Zur Vereinfachung darf der Betonstahl in der Druckzone des Querschnittes vernachlässigt werden. In der Druckzone des mittragenden Betonquerschnittes ist zwischen der plastischen Nulllinie und der Randfaser des Betongurtes der Bemessungswert der Betondruckfestigkeit mit $f_{cd} = 0{,}85\, f_{ck}/\gamma_c$ anzunehmen.

Fb 104, Kap. II, 4.4.1.2 (3) P

a) Querschnitt im Feld:

Positive Momentenbeanspruchung (Zustand I)

Bestimmung der plastischen Nulllinie:

Annahme: Die plastische Nulllinie liegt im Stahlträgerflansch

$$z_{pl} = h_c + \frac{A_a \cdot \dfrac{f_{yk}}{\gamma_a} - b_{eff} \cdot h_c \cdot 0{,}85 \cdot \dfrac{f_{ck}}{\gamma_c}}{2 \cdot b_a \cdot \dfrac{f_{yk}}{\gamma_a}}$$

$$z_{pl} = 30 + \frac{565 \cdot \dfrac{35{,}5}{1{,}0} - 300 \cdot 30 \cdot 0{,}85 \cdot \dfrac{3{,}5}{1{,}5}}{2 \cdot 45{,}3 \cdot \dfrac{35{,}5}{1{,}0}}$$

$z_{pl} = 30{,}7$ cm

$h_c < z_{pl} < h_c + t_f$

30 cm < 30,7 cm < 34,0 cm

$\Rightarrow$ Die plastische Nulllinie liegt im Stahlträgerflansch

$$M_{pl,Rd} = A_a \cdot \frac{f_{yk}}{\gamma_a} \cdot \left(\frac{h_a}{2} + \frac{h_c}{2}\right) - 2 \cdot b_a \cdot \frac{f_{yk}}{\gamma_a} \cdot (z_{pl} - h_c) \cdot \left(\frac{z_{pl}}{2}\right)$$

$$M_{pl,Rd} = 565 \cdot \frac{35,5}{1,0} \cdot \left(\frac{100,8}{2} + \frac{30}{2}\right) - 2 \cdot 45,3 \cdot \frac{35,5}{1,0} \cdot (30,7 - 30,0) \cdot \left(\frac{30,7}{2}\right)$$

$M_{pl,Rd} = 12772,0$ KNm

Wenn der Betongurt in der Druckzone liegt, sollte die Momententragfähigkeit nach den Abschnitten II-4.4.1.3 oder II-4.4.1.4 des DIN-Fachberichtes 104 ermittelt werden, wenn der Abstand z_{pl} zwischen der plastischen Nulllinie und der äußeren Randfaser der Druckzone des Betongurtes 15% der gesamten Höhe h des Trägers überschreitet. Alternativ darf das Grenzmoment $M_{Rd} = \beta\, M_{pl,Rd}$ verwendet werden, wobei der Abminderungsfaktor β nach Fachbericht 104, Bild 4.3 zu bestimmen ist. Für Werte z_{pl}/h größer als 0,4 sollte die Momententragfähigkeit nach den Abschnitten II-4.4.1.3 oder II-4.4.1.4 des DIN-Fachberichtes 104 ermittelt werden.

Fb 104, Kap. II, 4.4.1.2 (4)

Anmerkung:

Da die Grenzdehnung des Betons nicht überprüft wird, muss das Moment $M_{pl,Rd}$ bei großer Druckzonenhöhe begrenzt werden.

Ermittlung des Abminderungsfaktors β

$z_{pl} / h = 30,7/(100,8+30,0) = 0,23 > 0,15$

Der Abminderungsfaktor β ergibt sich zu:

Fb 104, Kap. II, 4.4.1.2 (4), Bild 4.3

$\beta = 0,95$

$M_{pl,Rd,red} = \beta \cdot M_{pl,Rd}$

$M_{pl,Rd,red} = 0{,}95 \cdot 12772{,}0 = 12133{,}4$ kNm

$M_{Sd} = 4664{,}0$ kNm $< M_{pl,Rd,red} = 12133{,}4$ kNm

Tabelle 15

Die Regelungen nach Fachbericht 104, Kapitel II, 4.4.1.2, (1) bis (4) gelten auch für die Ermittlung von $M_{f,Rd}$ nach Abschnitt II-4.4.3(2). Für die Ermittlung der Beanspruchbarkeit des Flansches sollte der Baustahl, der Beton und die Bewehrung berücksichtigt werden. Wenn die Tragfähigkeit nach Fachbericht 104, Kapitel II, 4.4.1.2 (4) ermittelt wird, sollte für die Berechnung von $M_{f,Rd}$ derselbe Abminderungsfaktor β wie für $M_{pl,Rd}$ angesetzt werden.

Fb 104, Kap. II, 4.4.1.2 (5)

Wenn bei Durchlaufträgern die Schnittgrößen nach der Elastizitätstheorie ermittelt werden, sollte in den Feldbereichen bei positiver Momentenbeanspruchung und Querschnitten den Klassen 1 und 2 der Bemessungswert des Biegemomentes den Wert $0{,}9\, M_{pl,Rd}$ nicht überschreiten, wenn
- an den benachbarten Stützen Querschnitte der Klassen 3 und 4 vorhanden sind und
- das Verhältnis der benachbarten Stützweiten (L_{min}/L_{max}) den Wert 0,6 unterschreitet.

Fb 104, Kap. II, 4.4.1.2 (6)

Anmerkung:

Da das Verhältnis L_{min}/L_{max} den Wert 0,6 nicht unterschreitet ist keine Abminderung vorzunehmen.

Negative Momentenbeanspruchung (Zustand II)

Bestimmung der plastischen Nulllinie:

Annahme: Die plastische Nulllinie liegt im Stahlträgersteg

$z_{pl} = h_c + t_f + \dfrac{A_a \cdot f_{yd} - A_s \cdot f_{sd} - 2 \cdot b_a \cdot t_f \cdot f_{yd}}{2 \cdot t_w \cdot f_{yd}}$

$z_{pl} = 30 + 4 + \dfrac{565 \cdot 35{,}5 - 80{,}5 \cdot 43{,}5 - 2 \cdot 45{,}3 \cdot 4 \cdot 35{,}5}{2 \cdot 2{,}1 \cdot 35{,}5}$

$z_{pl} = 58{,}8$ cm

$h_c + t_f < z_{pl}$

34,0 cm < 58,8 cm

$\Rightarrow$ Die plastische Nulllinie liegt im Stahlträgersteg.

Ermittlung des plastischen Grenzmomentes.

$$z_{a,fl,o} = h_c + \frac{t_f}{2} = 30 + \frac{4,0}{2} = 32,00 \text{ cm}$$

$$z_{a,fl,o} = \frac{(x_{pl} - h_c - t_f)}{2} + h_c + t_f = \frac{(58,76 - 30 - 4,0)}{2} + 30 + 4,0 = 46,38 \text{ cm}$$

$$z_{a,st,u} = \frac{(h_a + h_c - z_{pl} - t_f)}{2} + z_{pl}$$

$$= \frac{(100,8 + 30 - 58,76 - 4,0)}{2} + 58,76 = 92,76 \text{ cm}$$

$$z_{a,fl,u} = h_a + h_c - t_f = 100,8 + 30 - 4,0 = 126,80 \text{ cm}$$

$$N_{a,fl,o} = b_a \cdot t_f \cdot f_{yd} = 45,3 \cdot 4,0 \cdot 35,5 = 6432,60 \text{ kN}$$

$$N_{a,st,o} = (z_{pl} - h_c - t_f) \cdot t_w \cdot f_{yd} = (58,76 - 30 - 4,0) \cdot 2,1 \cdot 35,5 = 1845,86 \text{ kN}$$

$$N_{a,st,u} = (h_a + h_c - z_{pl} - t_f) \cdot t_w \cdot f_{yd}$$

$$= (100,8 + 30 - 58,76 - 4,0) \cdot 2,1 \cdot 35,5 = 5072,38 \text{ kN}$$

$$M_{pl,Rd} = -A_s \cdot f_{sd} \cdot z_{si} - N_{a,fl,o} \cdot z_{a,fl,o} - N_{a,st,o} \cdot z_{a,st,o} + N_{a,st,u} \cdot z_{a,st,u} + N_{a,fl,u} \cdot z_{a,fl,u}$$

$$M_{pl,Rd} = -80,5 \cdot 43,48 \cdot 15,0 - 6432,60 \cdot 32,0 - 1845,86 \cdot 46,38 + 5072,38 \cdot 92,76$$
$$\quad + 6432,60 \cdot 126,8$$

$$M_{pl,Rd} = 9422,11 \text{ kNm}$$

$$|M_{Sd}| = 323,3 \text{ kNm} < M_{pl,Rd} = 9422,11 \text{ kNm}$$

Tabelle 15
Fb 104, Kap. II, 4.4.1.2 (5)

b) Querschnitt an der Innenstütze:

Bestimmung der plastischen Nulllinie:

Annahme: Die plastische Nulllinie liegt im Stahlträgersteg

$$z_{pl} = h_c + t_f + \frac{A_a \cdot f_{yd} - A_s \cdot f_{sd} - 2 \cdot b_a \cdot t_f \cdot f_{yd}}{2 \cdot s \cdot f_{yd}}$$

$$z_{pl} = 30 + 4 + \frac{565 \cdot 35,5 - 140 \cdot 43,5 - 2 \cdot 45,3 \cdot 4 \cdot 35,5}{2 \cdot 2,1 \cdot 35,5} = 41,0 \text{ cm}$$

$h_c + t_f < z_{pl}$

34 cm < 41 cm

$\Rightarrow$ Die plastische Nulllinie liegt im Stahlträgersteg.

Anmerkung:

Die Lage der plastischen Nulllinie wird für die Querschnittseinstufung benötigt.
Da an der Innenstütze Querschnittsklasse 3 vorliegt, ist es nicht notwendig, die plastische Momententragfähigkeit für diesen Querschnitt zu bestimmen.

7.3.1.3 Elastische Momententragfähigkeit

Fb 104, Kap. II, 4.4.1.4

Die Berechnung der elastischen Momententragfähigkeit ist für die Bemessung von Querschnitten der Querschnittsklasse 3 (hier der Querschnitt an der Innenstütze) erforderlich.

Die Spannungen sind mit dem wirksamen Querschnitt in Übereinstimmung mit den Abschnitten II-4.2.1 und II-4.2.2.2 und dem Kapitel III des DIN-Fachberichtes 103 auf der Grundlage einer linear-elastischen Verteilung zu berechnen. Die Spannungen dürfen sowohl nach dem Gesamtquerschnittsverfahren als auch mit den Teilschnittgrößen des Baustahlquerschnittes und des bewehrten bzw. vorgespannten Betonquerschnittes ermittelt werden.

Fb 104, Kap. II, 4.4.1.4 (1) P

Wenn kein genaueres Berechnungsverfahren angewendet wird, sollten die Einflüsse aus dem Kriechen mit Hilfe der Reduktionszahlen nach den Abschnitten II-4.2.3(3) und (4) des DIN-Fachbericht 104 berücksichtigt werden.

Fb 104, Kap. II, 4.4.1.4 (2)

Bei der Berechnung des elastischen Grenzmomentes $M_{el,Rd}$ sind die folgenden Grenzspannungen einzuhalten:

Fb 104, Kap. II, 4.4.1.4 (3)

$0,85 \, f_{ck} / \gamma_c$ für Betongurte in der Druckzone,

f_y / γ_a für zugbeanspruchte Querschnittsteile und für druckbeanspruchte Querschnittsteile von Querschnitten der Klassen 1, 2 und 3,

σ_{Rd}	Grenzspannung für druckbeanspruchte Querschnittsteile von Stahlträgern der Klasse 4 mit $\gamma_{Rd} = 1{,}10$:

- bei Anwendung des Nachweisverfahrens nach Abschnitt III-10 des DIN-Fachberichtes 103 gilt $\sigma_{Rd} = \rho_{Rd}\, f_y / \gamma_{Rd}$,
- bei Anwendung des Nachweisverfahrens mit wirksamen Querschnitten gilt $\sigma_{Rd} = f_y / \gamma_{Rd}$,
- in Gurten von Querschnitten mit Biegedrillknickgefahr nach Abschnitt II-4.6 des DIN-Fachberichtes 104 ergibt sich die Grenzspannung zu $\chi_{LT}\, f_y / \gamma_{Rd}$.

f_{sk} / γ_s	für Betonstahl in der Zug- und Druckzone des Querschnittes. Der Betonstahl in der Druckzone des Querschnittes darf aus Vereinfachungsgründen vernachlässigt werden,
$f_{p\,0{,}1k} / \gamma_s$	für Spannglieder nach Abschnitt II-2.5.4.4.3 des DIN-Fachberichtes 102. Die Spannung aus Vordehnung der Spannglieder sollte nach Abschnitt II-4.3.1.2 des DIN-Fachberichtes 102 berücksichtigt werden.

Der Einfluss der Belastungsgeschichte ist zu berücksichtigen d.h. Spannungen aus Beanspruchungen, die allein auf den Baustahlquerschnitt oder auf den Verbundquerschnitt wirken, sind gegebenenfalls zu überlagern.

Fb 104, Kap. II, 4.4.1.4 (4)

Für Querschnitte, bei denen der zugbeanspruchte Betongurt als gerissen angenommen wird, dürfen die primären Beanspruchungen aus dem Schwinden vernachlässigt werden.

Fb 104, Kap. II, 4.4.1.4 (5)

An der Innenstütze wurde der Querschnitt in Abschnitt 7.2 in die Querschnittsklasse 3 eingestuft.

Die maximalen Spannungen ergeben sich wie folgt:

Spannung an der Unterkante Stahlträgersteg:

$$\sigma_{a,fl,u}^{t=\infty} = \frac{M_{Sd,a}}{W_{a,fl,u}} + \frac{M_{Sd,v}}{W_{a,fl,u}^{II}}$$

$$\sigma_{a,fl,u}^{t=\infty} = \frac{-115263}{19948} + \frac{-280067}{23432} = -17{,}73 \text{ kN/cm}^2$$

Spannung im Betonstahl:

$$\sigma_{a,fl,u}^{t=\infty} = \frac{M_{sd,v}}{W_s^{II}}$$

$$\sigma_{a,fl,u}^{t=\infty} = \frac{-280067}{-28338} = 9{,}88 \text{ kN/cm}^2$$

Die zulässigen Spannungen betragen:

$\dfrac{f_{yk}}{\gamma_a}$ = 35,5 / 1,0 = 35,5 kN/cm² > 17,7 kN/cm²   Querschnittsklasse 3
und $\overline{\lambda}_{LT}$ < 0,4
(s. Abschnitt 7.3.5)

$\dfrac{f_{sk}}{\gamma_s}$ = 50,0 / 1,15 = 43,5 kN/cm² > 9,88 kN/cm²

7.3.2 Querkraft

Fb 104, Kap. II, 4.4.2

Wenn die Mitwirkung des Betonquerschnittes bei der Ermittlung der Grenzquerkraft nicht gesondert nachgewiesen wird, ist die Grenzquerkraft allein mit dem Baustahlquerschnitt zu ermitteln. Die wirksame Schubfläche sollte nach Abschnitt II-5.4.6 des DIN Fachberichtes 103 bestimmt werden.

Fb 104, Kap. II, 4.4.2 (1) P

Für $\overline{\lambda}_w \leq 0{,}83$ sollte die Grenzquerkraft $V_{Rd} = V_{pl,Rd}$ vollplastisch nach Abschnitt II-5.4.6 des DIN-Fachberichts 103 ermittelt werden. Die bezogene Schlankheit $\overline{\lambda}_w$ ist in Abschnitt III-5.3 des DIN-Fachberichtes 103 definiert.

Fb 104, Kap. II, 4.4.2 (2) P

Für $\overline{\lambda}_w > 0{,}83$ sollte die Grenzquerkraft unter $V_{Rd} = V_{c,Rd}$ unter Berücksichtigung des Schubbeulens nach Abschnitt III-5 des DIN Fachberichtes 103 ermittelt werden.

Fb 104, Kap. II, 4.4.2 (3)

Nachgewiesen wird der Querschnitt im Bereich der Innenstütze, an der die größte Querkraft auftritt.

Bei Stegen mit nur Auflagersteifen darf die Schlankheit wie folgt ermittelt werden:

Fb 103, Kap. III, 5.3 (4)

$$\overline{\lambda}_w = \frac{h_w}{86{,}4 \cdot t_w \cdot \sqrt{235/f_{yk}}} = \frac{92{,}8}{86{,}4 \cdot 2{,}1 \cdot 0{,}81} = 0{,}63$$

h_w = 92,8 cm
Steghöhe
t_w = 2,1 cm
Stegdicke

$\bar{\lambda}_w = 0{,}63 < 0{,}83$

Der Einfluss des Schubbeulens muss damit nicht berücksichtigt werden.

Fb 104, Kap. II, 4.4.2 (2) P

Berechnung der plastischen Grenzquerkraft:

Fb 103, Kap. II, 5.4.6 (101)

$$V_{pl,Rd} = A_V \cdot \frac{f_y}{\sqrt{3} \cdot \gamma_{M0}} = 235 \cdot \frac{35{,}5}{\sqrt{3} \cdot 1{,}00} = 4816{,}5 \text{ kN}$$

Fb 103, Kap. II, 5.4.6 (102)
$A_a = 565 \text{ cm}^2$ Querschnittsfläche
$b_a = 45{,}3 \text{ cm}$ Flanschbreite
$t_f = 4{,}0 \text{ cm}$ Flanschdicke
$t_w = 2{,}1 \text{ cm}$ Stegdicke
$r = 3{,}0 \text{ m}$ Ausrundung

$$\text{mit: } A_V = A_a - 2 \cdot b_a \cdot t_f + (t_w + 2 \cdot r) \cdot t_f$$
$$= 595 - 2 \cdot 45{,}3 \cdot 4{,}0 + (2{,}1 + 2 \cdot 3{,}0) \cdot 4{,}0$$
$$= 235{,}0 \text{ cm}^2$$

$\gamma_{M0} = 1{,}00$

Nachweis im Stützbereich:

Maßgebender Zeitpunkt t_∞ :

$V_{sd} = 1177{,}1 \text{ kN} < V_{pl,Rd} = 4816{,}5 \text{ kN}$

Tabelle 16

Damit ist der Nachweis erbracht.

7.3.3 Biegung, Normal- und Querkraft

Fb 104, Kap. II, 4.4.3

Bei Normalkraftbeanspruchung ist bei Querschnitten der Klassen 1 und 2 der Einfluss der Normalkraft auf die vollplastische Momententragfähigkeit zu berücksichtigen. Überschreitet bei Querschnitten der Klassen 1 und 2 die Querkraft V_{Ed} den 0,5-fachen Wert der Grenzquerkraft V_{Rd} des Querschnittes, so ist die Reduktion des plastischen Grenzmomentes infolge Querkraft zu berücksichtigen. Der Einfluss der Querkraft auf die Momententragfähigkeit darf durch eine um ρ_w abgeminderte Streckgrenze in der wirksamen Schubfläche erfasst werden:

Fb 104, Kap. II, 4.4.3 (1)

$$\rho_w = 1 - \left(\frac{2 \cdot V_{Ed}}{V_{Rd}} - 1\right)^2$$

Fb 104, Kap. II, 4.4.3 (1), Gl. 4.5

Verfasser : Planungsgemeinschaft h² Hochschule Magdeburg – Stendal (FH)	Proj. – Nr. 2100
Programm : C Hochschule Anhalt (FH)	
Bauwerk : Straßenbrücke bei Cavertitz ASB Nr.: 4131635	Datum: 01.05.2003

Die vorhandene Normalkraft kann wegen ihres geringen Einflusses bei der Berechnung unberücksichtigt bleiben.
Der Bemessungswert der Querkraft beträgt an der Innenstütze:

V_{Sd} = 1177,1 KN   Tabelle 16

Die maximal zulässige Querkraft beträgt:

V_{Rd} = $V_{pl,Rd}$ = 4816,15 KN

$V_{Sd} / V_{pl,Rd}$ = $\dfrac{1177,1}{4816,15}$ = 0,25

  0,25 < 0,5

Damit kann der Einfluss der Querkraft auf die vollplastische Momententragfähigkeit bei Querschnitten der Klasse 2 vernachlässigt werden.

Bei Querschnitten der Klasse 3 mit Stegschlankheiten $\overline{\lambda}_w \leq 0{,}83$ sollte der Nachweis nach Abschnitt II-5.4.1(*) P des DIN-Fachberichtes 103 geführt werden. Wird der Nachweis alternativ mit Hilfe der Interaktionsbedingung nach Abschnitt III-7 des DIN-Fachberichtes 103 geführt, ist $M_{f,Rd}$ das plastische Grenzmoment des wirksamen Verbundquerschnittes ohne Berücksichtigung des Steges. Als Bemessungswert $M_{f,Rd}$ darf das Produkt aus der kleineren Gurtkraft und des Abstandes der Schwerpunkte der Gurte verwendet werden. Für $M_{pl,Rd}$ ist das Grenzmoment nach Abschnitt II-4.4.1.2 zu verwenden.   Fb 104, Kap. II, 4.4.3 (2)

Bei Querschnitten der Klasse 3 mit Stegschlankheiten $\overline{\lambda}_w > 0{,}83$ und bei Querschnitten der Klasse 4 sollte der Tragfähigkeitsnachweis nach Abschnitt II-5.4.1(*) P des DIN-Fachberichtes 103 in Kombination mit dem Beulnachweis nach Abschnitt III-10 des DIN-Fachberichtes 103 geführt werden. Wenn der Nachweis nach Abschnitt III-7 des DIN-Fachberichtes 103 mit Hilfe von effektiven bzw. wirksamen Querschnitten geführt werden soll, ist Abschnitt III-2.1(3) P des DIN-Fachberichtes 103 zu beachten.   Fb 104, Kap. II, 4.4.3 (3)

Die Stegblechschlankheit beträgt:

$\overline{\lambda}_w$ = 0,63 < 0,83

Bauteil : Verbundüberbau mit offenem Querschnitt, Walzträger	Archiv Nr.:
Block : Grenzzustand der Tragfähigkeit	
Vorgang :	

Abweichend von den schnittkraftbezogenen Nachweisen darf für Querschnitte der Klasse 3 der Nachweis der Querschnittsbeanspruchung auch spannungsbezogen durchgeführt werden, wenn die bezogene Plattenschlankheit $\overline{\lambda}_w$ des Steges für Schubbeulen nach Abschnitt III-5.3 des DIN-Fachberichtes 103 den Wert $\overline{\lambda}_w = 0{,}83$ nicht überschreitet.

Fb 103, Kap. II, 5.4.1 (*) P

Für Normalspannungen σ_x, σ_y, σ_z $\qquad \dfrac{\sigma}{\sigma_{Rd}} \leq 1$

Für Schubspannungen τ_{xy}, τ_{xz}, τ_{yz} $\qquad \dfrac{\tau}{\tau_{Rd}} \leq 1$

Für gleichzeitige Wirkung mehrerer Spannungen $\qquad \dfrac{\sigma_v}{\sigma_{Rd}} \leq 1$

mit $\sigma_v = \sqrt{\sigma_x^2 + \sigma_y^2 + \sigma_z^2 - \sigma_x\sigma_y - \sigma_x\sigma_z - \sigma_y\sigma_z + 3\tau_{xy}^2 + 3\tau_{xz}^2 + 3\tau_{yz}^2}$

Bei alleiniger Wirkung von σ_x und τ oder σ_y und τ gilt der Nachweis als erfüllt, wenn $\sigma/\sigma_{Rd} \leq 0{,}5$ oder $\tau/\tau_{Rd} \leq 0{,}5$ ist.

Anmerkung:

Wie eine Nebenrechnung zeigte, sind alle drei angegebenen Nachweisgleichungen erfüllt, da Schubspannung und Normalspannung sich nicht mit ihrem Größtwert überlagern.

7.3.4 Beulen der Stege unter Querlasten, flanschinduziertes Stegbeulen

Fb 104, Kap. II, 4.4.4

7.3.4.1 Beulen der Stege unter Querlasten

Für Stege ohne Längssteifen mit Querbelastung gelten die Regelungen nach Abschnitt III-6 des DIN-Fachberichtes 103. Bei ausgesteiften Stegen mit Querdruckbeanspruchung ist der Tragfähigkeitsnachweis nach Abschnitt III-10 des DIN-Fachberichtes 103 zu führen. Für flanschinduziertes Stegblechbeulen sollte Abschnitt III-8 des DIN-Fachberichtes103 beachtet werden.

Fb 104, Kap. II, 4.4.4 (1)

Anmerkung:

Da größere Querlasten nur an den Lagerpunkten in die Stege eingeleitet werden, dort aber Quersteifen vorhanden sind, ist an diesen Stellen ein Tragfähigkeitsnachweis nach Abschnitt III-10 des DIN-Fachberichtes 103 zu führen. Dieser wird im Zuge der Detailnachweise geführt.

7.3.4.2 Flanschinduziertes Stegblechbeulen

Fb 103, Kap. III, 8

Um das Einknicken des Druckflansches in den Steg zu vermeiden, sollte das Verhältnis h_w/t_w für den Steg das folgende Kriterium erfüllen:

Fb 103, Kap. III, 8.1 (1)

$$\frac{h_w}{t_w} \leq k \cdot \frac{E}{f_{yf}} \cdot \sqrt{\frac{A_w}{A_{fc}}}$$

Fb 103, Kap. III, 8.1 (1), Gl. 8.1

Dabei ist

A_w die Stegfläche
A_{fc} die Fläche des Druckflansches

Der Wert k ist wie folgt anzuwenden:

- bei Ausnutzung einer plastischen Rotation
  $k = 0{,}3$
- bei Ausnutzung der plastischen Momentenbeanspruchbarkeit
  $k = 0{,}4$
- bei Ausnutzung der elastischen Momentenbeanspruchbarkeit
  $k = 0{,}55$

Besitzt der Träger Quersteifen oder Längssteifen im Steg, können die Grenzwerte h_w/t_w vergrößert werden.

Anmerkung:

Quersteifen sind nur an den Lagern vorhanden. Längssteifen sind nicht vorhanden.

$$\frac{86{,}8}{2{,}1} = 41{,}33 \leq 0{,}55 \cdot \frac{210000}{355} \cdot \sqrt{\frac{86{,}8 \cdot 2{,}1}{4{,}0 \cdot 45{,}3}} = 326$$

$$41{,}33 < 326$$

$h_w = 86{,}8$ cm
Steghöhe des Stahlprofils
$b_a = 45{,}3$ cm
Flanschbreite
$t_w = 2{,}1$ cm
Stegdicke
$t_f = 4{,}0$ cm
Flanschdicke
$E = 210000$ N/mm²
E-Modul des Baustahls

Damit ist der Nachweis erfüllt.

7.3.5 Biegedrillknicken

Fb 104, Kap. II, 4.6

Wenn gedrückte Gurte von Stahlträgern nicht nach Abschnitt II-6 des DIN-Fachberichtes 104 mit dem Betongurt verdübelt sind, ist beim Tragsicherheitsnachweis ein ausreichender Widerstand gegen Biegedrillknicken nachzuweisen.

Fb 104, Kap. II, 4.6.1 (1) P

Ist der bezogene Schlankheitsgrad $\overline{\lambda}_{LT}$ nach Abschnitt II-4.6.2(2) des DIN-Fachberichtes 104 nicht größer als 0,4, so ist ein Biegedrillknicknachweis nicht erforderlich.

Fb 104, Kap. II, 4.6.1 (2)

Der Nachweis darf nach den Abschnitten II-5.5.2 und II-5.5.4.3 des DIN-Fachberichtes 103 geführt werden, wenn entweder die Spannungen des Verbundquerschnittes verwendet werden oder die Berechnung mit den Querschnittskenngrößen des Stahlquerschnittes und den zugehörigen Teilschnittgrößen des Stahlquerschnittes durchgeführt wird. Dabei ist davon auszugehen, dass der Stahlträger am Obergurt durch die Betonplatte seitlich gehalten und drehelastisch gebettet ist. Für Querschnitte der Klassen 1 und 2 darf das Näherungsverfahren nach Abschnitt II-4.6.2 des DIN-Fachberichtes 104 angewendet werden.

Fb 104, Kap. II, 4.6.1 (3)

Anmerkung:

Der maßgebende Querschnitt an der Innenstütze ist in die Querschnittsklasse 3 eingestuft.

Der Bemessungswiderstand eines Trägers gegen Biegedrillknicken ergibt sich zu:

Fb 103, Kap.II, 5.5.2

$$M_{b,Rd} = \chi_{LT} \cdot \beta_w \cdot W_{pl,y} \cdot f_y / \gamma_{M1}$$

Fb 103, Kap. II, 5.5.2.1 (3)

χ_{LT}: Abminderungsfaktor für Biegedrillknicken abhängig vom dimensionslosen Schlankheitsgrad λ_{LT}

$\beta_w = 1$ für QKL 1 und 2
$\beta_w = W_{el,y} / W_{pl,y}$ für QKL 3
$\beta_w = W_{eff,y} / W_{pl,y}$ für QKL 4

$\gamma_{M1} = 1,10$

Fb 103, Kap. II, 5.1.1

Verfasser : Planungsgemeinschaft h² Hochschule Magdeburg – Stendal (FH)	Proj. – Nr. 2100
Programm : C Hochschule Anhalt (FH)	
Bauwerk : Straßenbrücke bei Cavertitz ASB Nr.: 4131635	Datum: 01.05.2003

Die Widerstandsmomente beziehen sich auf die Gurtschwerpunkte.

$W_{eff,y}$ Widerstandsmoment unter Berücksichtigung von Plattenbeulen und Schubverzerrung

$W_{el,y}$ Widerstandsmoment unter Berücksichtigung von Schubverzerrung

$W_{pl,y}$ plastisches Widerstandsmoment

Anmerkung:

Im Weiteren wird auf der sicheren Seite liegend mit dem Verbundquerschnitt im Zustand II für die gesamte Feldlänge gerechnet. Damit ist ein Querschnitt mit konstanten Abmessungen vorhanden.

Für konstante Querschnitte gilt:

$$\overline{\lambda}_{LT} = (\beta_w \cdot W_{pl,y} \cdot f_y / M_{cr})^{0,5}$$

Fb 103, Kap. II, 5.5.2.2 (3)

mit: $\beta_w = W_{el,y}/W_{pl,y}$ für Querschnitte der Klasse 3

$$\overline{\lambda}_{LT} = (W_{el,y} \cdot f_y / M_{cr})^{0,5}$$

M_{cr} das kritische elastische Biegedrillknickmoment des Verbundquerschnittes, berechnet mit Bruttoquerschnittswerten - hier vereinfachend mit mittragenden Breiten im Zustand II

ENV. 1994-1-1, Anhang B
ENV. 1994-1-1, B 1.2
Fb 104, Kap. II, 4.6.2
L - Länge des Trägers zwischen den seitlichen Halterungen des Stahlträgeruntergurtes
ψ - ENV 1994-1-1, B.1.2 Tab. B.1
ENV 1994-1-1, B.1.2, Tab. B1
C₄ - Beiwert für den Verlauf des Biegemomentes über die Länge L.
I_y - Trägheitsmoment für die starke Biegeachse des Verbundquerschnitts
I_{ay} - Trägheitsmoment des Baustahlquerschnittes (für Biegung um die y-Achse)

Es wird wie folgt angenommen:

$$M_{cr} = \frac{k_c \cdot C_4}{L} \sqrt{\left(G \cdot I_{at} + \frac{k_s \cdot L^2}{\pi^2}\right) \cdot E_a \cdot I_{afz}}$$

Bauteil : Verbundüberbau mit offenem Querschnitt, Walzträger	Archiv Nr.:
Block : Grenzzustand der Tragfähigkeit Seite: **130**	
Vorgang :	

Anmerkung:

Die Bedingungen (c) und (f) bis (j) in ENV 1994-1-1, 4.6.2 und B.1.1 sind erfüllt.

Zeitpunkt t_{28}:

L = 1500 cm

ψ = $-M_{Sd,Stütze}$ / ($-M_{Sd,Stütze}$/2 + $M_{Sd,Feld}$)
   = -2801,57 / (-2801,57 /2 + 4664,03)
   = 0,46

C_4 = 41,50

$I_{y,Verbundtr.}$ = 1485291 cm^4 (Zustand II)

$I_{a,y}$ = 1005400 cm^4
$I_{a,z}$ = 62070 cm^4

h_s = $h_a - t_f$ = 100,8 − 4,0 = 96,8 cm

e = $\dfrac{A_{Verbund} \cdot I_{a,y}}{A_a \cdot z_c \cdot (A_{Verbund} - A_a)}$

   = $\dfrac{705 \cdot 1005400}{(565 \cdot (65,4 - 15,0) \cdot (705 - 565))}$

   = 137,0 cm

$i_x{}^2$ = $\dfrac{I_{a,z} + I_{a,y}}{A_a}$ = $\dfrac{62070 + 1005400}{565}$
   = 1889,33 cm²

---

h_s - Abstand der Schubmittelpunkte der Gurte des Stahlträgers

Tabellen 15 und 16

e - ENV 1994-1-1, B.1.3

z_c - Abstand zwischen dem Schwerpunkt des Baustahlquerschnittes und der Schwerpunkt der Betonplatte

i_x - Polarer Trägheitsradius des Baustahlquerschnittes

I_{az} - Trägheitsmoment des Baustahlquerschnittes (für Biegung um die z-Achse)

k_c - Beiwert nach ENV 1994-1-1, B.1.3

I_{at} - St. Venant'sches Torsionsträgheitsmoment des Baustahlquerschnittes

I_{afz} - Trägheitsmoment des Untergurtes um die Schwachachse des Baustahlquerschnittes

k_s - Elastische Drehbettung des Stahlträgers pro Längeneinheit des Trägers.

k_1 - Anteil des gerissenen Verbundquerschnittes

k_2 - Anteil aus der Profilverformung des Baustahlquerschnittes

v_a - Querdehnzahl des Baustahls

Verfasser : Planungsgemeinschaft h² Hochschule Magdeburg – Stendal (FH)	Proj. – Nr. 2100
Programm : C Hochschule Anhalt (FH)	
Bauwerk : Straßenbrücke bei Cavertitz ASB Nr.: 4131635	Datum: 01.05.2003

$$k_c = \frac{h_s \cdot I_{y,Verbundtr.}}{I_{a,y}} \cdot \frac{1}{\frac{(h_s^2/4 + i_x^2)}{e} + h_s} = 1{,}12$$

E_a = 21000 kN/cm²

G = 8100 kN/cm²

I_{at} = 2157 cm⁴

$$I_{afz} = \frac{t_f \cdot b_a^3}{12} = \frac{4 \cdot 45{,}3^3}{12} = 30986 \text{ cm}^4$$

$$k_s = \frac{k_1 \cdot k_2}{(k_1 + k_2)}$$

$$k_1 = \frac{2 \cdot E_a \cdot I_{y,Platte}}{a} = \frac{2 \cdot 21000 \cdot 2250}{300} = 315000 \text{ kN}$$

$$k_2 = \frac{E_a \cdot t_w^3}{4 \cdot (1 - \nu_a^2) \cdot h_s} = \frac{21000 \cdot 2{,}1^3}{4 \cdot (1 - 0{,}3^2) \cdot 96{,}8} = 551{,}5 \text{ kN}$$

$$k_s = \frac{630000 \cdot 551{,}95}{(630000 + 551{,}5)} = 551{,}5 \text{ kN}$$

$$M_{cr} = \frac{1{,}12 \cdot 41{,}50}{1500} \cdot \sqrt{\left(8100 \cdot 2157 + \frac{551{,}5 \cdot 1500^2}{\pi^2}\right) \cdot 21000 \cdot 30986}$$

M_{cr} = 94622,0 kNm

$W_{el,y} \cdot f_y$ = 35,5 · 23432 / 100 = 8318,36 kNm
(Baustahl maßgebend)

Randnotizen:

ν_a - Querdehnzahl des Baustahls

I_c - Trägheitsmoment des ungerissenen Betonquerschnittes senkrecht zur Trägerachse

a – Abstand der Längsträger untereinander

$I_{y,Platte}$ = 30³/12 = 2250 cm³

Tabelle 10

Anmerkung:

das Grenzmoment wird mit dem kleinsten Widerstandsmoment und der Streckgrenze des Baustahls berechnet. Maßgebend ist die untere Faser des Unterflansches.

Bauteil : Verbundüberbau mit offenem Querschnitt, Walzträger	Archiv Nr.:
Block : Grenzzustand der Tragfähigkeit Seite: **132**	
Vorgang :	

$$\lambda_{LT} = \sqrt{\frac{8318{,}36}{94622{,}0}} = 0{,}29 \leq 0{,}40$$

$\Rightarrow$ Ein Biegedrillknicknachweis ist nicht erforderlich.

Die Sicherheit gegen Biegedrillknicken ist damit zum Zeitpunkt t_{28} Tage nachgewiesen.

Zeitpunkt t_∞

ψ = $-M_{Sd,Stütze}$ / ($-M_{Sd,Stütze}$/2 + $M_{Sd,Feld}$)
  = 3953,30 / (-3953,30/2 +4206,43)
  = 0,64

C_4 = 35,17

Tabellen 15 und 16

Alle anderen Werte werden analog zum Zeitpunkt t_{28} Tage ermittelt.

M_{cr} = 84270,4 kNm

$$\lambda_{LT} = \sqrt{\frac{8318{,}36}{84270{,}4}} = 0{,}31 \leq 0{,}40$$

$\Rightarrow$ Ein Biegedrillknicknachweis nicht erforderlich.

Die Sicherheit gegen Biegedrillknicken ist damit zum Zeitpunkt t_∞ nachgewiesen.

7.3.6 Ermüdungswiderstand

Fb 104, Kap. II, 4.9

7.3.6.1 Allgemeines

Fb 104, Kap. II, 4.9.1

Für Straßen- und Eisenbahnbrücken in Verbundbauweise ist im Allgemeinem ein Nachweis der Ermüdung erforderlich.

Fb 104, Kap. II, 4.9.1 (1) P

Ein Ermüdungsnachweis ist nicht erforderlich, wenn die Bedingungen des Abschnittes II-9.1 des DIN-Fachberichtes 103 sowie die Bedingung des Abschnittes II-4.3.7.1 des DIN-Fachberichtes 102 eingehalten werden.

Fb 104, Kap. II, 4.9.1 (2)

Anmerkung:

Die Bedingung nach DIN-Fachbericht 103, Abschnitt II-9.1 (2), Gl. 9.1 ist für durch Straßenverkehr belastete Bauteile nicht erfüllbar. Damit ist ein Ermüdungsnachweis zu führen.

7.3.6.2 Ermüdungslasten und Teilsicherheitsbeiwerte

Fb 104, Kap. II, 4.9.2

Für die Ermüdungslasten gelten die Abschnitte IV-4.6 und IV-6.9 des DIN-Fachberichtes 101.

Fb 104, Kap. II, 4.9.2 (1) P

Für den Nachweis der Ermüdung von Straßenbrücken sollten die Nachweise mit dem Ermüdungslastmodell 3 des Abschnittes IV-4.6 des DIN-Fachberichtes 101 geführt werden.

Fb 104, Kap. II, 4.9.2 (2)

Für den Nachweis des Baustahlquerschnittes sollte der Teilsicherheitsbeiwert für die Ermüdungslasten nach Abschnitt II-9.3 (1) P des DIN-Fachberichtes 103 angesetzt werden. Für den Teilsicherheitsbeiwert des Ermüdungswiderstandes gelten die Abschnitte II-9.3 (2) und (3) des DIN-Fachberichtes 103.

Fb 104, Kap. II, 4.9.2 (3)

$\gamma_{Mf} = 1{,}0$ für sekundäre Bauteile
$\gamma_{Mf} = 1{,}15$ für Haupttragelemente

Fb 103, Kap. II, 9.3 (2)

Anmerkung:

Bauteile sind als sekundär einzustufen:

- falls Risswachstum in dem kritischen Querschnitt die Spannungen im Restquerschnitt verringert (verformungsinduzierte Risse) und zum Stillstand kommt oder

- das Versagen eines Bauteils nicht zu einem Teil- oder Gesamtversagen der Brücke führt.

Haupttragelemente sind Elemente deren Versagen zu einem Teil- oder Gesamtversagen der Brücke führt.

Für Beton, Betonstahl und Spannglieder sind die Teilsicherheitsbeiwerte in Abschnitt II-4.3.7.2 des DIN-Fachberichtes 102 geregelt.

Fb 104, Kap. II, 4.9.4.1 (4)

$\gamma_{F,fat} = 1{,}0$
$\gamma_{Ed,fat} = 1{,}0$

Fb 104, Kap. II, 4.3.7.2 (101)

Bauteil: Verbundüberbau mit offenem Querschnitt, Walzträger
Block: Grenzzustand der Tragfähigkeit

7.3.6.3 Spannungen und Spannungsschwingbreiten

Fb 104, Kap. II, 4.9.4

7.3.6.3.1 Allgemeines

Fb 104, Kap. II, 4.9.4.1

Für die Ermittlung der Spannungen gelten die Annahmen des Abschnitts II-5.1.4.1 des DIN-Fachberichtes 104.

Fb 104, Kap. II, 4.9.4.1 (1)

Bei der Berechnung der Spannungen müssen gegebenenfalls folgende Einflüsse berücksichtigt werden:

- Schubverformungen breiter Gurte,
- Kriechen und Schwinden des Betons,
- Rissbildung und Mitwirkung des Betons zwischen den Rissen,
- Vorspannung,
- Montageablauf und Belastungsgeschichte,
- Einflüsse aus Temperatureinwirkungen,
- Baugrundbewegungen.

Fb 104, Kap. II, 5.1.4.1 (1) P

Der Einfluss von Schubverformungen bei breiten Gurten darf nach DIN-Fachbericht 104 Abschnitt II-4.2.2.2 berücksichtigt werden.

Fb 104, Kap. II, 5.1.4.1 (2)

Wenn kein genaueres Berechnungsverfahren verwendet wird, dürfen die Einflüsse aus dem Kriechen und Schwinden bei Anwendung des Gesamtquerschnittsverfahrens mit den Reduktionszahlen nach DIN-Fachbericht 104 Abschnitt II-4.2.3 (4) ermittelt werden.

Fb 104, Kap. II, 5.1.4.1 (3)

Im Betongurt und in der Bewehrung sollten Beanspruchungen aus Haupttragwirkung und zugehörigen örtlichen Wirkungen überlagert werden.

Fb 104, Kap. II, 5.1.4.1 (4)

Bei Querschnitten mit Rissbildung im Betongurt dürfen die primären Beanspruchungen aus dem Schwinden bei der Berechnung der Spannungen vernachlässigt werden.

Fb 104, Kap. II, 5.1.4.1 (5)

Die Spannungen sind bei Querschnitten der Klasse 4 mit den Bruttoquerschnittswerten des Baustahlquerschnittes zu ermitteln.

Fb 104, Kap. II, 5.1.4.1 (6)

Die Rissbildung des Betons sollte in Übereinstimmung mit Abschnitt II-5.1.4.2 des DIN-Fachberichtes 104 berücksichtigt werden.

Fb 104, Kap. II, 4.9.4.1 (2)

Die schädigungsäquivalente Spannungsschwingbreite für die Beanspruchung aus Haupttragwirkung ergibt sich zu:

Fb 104, Kap. II, 4.9.4.1 (3)

$$\Delta\sigma_{E,glob} = \phi \cdot \lambda \cdot |\sigma_{max,f} - \sigma_{min,f}|$$

Fb 104, Kap. II, 4.9.4.1 (3), Gl. 4.10

Dabei ist:

$\sigma_{max,f}$ die maximale Spannung infolge der Einwirkungskombination nach Abschnitt II-4.9.3 des DIN-Fachberichtes 104

$\sigma_{min,f}$ die minimale Spannung infolge der Einwirkungskombination nach Abschnitt II-4.9.3 des DIN-Fachberichtes 104

Anmerkung:

Da die Spannungsdifferenz für den Ermüdungsnachweis des Baustahls, des Betonstahls und des Spannstahls $\Delta\sigma = \sigma_{max,f} - \sigma_{min,f}$ mit dem Anpassungsbeiwert λ und dem dynamischen Beiwert ϕ multipliziert wird, ist sie nur aus den ermüdungswirksamen Verkehrslastanteilen zu ermitteln.

Diese sind:

Vertikaler Lastanteil des Lastbildes LM 71 bei Eisenbahnbrücken,

Vertikaler Lastanteil des Lastbildes LM 3 bei Straßenbrücken.

λ ein Anpassungsfaktor nach (4) und (5) zur Ermittlung der schädigungsäquivalenten Spannungsschwingbreite infolge des Ermüdungslastmodells 3 für Straßenbrücken oder des Lastmodells 71 für Eisenbahnbrücken,

ϕ dynamischer Beiwert der für Straßenbrücken nach Abschnitt II-4.9.1 (5) des DIN-Fachberichtes 103 und für Eisenbahnbrücken nach Abschnitt II-6.4.3 des DIN-Fachberichtes 101 bestimmt werden sollte.

Für Beton- und Spannstahl sollte der Anpassungsfaktor $\lambda = \lambda_s$ nach den Abschnitten II-A.106.2 und A.106.3 des DIN-Fachberichtes 101 bestimmt werden. — Fb 104, Kap. II, 4.9.4.1 (4)

Für den Nachweis des Baustahls sollte $\lambda = \lambda_a$ nach den Abschnitten II-9.5.2 und 9.5.3 des DIN-Fachberichtes ermittelt werden. — Fb 104, Kap. II, 4.9.4.1 (5)

Bei kombinierten Beanspruchungen aus Haupttragwirkung und örtlichen Beanspruchungen gilt: — Fb 104, Kap. II, 4.9.4.1 (6)

$$\Delta\sigma_E = \Delta\sigma_{E,glob} + \lambda_{loc} \cdot \Delta\sigma_{loc}$$

Dabei ist:

$\Delta\sigma_{E,glob}$ die schädigungsäquivalente Spannungsschwingbreite nach (3) infolge der Beanspruchungen aus Haupttragwerkswirkung.

$\Delta\sigma_{loc}$ die Spannungsschwingbreite infolge örtlicher Einwirkungen

λ_{loc} ein Anpassungsbeiwert nach (4) und (5) zur Berücksichtigung örtlicher Einwirkungen.

<u>Anmerkung:</u>

Eine Spannungsschwingbreite infolge örtlicher Einwirkung kann z.B. entstehen, wenn die Fahrbahn durch eine orthotrope Stahlplatte gebildet wird.

Verfasser : Planungsgemeinschaft h² Hochschule Magdeburg – Stendal (FH) C Hochschule Anhalt (FH)	Proj. – Nr. 2100
Programm :	
Bauwerk : Straßenbrücke bei Cavertitz ASB Nr.: 4131635	Datum: 01.05.2003

7.3.6.3.2 Ermittlung der Spannungen im Baustahlquerschnitt

Fb 104, Kap. II, 4.9.4.2

Wenn die Biegemomente nach Abschnitt II-4.9.3 des DIN-Fachberichtes 104 im Betongurt Druckbeanspruchungen erzeugen, sollten die zugehörigen Spannungen im Baustahl mit den Querschnittseigenschaften des ungerissenen Querschnittes ermittelt werden.

Fb 104, Kap. II, 4.9.4.2 (1)

Wenn die Biegemomente nach Abschnitt II-4.9.3 des DIN-Fachberichtes 104 Zugbeanspruchungen erzeugen, sollte die Rissbildung des Betongurtes bei der Ermittlung der Spannungen des Baustahlquerschnittes berücksichtigt werden. Wenn keine genauere Berechnung unter Berücksichtigung der Mitwirkung des Betons zwischen den Rissen durchgeführt wird, dürfen die Spannungen im Baustahlquerschnitt vereinfacht mit dem Gesamtstahlquerschnitt (Flächenmoment zweiten Grades I_2) berechnet werden.

Fb 104, Kap. II, 4.9.4.2 (2)

<u>Anmerkung:</u>

Maßgebend sind die Schnittgrößen zum Zeitpunkt t_∞, da die Ermüdung nur unter häufig wiederholten Spannungswechseln auftritt.

<u>Maßgebende Biegemomente:</u>

a) Querschnitt im Feldbereich

$M_{Ed,LM3,max}$ = 713,90 kNm

$M_{Ed,LM3,min}$ = -145,12 kNm

min $M_{Ed,v}$ = -302,04 kNm

$M_{Ed,LM3,max}$, $M_{Ed,LM3,min}$ maximales bzw. minimales Biegemomente infolge der Belastung mit dem LM3
$M_{Ed,v}$ auf den Verbundquerschnitt wirkendes Moment
Tabelle 17
Tabelle 11

Es entstehen Zugspannungen im Beton. Der Beton befindet sich damit unter minimaler Momentenbeanspruchung im Zustand II.

Bauteil : Verbundüberbau mit offenem Querschnitt, Walzträger	Archiv Nr.:
Block : Grenzzustand der Tragfähigkeit Seite: **138**	
Vorgang :	

b) Querschnitt an der Innenstütze

Die Spannungsermittlung erfolgt für den Zustand II.

$M_{Ed,LM3,max} = 0$ kNm

$M_{Ed,LM3,min} = -398{,}50$ kNm

$M_{Ed,LM3,max}$, $M_{Ed,LM3,min}$ maximales bzw. minimales Biegemomente infolge der Belastung mit dem LM3 Tabelle 11

Maßgebende Spannungen:

a) Querschnitt im Feldbereich

Spannungen an der Oberkante Stahlträgerobergurt:

$$\sigma_{max,f} = \frac{M_{Ed,v,LM3,max}}{W_{a,fl,o}^{(l_{i,0})}} = \frac{71390}{-1014960} = -0{,}07 \text{ kN/cm}^2$$

$$\sigma_{min,f} = \frac{M_{Ed,v,LM3,min}}{W_{a,fl,o}^{II}} = \frac{-14512}{-30934} = 0{,}47 \text{ kN/cm}^2$$

$M_{Ed,LM3,max}$, $M_{Ed,LM3,min}$ maximales bzw. minimales Biegemomente infolge der Belastung mit dem LM3
W_a last- und zeitabhängiges Widerstandsmoment des Stahlprofils an der betrachteten Stelle Tabelle 5 bis 10

Spannungen an der Unterkante Stahlträgerobergurt:

$$\sigma_{max,f} = \frac{M_{Ed,v,LM3,max}}{W_{a,st,o}^{(l_{i,0})}} = \frac{71390}{2448958} = 0{,}03 \text{ kN/cm}^2$$

$$\sigma_{min,f} = \frac{M_{Ed,v,LM3,min}}{W_{a,st,o}^{II}} = \frac{-14512}{-34169} = 0{,}43 \text{ kN/cm}^2$$

$M_{Ed,LM3,max}$, $M_{Ed,LM3,min}$ maximales bzw. minimales Biegemomente infolge der Belastung mit dem LM3
W_a last- und zeitabhängiges Widerstandsmoment des Stahlprofils an der betrachteten Stelle Tabelle 5 bis 10

Spannungen an der Oberkante Stahlträgeruntergurt:

$$\sigma_{max,f} = \frac{M_{Ed,v,LM3,max}}{W_{a,st,u}^{(l_{i,0})}} = \frac{71390}{30544} = 2{,}34 \text{ kN/cm}^2$$

$$\sigma_{min,f} = \frac{M_{Ed,v,LM3,min}}{W_{a,st,u}^{II}} = \frac{-14512}{23953} = -0{,}61 \text{ kN/cm}^2$$

$M_{Ed,LM3,max}$, $M_{Ed,LM3,min}$ maximales bzw. minimales Biegemomente infolge der Belastung mit dem LM3
W_a last- und zeitabhängiges Widerstandsmoment des Stahlprofils an der betrachteten Stelle Tabelle 5 bis 10

b) Querschnitt an der Innenstütze

Spannungen an der Oberkante Stahlträgerobergurt

$$\sigma_{max,f} = \frac{M_{Ed,v,LM3,max}}{W^{II}_{a,fl,o}} = 0 \text{ kN/cm}^2$$

$$\sigma_{min,f} = \frac{M_{Ed,v,LM3,min}}{W^{II}_{a,fl,o}} = \frac{-39850}{-39700} = 1{,}00 \text{ kN/cm}^2$$

$M_{Ed,LM3,max}$, $M_{Ed,LM3,min}$
maximales bzw. minimales Biegemomente infolge der Belastung mit dem LM3
W_a
last- und zeitabhängiges Widerstandsmoment des Stahlprofils an der betrachteten Stelle
Tabelle 5 bis 10

Spannungen an der Unterkante Stahlträgerobergurt:

$$\sigma_{max,f} = \frac{M_{Ed,v,LM3,max}}{W^{II}_{a,st,o}} = 0 \text{ kN/cm}^2$$

$$\sigma_{min,f} = \frac{M_{Ed,v,LM3,min}}{W^{II}_{a,st,o}} = \frac{-39850}{-44453} = 0{,}90 \text{ kN/cm}^2$$

$M_{Ed,LM3,max}$, $M_{Ed,LM3,min}$
maximales bzw. minimales Biegemomente infolge der Belastung mit dem LM3
W_a
last- und zeitabhängiges Widerstandsmoment des Stahlprofils an der betrachteten Stelle
Tabelle 5 bis 10

Spannungen an der Oberkante Stahlträgeruntergurt:

$$\sigma_{max,f} = \frac{M_{Ed,vLM3,max}}{W^{II}_{a,st,u}} = 0 \text{ kN/cm}^2$$

$$\sigma_{min,f} = \frac{M_{Ed,v}}{W^{II}_{a,st,u}} = \frac{-39850}{25010} = -1{,}59 \text{ kN/cm}^2$$

$M_{Ed,LM3,max}$, $M_{Ed,LM3,min}$
maximales bzw. minimales Biegemomente infolge der Belastung mit dem LM3
W_a
last- und zeitabhängiges Widerstandsmoment des Stahlprofils an der betrachteten Stelle
Tabelle 5 bis 10

Anpassungsfaktor λ zur Ermittlung der Spannungsspiele:

$\lambda \leq \lambda_{max}$ Fb 103, Kap. II, 9.5.2 (1)

- λ_1 ein Spannweitenbeiwert
- λ_2 ein Verkehrsstärkenbeiwert
- λ_3 ein Lebensdauerbeiwert
- λ_4 ein Spurbeiwert

$\lambda_{1,Feld} = 2{,}55 - 0{,}7 \cdot (15{,}0 - 10) / 70$
$\phantom{\lambda_{1,Feld}} = 2{,}50$

Fb 103, Kap. II, 9.5.2
Abb. 9.1

$\lambda_{1,Stütze} = 2 - 0{,}3 \cdot ((15{,}0 + 15{,}0)/2 - 10) / 20$
$\phantom{\lambda_{1,Stütze}} = 1{,}93$

Fb 103, Kap. II, 9.5.2
Abb. 9.2

$$Q_{m1} = \left[\frac{\Sigma n_i \cdot Q_i^5}{\Sigma n_i}\right]^{\frac{1}{5}} = \left[\frac{2 \cdot 480^5}{2}\right]^{\frac{1}{5}} = 480 \text{ kN}$$

Fb 103, Kap. II, 9.5.2

$Q_0 = Q_i = 480$ kN

Fb 101, Kap. IV, 4.6.1
Tab. 4.5
n_i = Anzahl der Lastwagen
Annahme: $n_i = 2$
ARS 12/2003
$\lambda_2 = 1{,}1$
$\lambda_3 = 1{,}0$

$\lambda_2 = 1{,}1$

$\lambda_3 = 1{,}00$

$\lambda_4 = 1{,}00$

$\lambda_{max,Feld} = 2{,}5 - 0{,}5 \cdot ((15{,}0 - 10) / 15) = 2{,}33$

Fb 103, Kap. II, 9.5.2
Tab. 9.2

$\lambda_{max,Stütze} = 1{,}80$

$\lambda = \lambda_1 \cdot \lambda_2 \cdot \lambda_3 \cdot \lambda_4$ Fb 103, Kap. II, 9.5.2 (7)

$\lambda_{Feld} = 2{,}50 \cdot 1{,}1 \cdot 1{,}00 \cdot 1{,}00 = 2{,}75 \leq \lambda_{max} = 2{,}33$
$\lambda_{Feld} = \lambda_{max} = 2{,}33$

Fb 103, Kap. II, 9.5.2
Abb. 9.3
Fb 103, Kap. II, 9.5.2
Abb. 9.4

$\lambda_{Stütze} = 1{,}93 \cdot 1{,}1 \cdot 1{,}00 \cdot 1{,}00 = 2{,}12 \leq \lambda_{max} = 1{,}80$
$\lambda_{Stütze} = \lambda_{max} = 1{,}80$

Spannungsschwingbreiten:

a) Querschnitt im Feld:

an der Oberkante Stahlträgerobergurt:

$$\Delta\sigma_E = \Delta\sigma_{E,glob} = \phi \cdot \lambda \cdot |\sigma_{max,f} - \sigma_{min,f}|$$

$\Delta\sigma_E = 1{,}0 \cdot 2{,}33 \cdot |{-0{,}07} - 0{,}47|$
$\Delta\sigma_E = 1{,}26$ kN/cm²

an der Unterkante Stahlträgerobergurt:

$$\Delta\sigma_E = \Delta\sigma_{E,glob} = \phi \cdot \lambda \cdot |\sigma_{max,f} - \sigma_{min,f}|$$

$\Delta\sigma_E = 1{,}0 \cdot 2{,}33 \cdot |0{,}03 - 0{,}43|$
$\Delta\sigma_E = 0{,}93$ kN/cm²

an der Oberkante Stahlträgeruntergurt:

$$\Delta\sigma_E = \Delta\sigma_{E,glob} = \phi \cdot \lambda \cdot |\sigma_{max,f} - \sigma_{min,f}|$$

$\Delta\sigma_E = 1{,}0 \cdot 2{,}33 \cdot |2{,}34 - (-0{,}61)|$
$\Delta\sigma_E = 6{,}87$ kN/cm²

Querschnitt an der Innenstütze:

an der Oberkante Stahlträgerobergurt:

$$\Delta\sigma_E = \Delta\sigma_{E,glob} = \phi \cdot \lambda \cdot |\Delta\sigma_{max,f} - \Delta\sigma_{min,f}|$$

$\Delta\sigma_E = 1{,}0 \cdot 1{,}80 \cdot |0 - 1{,}00|$
$\Delta\sigma_E = 1{,}80$ kN/cm²

an der Unterkante Stahlträgerobergurt:

$$\Delta\sigma_E = \Delta\sigma_{E,glob} = \phi \cdot \lambda \cdot |\sigma_{max,f} - \sigma_{min,f}|$$

$\Delta\sigma_E = 1{,}0 \cdot 1{,}80 \cdot |0 - 0{,}90|$
$\Delta\sigma_E = 1{,}62$ kN/cm²

an der Oberkante Stahlträgeruntergurt:

$\Delta\sigma_E = \Delta\sigma_{E,glob} = \phi \cdot \lambda \cdot |\sigma_{max,f} - \sigma_{min,f}|$

$\Delta\sigma_E = 1{,}0 \cdot 1{,}80 \cdot |0 - (-1{,}59)|$

$\Delta\sigma_E = 2{,}86 \text{ kN/cm}^2$

7.3.6.3.3 Ermittlung der Spannungen im Beton- und Spannstahlquerschnitt

Fb 104, Kap. II, 4.9.4.3

Bei der Berechnung der Spannungsschwingbreite im Betonstahl ist bei der Rissbildung der Einfluss aus der Mitwirkung des Betons zwischen den Rissen zu berücksichtigen.

Fb 104, Kap. II, 4.9.4.3 (1) P

Für mit Spanngliedern in sofortigem oder nachträglichem Verbund vorgespannte Tragwerke mit den auf Zug beanspruchten Betongurten ist bei Rissbildung das unterschiedliche Verbundverhalten von Beton- und Spannstahl zu berücksichtigen.

Fb 104, Kap. II, 4.9.4.3 (2) P

Wenn kein genauerer Nachweis geführt wird, darf der Einfluss aus der Mitwirkung des Betons zwischen den Rissen auf die Spannungen im Beton- und Spannstahl vereinfachend nach den beiden folgenden Absätzen 4.9.4.3 (4) und (5) berücksichtigt werden.

Fb 104, Kap. II, 4.9.4.3 (3)

In den Bereichen, in denen das Biegemoment $M_{Ed,max,f}$ nach Abschnitt II-4.9.3 des DIN-Fachberichtes 104 im Betongurt Zugbeanspruchungen hervorruft, sollte die zugehörige Spannung $\sigma_{max,f}$ im Betonstahl nach Abschnitt II-5.3.3.1 (2) des DIN-Fachberichtes 104 berechnet werden.

Fb 104, Kap. II, 4.9.4.3 (4)

Wenn sich infolge des Biegemomentes $M_{Ed,min,f}$ im Betongurt ebenfalls Zugbeanspruchungen ergeben, beträgt die Spannung $\sigma_{min,f}$ nach Gleichung (4.12) und Bild 4.5 des DIN-Fachberichtes 104:

Fb 104, Kap. II, 4.9.4.3 (5)

$$\sigma_{min,f} = \sigma_{max,f} \cdot \frac{M_{Ed,min,f}}{M_{Ed,max,f}}.$$

Fb 104, Kap. II, 4.9.4.3 (5), Gl. 4.12

Wenn das Biegemoment $M_{Ed,min,f}$ nach Abschnitt II-4.9.3 des DIN-Fachberichtes 104 im Betongurt zu Druckbeanspruchungen führt, sollten die Spannungen im Beton- und Spannstahl

Fb 104, Kap. II, 4.9.4.3 (6)

mit den Querschnittseigenschaften des ungerissen Querschnittes ermittelt werden.

Maßgebende Biegemomente

a) Querschnitt im Feldbereich

$M_{Ed,min,f}$ = min $M_{Ed,v}$ = -302,04 kNm

$M_{Ed,LM3,max}$ = 713,90 kNm
$M_{Ed,LM3,min}$ = -145,12 kNm

$M_{Ed,LM3,max}$, $M_{Ed,LM3,min}$
maximales bzw. minimales Biegemomente infolge der Belastung mit dem LM3
Tabelle 11
$M_{Ed,v}$
auf den Verbundquerschnitt wirkendes Moment
Tabelle 17

Es entstehen Zugspannungen im Beton. Der Beton befindet sich unter minimaler Momentenbeanspruchung im Zustand II.

b) Querschnitt an der Innenstütze

$M_{Ed,min,f}$ = min $M_{Ed,v}$ = -1605,95 kNm

$M_{Ed,LM3,max}$ = 0 kNm
$M_{Ed,LM3,min}$ = -398,50 kNm

$M_{Ed,LM3,max}$, $M_{Ed,LM3,min}$
maximales bzw. minimales Biegemomente infolge der Belastung mit dem LM3
Tabelle 11
$M_{Ed,v}$
auf den Verbundquerschnitt wirkendes Moment
Tabelle 18

Es entstehen Zugspannungen im Beton. Der Beton befindet sich unter minimaler Momentenbeanspruchung im Zustand II.

Maßgebende Spannungen

a) Querschnitt im Feldbereich

$$\sigma_{max,f} = \frac{M_{Ed,v,LM3,max}}{W_s^{(I,0)}} = \frac{71390}{-160998} = -0,44 \text{ kN/cm}^2$$

$\sigma_{min,f} = \sigma_s$

$$\sigma_s = \sigma_{s2} + 0,4 \cdot \frac{f_{ct,eff}}{\alpha_{st} \cdot \rho_s}$$

$$\sigma_{s2} = \frac{M_{Ed,v,LM3,min}}{W_s^{II}} = \frac{-14512}{-22828} = 0,64 \text{ kN/cm}^2$$

$M_{Ed,LM3,max}$, $M_{Ed,LM3,min}$
maximales bzw. minimales Biegemomente infolge der Belastung mit dem LM3
W_s
last- und zeitabhängiges Widerstandsmoment des Bewehrungsstahls

Fb 104, Kap II, 5.3.3.1

$f_{ct,eff}$ wirksame Betonzugfestigkeit
$f_{ct,eff}$ = f_{ctm}
f_{ctm} = 3,2 N/mm² (Mittelwert der Betonzugfestigkeit)

$$\alpha_{st} = \frac{A_{II} \cdot I_{II}}{A_a \cdot I_a} = \frac{645{,}5 \cdot 1306772}{565 \cdot 1005400} = 1{,}485$$

$$\rho_s = \frac{A_s}{A_{ct}} \approx \frac{A_s}{A_c} = \frac{80{,}5}{300 \cdot 30} = 0{,}009$$

ρ_s Bewehrungsgehalt in der Zugzone des Betonquerschnitts unmittelbar vor der Rissbildung, vereinfachend darf die mittragende Fläche des Betongurtes angesetzt werden

σ_s Betonstahlspannung unter Berücksichtigung der Mitwirkung des Betons zwischen den Rissen

σ_{s2} Betonstahlspannung unter Vernachlässigung des Betons im Zugbereich

$$\sigma_s = 0{,}64 + 0{,}4 \cdot \frac{0{,}32}{1{,}485 \cdot 0{,}009} = 10{,}22 \text{ kN/cm}^2$$

$$\sigma_{min,f} = \sigma_s = 10{,}22 \text{ kN/cm}^2$$

b) Querschnitt an der Innenstütze

$M_{Ed,v,LM3,max}$ = 0 kNm
$M_{Ed,v,LM3,min}$ = -398,50 kNm

$$\sigma_{max,f} = 0$$

$$\sigma_{min,f} = \sigma_s$$

$$\sigma_s = \sigma_{s2} + 0{,}4 \cdot \frac{f_{ct,eff}}{\alpha_{st} \cdot \rho_s}$$

Fb 104, Kap II, 5.3.3.1

$f_{ct,eff}$ wirksame Betonzugfestigkeit
$f_{ct,eff}$ = f_{ctm}
f_{ctm} = 3,2 N/mm² (Mittelwert der Betonzugfestigkeit)

$$\alpha_{st} = \frac{A_{II} \cdot I_{II}}{A_a \cdot I_a} = \frac{705 \cdot 1485291}{565 \cdot 1005400} = 1{,}843$$

$$\rho_s = \frac{A_s}{A_{ct}} \approx \frac{A_s}{A_c} = \frac{140}{223 \cdot 30} = 0{,}021$$

ρ_s Bewehrungsgehalt in der Zugzone des Betonquerschnitts unmittelbar vor der Rissbildung, vereinfachend darf die mittragende Fläche des Betongurtes angesetzt werden

σ_s Betonstahlspannung unter Berücksichtigung der Mitwirkung des Betons zwischen den Rissen

σ_{s2} Betonstahlspannung unter Vernachlässigung des Betons im Zugbereich

$$\sigma_{s2} = \frac{M_{Ed,v,LM3,min}}{W_s^{II}} = \frac{-39850}{-28338} = 1{,}41 \text{ kN/cm}^2$$

$$\sigma_s = 1{,}41 + 0{,}4 \cdot \frac{0{,}32}{1{,}843 \cdot 0{,}021} = 4{,}72 \text{ kN/cm}^2$$

$$\sigma_{min,f} = \sigma_s = 4{,}72 \text{ kN/cm}^2$$

Verfasser : Planungsgemeinschaft h² Hochschule Magdeburg – Stendal (FH)	Proj. – Nr. 2100
Programm : C Hochschule Anhalt (FH)	
Bauwerk : Straßenbrücke bei Cavertitz ASB Nr.: 4131635	Datum: 01.05.2003

Anpassungsfaktor λ_s zur Ermittlung der Spannungsspiele:

Fb 104, Kap.II, 4.9.4.1(4)

λ_{s1} ein Spannweitenbeiwert
λ_{s2} ein Verkehrsstärkenbeiwert
λ_{s3} ein Lebensdauerbeiwert
λ_{s4} ein Spurbeiwert
φ_{fat} ein Versagensbeiwert

λ-Werte ermittelt nach
Fb 102 Kap. II Anhang A.106
A.106.2 (103)P

$\lambda_{s1,Feld} = 1{,}11$

Fb 102 Kap. II Anhang A.106,
A.106.2 (104), Abb. A.106.2

$\lambda_{s1,Stütze} = 0{,}92$

Fb 102 Kap. II Anhang
A.106.2 (104)P, Abb. A.106.1

$\lambda_{s2} = \overline{Q} \cdot \sqrt[k_2]{\dfrac{N_{obs}}{2{,}0}} = \sqrt[9]{\dfrac{0{,}05}{2{,}0}} = 0{,}66$

Fb 102 Kap. II Anhang
A.106.2 (105)P
$k_2 = 9$ nach Fb 102 Kap. II,
4.3.7.8,Tab. 4.117
Q - nach Fb 102 Kap. II
Anhang A.106.2 (105)
Tab. A.106.1
Interpoliert aus Lokalverkehr
und Verkehr der Mittleren
Entfernung
Fb 101, Kap.IV, 4.6.1 Tab. 4.5
N_{obs} - für Örtliche Strassen mit
geringem LKW-Anteil in Mio.

$\lambda_{s3} = (N_{years} / 100)^{1/k_2}$
     $= (100 \text{ Jahre} / 100)^{1/9}$
     $= 1{,}00$

$\lambda_{s4} = \sqrt[k_2]{\dfrac{\sum N_{obs,i}}{N_{obs,1}}} = \sqrt[9]{\dfrac{2 \cdot 0{,}05 \cdot 10^6}{0{,}05 \cdot 10^6}} = 1{,}08$

Fb 102 Kap. II Anhang
A.106.2 (106)P

$\varphi_{fat} = 1{,}40$ (große Oberflächenrauhigkeit)
$\varphi_{fat} = 1{,}20$

Fb 102 Kap. II Anhang
106.2 (107)P
Fb 101, Kap.IV, 4.6.1 Tab. 4.5
$N_{obs,i}$ - für Örtliche Strassen
mit geringem LKW-Anteil
$N_{obs,1}$ - für Örtliche Strassen
mit geringem LKW-Anteil
$k_2 = 9$ nach Fb 102 Kap. II,
4.3.7.8,Tab. 4.117

$\lambda_s = \varphi_{fat} \cdot \lambda_{s1} \cdot \lambda_{s2} \cdot \lambda_{s3} \cdot \lambda_{s4}$

$\lambda_{s,Feld} = 1{,}20 \cdot 1{,}11 \cdot 0{,}66 \cdot 1{,}00 \cdot 1{,}08 = 0{,}95$

Fb 102 Kap. II Anhang A.106
A.106.2 (108)P
ARS 12/2003
$\varphi_{fat} = 1{,}20$

$\lambda_{s,Stütze} = 1{,}20 \cdot 0{,}92 \cdot 0{,}66 \cdot 1{,}00 \cdot 1{,}08 = 0{,}79$

Fb 102 Kap. II Anhang
A.106.2 (103) P

Bauteil : Verbundüberbau mit offenem Querschnitt, Walzträger	Archiv Nr.:
Block : Grenzzustand der Tragfähigkeit	
Vorgang :	

Ermittlung der Schwingbreiten:

a) Querschnitt im Feldbereich

$\Delta\sigma_E = \Delta\sigma_{E,glob} = \phi \cdot \lambda \cdot |\sigma_{max,f} - \sigma_{min,f}|$

$\Delta\sigma_E = 1{,}0 \cdot 0{,}95 \cdot |-0{,}44 - 10{,}22|$
$\Delta\sigma_E = 10{,}13$ kN/cm²

Querschnitt an der Innenstütze

$\Delta\sigma_E = \Delta\sigma_{E,glob} = \phi \cdot \lambda \cdot |\sigma_{max,f} - \sigma_{min,f}|$

$\Delta\sigma_E = 1{,}0 \cdot 0{,}79 \cdot |0 - 4{,}72|$
$\Delta\sigma_E = 3{,}73$ kN/cm²

7.3.6.3.4 Ermittlung der Druckspannungen im Beton

Nachweis für Beton:

Der Beton wird nur im Feld unter Druckspannungen nachgewiesen. Über der Stütze befindet sich der Beton im Zustand II.

<small>Fb 104, Kap. II, 4.9.5
Fb 102, Kap II, 4.3.7</small>

Maßgebende Biegemomente unter der häufigen Einwirkungskombination:

$M_{Ed,max,f}$ = max $M_{ED,v}$ = 957,53 kNm

$M_{Ed,min,f}$ = min $M_{ED,v}$ = -302,04 kNm

<small>$M_{Ed,v}$
auf den Verbundquerschnitt-wirkendes Moment
Tabelle 15</small>

Anmerkung:

Die maßgebenden Biegemomente sind unter der häufigen Einwirkungskombination unter Berücksichtigung der repräsentativen Werte des Lastmodells 3 ermittelt wurden.

Es entstehen Zugspannungen im Beton. Der Beton befindet sich unter minimaler Momentenbeanspruchung im Zustand II.

Spannungen

Spannungen an der Oberkante Betonplatte

$$\sigma_{cd,max} = \frac{M_{Ed,v,EG}}{W_{c,o}^{(I_{i,0})}} + \frac{M_{Ed,v,Setz}}{W_{c,o}^{(I_{i,A})}} + \frac{M_{Ed,v,T+V,max}}{W_{c,o}^{(I_{i,0})}} + \frac{M_{Ed,v,Schw,t=\infty}}{W_{c,o}^{(I_{i,S})}} + \frac{M_{Ed,v,B}}{W_{c,o}^{(I_{i,PT,28})}}$$

$$\sigma_{cd,max} = \frac{21563}{-551384} + \frac{20390}{-941508} + \frac{93240}{-551384} + \frac{-38570}{-836646} + \frac{-870}{-721483}$$

$$\sigma_{max,f} = -0{,}18 \text{ kN/cm}^2 \text{ (Druck)} \quad \text{mit:} \quad \sigma_{cd,min} = 0$$

$M_{Ed,v}$
auf den Verbundquerschnitt- wirkendes Moment
Tabelle 15
$W_{c,o}$
last- und zeitabhängiges Widerstandsmoment des Betongurtes an der betrachteten Stelle
Tabelle 5 bis 10

Spannungen an der Unterkante Betonplatte

$$\sigma_{cd,max} = \frac{M_{ED,v,EG}}{W_{c,u}^{(I_{i,0})}} + \frac{M_{ED,v,Setz}}{W_{c,u}^{(I_{i,A})}} + \frac{M_{ED,v,T+V,max}}{W_{c,u}^{(I_{i,0})}} + \frac{M_{ED,v,Schw,t=\infty}}{W_{c,u}^{(I_{i,S})}} + \frac{M_{ED,v,B}}{W_{c,u}^{(I_{i,PT,28})}}$$

$$\sigma_{cd,max} = \frac{21563}{-6400650} + \frac{20390}{-2366599} + \frac{932{,}40}{-6400650} + \frac{-38570}{-2379979} + \frac{-870}{-2620414}$$

$$\sigma_{max,f} = -0{,}01 \text{ kN/cm}^2 \text{ (Druck)} \quad \text{mit:} \quad \sigma_{cd,min} = 0$$

7.3.6.4 Ermüdungswiderstand

Fb 104, Kap II, 4.9.5

7.3.6.4.1 Allgemeines

Für den Ermüdungsnachweis von Beton unter Druck gilt Abschnitt II-4.3.7 des DIN-Fachberichtes 102.

Fb 104, Kap II, 4.9.5 (1)

Die Ermüdungsfestigkeit von Betonstahl- und Spannstahl ist in den Abschnitten II-4.3.7.8 und 4.3.7.7 des DIN-Fachberichtes 102 geregelt.

Fb 104, Kap II, 4.9.5 (2)

Bezüglich der Ermüdungsfestigkeit von Baustahl wird auf Abschnitt II-9.6 des DIN-Fachberichtes 103 verwiesen.

Fb 104, Kap II, 4.9.5 (3)

7.3.6.4.2 Ermüdungswiderstand des Baustahls

Es wird das Verfahren „Nachweis der Ermüdung mit schädigungsäquivalenten Spannungsschwingbreiten" verwendet.

Fb 104, Kap II, 4.9.6

Für Beton- und Baustahl sollte die nachfolgende Bedingung eingehalten sein:

Fb 104, Kap II, 4.9.6 (1)

$\gamma_{Ff} \cdot \Delta\sigma_E \leq \Delta\sigma_{RK}(N^*) / \gamma_{Mf}$

$\gamma_{Ff} = 1{,}0$
$\gamma_{Mf} = 1{,}15$

Fb 104, Kap II, 4.9.2
Fb 103, Kap. 9.3
Fb 102, Kap. II, 4.3.7.2

$\Delta\sigma_{RK}(N^*)$ der charakteristische Wert der Ermüdungsfestigkeit für die maßgebende Ermüdungsfestigkeitskurve und der Lastwechselzahl N^*.
Für Baustahl ist $\Delta\sigma_{RK}(N^*) = \Delta\sigma_C$ die Ermüdungsfestigkeit für $2 \cdot 10^6$ Spannungsspiele nach DIN Fb 103.

Fb 103, Kap II, 9.5.1

$\Delta\sigma_E$ die schadensäquivalente Spannungsschwingbreite

Folgende Kerbgruppen sind zu betrachten:

ermittelt nach den Kerbfalltabellen Fb 103, Anhang II L

a) Querschnitt im Feldbereich

Obergurt des Stahlträgers:

- Kerbgruppe 80 für den Einfluss geschweißter Kopfbolzendübel auf den Grundwerkstoff

Fb 103, Anhang II L, Tabelle II L4, Blatt 2

Anschluss des Stahlträgersteges an den Ober- und Untergurt

- Kerbgruppe 80 für an den Träger angeschweißte Vertikalstreifen

Fb 103, Anhang II L, Tabelle II L4, Blatt 2

- Kerbgruppe 160 für Walzerzeugnisse

Fb 103, Anhang II L, Tabelle II L1, Blatt 1

Untergurt des Stahlträgers:

- Kerbgruppe 80 für an den Träger angeschweißte Vertikalstreifen

Fb 103, Anhang II L, Tabelle II L4, Blatt 2

maßgebende Kerbgruppe für den Ermüdungsnachweis:

Oberkante Stahlträgerobergurt:
  Kerbgruppe 80 $\Delta\sigma_{Rk}(N^*) = 80$ MN/m² = 8,0 kN/cm²

Unterkante Stahlträgerobergurt
  Kerbgruppe 80 $\Delta\sigma_{Rk}(N^*) = 80$ MN/m² = 8,0 kN/cm²

Verfasser : Planungsgemeinschaft h² Hochschule Magdeburg – Stendal (FH) C Hochschule Anhalt (FH)	Proj. – Nr. 2100
Programm :	
Bauwerk : Straßenbrücke bei Cavertitz ASB Nr.: 4131635	Datum: 01.05.2003

Oberkante Stahlträgeruntergurt
    Kerbgruppe 80 $\Delta\sigma_{Rk}(N^*) = 80$ MN/m² = 8,0 kN/cm²

b) Querschnitt an der Innenstütze

ermittelt nach den Kerbfalltabellen Fb 103, Anhang II L

Obergurt des Stahlträgers:

- Kerbgruppe 80 für den Einfluss geschweißter Kopfbolzendübel auf den Grundwerkstoff

Fb 103, Anhang II L, Tabelle II L4, Blatt 2

Anschluss des Stahlträgersteges an den Ober- und Untergurt

- Kerbgruppe 80 für an den Träger angeschweißte Vertikalstreifen

Fb 103, Anhang II L, Tabelle II L4, Blatt 2

  Kerbgruppe 160 für Walzerzeugnisse

Fb 103, Anhang II L, Tabelle II L1, Blatt 1

Untergurt des Stahlträgers:

- Kerbgruppe 80 für an den Träger angeschweißte Vertikalstreifen

Fb 103, Anhang II L, Tabelle II L4, Blatt 2

maßgebende Kerbgruppe für den Ermüdungsnachweis:

Oberkante Stahlträgerobergurt:
    Kerbgruppe 80 $\Delta\sigma_{Rk}(N^*) = 80$ MN/m² = 8,0 kN/cm²

Unterkante Stahlträgerobergurt
    Kerbgruppe 80 $\Delta\sigma_{Rk}(N^*) = 80$ MN/m² = 8,0 kN/cm²

Oberkante Stahlträgeruntergurt
    Kerbgruppe 80 $\Delta\sigma_{Rk}(N^*) = 80$ MN/m² = 8,0 kN/cm²

Bauteil : Verbundüberbau mit offenem Querschnitt, Walzträger	Archiv Nr.:
Block : Grenzzustand der Tragfähigkeit	
Vorgang :	

Nachweise:

a) Querschnitt im Feldbereich

Ermüdungsnachweis an der Oberkante Stahlträgerobergurt:

$\gamma_{Ff} \cdot \Delta\sigma_E = 1,0 \cdot 1,26$ kN/cm²
1,26 kN/cm² $\leq \Delta\sigma_{RK}(N^*) / \gamma_{Mf} = 8,0/1,15 = 7,0$ kN/cm²

Damit ist der Nachweis erbracht.

Ermüdungsnachweis an der Unterkante Stahlträgerobergurt:

$\gamma_{Ff} \cdot \Delta\sigma_E = 1,0 \cdot 0,93$ kN/cm²
0,93 kN/cm² $\leq \Delta\sigma_{RK}(N^*) / \gamma_{Mf} = 8,0/1,15 = 7,0$ kN/cm²

Damit ist der Nachweis erbracht.

Ermüdungsnachweis an der Oberkante Stahlträgeruntergurt:

$\gamma_{Ff} \cdot \Delta\sigma_E = 1,0 \cdot 6,87$
6,87 kN/cm² $\leq \Delta\sigma_{RK}(N^*) / \gamma_{Mf} = 8,0/1,15 = 7,0$ kN/cm²

Damit ist der Nachweis erbracht.

b) Querschnitt an der Innenstütze

Ermüdungsnachweis an der Oberkante Stahlträgerobergurt

$\gamma_{Ff} \cdot \Delta\sigma_E = 1,0 \cdot 1,80$ kN/cm²
1,80 kN/cm² $\leq \Delta\sigma_{RK}(N^*) / \gamma_{Mf} = 8,0/1,15 = 7,0$ kN/cm²

Damit ist der Nachweis erbracht.

Ermüdungsnachweis an der Unterkante Stahlträgerobergurt:

$\gamma_{Ff} \cdot \Delta\sigma_E = 1,0 \cdot 1,62$ kN/cm²
1,62 kN/cm² $\leq \Delta\sigma_{RK}(N^*) / \gamma_{Mf} = 8,0/1,15 = 7,0$ kN/cm²

Damit ist der Nachweis erbracht.

Ermüdungsnachweis an der Oberkante Stahlträgeruntergurt:

$\gamma_{Ff} \cdot \Delta\sigma_E$ = 1,0 · 2,86 kN/cm²
2,86 kN/cm² ≥ $\Delta\sigma_{RK}(N^*)$ / γ_{Mf} = 8,0/1,15 = 7,0 kN/cm²

Damit ist der Nachweis erbracht.

7.3.6.4.3 Ermüdungswiderstand des Betonstahls

Fb 104, Kap II, 4.9.6

Es wird das Verfahren „Nachweis der Ermüdung mit schädigungsäquivalenten Spannungsschwingbreiten" verwendet.

Für Beton- und Baustahl sollte die nachfolgende Bedingung eingehalten sein:

Fb 104, Kap II, 4.9.6. (1)

$\gamma_{Ff} \cdot \Delta\sigma_E \leq \Delta\sigma_{RK}(N^*) / \gamma_{Mf}$

γ_{Ff} = 1,0
γ_{Mf} = 1,15

$\Delta\sigma_{RK}(N^*)$ der charakteristische Wert der Ermüdungsfestigkeit für die maßgebende Ermüdungsfestigkeitskurve und der Lastwechselzahl N^*.
Für Betonstahl ist $\Delta\sigma_{RK}(N^*) = \Delta\sigma_{RSK}(N^*)$
nach DIN Fb 102 zu ermitteln.

Fb 104, Kap II, 4.9.2
Fb 103, Kap. 9.3
Fb 102, Kap. II, 4.3.7.2

$\Delta\sigma_E$ die schadensäquivalente Spannungsschwingbreite

Anmerkung:

Für Betonstahl darf der ein vereinfachter Nachweis nach Abschnitt II-4.3.7.5 (101) des DIN-Fachberichtes 102 geführt werden.

Fb 104, Kap II, 4.9.7 (1)

Nachweise:

a) Querschnitt im Feldbereich

$\gamma_{Ff} \cdot \Delta\sigma_E$ = 1,0 · 10,13 kN/cm²
10,13 kN/cm² ≤ $\Delta\sigma_{RK}(N^*)$ / γ_{Mf} = 19,5/1,15 = 16,96 kN/cm²

Fb 102, Kap II, 4.3.7.8
Tab. 4.117
$\Delta\sigma_{RK}(N^*)$ = 19,5 kN/cm²

Damit ist der Nachweis erbracht.

b) Querschnitt an der Innenstütze

$\gamma_{Ff} \cdot \Delta\sigma_E = 1{,}0 \cdot 3{,}73$ kN/cm²
3,73 kN/cm² $\leq \Delta\sigma_{RK}(N^*) / \gamma_{Mf} = 19{,}5/1{,}15 = 16{,}96$ kN/cm²

Damit ist der Nachweis erbracht.

7.3.6.4.4 Ermüdungswiderstand des Betons

Für druckbeanspruchte Betonquerschnittsteile gilt Abschnitt II-4.3.7.4 des DIN-Fachberichtes 104.

<u>Anmerkung:</u>

Falls dieser Nachweis nicht erfüllt wird, ist ein genauerer Ermüdungsnachweis nach DIN-Fachbericht 102, Anhang 106 zu führen.

Der Nachweis wird mit der häufigen Einwirkungskombination unter Berücksichtigung der repräsentativen Werte des Ermüdungslastmodells 3 geführt.

<u>Nachweis für Beton:</u>

Der Beton wird nur im Feld unter Druckspannungen nachgewiesen. Über der Stütze befindet sich der Beton im Zustand II.

Bedingung: $\dfrac{|\sigma_{cd,max}|}{f_{cd,fat}} \leq 0{,}5 + 0{,}45 \cdot \dfrac{|\sigma_{cd,min}|}{f_{cd,fat}} \leq 0{,}9$

wenn: $\sigma_{cd,min} \leq 0$ (Zug) dann: $\dfrac{\sigma_{cd,max}}{f_{cd,fat}} \leq 0{,}5$ (Druck)

Fb 102, Kap II, 4.3.7.4

$\sigma_{cd,max}$ der Bemessungswert der maximalen Druckspannung unter der häufigen Einwirkungskombination

$\sigma_{cd,min}$ der Bemessungswert der minimalen Druckspannung am Ort von $\sigma_{cd,max}$; bei Zugspannungen $\sigma_{cd,min} = 0$

$f_{cd,fat} = \beta_{cc}(t_0) \cdot f_{cd} \cdot \left[1 - \dfrac{f_{ck}}{250}\right]$ mit f_{ck} in N/mm²

$f_{cd} = 1{,}98$ kN/cm²
$f_{ck} = 3{,}50$ kN/cm²

$$\beta_{cc}(t_0) = e^{0,2 \cdot \left(1-\sqrt{28/t_0}\right)}$$

$\beta_{cc}(t_0)$ Beiwert für die Nacherhärtung des Betons

t_0 Zeitpunkt der Erstbelastung des Betons in Tagen
      t_0 = 28 Tage

$$\beta_{cc}(t_0) = e^{0,2 \cdot \left(1-\sqrt{28/28}\right)} = 1,0$$

$$f_{cd,fat} = 1,0 \cdot 1,98 \cdot \left[1 - \frac{35}{250}\right] = 1,7 \text{ kN/cm}^2$$

Nachweis an der Oberkante Betonplatte:

$\sigma_{max,f} = -0,18$ kN/cm² (Druck)   mit: $\sigma_{cd,min} = 0$

$$\frac{\sigma_{cd,max}}{f_{cd,fat}} = \frac{0,18}{1,70} = 0,11 \leq 0,5$$

Damit ist der Nachweis erbracht.

Nachweis an der Unterkante Betonplatte

$\sigma_{max,f} = -0,01$ kN/cm² (Druck)   mit: $\sigma_{cd,min} = 0$

$$\frac{\sigma_{cd,max}}{f_{cd,fat}} = \frac{0,02}{1,70} = 0,01 \leq 0,5$$

Damit ist der Nachweis erbracht.

8 Nachweise im Grenzzustand der Gebrauchstauglichkeit

8.1 Allgemeines
Fb 104, Kap. II, 5

8.1.1 Klassifizierung der Nachweisbedingungen
Fb 104, Kap. II, 5.1.2

Verbundbrücken oder einzelne Teile sind nach Abschnitt II-4.4.0.3 (101) P des DIN-Fachberichtes 102 nach den vorhandenen Umweltbedingungen zu klassifizieren.
Fb 104, Kap. II, 5.1.2 (1) P

Zur Gewährleistung einer ausreichenden Dauerhaftigkeit dürfen Brücken oder deren Teile bezüglich der Nachweisbedingungen für die Grenzzustände der Gebrauchstauglichkeit in die Anforderungsklassen nach Abschnitt II-4.4.0.3 des DIN-Fachberichtes 102 eingestuft werden. Die jeweilige Anforderungsklasse sollte mit dem Auftraggeber abgestimmt werden. Brücken ohne Spanngliedvorspannung sind in der Regel in die Anforderungsklasse D nach Abschnitt 4.4.0.3 des DIN-Fachberichtes 102 einzustufen.
Fb 104, Kap. II, 5.1.2 (2)

Anmerkung:

In Abstimmung mit dem Auftraggeber wurde der Überbau in die Anforderungsklasse D eingestuft.
ARS 11/2003

Die Regelungen des Abschnittes II-4.4.0.3 (4) P des DIN-Fachberichtes 102 sind für Verbundbrücken nicht anzuwenden.
Fb 104, Kap. II, 5.1.2 (3)

8.1.2 Ermittlung der Spannungen
Fb 104, Kap. II, 5.1.4

8.1.2.1 Allgemeines
Fb 104, Kap. II, 5.1.4.1

Bei der Berechnung der Spannungen müssen gegebenenfalls folgende Einflüsse berücksichtigt werden:
Fb 104, Kap. II, 5.1.4 (1)

- Schubverformungen breiter Gurte
- Kriechen und Schwinden des Betons
- Rissbildung und Mitwirkung des Betons zwischen den Rissen
- Vorspannung

- Montageablauf und Belastungsgeschichte
- Einflüsse aus Temperatureinwirkungen
- Baugrundbewegungen

Der Einfluss von Schubverformungen bei breiten Gurten darf nach DIN-Fachbericht 104, Abschnitt II-4.2.2.2 berücksichtigt werden.

Fb 104, Kap. II, 5.1.4.1 (2)

Wenn kein genaueres Berechnungsverfahren verwendet wird, dürfen die Einflüsse aus dem Kriechen und Schwinden bei Anwendung des Gesamtquerschnittsverfahrens mit den Reduktionszahlen nach DIN-Fachbericht 104 Abschnitt II-4.2.3 (4) ermittelt werden.

Fb 104, Kap. II, 5.1.4.1 (3)

Im Betongurt und in der Bewehrung sollten Beanspruchungen aus Haupttragwirkung und zugehörigen örtlichen Wirkungen überlagert werden.

Fb 104, Kap. II, 5.1.4.1 (4)

Bei Querschnitten mit Rissbildung im Betongurt dürfen die primären Beanspruchungen aus dem Schwinden bei der Berechnung der Spannungen vernachlässigt werden.

Fb 104, Kap. II, 5.1.4.1 (5)

Die Spannungen sind bei Querschnitten der Klasse 4 mit den Bruttoquerschnittswerten des Baustahlquerschnittes zu ermitteln.

Fb 104, Kap. II, 5.1.4.1 (6)

Anmerkung:

Querschnitte der Klasse 4 sind nicht vorhanden.

8.1.2.2 Zugspannungen im Beton

Fb 104, Kap. II, 5.1.4.2

Beim Nachweis der Querschnitte ist die Zugfestigkeit des Betons zu vernachlässigen.

Fb 104, Kap. II, 5.1.4.2 (1) P

Wenn kein genaueres Verfahren zur Berücksichtigung der Mitwirkung des Betons zwischen den Rissen verwendet wird, sollten die Spannungen im Beton- und im Spannstahl nach Abschnitt II-5.3.3 des DIN-Fachberichtes 104 ermittelt werden.

Fb 104, Kap. II, 5.1.4.2 (2)

8.2 Spannungsbegrenzung und maßgebende Einwirkungskombinationen

Übermäßige Kriechverformungen oder Mikrorissbildung sind durch eine Begrenzung der Betondruckspannung zu verhindern.

Fb 104, Kap. II, 5.2 (1) P

Bei Vorspannung mit Spanngliedern und/oder planmäßig eingeprägten Deformationen sollte die maximale Betondruckspannung auf die Werte nach Abschnitt II-4.4.1.2 des DIN-Fachberichtes 102 begrenzt werden.

Fb 104, Kap. II, 5.2 (2)

Die Spannung im Betonstahl und in den Spanngliedern muss so begrenzt werden, dass nicht-elastische Dehnungen im Stahl verhindert werden.

Fb 104, Kap. II, 5.2 (3) P

Die Zugspannungen in der Betonstahlbewehrung sollten unter der nicht-häufigen Einwirkungskombination den Wert $0,8\,f_{sk}$ nach Abschnitt II-4.4.1.3 (105) des DIN-Fachberichtes 102 nicht überschreiten.

Fb 104, Kap. II, 5.1.4.1 (4)

Die Spannungen im Baustahl sollten unter der charakteristischen Einwirkungskombination nach Abschnitt II-4.3 (1) des DIN-Fachberichtes 103 begrenzt werden. Der Nachweis darf alternativ für die nicht-häufige Einwirkungskombination geführt werden. Bei den Nachweisen nach Abschnitt II-4.3 (1) des DIN-Fachberichtes 103 ist dann der Teilsicherheitsbeiwert $\gamma_{M,ser}=1,1$ zu berücksichtigen. Bei Brücken ohne Spanngliedvorspannung und/oder ohne planmäßig eingeprägte Deformationen darf dieser Nachweis bei Querschnitten der Klassen 3 und 4 entfallen.

Fb 104, Kap. II, 5.2 (6)

Bei Querschnitten mit positiver Momentenbeanspruchung und plastischer Bemessung im Grenzzustand der Tragfähigkeit nach Abschnitt II-4.4.1.2 des DIN-Fachberichtes 104 sollte im Grenzzustand der Gebrauchstauglichkeit für die seltene Einwirkungskombination ein Nachweis der Beulsicherheit nach Abschnitt II-10 des Fachberichtes 103 mit $\gamma_M=1,1$ geführt werden, wenn die b/t-Verhältnisse nach Abschnitt II-4.4 (8) des DIN-Fachberichtes 103 nicht eingehalten sind.

Fb 104, Kap. II, 5.2 (7)

8.2.1 Begrenzung der maximalen Betondruckspannung

Fb 104, Kap. II, 5.2 (2)

Planmäßig eingebrachte Deformationen sind nicht vorhanden. Stützensenkungen infolge Setzungen zählen nicht als planmäßig eingeprägte Deformationen. Damit kann der Nachweis entfallen.

8.2.2 Begrenzung der Spannung im Betonstahl

Fb 104, Kap. II, 5.2 (3) P

Die Betonstahlspannungen sind wie folgt zu begrenzen:

Fb 104, Kap. II, 5.2 (4)

$\sigma_s \leq 0{,}8 \cdot f_{sk}$

Im Folgenden werden die auf den Verbundquerschnitt wirkenden Momente unter der nicht-häufigen Einwirkungskombination angegeben:

a) Feldbereich:

    zum Zeitpunkt t_{28}

    $M_{Ed,v,max}^{t=28} = 2240{,}61$ kNm
    $M_{Ed,v,min}^{t=28} = -140{,}30$ kNm

    zum Zeitpunkt t_∞

    $M_{Ed,v,max}^{t=\infty} = 1814{,}51$ kNm
    $M_{Ed,v,min}^{t=\infty} = -566{,}40$ kNm

Das maßgebende Biegemoment beträgt $M_{Ed,v,min}^{t=\infty} = -566{,}40$ kNm.

$M_{Ed,v}$ auf den Verbundquerschnitt wirkendes Moment

$M_{Ed,v,max}^{t=28}$ siehe Tabelle 17
$M_{Ed,v,min}^{t=28}$ siehe Tabelle 17
$M_{Ed,v,max}^{t=\infty}$ siehe Tabelle 17
$M_{Ed,v,min}^{t=\infty}$ siehe Tabelle 17

Die Zugspannungen im Betonstahl dürfen bei Brücken ohne Spanngliedvorspannung wie folgt berechnet werden:

Fb 104, Kap. II, 5.3.3.1 (2)

$$\sigma_s = \sigma_{s2} + 0{,}4 \cdot \frac{f_{ct,eff}}{\alpha_{st} \cdot \rho_s}$$

Fb 104, Kap. II, 5.3.3.1 (2), Gl. 5.5

Dabei ist:

- σ_{s2} die Betonstahlspannung unter Vernachlässigung des Betons im Zugbereich

- A_{ct} die Zugzone des Querschnittes unmittelbar vor der Rissbildung; vereinfachend sollte die mittragende Fläche des Betongurtes angesetzt werden

- A_s die Gesamtfläche der Längsbewehrung innerhalb der mittragenden Fläche A_{ct}

$$\rho_s = \frac{A_s}{A_{ct}}$$

Fb 104, Kap. II, 5.3.3.1 (2), Gl. 5.6

- $f_{ct,eff}$ die wirksame Betonzugfestigkeit

$$\alpha_{st} = \frac{A_2 \cdot I_2}{A_a \cdot I_a}$$

Fb 104, Kap. II, 5.3.3.1 (2), Gl. 5.7

Hierbei sind A_2 und I_2 die Fläche und das Flächenmoment zweiten Grades des Verbundquerschnittes unter Vernachlässigung des Betons im Zugbereich und A_a und I_a die Fläche und das Flächenmoment zweiten Grades des Baustahlquerschnittes.

$$\sigma_{s2} = \frac{M_{Ed,v,EG}}{W_s^{II}} + \frac{M_{Ed,v,Setz}}{W_s^{II}} + \frac{M_{Ed,v,T+V,min}}{W_s^{II}} + \frac{M_{Ed,v,Schw,t=\infty}}{W_s^{II}} + \frac{M_{Ed,v,B}}{W_s^{II}}$$

$M_{Ed,v}$: Auf den Verbundquerschnitt wirkende Momente im Feldbereich siehe Tabelle 17

W_s^{II}: Widerstandsmoment des Betonstahls im Zustand II siehe Tabellen 5 bis 10

$$\sigma_{s2} = \frac{M_{Ed,v,min}}{W_s^{II}} = \frac{-56640}{-22828} = 2{,}48 \ \text{kN/cm}^2$$

$$\rho_s = \frac{A_s}{A_{ct}} \approx \frac{A_s}{A_c} = \frac{80{,}5}{300 \cdot 30} = 0{,}009$$

$f_{ct,eff} = f_{ctm} \geq 3{,}0 \ \text{MN/m}^2$

Mit f_{ctm} = 3,2 MN/m² ergibt sich:

$$\alpha_{st} = \frac{A_{II} \cdot I_{II}}{A_a \cdot I_a} = \frac{645{,}50 \cdot 1306762}{565 \cdot 1005400} = 1{,}485$$

$$\sigma_s = 2{,}48 + 0{,}4 \cdot \frac{0{,}32}{1{,}485 \cdot 0{,}009} = 12{,}06 \text{ kN/cm}^2$$

σ_s = 12,06 kN/cm² $\leq$ 0,8 · 50 = 40 kN/cm²

Damit ist der Nachweis erbracht.

b) Stützbereich:

zum Zeitpunkt t_{28}

$M_{Ed,v,max}^{t=28} = 1100{,}86$ kNm
$M_{Ed,v,min}^{t=28} = -1105{,}32$ kNm

zum Zeitpunkt t_∞

$M_{Ed,v,max}^{t=\infty} = 35{,}86$ kNm
$M_{Ed,v,min}^{t=\infty} = -2170{,}32$ kNm

$$\sigma_s = \sigma_{s2} + 0{,}4 \cdot \frac{f_{ct,eff}}{\alpha_{st} \cdot \rho_s}$$

$$\alpha_{st} = \frac{A_{II} \cdot I_{II}}{A_a \cdot I_a} = \frac{705 \cdot 1485291}{565 \cdot 1005400} = 1{,}843$$

$$\rho_s = \frac{A_s}{A_{ct}} \approx \frac{A_s}{A_c} = \frac{140}{223 \cdot 30} = 0{,}021$$

$$\sigma_{s2} = \frac{M_{Ed,v,EG}}{W_s^{II}} + \frac{M_{Ed,v,Setz}}{W_s^{II}} + \frac{M_{Ed,v,T+V,min}}{W_s^{II}} + \frac{M_{Ed,v,Schw,t=\infty}}{W_s^{II}} + \frac{M_{Ed,v,B}}{W_s^{II}}$$

$M_{Ed,v}$: Auf den Verbundquerschnitt wirkende Momente im Stützbereich siehe Tabelle 18

W_s^{II}: Widerstandsmoment des Betonstahls im Zustand II siehe Tabellen 5 bis 10

$$\sigma_{s2} = \frac{M_{Ed,v,min}}{W_s^{II}} = \frac{-217032}{-28338} = 7{,}66 \text{ kN/cm}^2$$

$f_{ct,eff} = f_{ctm} \geq 3{,}0 \text{ MN/m}^2$

Mit $f_{ctm} = 3{,}2 \text{ MN/m}^2$ ergibt sich:

$$\sigma_s = 7{,}66 + 0{,}4 \cdot \frac{0{,}32}{1{,}843 \cdot 0{,}021} = 10{,}97 \text{ kN/cm}^2$$

$\sigma_s = 10{,}97 \text{ kN/cm}^2 \leq 0{,}8 \cdot 50 = 40 \text{ kN/cm}^2$

Damit ist der Nachweis erbracht.

8.2.3 Begrenzung der Spannung im Baustahl

Fb 104, Kap. II, 5.2 (6)

Die Nennspannungen in allen Bauteilen einer Brücke infolge charakteristischer (seltener) Lastkombinationen $\sigma_{Ed,ser}$ und $\tau_{Ed,ser}$ sollten unter Berücksichtigung von Schubverzerrungen in breiten Flanschen und von sekundären, durch Verformung hervorgerufenen Effekten (z.B. sekundäre Momente in Fachwerkträgern) berechnet und wie folgt begrenzt werden:

Fb 103, Kap. II, 4.3 (1)

Anmerkung:

Im Folgenden wird der Nachweis für die nicht-häufige Einwirkungskombination geführt.

Fb 104, Kap. II, 5.2 (6)

$$\sigma_{Ed,ser} \leq \frac{f_y}{\gamma_{M,ser}}$$

$$\tau_{Ed,ser} \leq \frac{f_y}{\sqrt{3} \cdot \gamma_{M,ser}}$$

$$\sqrt{(\sigma_{Ed,ser})^2 + 3(\tau_{Ed,ser})^2} \leq \frac{f_y}{\gamma_{M,ser}}$$

mit: $\gamma_{M,ser} = 1{,}1$ Fb 104, Kap. II, 5.2 (6)

$f_y = 35{,}5$ kN/cm²   Fb 103, Kap. II, 3.2.4 (3), Tab. II-3.1a

Im Folgenden sind die auf den Verbund- und den Stahlquerschnitt einwirkenden Biegemomente angegeben:

a) Feldbereich

   zum Zeitpunkt t_{28}

$M_{Ed,v,max}^{t=28} = 2240{,}61$ kNm

$M_{Ed,v,min}^{t=28} = -140{,}30$ kNm

$M_{Ed,a,min}^{t=28} = 477{,}82$ kNm

$M_{Ed,v}$: auf den Verbundquerschnitt wirkendes Moment
M_{Ed}: Gesamtmoment
V_{Ed}: Gesamtquerkraft
$M_{Ed,v}$, M_{Ed}, V_{Ed} siehe Tabelle 17

   zum Zeitpunkt t_∞

$M_{Ed,v,max}^{t=\infty} = 1814{,}51$ kNm

$M_{Ed,v,min}^{t=\infty} = -566{,}40$ kNm

$M_{Ed,a,min}^{t=\infty} = 477{,}82$ kNm

Nachweis an der Unterkante Stahlträgersteg:

zum Zeitpunkt t_{28}

$$\sigma_{Ed,ser,max}^{t=28} = \frac{M_{Ed,a}}{W_{a,st,u}} + \frac{M_{Ed,v,EG}}{W_{a,st,u}^{(I_{i,0})}} + \frac{M_{Ed,v,Setz}}{W_{a,st,u}^{(I_{i,0})}} + \frac{M_{Ed,v,T+V,max}}{W_{a,st,u}^{(I_{i,0})}}$$

$$\sigma_{Ed,ser,max}^{t=28} = \frac{M_{Ed,a}}{W_{a,st,u}} + \frac{M_{Ed,v,max}}{W_{a,st,u}^{(I_{i,0})}}$$

$$\sigma_{Ed,ser,max}^{t=28} = \frac{47782}{21668} + \frac{224061}{30544} = 9{,}54 \text{ kN/cm}^2$$

$M_{Ed,v}$: auf den Verbundquerschnitt wirkende Momente
$M_{Ed,a}$: auf den Stahlquerschnitt wirkendes Moment
$M_{Ed,v}$, $M_{Ed,a}$ siehe Tabelle 17

W_a: Widerstandsmoment des Stahlträgers siehe Tabellen 5 bis 10

W_a^I: Widerstandsmoment des Verbundträgers siehe Tabellen 5 bis 10

$$\sigma_{Ed,ser,max}^{t=28} = 9{,}54 \text{ kN/cm}^2 \leq \frac{35{,}5}{1{,}1} = 33{,}27 \text{ kN/cm}^2$$

$$\tau_{Ed,ser,max}^{t=28} \approx 0$$

Damit ist der Nachweis erbracht.

zum Zeitpunkt t_∞

$$M_{Ed,max}^{t=\infty} = 2292{,}33 \text{ kNm} \qquad N_{Sh}^{t=\infty} = 3369{,}73 \text{ kN}$$
$$M_{Sh}^{t=\infty} = 1053{,}38 \text{ kNm}$$

$$\sigma_{Ed,ser,max}^{t=\infty} = \frac{M_{Ed,a}}{W_{a,st,u}} + \frac{M_{Ed,v,EG}}{W_{a,st,u}^{(I_{i,0})}} + \frac{M_{Ed,v,Setz}}{W_{a,st,u}^{(I_{i,A})}} + \frac{M_{Ed,v,T+V,max}}{W_{a,st,u}^{(I_{i,0})}} + \frac{M_{Ed,v,Schw,t=\infty}}{W_{a,st,u}^{(I_{i,S})}} + \frac{M_{Ed,v,B}}{W_{a,st,u}^{(I_{PT,28})}} - \frac{N_{Sh}}{A_{i,S}} + \frac{M_{Sh}}{W_{a,st,u}^{(I_{i,S})}}$$

$$\sigma_{Ed,ser,max}^{t=\infty} = \frac{47782}{21668} + \frac{21563}{30544} + \frac{20390}{28144} + \frac{178938}{30544} + \frac{-38570}{28646} + \frac{-870}{29310} - \frac{3369{,}73}{1181{,}94} + \frac{105338}{28646}$$

$$\sigma_{Ed,ser,max}^{t=\infty} = 8{,}94 \text{ kN/cm}^2 \leq \frac{35{,}5}{1{,}1} = 33{,}27 \text{ kN/cm}^2$$

$$\tau_{Ed,ser,max}^{t=\infty} \approx 0$$

Damit ist der Nachweis erbracht.

Nachweis an der Unterkante Stahlträgeruntergurt:

zum Zeitpunkt t_{28}

$$\sigma_{Ed,ser,max}^{t=28} = \frac{M_{Ed,a}}{W_{a,fl,u}} + \frac{M_{Ed,v,EG}}{W_{a,fl,u}^{(I_{i,0})}} + \frac{M_{Ed,v,Setz}}{W_{a,fl,u}^{(I_{i,0})}} + \frac{M_{Ed,v,T+V,max}}{W_{a,fl,u}^{(I_{i,0})}}$$

$$\sigma_{Ed,ser,max}^{t=28} = \frac{M_{Ed,a}}{W_{a,fl,u}} + \frac{M_{Ed,v,max}}{W_{a,fl,u}^{(I_{i,0})}}$$

$$\sigma_{Ed,ser,max}^{t=28} = \frac{47782}{19948} + \frac{224061}{29297} = 10{,}04 \text{ kN/cm}^2$$

$$\sigma_{Ed,ser,max}^{t=28} = 10{,}04 \text{ kN/cm}^2 \leq \frac{35{,}5}{1{,}1} = 33{,}27 \text{ kN/cm}^2$$

Damit ist der Nachweis erbracht.

zum Zeitpunkt t_∞

$$M_{Ed,max}^{t=\infty} = 2292{,}33 \text{ kNm} \qquad N_{Sh}^{t=\infty} = 3369{,}73 \text{ kN}$$
$$M_{Sh}^{t=\infty} = 1053{,}38 \text{ kNm}$$

$$\sigma_{Ed,ser,max}^{t=\infty} = \frac{M_{Ed,a}}{W_{a,fl,u}} + \frac{M_{Ed,v,EG}}{W_{a,fl,u}^{(I_{i,0})}} + \frac{M_{Ed,v,Setz}}{W_{a,fl,u}^{(I_{i,A})}} + \frac{M_{Ed,v,T+V,max}}{W_{a,fl,u}^{(I_{i,0})}} + \frac{M_{Ed,v,Schw,t=\infty}}{W_{a,fl,u}^{(I_{i,S})}} + \frac{M_{Ed,v,B}}{W_{a,fl,u}^{(I_{PT,28})}} - \frac{N_{Sh}}{A_{i,S}} + \frac{M_{Sh}}{W_{a,fl,u}^{(I_{i,S})}}$$

$$\sigma_{Ed,ser,max}^{t=\infty} = \frac{47782}{19948} + \frac{21563}{29297} + \frac{20390}{26754} + \frac{178938}{29297} + \frac{-38570}{27290} + \frac{-870}{27999} - \frac{3369{,}73}{1181{,}94} + \frac{1053{,}58}{27290}$$

$$\sigma_{Ed,ser,max}^{t=\infty} = 5{,}75 \text{ kN/cm}^2 \leq \frac{35{,}5}{1{,}1} = 33{,}27 \text{ kN/cm}^2$$

Damit ist der Nachweis erbracht.

Der Vergleichsspannungsnachweis nach DIN-Fachbericht 103, Abschnitt II-4.3 kann aufgrund der geringen Querkraftbeanspruchung entfallen.

b) Stützbereich

Die Querkraft wird zur Ermittlung der Schubspannungen dem Stahlträgersteg zugewiesen.

maßgebender Zeitpunkt t_∞:

$$M_{Ed,v,min}^{t=\infty} = -2170{,}32 \text{ kNm}$$

Nachweis an der Oberkante Stahlträgerobergurt:

$$\sigma_{Ed,ser,max} = \frac{M_{Ed,a}}{W_{a,fl,o}} + \frac{M_{Ed,v,EG}}{W_{a,fl,o}^{II}} + \frac{M_{Ed,v,Setz}}{W_{a,fl,o}^{II}} + \frac{M_{Ed,v,T+V,min}}{W_{a,fl,o}^{II}} + \frac{M_{Ed,v,Schw,t=\infty}}{W_{a,fl,o}^{II}} + \frac{M_{Ed,v,B}}{W_{a,fl,o}^{II}}$$

$$\sigma_{Ed,ser,max} = \frac{M_{Ed,a}}{W_{a,fl,o}} + \frac{M_{Ed,v,min}}{W_{a,fl,o}^{II}}$$

$M_{Ed,v}$: auf den Verbundquerschnitt wirkende Momente
$M_{Ed,a}$: auf den Stahlquerschnitt wirkendes Moment
$M_{Ed,v}$, $M_{Ed,a}$ siehe Tabelle 17

W_a: Widerstandsmoment des Stahlträgers
siehe Tabellen 5 bis 10

W_a^{II}: Widerstandsmoment des Verbundträgers im Zustand II
siehe Tabellen 5 bis 10

$$\sigma_{Ed,ser,max} = \frac{-85380}{-19948} + \frac{-217032}{-39700} = 9{,}75 \text{ kN/cm}^2$$

$$\sigma_{Ed,ser,max} = 9{,}75 \text{ kN/cm}^2 \leq \frac{35{,}5}{1{,}1} = 33{,}27 \text{ kN/cm}^2$$

Damit ist der Nachweis erbracht.

Nachweis an der Oberkante Stahlträgersteg:

$$\sigma_{Ed,ser,max} = \frac{M_{Ed,a}}{W_{a,st,o}} + \frac{M_{Ed,v,min}}{W_{a,st,o}^{II}}$$

$$\sigma_{Ed,ser,max} = \frac{-85380}{-21668} + \frac{-217032}{-44453} = 8{,}82 \text{ kN/cm}^2$$

$$\sigma_{Ed,ser,max} = 8{,}82 \text{ kN/cm}^2 \leq \frac{35{,}5}{1{,}1} = 33{,}27 \text{ kN/cm}^2$$

$$\tau_{Ed,ser,max} = \frac{V_{Ed,a} + V_{Ed,v,max}}{h_w \cdot t_w} = \frac{V_{Ed,max}}{h_w \cdot t_w} = \frac{|983{,}40|}{92{,}8 \cdot 2{,}1} = 5{,}05 \text{ kN/cm}^2$$

$V_{Ed,v}$: auf den Verbundquerschnitt wirkende Querkraft
$V_{Ed,a}$: auf den Stahlquerschnitt wirkende Querkraft
V_{Ed}: Gesamtquerkraft
$V_{Ed,v}$, $V_{Ed,a}$ V_{Ed} siehe Tabelle 18

$$\tau_{Ed,ser,max} = 5{,}05 \text{ kN/cm}^2 \leq \frac{35{,}5}{\sqrt{3} \cdot 1{,}1} = 18{,}63 \text{ kN/cm}^2$$

$$\sqrt{(8{,}82)^2 + 3 \cdot (5{,}05)^2} = 12{,}42 \text{ kN/cm}^2 \leq \frac{35{,}5}{1{,}1} = 33{,}27 \text{ kN/cm}^2$$

Damit ist der Nachweis erbracht.

Nachweis an der Unterkante Stahlträgersteg:

$$\sigma_{Ed,ser,max} = \frac{M_{Ed,a}}{W_{a,st,u}} + \frac{M_{Ed,v,max}}{W_{a,st,u}^{II}}$$

$M_{Ed,v}$: auf den Verbundquerschnitt wirkende Momente
$M_{Ed,a}$: auf den Stahlquerschnitt wirkendes Moment
$M_{Ed,v}$, $M_{Ed,a}$ siehe Tabelle 18

$$\sigma_{Ed,ser,max} = \frac{-85380}{21668} + \frac{-217032}{25010} = -12{,}62 \text{ kN/cm}^2$$

Verfasser	: Planungsgemeinschaft h² Hochschule Magdeburg – Stendal (FH)	Proj. – Nr. 2100
Programm	: C Hochschule Anhalt (FH)	
Bauwerk	: Straßenbrücke bei Cavertitz ASB Nr.: 4131635	Datum: 01.05.2003

$$\sigma_{Ed,ser,max} = |-12{,}62| \text{ kN/cm}^2 \leq \frac{35{,}5}{1{,}1} = 33{,}27 \text{ kN/cm}^2$$

$$\tau_{Ed,ser,max} = \frac{V_{Ed,a} + V_{Ed,v,max}}{h_w \cdot t_w} = \frac{V_{Ed,max}}{h_w \cdot t_w} = \frac{|983{,}40|}{92{,}8 \cdot 2{,}1} = 5{,}05 \text{ kN/cm}^2$$

$$\tau_{Ed,ser,max} = 5{,}05 \text{ kN/cm}^2 \leq \frac{35{,}5}{\sqrt{3} \cdot 1{,}1} = 18{,}63 \text{ kN/cm}^2$$

$$\sqrt{(-12{,}62)^2 + 3 \cdot (5{,}05)^2} = 15{,}35 \text{ kN/cm}^2 \leq \frac{35{,}5}{1{,}1} = 33{,}27 \text{ kN/cm}^2$$

Damit ist der Nachweis erbracht.

Nachweis an der Unterkante Stahlträgeruntergurt:

$M_{Ed,v}$: auf den Verbundquerschnitt wirkende Momente
$M_{Ed,a}$: auf den Stahlquerschnitt wirkendes Moment
$M_{Ed,v}$, $M_{Ed,a}$ siehe Tabelle 18

$$\sigma_{Ed,ser,max} = \frac{M_{Ed,a}}{W_{a,fl,u}} + \frac{M_{Ed,v,min}}{W_{a,fl,u}^{II}}$$

$$\sigma_{Ed,ser,max} = \frac{-85380}{19948} + \frac{-217032}{23432} = -13{,}54 \text{ kN/cm}^2$$

$$\sigma_{Ed,ser,max} = |-13{,}54| \text{ kN/cm}^2 \leq \frac{35{,}5}{1{,}1} = 33{,}27 \text{ kN/cm}^2$$

Damit ist der Nachweis erbracht.

8.2.4 Nachweis der Beulsicherheit für Querschnitte der Klassen 1 und 2

Im Feldbereich wurde der Querschnitt für positive Momente in Klasse 1 eingestuft.
Der damit nach DIN-Fachbericht 103, Abschnitt II-4.4 (8) erforderliche Nachweis des Stegblechatmens wird im Abschnitt 8.6 geführt.

Bauteil	: Verbundüberbau mit offenem Querschnitt, Walzträger	Archiv Nr.:
Block	: Grenzzustand der Gebrauchstauglichkeit	
Vorgang	:	

8.3 Grenzzustände der Dekompression und Rissbildung

Fb 104, Kap. II, 5.3

8.3.1 Allgemeines

Fb 104, Kap. II, 5.3.1

Die Rissbildung ist so zu beschränken, dass die ordnungsgemäße Nutzung des Tragwerkes und seine Dauerhaftigkeit nicht beeinträchtigt werden. Es gelten die verbindlichen Regeln des Abschnittes II-4.4.2.1 des DIN-Fachberichtes 102.

Fb 104, Kap. II, 5.3.1 (1) P

Die Begrenzung der Rissbreite umfasst den Nachweis der Mindestbewehrung nach Abschnitt II-5.3.2 und den Nachweis der Rissbreite unter der maßgebenden Einwirkungskombination nach Abschnitt II-5.3.3.

Fb 104, Kap. II, 5.3.1 (2)

Bewehrungsstäbe mit einem Stabdurchmesser kleiner als 10 mm sollten nicht verwendet werden. Es gelten zusätzlich die Regelungen nach Abschnitt II-2.4 des DIN-Fachberichtes 104.

Fb 104, Kap. II, 5.3.1 (3)

8.3.2 Mindestbewehrung

Fb 104, Kap. II, 5.3.2

8.3.2.1 Allgemeines

Fb 104, Kap. II, 5.3.2.1

Aus Gründen der Dauerhaftigkeit und des äußeren Erscheinungsbildes ist eine Mindestbewehrung anzuordnen. Diese soll verhindern, dass sich infolge rechnerisch nicht berücksichtigter Zwangsspannungen und Eigenspannungen sowie bei Tragwerken mit Vorspannung durch Spannglieder und/oder planmäßig eingeprägter Deformationen infolge Abweichungen bei den Beanspruchungen aus Vorspannung breite Einzelrisse bilden.

Fb 104, Kap. II, 5.3.2.1 (1) P

Zur Erfüllung der obigen Anforderung sollte in allen oberflächennahen Bereichen des Betonquerschnittes eine Mindestbewehrung angeordnet werden, die unter Berücksichtigung der Anforderungen an die Rissbreitenbeschränkung für die Schnittgrößenkombination zu bemessen ist, die im Betonquerschnitt zur Erstrissbildung führt. Diese Mindestbewehrung darf bei allen Nachweisen in den Grenzzuständen der Tragfähigkeit und Gebrauchstauglichkeit angerechnet werden.

Fb 104, Kap. II, 5.3.2.1 (2)

8.3.2.2 Mindestbewehrung für Gurte von Verbundträgern

Fb 104, Kap. II, 5.3.2.2

Die Mindestbewehrung sollte in Bereichen angeordnet werden, in denen unter der nicht-häufigen Einwirkungskombination bei nicht vorgespannten Bauteilen in der Betonplatte Zugspannungen auftreten und bei Vorspannung mit Spanngliedern Druckspannungen von weniger als 1 N/mm² in der Betonplatte vorhanden sind.

Fb 104, Kap. II, 5.3.2.2 (1)

Anmerkung:

Aufgrund des Schwindens des Betons treten praktisch auf der gesamten Länge des Überbaus Zugspannungen in der Fahrbahnplatte auf.

Wenn eine genauere Berechnung nicht zeigt, dass ein geringer Bewehrungsquerschnitt ausreicht, sollte der Mindestbewehrungsgrad des Betongurtes innerhalb der Zugzone A_{ct} die nachfolgende Bedingung erfüllen.

Fb 104, Kap. II, 5.3.2.2 (2)

$$\rho_s \geq \frac{k_d \cdot k_c \cdot k \cdot f_{ct,eff}}{\sigma_s}$$

Fb 104, Kap. II, 5.3.2.2 (2), Gl. 5.1

ρ_s der auf den gezogenen Querschnitt oder Querschnittsteil bezogene Bewehrungsgehalt an Betonstahl

$$\rho_s = \frac{A_s}{A_{ct}}$$

A_{ct} die Fläche der Zugzone unmittelbar vor der Rissbildung
Zur Vereinfachung darf die mittragende Querschnittsfläche des Betongurtes angesetzt werden.

A_s die Fläche des Bewehrungsstahls innerhalb der mittragenden Querschnittsfläche

k_d Beiwert zur Berücksichtigung der Umlagerung der Teischnittgrössen des Betongurtes bei Erstrissbildung, $k_d = 0{,}9$

k_c Beiwert zur Erfassung der Spannungsverteilung in Betongurten bei Erstrissbildung

$$k_c = \frac{1}{1+\dfrac{h_c}{2 \cdot z_0}} + 0{,}3 \leq 1{,}0$$

h_c die Dicke des Betongurtes

z_0 der vertikale Abstand zwischen den Schwerachsen des ungerissenen, unbewehrten Beton- und des Verbundquerschnittes; berechnet mit der Reduktionszahl $n_0 = E_a / E_{cm}$ für kurzzeitige Beanspruchungen

k Beiwert zur Berücksichtigung nichtlinear verteilter Eigenspannungen
bei Verbundquerschnitten $k = 0{,}8$

$f_{ct,eff}$ wirksame Betonzugfestigkeit
nach Abschnitt II-4.4.2.2 des DIN-Fachberichtes 102

σ_s zulässige Spannung in der Betonstahlbewehrung zur Begrenzung der Rissbreite in Abhängigkeit vom Grenzdurchmesser d^*_s nach Abschnitt II-4.4.2.3, Tabelle 4.120 des DIN-Fachberichtes 102

a) Feldbereich

Die maßgebenden Feldmomente infolge der nicht häufigen Lastfallkombination betragen:

$M_{Ed,v,min}^{t=\infty} = -566{,}40$ kNm

$M_{Ed,v}$: auf den Verbundquerschnitt wirkendes Moment

Der Betonquerschnitt ist unter negativer Momentenbeanspruchung als gerissen anzunehmen, somit ist eine Mindestbewehrung erforderlich.

$h_c = 0{,}30$ m $A_{ct} = A_c = 9000$ cm²

Verfasser : Planungsgemeinschaft h²c Hochschule Magdeburg – Stendal (FH) Hochschule Anhalt (FH) Programm :	Proj. – Nr. 2100
Bauwerk : Straßenbrücke bei Cavertitz ASB Nr.: 4131635	Datum: 01.05.2003

$f_{ct,eff} = f_{ctm} = 3{,}2$ N/mm² Fb 102, Kap. II, 4.4.2.2 (5) und
Fb 102, Kap. II, 3.1.4, Tab. 3.1

$z_0 = z_i - z_{ci} = 32{,}83 - 15{,}00 = 17{,}83$ cm

$$k_c = \frac{1}{1+\dfrac{30{,}0}{2\cdot 17{,}83}} + 0{,}3 = 0{,}843 \leq 1{,}0$$

Die Begrenzung der Rissbreite darf dabei durch eine Begrenzung des Stabdurchmessers auf den folgenden Wert nachgewiesen werden.   Fb 104, Kap. II, 5.3.2.2 (3)

$$d_s = d_s^* \cdot \frac{f_{ct,eff}}{f_{ct,0}}$$ Fb 104, Kap. II, 5.3.2.2 (3) Gl. 5.3

Dabei ist:

d_s^* der Grenzdurchmesser Abschnitt II-4.4.2.3, Tabelle 4.120 des DIN-Fachberichtes 102

$f_{ct,0}$ die Zugfestigkeit des Betons, auf die die Werte für d_s^* bezogen sind ($f_{ct,0} = 3$ N/mm²)

$d_s = 20$ mm

$$d_s^* = d_s \cdot \frac{f_{ct,0}}{f_{ct,eff}} = 20 \cdot \frac{3{,}0}{3{,}2} = 19 \text{ mm}$$

Linear interpoliert ergibt sich eine zulässige Stahlspannung von:

$\sigma_s = 240$ MN/m²   Fb 102, Kap. II, 4.4.2.3, Tabelle 4.120

$$\rho_{s,min} = \frac{0{,}9 \cdot 0{,}843 \cdot 0{,}8 \cdot 3{,}2}{240} = 0{,}008 \qquad \rho_{s,vorh} = \frac{80{,}5}{9000} = 0{,}009$$

$$\rho_{s,vorh} = 0{,}009 \geq \rho_{s,min} = 0{,}008$$

Bauteil : Verbundüberbau mit offenem Querschnitt, Walzträger Block : Grenzzustand der Gebrauchstauglichkeit	Archiv Nr.:
Vorgang :	

b) Stützbereich

Da sich der Betongurt über der Stütze im Zustand II befindet, ist hier ebenfalls die Anordnung einer Mindestbewehrung erforderlich.

$h_c = 0{,}30$ m $\qquad\qquad A_{ct} = A_c = 6690$ cm²

$f_{ct,eff} = f_{ctm} = 3{,}2$ N/mm²

$z_0 = z_i - z_{ci} = 35{,}93 - 15{,}00 = 20{,}93$ cm

$$k_c = \frac{1}{1 + \dfrac{30{,}0}{2 \cdot 20{,}93}} + 0{,}3 = 0{,}883 \leq 1{,}0$$

$d_s = 20$ mm

$$d_s^* = d_s \cdot \frac{f_{ct,0}}{f_{ct,eff}} = 20 \cdot \frac{3{,}0}{3{,}2} = 19 \text{ mm}$$

Linear interpoliert ergibt sich eine zulässige Stahlspannung von:

$\sigma_s = 240$ MN/m²

$$\rho_{s,min} = \frac{0{,}9 \cdot 0{,}883 \cdot 0{,}8 \cdot 3{,}2}{240} = 0{,}009 \qquad \rho_{s,vorh} = \frac{140}{6690} = 0{,}021$$

$\rho_{s,vorh} = 0{,}021 > \rho_{s,min} = 0{,}009$

Mindestens die Hälfte der erforderlichen Mindestbewehrung sollte in der durch die größere Zugspannung beanspruchten Hälfte des Betongurtes angeordnet werden.

Fb 104, Kap. II, 5.3.2.2 (4)

<u>Anmerkung:</u>

Die Mindestbewehrung wird in diesem Beispiel je zur Hälfte auf die obere und untere Bewehrungslage verteilt.

8.3.3 Nachweis der Rissbreitenbeschränkung

Fb 104, Kap. II, 5.3.3

Zugspannungen im Betonstahl sollten mit einer elastischen Querschnittsberechnung ermittelt werden. Die Mitwirkung des Betons zwischen den Rissen führt bei Verbundquerschnitten zu einer Erhöhung der Zugspannungen σ_s im Betonstahl. Diese erhöhte Spannung ist für die Anforderungsklasse nach Abschnitt II-5.1.2 (2) des DIN-Fachberichtes 104 abhängige Einwirkungskombination für den Nachweis der Rissbreitenbeschränkung zu ermitteln. Sie darf wie folgt bestimmt werden:

Fb 104, Kap. II, 5.3.3.1 (1)

Die Zugspannungen im Betonstahl dürfen bei Brücken ohne Spanngliedvorspannung wie folgt berechnet werden:

Fb 104, Kap. II, 5.3.3.1 (2)

$$\sigma_s = \sigma_{s2} + 0{,}4 \cdot \frac{f_{ct,eff}}{\alpha_{st} \cdot \rho_s}$$

Fb 104, Kap. II, 5.3.3.1 (2), Gl. 5.5

Dabei ist:

σ_{s2} die Betonstahlspannung unter Vernachlässigung des Betons im Zugbereich

A_{ct} die Zugzone des Querschnittes unmittelbar vor der Rissbildung; vereinfachend sollte die mittragende Fläche des Betongurtes angesetzt werden

A_s die Gesamtfläche der Längsbewehrung innerhalb der mittragenden Fläche A_{ct}

$$\rho_s = \frac{A_s}{A_{ct}}$$

Fb 104, Kap. II, 5.3.3.1 (2), Gl. 5.6

$f_{ct,eff}$ die wirksame Betonzugfestigkeit

$$\alpha_{st} = \frac{A_2 \cdot I_2}{A_a \cdot I_a}$$

Fb 104, Kap. II, 5.3.3.1 (2), Gl. 5.7

Hierbei sind A_2 und I_2 die Fläche und das Flächenmoment zweiten Grades des Verbundquerschnittes unter Vernachlässigung des Betons im Zugbereich und A_a und I_a die Fläche und das Flächenmoment zweiten Grades des Baustahlquerschnittes.

a) Feldbereich

Das maßgebende Biegemoment infolge der häufigen Einwirkungskombination beträgt:

$M_{Ed,v,min}^{t=\infty} = -415{,}48 \text{ kNm}$ *($M_{Ed,v}$ auf den Verbundquerschnitt wirkendes Moment)*

$$\sigma_s = \sigma_{s2} + 0{,}4 \cdot \frac{f_{ct,eff}}{\alpha_{st} \cdot \rho_s}$$

$f_{ct,eff} = f_{ctm} = 3{,}2 \text{ N/mm}^2$

$$\alpha_{st} = \frac{A_{II} \cdot I_{II}}{A_a \cdot I_a} = \frac{645{,}50 \cdot 1306762}{565 \cdot 1005400} = 1{,}485$$

$$\rho_s = \frac{A_s}{A_{ct}} \approx \frac{A_s}{A_c} = \frac{80{,}5}{300 \cdot 30} = 0{,}009$$

$$\sigma_{s2} = \frac{M_{Ed,v,EG}}{W_s^{II}} + \frac{M_{Ed,v,Setz}}{W_s^{II}} + \frac{M_{Ed,v,T+V,min}}{W_s^{II}} + \frac{M_{Ed,v,Schw,t=\infty}}{W_s^{II}} + \frac{M_{Ed,v,B}}{W_s^{II}}$$

($M_{Ed,v}$ auf den Verbundquerschnitt wirkende Momente)

$$\sigma_{s2} = \frac{M_{Ed,v,min}}{W_s^{II}} = \frac{-41548}{-22828} = 1{,}82 \text{ kN/cm}^2$$

$$\sigma_s = 1{,}82 + 0{,}4 \cdot \frac{0{,}32}{1{,}485 \cdot 0{,}009} = 11{,}40 \text{ kN/cm}^2$$

Die Rissbreite darf als angemessen kontrolliert angesehen werden, wenn entweder der Stabdurchmesser nach Abschnitt II-5.3.2.2 (3) des DIN-Fachberichtes 104 begrenzt wird, oder wenn die von der Betonstahlspannung σ_s abhängigen Höchstwerte für den Stababstand nach Tabelle 4.121 des Abschnittes II-4.4.2.3 des DIN-Fachberichtes 102 nicht überschritten werden.

Fb 102, Kap. II, 4.4.2.3, Tabelle 4.121

Verfasser : Planungsgemeinschaft h² Hochschule Magdeburg – Stendal (FH) C Hochschule Anhalt (FH)	Proj. – Nr. 2100
Programm :	
Bauwerk : Straßenbrücke bei Cavertitz ASB Nr.: 4131635	Datum: 01.05.2003

Höchstwert des Stababstandes in Abhängigkeit der Betonstahl-spannung und einer Rissbreite von $w_{cal} = 0{,}3$ mm

<small>Fb 102, Kap. II,4.4.2.3, Tabelle 4.121</small>

<u>Anmerkung:</u>

Für Stahlbetonbauteile ist $w_{cal} = 0{,}3$ mm nachzuweisen.

$\sigma_s = 114$ MN/m² $\Rightarrow s_{max} = 300$ mm

$s_{max} = 300$ mm $< s_{vorh} = 200$ mm

b) Stützenbereich:

Das maßgebende Biegemoment infolge der häufigen Einwirkungskombination beträgt im Stützenbereich:

<small>$M_{Ed,v}$ auf den Verbundquerschnitt wirkendes Moment</small>

<small>M_{Ed} Gesamtmoment</small>

$$M_{Ed,v,min}^{t=\infty} = -1823{,}45 \text{ kNm}$$

$$\sigma_s = \sigma_{s2} + 0{,}4 \cdot \frac{f_{ct,eff}}{\alpha_{st} \cdot \rho_s}$$

$f_{ct,eff} = f_{ctm} = 3{,}2$ MN/m²

$$\alpha_{st} = \frac{A_{II} \cdot I_{II}}{A_a \cdot I_a} = \frac{705 \cdot 1485291}{565 \cdot 1005400} = 1{,}843$$

$$\rho_s = \frac{A_s}{A_{ct}} \approx \frac{A_s}{A_c} = \frac{140}{223 \cdot 30} = 0{,}021$$

<small>$M_{Ed,v}$ auf den Verbundquerschnitt wirkende Momente</small>

$$\sigma_{s2}^{t=\infty} = \frac{M_{Ed,v,EG}}{W_s^{II}} + \frac{M_{Ed,v,Setz}}{W_s^{II}} + \frac{M_{Ed,v,T+V,min}}{W_s^{II}} + \frac{M_{Ed,v,Schw,t=\infty}}{W_s^{II}} + \frac{M_{Ed,v,B}}{W_s^{II}}$$

$$\sigma_{s2}^{t=\infty} = \frac{M_{Ed,v,min}}{W_s^{II}} = \frac{-182345}{-28338} = 6{,}43 \text{ kN/cm}^2$$

Höchstwert des Stababstandes in Abhängigkeit der Betonstahl-spannung und einer Rissbreite von $w_{cal} = 0{,}3$ mm:

<small>Fb 102, Kap. II,4.4.2.3, Tabelle 4.121</small>

$\sigma_s = 114$ MN/m² $\Rightarrow s_{max} = 300$ mmm

$s_{max} = 300$ mm $< s_{vorh} = 150$ mm

Bauteil : Verbundüberbau mit offenem Querschnitt, Walzträger	Archiv Nr.:
Block : Grenzzustand der Gebrauchstauglichkeit Seite: **175**	
Vorgang :	

8.4 Verformungen

Fb 104, Kap. II, 5.4

Für die Berechnung der Verformungen darf entweder die mittragende Breite nach DIN-Fachbereicht 104 Abschnitt II-4.2.2.1 oder alternativ ein genaueres Verfahren nach Abschnitt II-4.2.1(1) P benutzt werden.

Fb 104, Kap. II, 5.4 (1)

Die Verformungen sind auf der Grundlage einer elastischen Tragwerksberechnung nach den verbindlichen Regeln des Abschnittes II-4.5.2 unter Berücksichtigung der maßgebenden Einflüsse nach Abschnitt DIN-Fachbereich 104 II-5.1.4.1(1) P zu ermitteln.

Fb 104, Kap. II, 5.4 (2) P

Verformungen dürfen weder die Entwässerung noch die ordnungsgemäße Funktion des Tragwerkes selbst oder angrenzender Bauteile beeinträchtigen.

Fb 104, Kap. II, 5.4 (3) P

Für Eisenbahnbrücken ist Abschnitt IV-G.3 des DIN-Fachberichtes 101 zu beachten. Für andere Brücken sollten, falls erforderlich, geeignete Grenzwerte für die Durchbiegung infolge des zu erwartenden Verkehrs unter Berücksichtigung der zugehörigen Einwirkungskombination mit dem Bauherren vereinbart werden.

Fb 104, Kap. II, 5.4 (4)

<u>Anmerkung:</u>

Vom Bauherren wurden keine Grenzwerte für die Begrenzung der Durchbiegung angegeben.

Verformungen während der Bauzeit müssen so begrenzt werden, dass der Beton während des Betonierens und Abbindens nicht geschädigt wird und die planmäßige Gradiente sichergestellt wird.

Fb 104, Kap. II, 5.4 (5) P

Zur Festlegung der Überhöhung sollte die quasi-ständige Einwirkungskombination zu Grunde gelegt werden. Bei Eisenbahnbrücken sollten die quasi-ständigen Verkehrslasten mit $\psi_0 = 0{,}20$ bei der Festlegung der Überhöhung berücksichtigt werden.

Fb 104, Kap. II, 5.4 (6)

Die aus den quasi-ständigen Verkehrslastanteilen resultierenden Verformungen infolge Kriechen dürfen vernachlässigt werden.

Anmerkung im Fb 104: Der Bauherr kann von dieser Regel abweichende Festlegungen treffen. Für Eisenbahnbrücken ist eine Abstimmung mit der zuständigen Bauaufsichtsbehörde erforderlich.

<u>Anmerkung:</u>

Im Rahmen dieser statischen Berechnung wird die Überhöhung nicht ausgewiesen.

8.5 Schwingungen

Fb 104, Kap. II, 5.5

Siehe hierzu die Abschnitte IV-5.7 des DIN-Fachberichtes 101, Abschnitt II-4.4.4 des Fachberichtes 102 und Abschnitt II-4.8 des DIN-Fachberichtes 103.

Fb 104, Kap. II, 5.5 (1)

Dynamische Modelle für Lasten aus Fußgängerverkehr

Fb 101, Kap. IV, 5.7

Erforderlichenfalls sollten die für Gebäude festgelegten Modelle angewendet werden.

Fb 101, Kap. IV, 5.7 (1)

Anmerkung im Fb 101:
Fußgänger- und Radwegbrücken können durch die Benutzer zu Schwingungen angeregt werden. Für die verschiedenen Situationen (wandernde, laufende und springende Fußgänger) sollten jeweils angemessene Lastmodelle gewählt werden. Diese sind mit dem Bauherren abzustimmen.

<u>Anmerkung:</u>

Wegen der großen Eigenmasse des Überbaus ist eine Schwingungsanregung durch Fußgänger nicht zu befürchten.

Verfasser : Planungsgemeinschaft h² Hochschule Magdeburg – Stendal (FH)	Proj. – Nr. 2100
Programm : C Hochschule Anhalt (FH)	
Bauwerk : Straßenbrücke bei Cavertitz ASB Nr.: 4131635	Datum: 01.05.2003

Begrenzung der Schwingungen und dynamische Einflüsse

Fb 102, Kap. II, 4.4.4

Unter den dynamischen Einflüssen aus Straßenverkehr, Eisenbahnverkehr, Fußgängern, Radfahrern und Wind muss eine Brücke die Anforderungen an die Grenzzustände der Gebrauchstauglichkeit unter Berücksichtigung einer möglichen Beeinträchtigung der Nutzungsbedingungen erfüllen.

Fb 102, Kap. II, 4.4.4.1 (101) P

Die dynamischen Einflüsse aus Wind werden in diesem Abschnitt nicht behandelt, sollten aber für Tragwerke wie z.B. Schrägkabelbrücken berücksichtigt werden.

Fb 102, Kap. II, 4.4.4.1 (102)

Zusätzlich zu den dynamischen Wirkungen aus Verkehr und Wind auf die ganze Brücke sollten örtliche Einflüsse auf schlanke Bauwerksteile, wie große seitliche Auskragungen, untersucht werden.

Fb 102, Kap. II, 4.4.4.1 (103)

Straßenbrücken

Die dynamischen Einflüsse der Regel-Verkehrslasten auf übliche Straßenbrücken dürfen sowohl für die Grenzzustände der Tragfähigkeit als auch der Gebrauchstauglichkeit durch den dynamischen Erhöhungsfaktor als pauschal erfasst gelten, der bereits in den charakteristischen Verkehrslasten gemäss DIN-Fachbericht 101 „Einwirkungen auf Brücken" enthalten ist.

Fb 102, Kap. II, 5.4.4.2 (101)

Verformungsbegrenzung zur Vermeidung von übermäßigen Stoßbelastungen infolge Verkehrs

Fb 103, Kap. II, 4.8.2

Die Fahrbahn sollte derart entworfen werden, dass sich über die Länge gleichförmige Verformungen ohne abrupte Sprünge in der Steifigkeit oder Ebenheit einstellen, um Stoßbelastungen zu minimieren. Plötzliche Neigungsänderungen des Deckblechs und Versätze an Fahrbahnübergängen sollten ausgeschlossen werden. Endquerträger sollten so entworfen werden, dass folgende Verformungen nicht überschritten werden:

Fb 103, Kap. II, 4.8.2 (1)

- die maximale Verformung, bei der die Funktionstüchtigkeit des Fahrbahnüberganges sichergestellt ist,

- 5 mm unter häufigen Lasten.

Ist die Fahrbahnkonstruktion ungleichförmig steif gestützt (z.B. durch zusätzliche Querträger an Zwischenpfeilern), sollte beim

Fb 103, Kap. II, 4.8.2 (2)

Bauteil : Verbundüberbau mit offenem Querschnitt, Walzträger	Archiv Nr.:
Block : Grenzzustand der Gebrauchstauglichkeit Seite: **178**	
Vorgang :	

Verfasser : Planungsgemeinschaft h² Hochschule Magdeburg – Stendal (FH) C Hochschule Anhalt (FH)	Proj. – Nr. 2100
Programm :	
Bauwerk : Straßenbrücke bei Cavertitz ASB Nr.: 4131635	Datum: 01.05.2003

Entwurf der Fahrbahnkonstruktion im Bereich dieser zusätzlichen Stützung die Erhöhung des dynamischen Vergrößerungsfaktors berücksichtigt werden, wie dies in dem DIN-Fachbericht 101 „Einwirkungen auf Brücken" für Bereiche in der Nähe von Fahrbahnübergängen vorgesehen ist.

<u>Anmerkung:</u>

Die o.g. Anforderungen werden durch die Fahrbahnplatte aus Stahlbeton erfüllt.

8.6 Nachweis der Begrenzung des Stegblechatmens

Fb 104, Kap. II, 5.1.1.(2)
Fb 103, Kap. II, 4.4

Die Schlankheit von nicht ausgesteiften oder ausgesteiften Stegblechen muss begrenzt werden, um übermäßiges Stegblechatmen, das zu Ermüdungsschäden an oder im Bereich von Steg-Flansch-Anschlüssen führen kann, zu vermeiden. Beim Nachweis mit <u>effektiven Querschnittswerten</u> nach Kapitel III des DIN-Fachberichtes 103 muss dieser Nachweis geführt werden.

Effektiver Querschnitt (effektive Breite): Bruttoquerschnitt (-breite) reduziert infolge gemeinsamer Wirkung von Plattenbeulen und Schubverzerrungen, d.h. Verbindung von wirksamem Querschnitt und mittragendem Querschnitt.

Fb 103, Kap. III, 1.3.7

Stegblechatmen: Wiederholte Verformungen aus der Ebene eines ausgesteiften oder nicht ausgesteiften Beulfeldes infolge von wechselnden Beanspruchungen in der Blechebene.

Fb 103, Kap. III, 1.3.3

<u>Anmerkung:</u>

Fb 103, Kap. II, 4.4 (7)

In Kap. II, 4.4 (1) des DIN-Fachberichtes 103 wird dieser Nachweis gefordert, wenn der Querschnitt wegen Plattenbeulens reduziert wird. Querschnitte der Querschnittsklasse 4 sind hier nicht vorhanden.

Bauteil : Verbundüberbau mit offenem Querschnitt, Walzträger	Archiv Nr.:
Block : Grenzzustand der Gebrauchstauglichkeit Seite: **179**	
Vorgang :	

Außerdem kann der Nachweis entfallen, wenn die Stegschlankheit von der in Längsrichtung nicht ausgesteiften Stegblechen bei Straßenbrücken auf folgenden Wert begrenzt wird:

Fb 103, Kap. II, 4.4 (8)

$$b/t \leq 30 + 4{,}0 \cdot L$$

und

$$b/t \leq 300 \text{ für Straßenbrücken}$$

mit

    b Stegblechbreite
    t_w Stegblechdicke
    L Spannweite in [m] und $L \geq 20$ m

Fb 103, Kap. II, 4.4 (8)

    $b = h_w = 86{,}8$ cm
    $t_w = 2{,}1$ cm
    $L = 15{,}0$ m

Nachweis:

$$86{,}8 / 2{,}1 = 41{,}33 \leq 30 + 4{,}0 \cdot 20 = 110$$

$$86{,}8 / 2{,}1 = 41{,}33 \leq 300$$

Damit ist die Bedingung für einen Nachweisverzicht erfüllt.

9 Verbundsicherung

Fb 104, Kap. II, 6

9.1 Allgemeines

Fb 104, Kap. II, 6.1

9.1.1 Bemessungsgrundlagen

Fb 104, Kap. II, 6.1.1

Die Abschnitte II-6.1 bis II-6.6 sind für Träger mit offenen und geschlossenen Querschnitten sowie gegebenenfalls für andere Bauteile anwendbar. Es ist Abschnitt II-2.3.3.2(3) P zu beachten. Weitere Regelungen zur Verbundsicherung werden in Abschnitt II-4.7 (zugbeanspruchte Verbundbauteile und Stabbogenbrücken), Abschnitt II-4.8(4) (Träger mit Kastenquerschnitten) sowie in Abschnitt II-7.4 (Verbundplatten) angegeben.

Fb 104, Kap. II, 6.1.1 (1)

Die Verbundmittel und die Querbewehrung müssen in Trägerlängsrichtung so angeordnet werden, dass die Schubkräfte zwischen Betonplatte und Stahlträger übertragen werden können.

Fb 104, Kap. II, 6.1.1 (2) P

Verbundmittel müssen eine ausreichend große Steifigkeit besitzen, damit der Einfluss des Schlupfes in der Verbundfuge und daraus resultierende Spannungsumlagerungen im Verbundquerschnitt vernachlässigt werden können.

Fb 104, Kap. II, 6.1.1 (3) P

Wenn Verbundmittel nach Abschnitt II-6.3 verwendet werden und die Ermittlung der Längsschubkräfte nach Abschnitt II-6.2 erfolgt, darf angenommen werden, dass (3) P erfüllt ist. Die Längsschubkräfte dürfen dann unter der Annahme des Ebenbleibens des Gesamtquerschnittes ermittelt werden.

Fb 104, Kap. II, 6.1.1 (4)

Die Verbundmittel müssen in der Lage sein, ein Abheben der Betonplatte vom Stahlträger zu verhindern, wenn keine anderen Verankerungen vorhanden sind oder ein Abheben des Stahlflansches, z. B. durch Einbetonieren, verhindert wird.

Fb 104, Kap. II, 6.1.1 (5) P

Um ein Abheben der Betonplatte zu verhindern, sollten Verbundmittel für eine rechtwinklig zum Stahlträgerflansch wirkende Zugkraft bemessen werden, die mindestens der 0,1fachen Grenzscherkraft des Verbundmittels entspricht. Falls erforderlich, sind zusätzliche Verankerungen vorzusehen.

Fb 104, Kap. II, 6.1.1 (6)

Bei Kopfbolzendübeln nach den Abschnitten II-6.3.2 und II-6.4 darf angenommen werden, dass sie einen ausreichenden Widerstand gegen Abheben nach (5) P und (6) aufweisen.

Fb 104, Kap. II, 6.1.1 (7)

Im Bereich von Querrahmen und Quersteifen sowie bei Trägern mit Kastenquerschnitten sollte bei der Verdübelung der Einfluss aus der Einspannung der Fahrbahnplatte in die Stahlkonstruktion berücksichtigt werden. Die konstruktive Ausbildung sollte so erfolgen, dass aus der Einspannwirkung in den Dübeln keine nennenswerten Zugkräfte entstehen. Ein rechnerischer Nachweis darf entfallen, wenn die konstruktive Ausbildung nach Abschnitt II-6.4.8 erfolgt.

Fb 104, Kap. II, 6.1.1 (8)

Der Ansatz des Haftverbundes zwischen Stahl und Beton ist mit Ausnahme der Regelungen nach Abschnitt II-Anhang K nicht zulässig.

Fb 104, Kap. II, 6.1.1 (9) P

Wenn zur Verbundsicherung Verbundmittel verwendet werden, die nicht in Abschnitt II-6.3 geregelt sind, muss das bei der Bemessung angenommene Tragverhalten durch Versuche und entsprechende Berechnungsmodelle abgesichert werden. Die Bemessung des Verbundbauteils muss mit den Bemessungsmethoden für vergleichbare Verbundmittel nach Abschnitt II-6.3 übereinstimmen, soweit dies möglich ist. Es sind die Abschnitte II-2.3.3.2(3) P und II-2.2.3.2(3) P zu beachten.

Fb 104, Kap. II, 6.1.1 (10) P

Wenn unterschiedliche Arten von Verbundmitteln innerhalb eines Trägerabschnittes verwendet werden, ist das unterschiedliche Last-Verformungsverhalten der Verbundmittel zu berücksichtigen.

Fb 104, Kap. II, 6.1.1 (11) P

Anmerkung:

Es werden nur Kopfbolzendübel eingesetzt.

9.1.2 Verformungsvermögen von Verbundmitteln

Fb 104, Kap. II, 6.1.2

Verbundmittel müssen ein ausreichendes Verformungsvermögen besitzen, um eine bei der Bemessung angenommene bzw. rechnerisch nur näherungsweise erfasste Umlagerung von Längsschubkräften zu ermöglichen.

Fb 104, Kap. II, 6.1.2 (1) P

Es darf angenommen werden, dass (1) P für diejenigen Verbundmittel erfüllt ist, deren Tragfähigkeiten in Abschnitt II-6.3 geregelt sind.

Fb 104, Kap. II, 6.1.2 (2) P

Anmerkung:

Kopfbolzendübel weisen ein ausreichendes Verformungsvermögen auf.

9.1.3 Grenzzustände der Gebrauchstauglichkeit

Fb 104, Kap. II, 6.1.3

Die Längsschubkräfte sollten für die nicht-häufige Einwirkungskombination mit den Berechnungsannahmen nach Abschnitt II-6.2 ermittelt werden.

Fb 104, Kap. II, 6.1.3 (1)

In den Grenzzuständen der Gebrauchstauglichkeit ist eine äquidistante Anordnung von Dübeln in den Bereichen zulässig, in denen der Bemessungswert der Längsschubkraft den Bemessungswert der Längsschubkrafttragfähigkeit um nicht mehr als 10% überschreitet. Der Bemessungswert der Längsschubkrafttragfähigkeit im Grenzzustand der Gebrauchstauglichkeit ergibt sich zu $0{,}60\,P_{Rd}$, wobei P_{Rd} die Grenzscherkraft des Verbundmittels nach Abschnitt II-6.3.2.1 (1) ist. Über die jeweils betrachtete Länge darf die gesamte Bemessungslängsschubkraft nicht größer als $0{,}60\,P_{Rd}\,n$ sein, wobei n die Anzahl der Verbundmittel innerhalb der betrachteten Länge ist.

Fb 104, Kap. II, 6.1.3 (2)

Für Haupttragglieder darf bei Verwendung von Kopfbolzendübeln auf einen Nachweis der Ermüdung der Verbundmittel nach Abschnitt II-6.1.5 verzichtet werden, wenn die nachfolgenden Bedingungen erfüllt sind.
- Die Längsschubkräfte werden mit den Querschnittskenngrößen des ungerissenen Querschnittes (Zustand I) ermittelt.
- Beim Nachweis des Grenzzustandes der Gebrauchstauglichkeit nach (2) ist der Bemessungswert der Längsschubkraft auf den 0,3fachen Bemessungswert P_{Rd} nach Abschnitt II-6.3.2.1 (1) abzumindern.

Fb 104, Kap. II, 6.1.3 (3)

Anmerkung:

Die Anwendung dieser Regelung wäre sehr unwirtschaftlich. In dieser statischen Berechnung wird sie deshalb nicht angewendet.

9.1.4 Grenzzustand der Tragfähigkeit außer Ermüdung

Fb 104, Kap. II, 6.1.4

Für den Nachweis des Grenzzustandes der Tragfähigkeit gilt Abschnitt II-6.1.3 (2), wobei anstelle von 0,6 P_{Rd} die Grenzscherkraft P_{Rd} (siehe Abschnitt II-6.3.2.1 (1)) zu verwenden ist.

Fb 104, Kap. II, 6.1.4 (1)

Die Längsschubkräfte sollten mit den Berechnungsannahmen nach Abschnitt II-6.2 ermittelt werden.

Fb 104, Kap. II, 6.1.4 (2)

Ein örtliches Versagen des Betongurtes infolge der konzentrierten Lasteinleitung durch die Verbundmittel muss verhindert werden.

Fb 104, Kap. II, 6.1.4 (3) P

Wenn die konstruktive Ausbildung und die Bemessung der Verbundmittel in Übereinstimmung mit Abschnitt II-6.4 und die Bemessung der Querbewehrung in Übereinstimmung mit Abschnitt II-6.5 erfolgt, kann (3) P als erfüllt angesehen werden.

Fb 104, Kap. II, 6.1.4 (4)

Anmerkung:

Dies ist in dem Beispiel erfüllt.

9.1.5 Nachweis der Ermüdung basierend auf Spannungsschwingbreiten

Fb 104, Kap. II, 6.1.5

Für den Nachweis der Verbundmittel auf der Grundlage von schädigungsäquivalenten Spannungsschwingbreiten sind die Ermüdungslasten und die Teilsicherheitsbeiwerte γ_{Ff} nach Abschnitt II-4.9.2 zu verwenden.

Fb 104, Kap. II, 6.1.5 (1) P

Die Regelungen nach (3) bis (5) gelten für Kopfbolzendübel nach Abschnitt II-6.3.2. Für andere Arten von Verbundmitteln muss eine aus Versuchen hergeleitete Ermüdungsfestigkeitskurve vorliegen, die das Ermüdungsverhalten des Betons und des Verbundmittels berücksichtigt. Ermüdungsnachweise für andere Arten von Schweißverbindungen für Verbundmittel sollten in Übereinstimmung mit den Abschnitten II-9.5 und II-9.6 des DIN-Fachberichtes 103 geführt werden.

Fb 104, Kap. II, 6.1.5 (2)

Für Kopfbolzendübel sollte die auf eine Lastspielzahl von 2 Millionen bezogene schadensäquivalente Schubspannungsschwingbreite $\Delta\tau_{E,2}$ in Übereinstimmung mit Abschnitt II-9.4,1 des DIN-Fachberichtes 103 bestimmt werden. Bei der Bestim-

Fb 104, Kap. II, 6.1.5 (3)

mung des Anpassungsbeiwertes λ sollten die nachfolgenden, abweichenden Regelungen beachtet werden.

- Für Straßenbrücken ergibt sich der Anpassungsbeiwert zu $\lambda_v = \lambda_{v,1}\lambda_{v,2}\lambda_{v,3}\lambda_{v,4}$. Der Beiwert $\lambda_{v,1}$ darf für Straßenbrücken mit Stützweiten bis zu 100 m bei Verwendung von Kopfbolzendübeln mit $\lambda_{v,1} = 1{,}55$ angenommen werden. Die Beiwerte $\lambda_{v,2}$, $\lambda_{v,3}$ und $\lambda_{v,4}$ ergeben sich nach den Abschnitten II-9.5.2 (4) bis (7) des DIN-Fachberichtes 103, wobei anstelle der Exponenten 5 bzw. 1/5 die Exponenten 8 bzw. 1/8 verwendet werden sollten.

In Trägerbereichen, in denen im Stahl- und Betongurt unter der Einwirkungskombination nach den Abschnitten II-4.9.3 (2) und (3) Druckspannungen vorhanden sind, sollte der Nachweis der Ermüdung für Kopfbolzendübel mit der folgenden Bedingung geführt werden:

Fb 104, Kap. II, 6.1.5 (4)

$$\frac{\gamma_{Ff}\Delta\tau_{E,2}}{\Delta\tau_C / \gamma_{Mf,v}} \leq 1{,}0$$

Dabei ist:

$\Delta\tau_{E,2} = \lambda_v \phi \Delta\tau$, schädigungsäquivalente Schubspannungsschwingbreite bezogen auf zwei Millionen Lastwechsel mit λ_v nach (3). Die Spannungsschwingbreite $\Delta\tau$ infolge des Ermüdungslastmodells ist dabei mit der Querschnittsfläche des Bolzenschaftes zu bestimmen.

$\Delta\tau_C$ = 90 N/mm², der Bezugswert der Ermüdungsfestigkeit für $\Delta\tau_R$ bei $N_C = 2 \cdot 10^6$ Lastspielen, siehe Abschnitt II-6.3.3,

γ_{Ff} der Teilsicherheitsbeiwert nach Abschnitt II-9.3 (1) P des DIN-Fachberichtes 103 und

$\gamma_{Mf,v} = 1{,}25$,

ϕ dynamischer Beiwert nach Abschnitt II-4.9.4.1 (3).

In Trägerbereichen, in denen unter der Einwirkungskombination nach den Abschnitten II-4.9.3(2) und (3) Zugspannungen im Betongurt entstehen, sollte der Einfluss aus der Interaktion zwischen der Schubspannungsschwingbreite $\Delta\tau_{E,2}$ im Bolzenschaft des Dübels und der Normalspannungsschwingbreite $\Delta\sigma_{E,2}$ in

Fb 104, Kap. II, 6.1.5 (5)

der Schwerachse des Gurtes des Stahlträgers mit den nachfolgenden Bedingungen nachgewiesen werden.

$$\frac{\gamma_{Ff}\Delta\sigma_{E,2}}{\Delta\sigma_C / \gamma_{Mf,a}} + \frac{\gamma_{Ff}\Delta\tau_{E,2}}{\Delta\tau_C / \gamma_{Mf,v}} \leq 1{,}3$$

$$\frac{\gamma_{Ff}\Delta\sigma_{E,2}}{\Delta\sigma_C / \gamma_{Mf,a}} \leq 1{,}0 \quad \frac{\gamma_{Ff}\Delta\tau_{E,2}}{\Delta\tau_C / \gamma_{Mf,v}} \leq 1{,}0$$

Dabei ist:

$\Delta\tau_C$, γ_{Ff} und $\gamma_{Mf,v}$ in (4) definiert,

$\Delta\sigma_C$ = 80 N/mm², der Bezugswert der Ermüdungsfestigkeit für die maßgebende Kerbgruppe 80 nach den Abschnitten II-9.6 und II-Anhang L des DIN-Fachberichtes 103,

$\Delta\sigma_{E,2}$ die schädigungsäquivalente Spannungsschwingbreite $\Delta\sigma_{E,2}$ im Gurt des Stahlträgers nach den Abschnitten II-4.9.3 und II-4.9.4,

$\gamma_{Mf,a} = \gamma_{Mf}$ der Teilsicherheitsbeiwert für den Ermüdungswiderstand nach Abschnitt II-9.3 des DIN-Fachberichtes 103.

Die Nachweisgleichung (6.2) sollte jeweils für die Spannungsschwingbreiten max. $\Delta\sigma_{E,2}$ und zugehörig $\Delta\tau_{E,2}$ sowie für die Spannungsschwingbreiten max. $\Delta\tau_{E,2}$ und zugehörig $\Delta\sigma_{E,2}$ nachgewiesen werden.

Wenn bei der Ermittlung der Spannungsschwingbreiten die Einflüsse aus der Rissbildung, der Mitwirkung des Betons zwischen den Rissen und Einflüsse aus Überfestigkeiten bei der Betonzugfestigkeit auf die Normal- und Schubspannungen nicht genauer nachgewiesen werden, sollte der Interaktionsnachweis nach den Gleichungen (6.2) und (6.3) sowohl mit den Querschnittskenngrößen des reinen Zustand II (Flächenmoment zweiten Grades J_2 nach Abschnitt II-4.2.3 (2)) als auch mit den Querschnittskenngrößen des ungerissenen Querschnittes (Flächenmoment zweiten Grades J_1 nach Abschnitt II-4.2.3(2)) geführt werden.

Fb 104, Kap. II, 6.1.5 (6)

9.1.6 Bemessungssituationen während der Bauausführung

Fb 104, Kap. II, 6.1.6

Wenn während der Bauausführung die Verbundmittel vor Erreichen des Bemessungswertes der Festigkeit des Betons beansprucht werden, können sie als wirksam angesehen werden, wenn der sie umgebende Beton eine Zylinderdruckfestigkeit von mehr als 20 N/mm² besitzt.

Fb 104, Kap. II, 6.1.6 (1)

Anmerkung:

Die Ausbaulasten werden erst bei einer Zylinderdruckfestigkeit der von $f_{ck,t} \geq 20$ MN/m² aufgebracht.

9.2 Ermittlung der Längsschubkräfte

Fb 104, Kap. II, 6.2

9.2.1 Allgemeines

Fb 104, Kap. II, 6.2.1

Die Bemessungswerte der Längsschubkräfte $v_{L,Ed}$ in der Verbundfuge und im Betongurt sind im Grenzzustand der Tragfähigkeit und im Grenzzustand der Gebrauchstauglichkeit für Jede Einwirkungskombination und Laststellung mit den nachfolgenden Annahmen zu berechnen.

Fb 104, Kap. II, 6.2.1 (1) P

Die Längsschubkraft $v_{L,Ed}$ pro Längeneinheit in der Verbundfuge zwischen Stahl und Beton sollte im Grenzzustand der Tragfähigkeit mit Ausnahme der Regelungen nach Abschnitt II-6.2.2 mit Hilfe von elastischen Berechnungsverfahren aus der Änderung der Normalkräfte im Baustahl- oder Betonquerschnitt des Verbundquerschnittes ermittelt werden. Es darf von der Querkraftgrenzlinie des Trägers ausgegangen werden.

Fb 104, Kap. II, 6.2.1 (2)

Anmerkung:

Wegen der großen Verkehrslasten, insbesondere der hohen Achslasten gibt es keine eindeutige Querkraftgrenzlinie. Es wird eine vereinfachte Querkraftgrenzlinie zugrunde gelegt. Dabei werden die Extrema der Querkraft an den Feldenden verbunden.

In Trägerbereichen mit Rissbildung im Betongurt sollten im Grenzzustand der Tragfähigkeit außer Ermüdung die Einflüsse aus der Mitwirkung des Betons zwischen den Rissen und Überfestigkeiten bei der Betonzugfestigkeit berücksichtigt werden.

Fb 104, Kap. II, 6.2.1 (3)

Vereinfachend darf die Längsschubkraft pro Längeneinheit mit den Querschnittsgrößen des ungerissenen Querschnittes berechnet werden.

Für die Grenzzustände der Gebrauchstauglichkeit und Ermüdung sind die Längsschubkräfte im Allgemeinen unter der Annahme ungerissener Querschnitte zu ermitteln. Wenn bei Brücken der Anforderungsklassen D und E nach Abschnitt II-4.4.0.3 des DIN-Fachberichtes 102 im Grenzzustand der Gebrauchstauglichkeit der Einfluss der Rissbildung berücksichtigt wird, sollten die Längsschubkräfte unter Berücksichtigung der Mitwirkung des Betons zwischen den Rissen und mögliche Überfestigkeiten bei der Betonzugfestigkeit berechnet werden.

Fb 104, Kap. II, 6.2.1 (4)

Anmerkung:

Es wurde die Anforderungsklasse D zugrunde gelegt.

In Bereichen mit konzentrierter Einleitung von Längsschubkräften sollten die Einflüsse aus lokalem Schlupf in der Verbundfuge nach Abschnitt II-6.2.3 berücksichtigt werden.

Fb 104, Kap. II, 6.2.1 (5)

In Bereichen mit Querschnittsänderungen ergeben sich örtliche Längsschubkraftspitzen. Wenn keine genauere Berechnung durchgeführt wird, darf der Verlauf der durch die Querschnittsänderung verursachten Längsschubkraft $v_{L,Ed}$ nach Abschnitt II-6.2.3.2 angenommen werden, wobei $e_d = 0$ anzusetzen ist.

Fb 104, Kap. II, 6.2.1 (6)

Ermittlung der Längsschubkräfte:

$$v_{Sd,Ed} = \sum V_{z,Sd,Ed} \cdot \frac{S_{i,x}}{I_{i,x}}$$

$V_{z,Sd,Ed}$ Querkraft infolge der maßgebenden Einwirkungskombination im Grenzzustand der Tragfähigkeit bzw. der Gebrauchstauglichkeit

$I_{i,x}$ last- und zeitabhängiges Flächenmoment zweiten Grades

$S_{i,x}$ last- und zeitabhängiges statisches Moment in der Verbundfuge

$$S_{i,x} = [A_s + A_{i,c,x}] \cdot [z_{i,x}]$$

$z_{i,x}$ Abstand zwischen der last- und zeitabhängigen Schwerelinie des Verbundträgers und des Betonquerschnittes bzw. des Betonstahlquerschnittes

A_s Fläche der Bewehrung des Betons

$A_{i,c,x}$ last- und zeitabhängige Fläche des Betonquerschnitts

Die Ermittlung erfolgt am ungerissenen Verbundquerschnittquerschnitt im Feldbereich und an der Innenstütze.

a) Querschnitt im Feldbereich:

Da an der Stelle des maximalen Feldmomentes die Querkräfte V_{zk} vernachlässigbar klein sind, wird an dieser Stelle keine Längsschubkraft in den erforderlichen Lastfallkombinationen ermittelt.

$$v_{Sd,Ed} \approx 0$$

b) Stützenbereich:

Die Längsschubkraft wird für die maßgebende Lastfallkombination im Grenzzustand der Tragfähigkeit sowie für die nichthäufige Einwirkungskombination im Grenzzustand der Gebrauchstauglichkeit ermittelt.

Längsschubkraft im Grenzzustand der Tragfähigkeit:

Zum Zeitpunkt t_{28}:

Ermittlung des last- und zeitabhängigen statischen Momentes in der Verbundfuge:

$$S_{i,0} = (A_s + A_{i,c,0}) \cdot (z_{i,0} - z_{ic,is})$$

$$S_{i,0} = (140 + 1060{,}84) \cdot (35{,}93 - 15{,}00) = 25133{,}58 \text{ cm}^3$$

Verfasser : Planungsgemeinschaft h² Hochschule Magdeburg – Stendal (FH)	Proj. – Nr. 2100
Programm : C̃ Hochschule Anhalt (FH)	
Bauwerk : Straßenbrücke bei Cavertitz ASB Nr.: 4131635	Datum: 01.05.2003

Ermittlung der Längsschubkraft:

$$v_{Sd,max} = V_{Sd,v,EG} \cdot \frac{S_{l,0}}{I_{i,0}} + V_{Sd,v,Setz} \cdot \frac{S_{l,0}}{I_{i,0}} + V_{Sd,v,V} \cdot \frac{S_{l,0}}{I_{i,0}} + V_{Sd,v,Temp} \cdot \frac{S_{l,0}}{I_{i,0}}$$

$$v_{Sd,max} = V_{Sd,v} \cdot \frac{S_{l,0}}{I_{i,0}} = 1100{,}82 \cdot \frac{25133{,}58}{2728343} \cdot 100 = 1014{,}08 \text{ kN/m}$$

$V_{Sd,v}$ – auf den Verbundquerschnitt wirkende Querkraft, siehe Tabelle 16

Zum Zeitpunkt t_∞:

Ermittlung der last- und zeitabhängigen statischen Momente in der Verbundfuge:

$$S_{l,A} = (A_s + A_{c,i,A}) \cdot (z_{i,A} - z_{ic,is})$$

$$S_{l,A} = (140 + 309{,}01) \cdot (51{,}44 - 15{,}00) = 16361{,}92 \text{ cm}^3$$

$$S_{l,PT,28} = (A_s + A_{c,i,PT,28}) \cdot (z_{i,PT,28} - z_{ic,is})$$

$$S_{l,PT,28} = (140 + 560{,}65) \cdot (44{,}20 - 15{,}00) = 20458{,}98 \text{ cm}^3$$

$$S_{l,S} = (A_s + A_{c,i,S}) \cdot (z_{i,S} - z_{ic,is})$$

$$S_{l,S} = (140 + 398{,}75) \cdot (48{,}48 - 15{,}00) = 18037{,}35 \text{ cm}^3$$

Ermittlung der Längsschubkraft:

$$v_{Sd,max} = v_{Sd,v,EG} + v_{Sd,v,Setz} + v_{Sd,v,V} + v_{Sd,v,Temp} + v_{Sd,v,Schw} + v_{Sd,v,B}$$

$$v_{Sd,max} = V_{Sd,v,EG} \cdot \frac{S_{l,0}}{I_{i,0}} + V_{Sd,v,Setz} \cdot \frac{S_{l,A}}{I_{i,A}} + V_{Sd,v,V} \cdot \frac{S_{l,0}}{I_{i,0}} + V_{Sd,v,Temp} \cdot \frac{S_{l,0}}{I_{i,0}} + V_{Sd,v,Schw} \cdot \frac{S_{l,S}}{I_{i,S}} + V_{Sd,v,B} \cdot \frac{S_{l,PT,28}}{I_{i,PT,28}}$$

Längsschubkraft aus Restlasten:

$$v_{Sd,v,EG} = V_{Sd,v,EG} \cdot \frac{S_{l,0}}{I_{i,0}}$$

Bauteil : Verbundüberbau mit offenem Querschnitt, Walzträger	Archiv Nr.:
Block : Verbundsicherung Seite: **190**	
Vorgang :	

$$v_{Sd,v,EG} = 1{,}35 \cdot 109{,}10 \cdot \frac{25133{,}58}{2728343} \cdot 100 = 135{,}68 \ \text{kN/m}$$

$V_{Sd,v,EG}$ – auf den Verbundquerschnitt wirkendes Moment der ständigen Lasten, siehe Tabelle 16
$\gamma_G = 1{,}0$

Längsschubkraft aus Setzungen:

$$v_{Sd,v,Setz} = V_{Sd,v,Setz} \cdot \frac{S_{i,A}}{I_{i,A}}$$

$$v_{Sd,v,Setz} = 1{,}0 \cdot (-68{,}00) \cdot \frac{16361{,}92}{2098653} \cdot 100 = -53{,}02 \ \text{kN/m}$$

$\gamma_G = 1{,}0$

Längsschubkraft aus Verkehr:

$$v_{Sd,v,V} = V_{Sd,v,V} \cdot \frac{S_{i,0}}{I_{i,0}}$$

$$v_{Sd,v,V} = 1{,}5 \cdot (227{,}20 + 424{,}40) \cdot \frac{25133{,}58}{2728343} \cdot 100 = 900{,}38 \ \text{kN/m}$$

$\gamma_Q = 1{,}5$

Längsschubkraft aus Temperatur:

$$v_{Sd,v,Temp} = V_{Sd,v,Temp} \cdot \frac{S_{i,0}}{I_{i,0}}$$

$$v_{Sd,v,Temp} = 1{,}5 \cdot 0{,}6 \cdot 60{,}70 \cdot \frac{25133{,}58}{2728343} \cdot 100 = 50{,}33 \ \text{kN/m}$$

$\gamma_Q = 1{,}5$

Längsschubkraft aus Schwinden:

$$v_{Sd,v,Schw} = V_{Sd,v,Schw} \cdot \frac{S_{i,S}}{I_{i,S}}$$

$$v_{Sd,v,Schw} = 1{,}0 \cdot 64{,}30 \cdot \frac{18037{,}35}{2214869} \cdot 100 = 52{,}36 \ \text{kN/m}$$

$\gamma_G = 1{,}0$

Längsschubkraft aus dem Kriechen infolge Restlasten:

$$v_{Sd,v,B} = V_{Sd,v,B} \cdot \frac{S_{i,PT,28}}{I_{i,PT,28}}$$

$$v_{Sd,v,B} = 1{,}0 \cdot 1{,}50 \cdot \frac{20458{,}98}{2385259} \cdot 100 = 1{,}29 \text{ kN/m} \qquad \gamma_G = 1{,}0$$

Maximale Längsschubkraft an der Innenstütze:

$$v_{Sd,max} = 135{,}68 - 53{,}02 + 900{,}38 + 50{,}33 + 52{,}36 + 1{,}29$$

$$v_{Sd,max} = 1087{,}02 \text{ kN/m}$$

<u>Längsschubkraft im Grenzzustand der Gebrauchstauglichkeit:</u>

Nicht-häufige Lastfallkombination:

Zum Zeitpunkt t_{28}:

Ermittlung der Längsschubkraft:

$$v_{Ed,max} = V_{Ed,v,EG} \cdot \frac{S_{i,0}}{I_{i,0}} + V_{Ed,v,Setz} \cdot \frac{S_{i,0}}{I_{i,0}} + V_{Ed,v,T+V,max} \cdot \frac{S_{i,0}}{I_{i,0}}$$

$$v_{Ed,max} = V_{Ed,v,max} \cdot \frac{S_{i,0}}{I_{i,0}} = 627{,}50 \cdot \frac{25133{,}58}{2728343} \cdot 100 = 578{,}06 \text{ kN/m}$$

Zum Zeitpunkt t_∞:

Ermittlung der Längsschubkraft:

$$v_{Ed,max} = v_{Ed,v,EG} + v_{Ed,v,Setz} + v_{Ed,v,T+V} + v_{Ed,v,Schw} + v_{Ed,v,B}$$

$$v_{Ed,max} = V_{Ed,v,EG} \cdot \frac{S_{i,0}}{I_{i,0}} + V_{Ed,v,Setz} \cdot \frac{S_{i,A}}{I_{i,A}} + V_{Ed,v,T+V} \cdot \frac{S_{i,0}}{I_{i,0}} + V_{Ed,v,Schw} \cdot \frac{S_{i,S}}{I_{i,S}} + V_{Ed,v,B} \cdot \frac{S_{i,PT,28}}{I_{i,PT,28}}$$

Längsschubkraft aus Restlasten:

$$v_{Ed,v,EG} = V_{Ed,v,EG} \cdot \frac{S_{i,0}}{I_{i,0}}$$

$$v_{Ed,v,EG} = 109{,}10 \cdot \frac{25133{,}58}{2728343} \cdot 100 = 100{,}50 \text{ kN/m}$$

Längsschubkraft aus Setzungen:

$$v_{Ed,v,Setz} = V_{Ed,v,Setz} \cdot \frac{S_{i,A}}{I_{i,A}}$$

$$v_{Ed,v,Setz} = -34{,}00 \cdot \frac{16361{,}92}{2098653} \cdot 100 = -26{,}51 \text{ kN/m}$$

Längsschubkraft aus Temperatur und Verkehr:

$$v_{Ed,v,T+V} = V_{Ed,v,T+V} \cdot \frac{S_{i,0}}{I_{i,0}}$$

$$v_{Ed,v,T+V} = 557{,}70 \cdot \frac{25133{,}58}{2728343} \cdot 100 = 513{,}76 \text{ kN/m}$$

Längsschubkraft aus Schwinden:

$$v_{Ed,v,Schw} = V_{Ed,v,Schw} \cdot \frac{S_{i,S}}{I_{i,S}}$$

$$v_{Ed,v,Schw} = 64{,}30 \cdot \frac{18037{,}35}{2214869} \cdot 100 = 52{,}36 \text{ kN/m}$$

Längsschubkraft aus Kriechen infolge Restlasten:

$$v_{Ed,v,B} = V_{Ed,v,B} \cdot \frac{S_{i,PT,28}}{I_{i,PT,28}}$$

$$v_{Ed,v,B} = 1{,}50 \cdot \frac{20458{,}98}{2385259} \cdot 100 = 1{,}29 \text{ kN/m}$$

Maximale Längsschubkraft an der Innenstütze:

$$v_{Ed,max} = 100{,}50 - 26{,}51 + 513{,}76 + 52{,}36 + 1{,}29$$

$$v_{Ed,max} = 641{,}40 \text{ kN/m}$$

9.2.2 Grenzzustände der Tragfähigkeit mit Ausnahme der Ermüdung für Träger mit Querschnitten der Klassen 1 und 2

Fb 104, Kap. II, 6.2.2

Anmerkung:

Ist bei Querschnitten der Klasse 1 und 2, das Bemessungsmoment größer als das elastische Grenzmoment, muss dies bei der Verteilung der Verbundmittel berücksichtigt werden.

Wenn bei Trägern mit Querschnitten der Klassen 1 und 2 nach Abschnitt II-4.3 der Bemessungswert des Biegemomentes M_{ED} das elastische Grenzmoment $M_{eL,Rd}$ überschreitet, ist in Trägerbereichen mit $M_{Ed} > M_{eL,Rd}$ der nichtlineare Zusammenhang zwischen Querkraft V_{Ed} und Längsschubkraft $v_{L,Ed}$ zu berücksichtigen.

Fb 104, Kap. II, 6.2.2 (1)

Das elastische Grenzmoment darf nach Gleichung 6.4 den DIN-Fachberichtes 104 berechnet werden.

Fb 104, Kap. II, 6.2.2 (2)

$$M_{eL,Rd} = M_{a,Ed} + k\, M_{c,Ed}$$

Dabei ist:

$M_{a,Ed}$ das auf den Baustahlquerschnitt wirkende Bemessungsmoment

$M_{c,Ed}$ das auf den Verbundquerschnitt wirkende Bemessungsmoment

k der kleinste Faktor $(k < 1{,}0)$, der sich aus den für die jeweiligen Randfasern des Querschnittes maßgebenden Grenzspannungen nach Abschnitt II-4.4.1.4 ergibt

Wenn kein genauer Nachweis geführt wird, sollte in Trägerbereichen, in denen sich der Betongurt in der Druckzone befindet, zur Berücksichtigung des nichtlinearen Verhaltens die resultierende Längsschubkraft $v_{L,Ed}$ im Bereich L_{A-B} (siehe Bild 6.2 (a)) aus der Differenz der Normalkräfte $N_{c,Ed}$ und $N_{c,eL}$ berechnet werden. Die Verbundmittel dürfen in diesem Bereich äquidistant angeordnet werden.

Fb 104, Kap. II, 6.2.2 (3)

Wenn das Bemessungsmoment $M_{Ed,max}$ kleiner als das vollplastische Grenzmoment $M_{pl,Rd}$ ist, darf die Normalkraft des Betongurtes nach Bild 6.2 (b) und Gleichung (6.5) ermittelt werden.

Fb 104, Kap. II, 6.2.2 (4)

$$N_{c,Ed} = N_{c,el} + \frac{M_{Ed,max} - M_{el,Rd}}{M_{pl,Rd} - M_{el,Rd}}(N_{cf} - N_{c,el})$$

für $M_{el,Rd} < M_{Ed,max} < M_{pl,Rd}$

Dabei ist:

$M_{eL,Rd}$ und $M_{pL,Rd}$ das elastische bzw. vollplastische Grenzmoment des Querschnittes

$N_{c,el}$ die Normalkraft des Betongurtes bei Erreichen des elastischen Grenzmomentes

$N_{c,f}$ die Normalkraft des Betongurtes bei Erreichen des vollplastischen Grenzmomentes $M_{pL,Rd}$

$N_{c,Ed}$ der Bemessungswert der Normalkraft des Betongurtes infolge des Momentes $M_{Ed,max}$

9.2.3 Konzentrierte Längsschubkräfte an Trägerenden und Betonierabschnittsgrenzen

Fb 104, Kap. II, 6.2.4

Konzentrierte Längsschubkräfte an Trägerenden und an Betonierabschnittsgrenzen infolge von primären Beanspruchungen aus Schwinden und klimatischen Temperatureinwirkungen sowie die zusätzlichen Längsschubkräfte aus planmäßiger Momenten- und Normalkraftbeanspruchung an Betonierabschnittsgrenzen müssen, falls sie ungünstig wirken, berücksichtigt werden.

Fb 104, Kap. II, 6.2.4 (1) P

Anmerkung:

Bei dem gewählten statischen System werden konzentrierte Längsschubkräfte an den Überbauenden sowie im Abstand von $0,15\,L_i$ von der Innenstütze eingeleitet.

Der Verlauf der Längsschubkraft $v_{L,Ed}$ pro Längeneinheit darf an freien Trägerenden und an Betonierabschnittsgrenzen nach Bild 6.4 angenommen werden. Der Maximalwert der Längsschubkraft $v_{L,Ed,max}$ ergibt sich zu:

Fb 104, Kap. II, 6.2.4 (2)

$$v_{L,Ed,max} = 2 \cdot v_{l,Ed} / b_{eff}$$

Hierbei ist b_{eff} die bei der Schnittgrößenermittlung zugrunde gelegte mittragende Gurtbreite nach Abschnitt II-4.2.2.1.

Anmerkung: Konzentrierte Endschubkräfte aus klimatischen Temperatureinwirkungen sind nur bei Verwendung von Leichtbeton zu berücksichtigen. Ferner ist ein Nachweis erforderlich, wenn nach Abschnitt II-3.1.3 die Auswirkungen aus dem Abfließen der Hydratationswärme berücksichtigt werden müssen.

Wenn die Einflüsse aus dem Schwinden für Bauzustände (Betonierabschnittsgrenzen) untersucht werden, sollte die mittragende Breite b_{eff} zur Bestimmung der Länge L_v für eine äquivalente Stützweite ermittelt werden, die sich aus der Länge des im betrachteten Feldes bereits verdübelten Betongurtes ergibt.

Fb 104, Kap. II, 6.2.4 (3)

9.3 Tragfähigkeit der Verbundmittel

Fb 104, Kap. II, 6.3

9.3.1 Allgemeines

Fb 104, Kap. II, 6.3.1

Die Regelungen dieses Abschnittes gelten für Betongurte ohne Vouten und für Betongurte mit Vouten nach Abschnitt II-6.4.5.

Fb 104, Kap. II, 6.3.1 (1)

<u>Anmerkung:</u>

In dem vorliegenden Beispiel sind keine Vouten vorhanden.

Der charakteristische Wert der Tragfähigkeit P_{Rk} eines Verbundmittels sollte mit der entsprechenden Beziehung für den Bemessungswert der Tragfähigkeit P_{Rd} (Grenzscherkraft) unter Ansatz eines Teilsicherheitsbeiwertes von 1,0 berechnet werden.

Fb 104, Kap. II, 6.3.1 (2)

<u>Anmerkung:</u>

Der charakteristische Wert P_{Rk} wird für die Bemessung nicht benötigt.

9.3.2 Grenzscherkraft der Kopfbolzendübel

Fb 104, Kap. II, 6.3.2

<u>Ermittlung der Grenzscherkraft eines Kopfbolzendübels:</u>

Die Grenzscherkraft des Kopfbolzendübels P_{Rd} ergibt sich aus dem jeweils kleineren Wert der nachfolgenden Gleichungen:

Fb 104, Kap. II, 6.3.2.1 (1)

$$P_{Rd,1} = 0{,}8 \cdot f_u \cdot \left(\frac{\pi \cdot d^2}{4}\right) \cdot \frac{1}{\gamma_v}$$

$$P_{Rd,1} = 0{,}25 \cdot \alpha \cdot d^2 \cdot \sqrt{f_{ck} \cdot E_{cm}} \cdot \frac{1}{\gamma_v}$$

d Schaftdurchmesser des Bolzens

f_u spezifizierte Zugfestigkeit des Bolzenmaterials, die jedoch höchstens mit 450 N/mm² in Rechnung gestellt werden darf

f_{ck} charakteristischer Wert der Zylinderdruckfestigkeit des Betons im entsprechenden Alter

E_{cm} Nennwert des Sekantenmoduls des Betons nach Abschnitt II-3.1.5.2 (2), Tab. 3.2 des Fachberichtes 102

γ_v Teilsicherheitsbeiwert im Grenzzustand der Tragfähigkeit, $\gamma_v = 1{,}25$

h Gesamthöhe des Bolzens nach dem Aufschweißen

$\alpha \quad = 0{,}2 \cdot [(h/d)+1] \quad$ für $3 \leq \dfrac{h}{d} \leq 4$,

$ \quad = 1{,}0 \quad$ für $\dfrac{h}{d} > 4$

gewählte Kopfbolzendübel:

$d = 22$ mm $\quad h = 125$ mm

mit einer Bolzenzugfestigkeit $f_u = 450$ N/mm².

$\alpha = 1{,}0 \quad$ für $125 / 22 = 5{,}7 > 4$

$$P_{Rd,1} = 0{,}8 \cdot 45{,}0 \cdot \left(\frac{\pi \cdot 2{,}2^2}{4}\right) \cdot \frac{1}{1{,}25} = 109{,}49 \text{ kN}$$

$$P_{Rd,2} = 0{,}25 \cdot 1{,}0 \cdot 2{,}2^2 \cdot \sqrt{3{,}5 \cdot 3330} \cdot \frac{1}{1{,}25} = 104{,}50 \text{ kN}$$

$P_{Rd} = \min(P_{Rd,1}; P_{Rd,2}) = 104{,}50$ kN

9.3.3 Einfluss von Zugkräften auf die Grenzscherkraft

Fb 104, Kap. II, 6.3.2.2

Werden Kopfbolzendübel neben Längsschubkräften zusätzlich planmäßig durch Zugkräfte beansprucht, sollte deren Einfluss auf die Grenzscherkraft berücksichtigt werden. Wenn der Bemessungswert der einwirkenden Zugkraft pro Dübel $F_{t,Ed}$ den

Fb 104, Kap. II, 6.3.2.2 (1)

Wert 0,1 P_{Rd} nicht überschreitet, darf der Einfluss der Zugkraft auf die Grenzscherkraft P_{Rd} nach Abschnitt II-6.3.2.1 vernachlässigt werden.

Anmerkung:

Planmäßige Zugkräfte werden nicht eingeleitet.

Wenn $F_{t,Ed}$ größer als 0,1 P_{Rd} ist, sollte die Tragfähigkeit der Verbundmittel durch Versuche nachgewiesen werden.

Fb 104, Kap. II, 6.3.2.2 (2)

Ergeben sich bei Tragwerken z.B. infolge der Querverteilung der Einwirkungen Zugkräfte $F_{t,Ed}$ in der Verbundfuge, so sollte ein Nachweis der Einleitung in die Fahrbahnplatte geführt werden. Ein Nachweis kann für Straßenbrücken entfallen, wenn Kopfbolzendübel mit $h > 125$ mm verwendet werden und die im Grenzzustand der Tragfähigkeit auftretenden Zugkräfte den 0,1fachen Wert der Grenzscherkraft P_{Rd} nach Abschnitt II-6.3.2.1 nicht überschreiten.

Fb 104, Kap. II, 6.3.2.2 (3)

Anmerkung:

Im Bereich der Lagerquerträger werden Kopfbolzendübel mit $h = 125$ mm verwendet.
Außerhalb dieser Bereiche werden wegen der geringeren Torsionssteifigkeit der Stahlträger keine nennenswerten Zugkräfte eingeleitet.

9.3.4 Beanspruchbarkeit von Kopfbolzendübeln in Vollbetonplatten bei Ermüdung

Fb 104, Kap. II, 6.3.3

Dieser Abschnitt ist nur bei geschweißten Kopfbolzendübeln anwendbar, für die der Nachweis der Gebrauchstauglichkeit nach Abschnitt II-6.1.3 (2) erfüllt ist.

Fb 104, Kap. II, 6.3.3 (1)

Die Ermüdungsfestigkeitskurve eines automatisch aufgeschweißten Kopfbolzendübels mit einem normalen Schweißwulst wird bei Verwendung von Normalbeton wie folgt definiert siehe Bild 6.6 des Fachberichtes 104:

Fb 104, Kap. II, 6.3.3 (2)

$$(\Delta\tau_R)^m N = (\Delta\tau_C)^m N_C.$$

Es bedeuten:

$\Delta\tau_R$ Ermüdungsfestigkeit für die Schubspannung im Bolzenschaft,

$\Delta\tau_C$ Grenzwert der Ermüdungsfestigkeit bei zwei Millionen Spannungsspielen,

m Neigung der Ermüdungsfestigkeitskurven mit $m = 8$ für Kopfbolzendübel,

N Anzahl der Spannungsspiele,

N_c Anzahl der Spannungsspiele, bei der der Grenzwert der Ermüdungsfestigkeit $\Delta\tau_C$ definiert ist.

Die Ermüdungsfestigkeit $\Delta\tau_R$ ergibt sich mit dem Ermüdungswiderstand des Bolzens zu:

$$\Delta\tau_R = 4 \cdot \Delta P_{R,f} / (\pi d^2).$$

Dabei ist:

$\Delta P_{R,f}$ der Ermüdungswiderstand eines Bolzendübels,

d der Nennwert des Dübeldurchmessers.

Anmerkung:

Dem Ermüdungsnachweis der Kopfbolzen liegt der – konstante – Wert der Ermüdungsfestigkeit bei zwei Millionen Spannungsspielen $\Delta\tau_c = 90$ N/mm² zugrunde.
Der Wert der Ermüdungsfestigkeit für die Schubspannung im Bolzenschaft $\Delta\tau_R$ wird damit nicht benötigt.

9.4 Bauliche Durchbildung der Verdübelung bei Kopfbolzendübeln

Fb 104, Kap. II, 6.4

9.4.1 Abmessungen von Kopfbolzendübeln

Fb 104, Kap. II, 6.4.1

Die Abmessungen von Kopfbolzendübeln sowie die des Schweißwulstes sollten in Übereinstimmung mit DIN EN ISO 13918:1998 sein.

Fb 104, Kap. II, 6.4.1 (1)

Die Gesamthöhe eines Dübels sollte nicht kleiner als der 3fache Schaftdurchmesser des Dübels sein.

Fb 104, Kap. II, 6.4.1 (2)

Werden die Dübel nicht direkt über dem Steg des Stahlprofils angeordnet, so sollte der Durchmesser des Dübels den 2,5fachen Wert der Flanschdicke des Stahlträgers oder der Dicke des Bleches, auf das der Dübel geschweißt wird, nicht überschreiten. Bei Ermüdungsbeanspruchung sollte für Gurte mit Zugbeanspruchungen der 1,5fache Wert eingehalten werden. Dies gilt auch für Dübel, die direkt über dem Steg angeordnet werden, wenn zur Beurteilung der Ermüdungsfestigkeit keine Versuche vorliegen.

Fb 104, Kap. II, 6.4.1 (3)

9.4.2 Sicherung gegen Abheben der Betonplatte

Fb 104, Kap. II, 6.4.2

Die wirksame Fläche eines Verankerungselementes - dies ist die Unterseite des Kopfes bei Kopfbolzendübeln - sollte mindestens 30 mm über der unteren Bewehrung des Betongurtes liegen, siehe Bild 6.7(b) des DIN-Fachberichtes 104.

Fb 104, Kap. II, 6.4.2 (1)

9.4.3 Betondeckung und Verdichtung des Betons

Fb 104, Kap. II, 6.4.3

Die Dübel sind im Detail so auszubilden, dass eine einwandfreie Verdichtung des Betons im Fußbereich gewährleistet ist.

Fb 104, Kap. II, 6.4.3 (1) P

Die Betondeckung von Dübeln sollte die Anforderungen für die Bewehrung nach Abschnitt II-4.1.3.3 des DIN-Fachberichtes 102 erfüllen.

Fb 104, Kap. II, 6.4.3 (3)

<u>Anmerkung:</u>

Es gelten die gleichen Forderungen wie für Betonstahl.

9.4.4 Örtliche Bewehrung der Betonplatte

Fb 104, Kap. II, 6.4.4

Verläuft die Verbundfuge parallel zu einem freien Rand der Betonplatte, so ist eine Querbewehrung nach Abschnitt II-6.5 des DIN-Fachberichtes 104 anzuordnen, die zwischen dem freien Rand des Betongurtes und der angrenzenden Dübelreihe voll zu verankern ist (siehe Abschnitt II-6.5.3).

Fb 104, Kap. II, 6.4.4 (1) P

Am Ende eines Kragarmes ist eine ausreichende örtliche Querbewehrung zur Einleitung der Längsschubkräfte in die Längsbewehrung anzuordnen.

Fb 104, Kap. II, 6.4.4 (2) P

Anmerkung:

Die angeordnete Längs- und Querbewehrung ist ausreichend, da der Abstand zwischen dem freien Betonrand und der benachbarten Dübelreihe größer als 300 mm ist.

Fb 104, Kap. II, 6.5.3 (1)

9.4.5 Dübelabstände

Fb 104, Kap. II, 6.4.6

Der Achsabstand der Dübel in Richtung der Längsschubkraft sollte nicht kleiner als $5d$ sein. Rechtwinklig zur Richtung der Schubkraft sollte der Achsabstand bei Vouten mit einem Neigungswinkel von mehr als 30° nicht kleiner als $4d$ und in allen anderen Fällen nicht kleiner als $2,5d$ sein.

Fb 104, Kap. II, 6.4.6 (1)

Der maximale Achsabstand der Dübel in Längsrichtung sollte nicht größer als die 4fache Betonplattendicke bzw. nicht größer als 800 mm sein.

Fb 104, Kap. II, 6.4.6 (2)

Wenn bei der Bemessung angenommen wird, dass ein örtliches Stabilitätsversagen des Stahl- oder Betonteils durch die Verdübelung verhindert wird, ist der Abstand der Dübel ausreichend eng zu wählen, so dass die getroffene Voraussetzung erfüllt ist.

Fb 104, Kap. II, 6.4.6 (3)

Anmerkung:

Eine solche Annahme wurde nicht getroffen.

Wird der Druckgurt eines Stahlträgers, der normalerweise in eine höhere Klasse einzustufen wäre, wegen des günstigen Einflusses der Verdübelung mit dem Betongurt auf das örtliche Stabilitätsverhalten in eine günstigere Klasse eingestuft, so sollten die nachfolgend angegebenen Achsabstände der Dübel in Abhängigkeit von der Gurtdicke t und ε nach Tabelle 6.1 des DIN-Fachberichtes 104 nicht überschritten werden.

Fb 104, Kap. II, 6.4.6 (4)

- Der Achsabstand der Verbundmittel in Richtung der Druckbeanspruchung sollte den Grenzwert $22t\varepsilon$ nicht überschreiten.

- Der lichte Abstand zwischen der Außenkante des Druckflansches und der äußeren Dübelreihe sollte den kleineren Wert der beiden Werte 100 mm oder $9t\varepsilon$ nicht überschreiten.

Alternativ dürfen Dübelgruppen in Abständen angeordnet werden, die die Grenzwerte für die Einzeldübel überschreiten, wenn folgende Einflüsse berücksichtigt werden:

Fb 104, Kap. II, 6.4.6 (5)

- ungleichmäßige Übertragung der Längsschubkräfte

- größere Möglichkeit des Auftretens von Schlupf und abhebenden Kräften zwischen Betongurt und Stahlträger

- örtliches Beulen des Stahlflansches

- Reduktion der Dübeltragfähigkeit und der örtlichen Tragfähigkeit des Betongurtes, hervorgerufen durch die konzentrierte Krafteinleitung der Dübelkräfte

Anmerkung: Weitere Regelungen für die Anordnung von Dübeln bei Verbundplatten sind in Abschnitt II-7.4 des DIN-Fachberichtes 104 angegeben.

9.4.6 Abmessungen des Stahlflansches

Fb 104, Kap. II, 6.4.7

Die Dicke des Bleches bzw. des Stahlflansches ist so zu wählen, dass eine einwandfreie Schweißung und eine ordnungsgemäße Einleitung der Dübelkraft in den Stahlflansch ohne örtliche Überbeanspruchungen oder übermäßige Verformungen sichergestellt ist.

Fb 104, Kap. II, 6.4.7 (1) P

Der Abstand e_D zwischen der Außenkante des Dübels und dem Rand des Flansches sollte nicht kleiner als 25 mm sein (siehe Bild 6.7 (a) des DIN-Fachberichtes 104).

Fb 104, Kap. II, 6.4.7 (2)

9.4.7 Konstruktive Ausbildung der Anschlüsse von Querrahmen und Quersteifen

Fb 104, Kap. II, 6.4.8

Bei Querrahmen darf auf einen rechnerischen Nachweis der Einspannwirkung verzichtet werden, wenn die konstruktive Ausbildung nach Bild 6.8 des DIN-Fachberichtes 104 erfolgt und bei der Bemessung der Querrahmen eine gelenkige Lagerung zwischen Fahrbahn und Querrahmen angenommen wird. Die Naht zwischen dem Gurt der Steife und dem Obergurt des Trägers ist bei Straßenbrücken als HV bzw. DHY-Naht mit $\sum a_w = t_g$ und bei Eisenbahnbrücken als HV bzw. DHV-Naht auszuführen. Hierbei ist t_g die Dicke des Steifengurtes nach Bild 6.8 des DIN-Fachberichts 104. Einspannwirkungen zwischen Fahrbahnplatte und Stahltragwerk, die beim Standsicherheitsnachweis günstig wirkend angesetzt werden, sind rechnerisch nachzuweisen.

Fb 104, Kap. II, 6.4.8 (1)

Bei Quersteifen darf ein rechnerischer Nachweis der Einspannwirkung in die Fahrbahnplatte entfallen, wenn eine konstruktive Ausbildung nach Bild 6.9 des DIN-Fachberichtes 104 erfolgt. Die Naht zwischen Steife und Obergurt ist bei Straßenbrücken als HV bzw. DHY-Naht mit $\sum a_w = t_{st}$ und bei Eisenbahnbrücken als HV bzw. DHV-Naht auszuführen. Hierbei ist t_{st} die Dicke der Steife nach Bild 6.9 des DIN-Fachberichtes 104.

Fb 104, Kap. II, 6.4.8 (2)

Anmerkung:

Die Konstruktion wird nach den o.g. Beschreibungen ausgeführt. Dies wird für Verbundbrücken den Regelfall darstellen.

9.5 Längsschubtragfähigkeit des Betongurtes

Fb 104, Kap. II, 6.5

9.5.1 Nachweis der Längsschubkrafttragfähigkeit

Fb 104, Kap. II, 6.5.1

Die Querbewehrung und der Betongurt sind für den Grenzzustand der Tragfähigkeit so zu bemessen, dass ein frühzeitiges Versagen infolge Längsschub und örtlicher Lasteinleitung vermieden wird.

Fb 104, Kap. II, 6.5.1 (1) P

Der Bemessungswert der einwirkenden Längsschubkraft $v_{l,Ed}$ pro Längeneinheit muss in den für das Längsschubversagen maßgebenden Schnitten nach Bild 6.10 des DIN-Fachberichtes 104 kleiner als die Längsschubtragfähigkeit $v_{L,Rd}$ in dem jeweils betrachteten Schnitt sein.

Fb 104, Kap. II, 6.5.1 (2) P

Die Querbewehrung sollte in Längsrichtung nach der Dübelverteilung abgestuft werden.

Fb 104, Kap. II, 6.5.1 (3)

Anmerkung:

Der Größtwert des Stababstandes der Querbewehrung ist zu beachten.

Für den jeweils maßgebenden Schnitt sollte der Bemessungswert der einwirkenden Längsschubkraft $v_{L,Ed}$ nach Abschnitt II-6.2 des DIN-Fachberichtes 104 unter Beachtung der Abschnitte II-6.1.3 und II-6.1.4 bestimmt werden.

Fb 104, Kap. II, 6.5.1 (4)

Der Bemessungswert der Längsschubtragfähigkeit des Betongurtes $v_{L,Rd}$ sollte in den maßgebenden Schnitten nach Bild 6.10 in Übereinstimmung mit den Regelungen des Abschnittes II-4.3.2.5 des DIN-Fachberichtes 102 ermittelt werden. Bei der Ermittlung der Längsschubkrafttragfähigkeit in der Dübelumrissfläche ist bei den Nachweisen nach Abschnitt II-4.3.2.5 des DIN-Fachberichtes 102 die Gurtdicke h_f durch die Länge L_v der Dübelumrissfläche nach (6) zu ersetzen.

Fb 104, Kap. II, 6.5.1 (5)

Die Länge L_v des maßgebenden Schnittes b-b nach Bild 6.10 des DIN-Fachberichtes 104 ergibt sich bei einreihigen bzw. bei versetzt angeordneten Dübeln aus dem 2fachen Wert der Dübelhöhe zuzüglich des Kopfdurchmessers des Dübels. Bei mehrreihiger Dübelanordnung resultiert die Länge L_v des Schnittes b-b aus $2h + s_t$ zuzüglich des Kopfdurchmessers ei-

Fb 104, Kap. II, 6.5.1 (6)

nes Dübels, wobei h die Höhe des Dübels und s_t der Achsabstand der äußeren Dübel in Querrichtung ist.

Bei der Ermittlung von $v_{L,Ed}$ darf der Verlauf der Längsschubkraft in Querrichtung des Betongurtes berücksichtigt werden.
Fb 104, Kap. II, 6.5.1 (7)

Bei gleichzeitiger Beanspruchung durch Längsschubkräfte und Querbiegung sind die Regelungen nach Abschnitt II-4.3.2.5(4)*P des DIN-Fachberichtes 102 zu beachten.
Fb 104, Kap. II, 6.5.1 (8)

Bei der Ermittlung der Längsschubkrafttragfähigkeit in Fugen von teilweise vorgefertigten Betongurten sollte Kapitel IV des DIN-Fachberichtes 102 beachtet werden.
Fb 104, Kap. II, 6.5.1 (9)

9.5.2 Mindestbewehrung in Querrichtung
Fb 104, Kap. II, 6.5.2

Für die Mindestbewehrung in Querrichtung gilt Abschnitt II-5.4.2.2 des DIN-Fachberichtes 102.
Fb 104, Kap. II, 6.5.2 (1)

9.5.3 Längsrissbildung
Fb 104, Kap. II, 6.5.3

Ist bei Verbundträgern der Abstand zwischen dem freien Betonrand und der benachbarten Dübelreihe kleiner als 300 mm, so ist die untere Querbewehrung nach den Abschnitten II-6.4.2 und II-6.5.1 des DIN-Fachberichtes 104 mit möglichst tief liegenden Schlaufen auszuführen, die um die Dübel greifen. Bei Verwendung von Kopfbolzendübeln sollte der Abstand zwischen dem freien Betonrand und der Achse des nächstliegenden Dübels nicht kleiner als der 6fache Schaftdurchmesser d des Dübels sein. Der Durchmesser der Schlaufenbewehrung sollte mindestens $0{,}5d$ betragen.
Fb 104, Kap. II, 6.5.3 (1)

9.6 Erforderliche Dübelanzahl und deren Verteilung

Im Folgenden werden beispielhaft die Anzahl und Verteilung der Kopfbolzendübel für die Orte des maximalen Momentes im Feld (Feldbereich) und dem Bereich an der Innenstütze (Stützbereich) ermittelt.

9.6.1 Grenzzustand der Tragfähigkeit

9.6.1.1 Feldbereich

Da an der Stelle des maximalen Feldmomentes die Querkräfte V_{zk} vernachlässigbar klein sind, so ist auch die Längsschubkraft vernachlässigbar klein. Es gilt näherungsweise:

$$v_{Sd,Ed} \approx 0$$

Prüfung des nichtlinearen Zusammenhanges zwischen der Querkraft und Längsschubkraft:

Wenn bei Trägern mit Querschnitten der Klassen 1 und 2 der Bemessungswert des Biegemomentes das elastische Grenzmoment überschreitet, ist der nichtlineare Zusammenhang zwischen Querkraft und Längsschubkraft zu berücksichtigen.

Fb 104, Kap. II, 6.2.2 (1)

Maßgebender Zeitpunkt t_{28}:

$$M_{sd} = 4664{,}03 \text{ kNm}$$

Berechnung des elastischen Grenzmomentes:

$$M_{el,Rd} = M_{Sd,a} + k \cdot M_{Sd,v}$$

Fb 104, Kap. II, 6.2.2 (2), Gl. 6.4

Spannungen an Unterkante Stahlträgeruntergurt

Zulässige Spannung:

$$\sigma_{a,fl,u}^{t=0} = \frac{f_{yk}}{\gamma_a} = \frac{35{,}5}{1{,}0} = 35{,}5 \text{ kN/cm}^2$$

Vorhandene Spannung:

$$\sigma_{a,fl,u}^{t=0} = \frac{M_{sd,a}}{W_{a,fl,u}} + \frac{M_{sd,v}}{W_{a,fl,u}^{(I_{i,0})}} = \frac{64506}{19948} + \frac{401897}{29297} = 3{,}23 + 13{,}72$$

$$\sigma_{a,fl,u}^{t=0} = 16{,}95 \text{ kN/cm}^2$$

Zulässige Spannung in Abhängigkeit des Wertes k

$$\sigma_{a,fl,u}^{t=0} = 35{,}5 = 3{,}23 + k \cdot 13{,}72$$

$$k = \frac{35{,}5 - 3{,}23}{13{,}72} = 2{,}35$$

$$M_{el,Rd} = 645{,}06 + 2{,}35 \cdot 4018{,}97 = 10089{,}64 \text{ kNm}$$

Nachweisbedingung:

$$M_{sd} = 4664{,}03 < M_{el,Rd} = 10089{,}64 \quad \text{oder} \quad k = 2{,}35 > 1{,}0$$

Der Träger in Feldbereich weist damit kein plastisches Verhalten auf. Damit ist kein Zusammenhang zwischen Längsschubkraft und Querkraft in diesem Trägerbereich zu berücksichtigen.

Somit werden die Dübel unter den konstruktiven Erfordernissen gewählt.

9.6.1.2 Stützbereich

Maßgebender Zeitpunkt t_∞:

$$v_{sd} = 1087{,}02 \text{ kN/m}$$

$$n_{erf} = \frac{v_{sd}}{P_{Rd}} = \frac{1087{,}02}{104{,}50} = 10{,}4 \text{ Dübel/m}$$

9.6.2 Grenzzustand der Gebrauchstauglichkeit

9.6.2.1 Feldbereich

Wegen der geringen Querkraft ist hier kein Nachweis erforderlich.

9.6.2.2 Stützbereich

Die maßgebende Längsschubkraft infolge der nicht-häufigen Einwirkungskombination beträgt: Fb 104, Kap. II, 6.1.3 (1)

Maßgebender Zeitpunkt t_∞:

$$v_{sd} = 641{,}40 \text{ kN/m}$$

$$n_{erf} = \frac{v_{Ed}}{0{,}6 \cdot P_{Rd}} = \frac{641{,}40}{0{,}6 \cdot 104{,}50} = 10{,}2 \text{ Dübel/m}$$

Fb 104, Kap. II, 6.1.3 (2)

9.6.3 Grenzzustand der Ermüdung

9.6.3.1 Feldbereich

Maßgebende Momente:

$M_{Ed,max,f}$ = max $M_{Ed,v}$ = 957,53 kNm
$M_{Ed,min,f}$ = min $M_{Ed,v}$ = -302,04 kNm

Unter minimaler Momentenbeanspruchung treten im Betongurt Zugspannungen auf. Er befindet sich in Zustand II.

Schadensäquivalente Spannungsschwingbreite $\Delta\sigma_E$ an der Oberseite des Stahlträgerobergurtes:

Zustand I:

$$\sigma_{max,f} = \frac{M_{Ed,v,LM3,max}}{W_{a,fl,o}^{(I,o)}} = \frac{71390}{-1014960} = -0,07 \text{ kN/cm}^2$$

$$\sigma_{min,f} = \frac{M_{Ed,v,LM3,min}}{W_{a,fl,o}^{(I,o)}} = \frac{-14512}{-1014960} = 0,01 \text{ kN/cm}^2$$

Anpassungsbeiwert λ_v für die Verbundmittel:

$\lambda_v = \lambda_{v,1} \cdot \lambda_{v,2} \cdot \lambda_{v,3} \cdot \lambda_{v,4}$

$\lambda_{v,1}$ = 1,55

$\lambda_{v,2}$ = $(Q_{m1}/Q_0) \cdot (N_{OBS} / N_0)^{1/8}$
     = $(480 / 480) \cdot (0,05 \cdot 10^6 / 0,5 \cdot 10^6)^{1/8}$
     = 0,75

$\lambda_{v,2}$ = 1,1

$\lambda_{v,3}$ = $(t_{nd} / 100)^{1/5}$
     = $(100 \text{ Jahre} / 100)^{1/5}$
     = 1,00

$\lambda_{v,4}$ = 1,00

Verfasser	: Planungsgemeinschaft h²c Hochschule Magdeburg – Stendal (FH) Hochschule Anhalt (FH)	Proj. – Nr. 2100
Programm	:	
Bauwerk	: Straßenbrücke bei Cavertitz ASB Nr.: 4131635	Datum: 01.05.2003

$\lambda_{v,max,Feld}$ = 2,5 - 0,5 · ((15,0 - 10) / 15) = 2,33
$\lambda_{v,max,Stütze}$ = 1,80

λ_v = 1,55 · 1,1 · 1,00 · 1,00 = 1,71

$\lambda_{v,Feld}$ = 1,71 ≤ λ_{max} = 2,33

$\lambda_{v,Stütze}$ = 1,71 ≤ λ_{max} = 1,80

$\Delta\sigma_E = \Delta\sigma_{E,glob} = \phi \cdot \lambda \cdot |\sigma_{max,f} - \sigma_{min,f}|$

$\Delta\sigma_E$ = 1,0 · 1,71 · |0,07 – (-0,01)|
$\Delta\sigma_E$ = 0,14 kN/cm²

Berücksichtigung des Zustandes II des Betongurtes bei minimaler Momentenbeanspruchung

$$\sigma_{min,f} = \frac{M_{Ed,v,LM3,min}}{W^{II}_{a,fl,o}} = \frac{-14512}{-30934} = 0,47 \text{ kN/cm}^2$$

$\Delta\sigma_E = \Delta\sigma_{E,glob} = \phi \cdot \lambda \cdot |\sigma_{max,f} - \sigma_{min,f}|$

$\Delta\sigma_E$ = 1,0 · 1,71 · |0,07 – (-0,47)|
$\Delta\sigma_E$ = 0,92 kN/cm²

Zustand II

$$\sigma_{max,f} = \frac{M_{Ed,v,LM3,max}}{W^{II}_{a,fl,o}}$$

$$\sigma_{min,f} = \frac{M_{Ed,v,LM3,min}}{W^{II}_{a,fl,o}}$$

$$\sigma_{max,f} - \sigma_{min,f} = \frac{M_{Ed,v,LM3,max}}{W^{II}_{a,fl,o}} - \frac{M_{Ed,v,LM3,min}}{W^{II}_{a,fl,o}}$$

$$\sigma_{max,f} - \sigma_{min,f} = \frac{71390}{-30934} - \frac{-14512}{-30934} = -1,84 \text{ kN/cm}^2$$

Bauteil	: Verbundüberbau mit offenem Querschnitt, Walzträger	Archiv Nr.:
Block	: Verbundsicherung Seite: **211**	
Vorgang	:	

$$\Delta\sigma_E = \Delta\sigma_{E,glob} = \phi \cdot \lambda \cdot |\sigma_{max,f} - \sigma_{min,f}|$$

$$\Delta\sigma_E = 1{,}0 \cdot 1{,}71 \cdot |-1{,}84|$$
$$\Delta\sigma_E = 3{,}15 \text{ kN/cm}^2$$

Schadensäquivalente Spannungsschwingbreite $\Delta\tau_E$

$$\tau_E = \frac{V_{Ed,v} \cdot S_{i,x} \cdot e}{I_{i,x} \cdot n \cdot \left(\frac{\pi \cdot d_B^2}{4}\right)}$$

mit

$S_{i,x}$ last- und zeitabhängiges statisches Moment in der Verbundfuge
$I_{i,x}$ last- und zeitabhängiges Trägheitsmoment
e Abstand der Dübel in Längsrichtung
n Anzahl der Dübel in Querrichtung
d_b Durchmesser des Dübelschaftes

Da an der Stelle des maximalen Feldmomentes die Querkräfte V_{zk} vernachlässigbar klein sind, so ist auch die Längsschubkraft vernachlässigbar klein. Es gilt näherungsweise:

$$v_{Sd,Ed} \approx 0$$

Somit ist die schädigungsäquivalente Spannungsschwingbreite näherungsweise:

$$\Delta\tau_E \approx 0$$

Nachweis:

$$\frac{\gamma_{Ff} \cdot \Delta\sigma_E^I}{\Delta\sigma_C / \gamma_{Mf,a}} = \frac{1{,}0 \cdot 0{,}92}{8{,}0 / 1{,}15} = 0{,}13 \leq 1{,}0$$

$$\frac{\gamma_{Ff} \cdot \Delta\sigma_E^{II}}{\Delta\sigma_C / \gamma_{Mf,a}} = \frac{1{,}0 \cdot 3{,}15}{8{,}0 / 1{,}15} = 0{,}45 \leq 1{,}0$$

$$\frac{\gamma_{Ff} \cdot \Delta\tau_E^I}{\Delta\tau_C / \gamma_{Mf,v}} \approx 0 \leq 1{,}0$$

$$\frac{\gamma_{Ff} \cdot \Delta\sigma_E^I}{\Delta\sigma_C / \gamma_{Mf,a}} + \frac{\gamma_{Ff} \cdot \Delta\tau_E^I}{\Delta\tau_C / \gamma_{Mf,v}} = \frac{1{,}0 \cdot 0{,}92}{8{,}0 / 1{,}15} = 0{,}13 \leq 1{,}3$$

$$\frac{\gamma_{Ff} \cdot \Delta\sigma_E^{II}}{\Delta\sigma_C / \gamma_{Mf,a}} + \frac{\gamma_{Ff} \cdot \Delta\tau_E^{II}}{\Delta\tau_C / \gamma_{Mf,v}} = \frac{1{,}0 \cdot 3{,}15}{8{,}0 / 1{,}15} = 0{,}45 \leq 1{,}3$$

9.6.3.2 Stützbereich

Maßgebende Momente:

$M_{Ed,max,f}$ = max $M_{Ed,v}$ = -206,10 kNm
$M_{Ed,min,f}$ = min $M_{Ed,v}$ = -1605,95 kNm

Unter minimaler Momentenbeanspruchung treten im Betongurt Zugspannungen auf. Er befindet sich in Zustand II.

Schadensäquivalente Spannungsschwingbreite $\Delta\sigma_E$ an der Oberseite des Stahlträgerobergurtes

Zustand I

$$\sigma_{max,f} - \sigma_{min,f} = \frac{M_{Ed,v,LM3,max}}{W_{a,fl,o}^{(I,0)}} - \frac{M_{Ed,v,LM3,min}}{W_{a,fl,o}^{(I,0)}}$$

$$\sigma_{max,f} - \sigma_{min,f} = \frac{0}{-460447} - \frac{-39850}{-460447} = -0{,}09 \text{ kN/cm}^2$$

$\Delta\sigma_E = \Delta\sigma_{E,glob} = \phi \cdot \lambda \cdot |\sigma_{max,f} - \sigma_{min,f}|$

$\Delta\sigma_E$ = 1,0 · 1,71 · |-0,09|
$\Delta\sigma_E$ = 0,15 kN/cm²

Zustand II

$$\sigma_{max,f} - \sigma_{min,f} = \frac{M_{Ed,v,LM3,max}}{W_{a,fl,o}^{II}} - \frac{M_{Ed,v,LM3,min}}{W_{a,fl,o}^{II}}$$

$$\sigma_{max,f} - \sigma_{min,f} = \frac{0}{-39700} - \frac{-39850}{-39700} = -1{,}00 \text{ kN/cm}^2$$

$$\Delta\sigma_E = \Delta\sigma_{E,glob} = \phi \cdot \lambda \cdot |\sigma_{max,f} - \sigma_{min,f}|$$

$\Delta\sigma_E = 1{,}0 \cdot 1{,}71 \cdot |-1{,}00|$
$\Delta\sigma_E = 1{,}71 \text{ kN/cm}^2$

Schadensäquivalente Spannungsschwingbreite $\Delta\tau_E$

$$\tau_E = \frac{V_{Ed,v} \cdot S_{i,X} \cdot e}{I_{i,X} \cdot n \cdot \left(\frac{\pi \cdot d_B^2}{4}\right)}$$

mit

- $S_{i,X}$ last- und zeitabhängiges statisches Moment in der Verbundfuge
- $I_{i,X}$ last- und zeitabhängiges Trägheitsmoment
- e Abstand der Dübel in Längsrichtung
- n Anzahl der Dübel in Querrichtung
- d_b Durchmesser des Dübelschaftes

Zustand I

$$\tau_{E,max,f} = \frac{V_{Ed,v,LM3,max} \cdot S_{i,0} \cdot e}{I_{i,0} \cdot n \cdot \left(\frac{\pi \cdot d_B^2}{4}\right)}$$

$$\tau_{E,min,f} = \frac{V_{Ed,v,LM3,min} \cdot S_{i,0} \cdot e}{I_{i,0} \cdot n \cdot \left(\frac{\pi \cdot d_B^2}{4}\right)}$$

$$\tau_{E,max,f} - \tau_{E,min,f} = \left(V_{Ed,v,T+V,max,} - V_{Ed,v,T+V,min}\right) \cdot \frac{S_{i,0} \cdot e}{I_{i,0} \cdot n \cdot \left(\frac{\pi \cdot d_B^2}{4}\right)}$$

Statisches Moment in der Verbundfuge

$$S_{i,0} = (A_s + A_{i,c,0}) \cdot (z_{i,0} - z_{ic,is})$$

$$S_{i,0} = (140 + 1060,84) \cdot (35,93 - 15,00) = 25133,58 \ cm^3$$

$$\tau_{E,max,f} - \tau_{E,min,f} = (290,40 - 0) \cdot \frac{25133,58 \cdot 20}{2728343 \cdot 5 \cdot \left(\frac{\pi \cdot 2,2^2}{4}\right)}$$

$$\tau_{E,max,f} - \tau_{E,min,f} = 2,81 \ kN/cm^2$$

$$\Delta\tau_E = \Delta\tau_{E,glob} = \phi \cdot \lambda \cdot \left| \tau_{E,max,f} - \tau_{E,min,f} \right|$$

$\Delta\tau_E = 1,0 \cdot 1,71 \cdot |2,81|$
$\Delta\tau_E = 4,81 \ kN/cm^2$

Zustand II

$$\tau_{E,max,f} = \frac{V_{Ed,v,LM3,max} \cdot S_{II} \cdot e}{I_{II} \cdot n \cdot \left(\frac{\pi \cdot d_B^2}{4}\right)}$$

$$\tau_{E,min,f} = \frac{V_{Ed,v,LM3,min} \cdot S_{II} \cdot e}{I_{II} \cdot n \cdot \left(\frac{\pi \cdot d_B^2}{4}\right)}$$

$$\tau_{E,max,f} - \tau_{E,min,f} = \left(V_{Ed,v,T+V,max,} - V_{Ed,v,T+V,min}\right) \cdot \frac{\cdot S_{II} \cdot e}{I_{II} \cdot n \cdot \left(\frac{\pi \cdot d_B^2}{4}\right)}$$

Statisches Moment in der Verbundfuge

$$S_{II} = A_s \cdot (z_{i,II} - z_{is}) = 140 \cdot (67,41 - 15,00) = 7337,40 \ cm^3$$

$$\tau_{E,max,f} - \tau_{E,min,f} = (290{,}40 - 0) \cdot \frac{7337{,}40 \cdot 20}{1485291 \cdot 5 \cdot \left(\frac{\pi \cdot 2{,}2^2}{4}\right)}$$

$\tau_{E,max,f} - \tau_{E,min,f} = 1{,}51$ kN/cm²

$\Delta\tau_E = \Delta\tau_{E,glob} = \phi \cdot \lambda \cdot |\Delta\tau_E|$

$\Delta\tau_E = 1{,}0 \cdot 1{,}71 \cdot |1{,}51|$
$\Delta\tau_E = 2{,}58$ kN/cm²

Nachweis:

$$\frac{\gamma_{Ff} \cdot \Delta\sigma_E^{II}}{\Delta\sigma_C / \gamma_{Mf,a}} = \frac{1{,}0 \cdot 1{,}71}{8{,}0 / 1{,}15} = 0{,}25 \leq 1{,}0$$

$$\frac{\gamma_{Ff} \cdot \Delta\tau_E^{I}}{\Delta\tau_C / \gamma_{Mf,v}} = \frac{1{,}0 \cdot 4{,}81}{9{,}0 / 1{,}25} = 0{,}67 \leq 1{,}0$$

$$\frac{\gamma_{Ff} \cdot \Delta\sigma_E^{I}}{\Delta\sigma_C / \gamma_{Mf,a}} + \frac{\gamma_{Ff} \cdot \Delta\tau_E^{I}}{\Delta\tau_C / \gamma_{Mf,v}} = \frac{1{,}0 \cdot 0{,}15}{8{,}0 / 1{,}15} + \frac{1{,}0 \cdot 4{,}81}{9{,}00 / 1{,}25} = 0{,}69 \leq 1{,}3$$

$$\frac{\gamma_{Ff} \cdot \Delta\sigma_E^{II}}{\Delta\sigma_C / \gamma_{Mf,a}} + \frac{\gamma_{Ff} \cdot \Delta\tau_E^{II}}{\Delta\tau_C / \gamma_{Mf,v}} = \frac{1{,}0 \cdot 1{,}71}{8{,}0 / 1{,}15} + \frac{1{,}0 \cdot 2{,}58}{9{,}00 / 1{,}25} = 0{,}60 \leq 1{,}3$$

9.6.4 Bauliche Durchbildung der Verdübelung

Es werden Kopfbolzendübel mit einem automatischen Schweißverfahren nach DIN EN ISO 14555 : 1998 mit den Abmessungen d/h = 22/125 mm verwendet.

Die Abmessungen der Kopfbolzendübel sowie des Schweißwulstes stimmen mit den Anforderungen der DIN EN ISO 13918 : 1998 überein.

Fb 104, Kap. II, 6.4.1 (1)

Im Folgenden werden die erforderlichen Nachweise beispielhaft für den Stützbereich geführt.

Mindestdübelhöhe:

Fb 104, Kap. II, 6.4.1 (2)

$h \geq 3 \cdot d$
125 mm $\geq 3 \cdot 22$ = 66 mm

Maximale Dübelhöhe:

Fb 104, Kap. II, 6.4.3 (3)

$h \leq h_c - c_{nom}$
125 mm $\leq 300 - 45$ = 255 mm

Maximaler Dübeldurchmesser – allgemein:

Fb 104, Kap. II, 6.4.1 (3)

$d \leq 2{,}5 \cdot t_w$
22 mm $\leq 2{,}5 \cdot 40$ = 100 mm

Maximaler Dübeldurchmesser - bei Obergurten mit Zugbeanspruchung:

Fb 104, Kap. II, 6.4.1 (3)

$d \leq 1{,}5 \cdot t_w$
22 mm $\leq 1{,}5 \cdot 40$ = 60 mm

Sicherheit gegen Abheben der Betonplatte:

$h_{Kopf} = 0{,}4 \cdot d = 0{,}4 \cdot 22 = 8{,}8$ mm
$h_B - h_{Kopf} \geq c_d + d_s + 30$ mm
$125 - 8{,}8 \geq 45 + 20 + 30$ mm
$116{,}2$ mm ≥ 95 mm

Fb 104, Kap. II, 6.4.2 (1)

$h_{kopf} = 0{,}4 \cdot d$
Höhe des Bolzenkopfes

Verfasser : Planungsgemeinschaft h² Hochschule Magdeburg – Stendal (FH)	Proj. – Nr. 2100
Programm : C Hochschule Anhalt (FH)	
Bauwerk : Straßenbrücke bei Cavertitz ASB Nr.: 4131635	Datum: 01.05.2003

Betondeckung: Fb 104, Kap. II, 6.4.3 (3)

$$c \geq c_{nom} = 45 \text{ mm}$$
$$50 \text{ mm} \geq 45 \text{ mm}$$

Dübelabstände in Trägerlängsrichtung:

$$e_L \geq 5 \cdot d = 5 \cdot 22 = 110 \text{ mm}$$ Fb 104, Kap. II, 6.4.6 (1)

$$e_L \leq 4 \cdot h_c$$ Fb 104, Kap. II, 6.4.6 (2)
$$e_L \leq 4 \cdot 300 = 1200 \text{ mm}$$
$$e_L \leq 800 \text{ mm} \quad \text{maßgebend}$$

Dübelabstand in Trägerquerrichtung: Fb 104, Kap. II, 6.4.6 (1)

$$e_{Q,min} = 2,5 \cdot d = 2,5 \cdot 22 = 55 \text{ mm}$$

Lichter Abstand zwischen Aussenkante des Druckflansches und der äußeren Dübelreihe: Fb 104, Kap. II, 6.4.7 (2)

$$e_{A,min} = 25 \text{ mm}$$

Anmerkung:

Maßgebend wird die einzuhaltende Betondeckung.

Gewählte Verdübelung

a) Feldbereich:

konstruktiv:
    Kopfbolzendübel: d = 22 mm, h = 125 mm, 3-reihig

        mit:
        e_L =   400 mm   110 mm < 400 mm < 800 mm
        e_Q = 176,6 mm   55 mm < 176,6 mm
        e_A =   39 mm   25 mm < 39 mm < 100 mm

Bauteil : Verbundüberbau mit offenem Querschnitt, Walzträger	Archiv Nr.:
Block : Verbundsicherung	
Vorgang :	

b) Stützenbereich:

    Kopfbolzendübel: d = 22 mm, h = 125 mm, 5-reihig

        mit:
        e_L = 200 mm   110 mm < 200 mm < 800 mm
        e_Q = 88,3 mm   55 mm < 88,3 mm
        e_A = 39 mm   25 mm < 39 mm < 100 mm

Verfasser : Planungsgemeinschaft h² Hochschule Magdeburg – Stendal (FH)	Proj. – Nr. 2100
Programm : C Hochschule Anhalt (FH)	
Bauwerk : Straßenbrücke bei Cavertitz ASB Nr.: 4131635	Datum: 01.05.2003

10. Schlussblatt

[Unterschrift]

Aufgestellt am 01.05.2003 in Magdeburg.

Bauteil : Verbundüberbau mit offenem Querschnitt, Walzträger	Archiv Nr.:
Block : Verzeichnis der Abbildungen Seite: **220**	
Vorgang :	

Verzeichnis der Tabellen

Tabelle 1 Entwurfsparameter ... 7
Tabelle 2 Normen, Vorschriften und verwendete Unterlagen ... 8
Tabelle 3 Ortbetonbewehrung ... 10
Tabelle 4 Querschnittswerte des Stahlprofils ... 30
Tabelle 5 Querschnittswerte für Kurzzeitlasten mit Reduktionszahl n_0 ... 31
Tabelle 6 Querschnittswerte für Belastungen aus Schwinden n_S ... 32
Tabelle 7 Querschnittswerte für zeitabhängige sekundäre Beanspruchungen $n_{PT,28}$ ... 33
Tabelle 8 Querschnittswerte für ständige Beanspruchungen n_B ... 34
Tabelle 9 Querschnittswerte für Belastungen aus eingeprägten Verformungen n_A ... 35
Tabelle 10 Querschnittswerte für den Zustand II ... 36
Tabelle 11 Zusammenstellung der charakteristischen Werte der Schnittgrößen ... 80
Tabelle 12 Festlegung von Verkehrslastgruppen (charakteristische Werte mehrkomponentiger Einwirkungen) ... 84
Tabelle 13 Ψ- Beiwerte für Straßenbrücken ... 86
Tabelle 14 Teilsicherheitsbeiwerte für Einwirkungen: Grenzzustände der Tragfähigkeit bei Straßenbrücken ... 88
Tabelle 15 Bemessungsschnittgrößen für den Feldquerschnitt Tragfähigkeit und Ermüdung ... 100
Tabelle 16 Bemessungsschnittgrößen für den Querschnitt an der Innenstütze Tragfähigkeit und Ermüdung ... 101
Tabelle 17 Schnittgrößen für den Nachweis im Grenzzustand der Gebrauchstauglichkeit Feldquerschnitt ... 102
Tabelle 18 Schnittgrößen für den Nachweis im Grenzzustand der Gebrauchstauglichkeit Querschnitt an der Innenstütze ... 103

Verfasser	: Planungsgemeinschaft h² Hochschule Magdeburg – Stendal (FH)	Proj. – Nr. 2100
Programm	: C Hochschule Anhalt (FH)	
Bauwerk	: Straßenbrücke bei Cavertitz ASB Nr.: 4131635	Datum: 01.05.2003

Verzeichnis der Abbildungen

Bild 1	Ansicht des Tragwerks	5
Bild 2	Längsgeometrie	9
Bild 3	Querschnitt	10
Bild 4	Geometrie	16
Bild 5	Lagerschema	17
Bild 6	Mittragender Verbundquerschnitt im Zustand I zur Ermittlung der Widerstandsmomente	27
Bild 7	Laststellung des Lastmodells 1, Längs- und Quersystem	47
Bild 8	Laststellung des Lastmodells 1, (Anteil UDL) im Quersystem für min $V_{k,A}$ und max $V_{k,A}$	47
Bild 9	Belastungssystem infolge Bremsen und Anfahren	50
Bild 10	Wind auf Überbau mit Verkehrsband	59
Bild 11	Anordnung der außergewöhnlichen Achslast	63
Bild 12	Anprall an Schrammborde	64
Bild 13	Lastmodell 3	69
Bild 14	Laststellung (Längssystem) des Lastmodells 3	69
Bild 15	Laststellung (Quersystem) des Lastmodells 3	70
Bild 16	Steifigkeiten bei Einwirkungen aus Eigenlast der Konstruktion	71
Bild 17	Steifigkeiten bei Einwirkungen aus Ausbaulasten	72
Bild 18	Steifigkeiten bei Einwirkungen aus Hydratationswärme	72
Bild 19	Steifigkeiten bei Einwirkungen aus Baugrundbewegungen	73
Bild 20	Steifigkeiten bei Einwirkungen aus Straßen-, Fußgänger- und Radverkehr	73
Bild 21	Steifigkeiten bei Einwirkungen aus Schneelasten	74
Bild 22	Steifigkeiten bei Einwirkungen aus dem Anheben des Überbaus	74
Bild 23	Steifigkeiten bei Einwirkungen aus Temperatureinwirkungen	74
Bild 24	Steifigkeiten bei Einwirkungen aus Windeinwirkungen	75
Bild 25	Steifigkeiten bei Einwirkungen aus Außergewöhnlichen Einwirkungen	75
Bild 26	Steifigkeiten bei Einwirkungen aus Lastmodellen für Ermüdungslasten	75
Bild 27	Ermittlung der Zwangsschnittgrößen aus dem Kriechen infolge Ausbaulasten	76
Bild 28	Steifigkeiten bei Ermittlung der Zwangsschnittgrößen aus Baugrundbewegungen	77
Bild 29	Primäre Beanspruchungen aus dem Schwinden des Betones	78
Bild 30	Sekundäre Beanspruchungen aus dem Schwinden des Betones	79

Bauteil	: Verbundüberbau mit offenem Querschnitt, Walzträger	Archiv Nr.:
Block	: Verzeichnis der Abbildungen	
Vorgang	:	

TEIL 2: STATISCHE BERECHNUNG
- VERBUNDÜBERBAU

BAUHERR : Deutsche Bahn AG
Geschäftsbereich Netz

AUFTRAGGEBER : DB Netz AG

BAUVORHABEN : Ersatzneubau einer Eisenbahnüberführung
Strecke Wiesenburg – Calbe
EÜ über die B184 bei Leitzkau

BAUTEIL : WIB – Überbau

AUFSTELLER: Planungsgemeinschaft

        h²   Hochschule Magdeburg – Stendal (FH)

        c̄   Hochschule Anhalt (FH)

DATUM : 01.05.2003

Bearbeiter:

Prof. Dr.-Ing. Thomas Bauer
Hochschule Anhalt (FH), Standort Dessau
Bauhausstraße 1
06846 Dessau
e-mail: bauer.tek@t-online.de

Dipl.-Ing. Stefan Sedlak
OBERMEYER PLANEN + BAUEN GmbH
- Niederlassung Halle
Große Ulrichstraße 60
06108 Halle
e-mail: Stefan.Sedlak@opb.de

Verfasser	: Planungsgemeinschaft h² Hochschule Magdeburg – Stendal (FH)	Proj. – Nr. 2000
Programm	: C Hochschule Anhalt (FH)	
Bauwerk	: EÜ über die B184 bei Leitzkau	Datum: 01.05.2003

Inhaltsverzeichnis   Teil 2 – WIB Überbau („Walzträger in Beton")

1	**Vorbemerkungen**	3
1.1	Beschreibung des Tragwerkes	3
1.2	Normen und Richtlinien	6
1.3	Geometrisches System	7
1.4	Längs- und Querschnitte	7
1.5	Materialkennwerte	9
1.6	Reduktionszahlen zur Bestimmung der ideellen Querschnittsgrößen	11
1.7	Hinweise zum Herstellungs- und Bauverfahren	14
2	**Fahrbahnkonstruktion**	15
3	**Haupttragwerk**	16
3.1	Berechnungsgrundlagen	16
3.2	Charakteristische Werte der einwirkenden Last- und Weggrößen	17
3.2.1	Ständige Einwirkungen	17
3.2.2	Veränderliche Einwirkungen	19
3.2.2.1	Lastmodell 71	19
3.2.2.2	Lastmodell SW/0	23
3.2.2.3	Lastmodell SW/2	23
3.2.2.4	Unbeladener Zug	23
3.2.2.5	Verkehrslast auf Dienstgehwegen	24
3.2.2.6	Verkehrslast bei Gleis- und Brückenunterhaltung	24
3.2.2.7	Ermüdungslastmodell	25
3.2.2.8	Zentrifugallasten	26
3.2.2.9	Seitenstoß	28
3.2.2.10	Einwirkungen aus Anfahren und Bremsen	28
3.2.2.11	Einwirkungen auf Geländer	29
3.2.2.12	Temperatureinwirkungen	29
3.2.2.13	Windlasten	33
3.2.2.14	Druck- Sogeinwirkungen aus Zugverkehr	34
3.2.2.15	Einwirkungen aus Erddruck	35
3.2.3	Außergewöhnliche Einwirkungen	36
3.2.3.1	Einwirkungen infolge Entgleisung	36
3.2.3.2	Einwirkungen infolge Fahrleitungsbruch	37
3.3	Querschnittsgrößen	38
3.3.1	Verbundträger	38
3.3.2	Einstufung in die Querschnittsklasse	45

Bauteil	: WIB-Überbau		Archiv Nr.:
Block	: Inhaltsverzeichnis	Seite: 1	
Vorgang	:		

Verfasser	: Planungsgemeinschaft	Hochschule Magdeburg – Stendal (FH)	Proj. – Nr. 2000
Programm	:	Hochschule Anhalt (FH)	
Bauwerk	: EÜ über die B184 bei Leitzkau		Datum: 01.05.2003

3.4 Schnittgrößen	47
3.4.1 Ständige Einwirkungen	51
3.4.2 Veränderliche Einwirkungen	56
3.4.2.1 Lastmodell 71	56
3.4.2.2 Lastmodell SW/0	63
3.4.2.3 Lastmodell SW/2	63
3.4.2.4 Unbeladener Zug	68
3.4.2.5 Verkehrslast auf Dienstwegen	70
3.4.2.6 Verkehrslast bei Gleis- und Brückenunterhaltung	72
3.4.2.7 Ermüdungslastmodell	72
3.4.2.8 Zentrifugallasten	73
3.4.2.9 Seitenstoß	78
3.4.2.10 Einwirkungen aus Anfahren und Bremsen	79
3.4.2.11 Einwirkungen auf Geländer	79
3.4.2.12 Temperatureinwirkungen	80
3.4.2.13 Windlasten	81
3.4.2.14 Druck – Sog Einwirkungen aus Zugverkehr	82
3.4.2.15 Einwirkungen aus Erddruck	82
3.4.2.16 Rückstellkräfte der Lager infolge vertikaler Belastung	83
3.4.3 Außergewöhnliche Einwirkungen infolge Entgleisung	84
3.4.3.1 Bemessungssituation I	84
3.4.3.2 Bemessungssituation II	87
3.5 Bemessung des Überbaus	88
3.5.1 Nachweise im Grenzzustand der Tragfähigkeit	93
3.5.1.1 Grenzzustand der Tragfähigkeit für Biegung mit Längskraft	93
3.5.1.2 Grenzzustand der Tragfähigkeit für Querkraft	99
3.5.1.3 Grenzzustand der Tragfähigkeit für Ermüdung	102
3.5.2 Nachweise im Grenzzustand der Gebrauchstauglichkeit	109
3.5.2.1 Spannungsbegrenzung für Biegung mit Längskraft	109
3.5.2.2 Grenzzustand der Rissbildung	113
3.5.2.3 Grenzzustand der Verformungen	114
3.5.2.3.1 Begrenzung der vertikalen Durchbiegung	114
3.5.2.3.2 Begrenzung des Enddrehwinkels	115
3.5.2.3.3 Begrenzung der Horizontalverformung	116
3.5.2.3.4 Begrenzung der Verwindung des Überbaus	119
3.5.2.4 Von der Bauart unabhängige Nachweise	120
3.5.2.4.1 Nachweise an den Überbaurändern	120
3.5.2.4.2 Überprüfung des Resonanzrisikos	121
4 Schlussblatt	122

Anlagen

Verzeichnis der Tabellen **123**

Verzeichnis der Abbildungen **125**

Ausschnitte aus den Übersichtsplänen **126**

Bauteil	: WIB-Überbau		Archiv Nr.:
Block	: Inhaltsverzeichnis	Seite: 2	
Vorgang	:		

Verfasser : Planungsgemeinschaft h² Hochschule Magdeburg – Stendal (FH)	Proj. – Nr. 2000
Programm : c Hochschule Anhalt (FH)	
Bauwerk : EÜ über die B184 bei Leitzkau	Datum: 01.05.2003

1 Vorbemerkungen

1.1 Beschreibung des Tragwerkes

Das Bauwerk überführt die zweigleisige Strecke Wiesenburg – Calbe bei Streckenkilometer km 91,773 über die B 184 bei Leitzkau.
Die Gesamtlänge des Überbaus beträgt L_{ges} = 18,00 m.
Die Gleisachse folgt im Grundriss einem Radius von 3500 m. Als Entwurfsvorgabe wird eine Regelgleisüberhöhung von u = 81 mm angesetzt. Die Entwurfsgeschwindigkeit beträgt V_e = 200 km/h.

Bei dem Bauvorhaben handelt es sich um den Ersatzneubau einer bestehenden Eisenbahnüberführung.

Die Brückenkonstruktion besteht aus 2 symmetrisch angeordneten eingleisigen WIB-Tragwerken („Walzträger in Beton"), die konstruktiv durch eine Raumfuge in Brückenmitte statisch voneinander entkoppelt sind.
Die beiden WIB-Überbauten bestehen jeweils aus einer einfeldrigen, mit Betonstahl bewehrten Verbundplatte aus Beton C 30/37 und Walzträgern aus Baustahl S 235. Die Stützweite beträgt 16,00 m mit jeweils einem 1,00 m langen Kragarm in Längsrichtung an jeder Auflagerachse. Bei einer Konstruktionshöhe von h = 0,94 m ergibt sich eine Biegeschlankheit von λ = 16,00 / 0,94 = 17,0.

siehe Bild 3

Fb 104, Kap. II, 3.1.2 (1)
siehe Bild 1

siehe Bild 3

Der Überbau wird nach Vorgabe des Bauherrn für die Längs- und Querrichtung in Kategorie D der Klassifizierung von Nachweisbedingungen eingeordnet.

Fb 102, Kap. II, 4.4.0.3 (102) P
Fb 102, Kap. II, Tab. 4.118
Ril 804

Als Entwurfsvorgabe wird der Überbau für das Lastmodell LM 71 und das Lastmodell SW/2 bemessen. Als Klassifizierungsbeiwert wird α = 1,0 angesetzt. Die Ermüdungsnachweise werden mit dem Lastmodell LM 71 geführt.

Fb 101, Kap. IV, 6.3.2
Fb 101, Kap. IV, 6.3.3
Fb 101, Kap. IV, 6.3.2 (3) P

Da die Brücke im Sprühnebelbereich der überquerten Straße liegt und damit neben Frost auch Taumitteln ausgesetzt ist, wird der Überbau in die Expositionsklassen XC4 (Einwirkung: Korrosion, verursacht durch Karbonatisierung bei wechselnd nasser und trockener Umgebung), XD1 (Einwirkung: Korrosion, verursacht durch Chloride bei mäßig feuchter Umgebung) und XF2 (Einwirkung: Frostangriff mit Taumittel bei mäßiger Wassersättigung) eingeordnet.

Fb 102, Kap. II, 4.1.3.3 (6)
Fb 102, Kap. II, 4.4.0.3 (101) P
Fb 100, 4.1, Tab. 1

Bauteil : WIB-Überbau	Archiv Nr.:
Block : Vorbemerkungen Seite: 3	
Vorgang : Beschreibung des Tragwerks	

Verfasser	: Planungsgemeinschaft h² Hochschule Magdeburg – Stendal (FH)	Proj. – Nr. 2000
Programm	: C Hochschule Anhalt (FH)	
Bauwerk	: EÜ über die B184 bei Leitzkau	Datum: 01.05.2003

Die Auflagerung erfolgt in Längsrichtung schwimmend und in Querrichtung fest.

siehe Ril 804

Die kastenförmigen Widerlager werden flach gegründet. Sie sind nicht Gegenstand dieser statischen Berechnung.

Im Rahmen der vorliegenden statischen Berechnung werden die wesentlichen Nachweise für das Längssystem einer Überbauhälfte geführt. Das Quersystem und die Endquerträger werden in einem separaten Statikteil nachgewiesen.

Es wird der in Bezug auf den Gleisradius kurvenäußere Überbau nachgewiesen.

Bauzustände werden im Rahmen dieser statischen Berechnung nicht untersucht. Lagerlasten und -wege werden ebenfalls in einem gesonderten Berechnungsteil angegeben.

Tabelle 1 zeigt eine Zusammenfassung der Entwurfsparameter.

Tabelle 1   Entwurfsparameter

Geometrie			
Gesamtlänge	L_{ges}	=	18,00 m
Stützweite	l	=	16,00 m
Kragarmlänge	$l_{ü}$	=	1,00 m
Gesamtbreite	B	=	5,77 m
Breite des Überbaus an der Unterseite	b	=	4,62 m
Bauhöhe	H	=	1,75 m
Konstruktionshöhe	h	=	0,94 m
Länge des Endquerträgers	l_E	=	4,62 m
Breite des Endquerträgers	b_E	=	2,00 m
Konstruktionshöhe des Endquerträgers	h_E	=	1,20 m
Radius der Gleisachse	R	=	3500 m
Regelgleisüberhöhung	u	=	0,081 m
Höhe über Gelände bez. auf SO	H_{SO}	=	6,50 m
Biegeschlankheit	λ	=	17,0
Walzträger			
Trägerbezeichnung			HE – 800 M
Trägerhöhe	h_a	=	0,814 m
Trägerbreite	b_a	=	0,303 m
Stegdicke	t_w	=	0,021 m
Flanschdicke	t_f	=	0,040 m
Querschnittsfläche	A_a	=	0,0404 m²
Eigenlast lfd. m	$g_{k,a}$	=	3,17 KN/m
Anzahl	n_a	=	8

Bauteil	: WIB-Überbau		Archiv Nr.:
Block	: Vorbemerkungen	Seite: **4**	
Vorgang	: Beschreibung des Tragwerks		

Fortsetzung Tabelle 1

Baustoffe	
Beton	C 30/37
Betonstahl	BSt 500 S(B) (hochduktil)
Baustahl	S 235

Klassifizierung der Nachweisbedingungen	
Längssystem	Kategorie D
Quersystem	Kategorie D

Sonstige Randbedingungen	
Entwurfsgeschwindigkeit	V_e = 200 km/h
Umweltbedingungen	XC4, XD1 und XF2

Eisenbahnspezifische Lasten	
Lastmodell 71	α = 1,0
Lastmodell SW/2	
Lastmodell 71 für Ermüdungsnachweise	

Bezeichnung des hochduktilen Betonstahls nach DIN 1045-1, 9.2.2, Tab. 11

1.2 Normen und Richtlinien

Tabelle 2 Normen und Richtlinien

	verw. Abk.	Bezeichnung	Ausgabe
DIN-Fachbericht 100	Fb 100	„Beton" Zusammenstellung von DIN EN 206-1 und DIN 1045-2	2001
DIN-Fachbericht 101	Fb 101	„Einwirkungen auf Brücken"	2003
DIN Fachbericht 102	Fb 102	„Betonbrücken"	2003
DIN Fachbericht 103	Fb 103	„Stahlbrücken"	2003
DIN Fachbericht 104	Fb 104	„Verbundbrücken"	2003
E DIN 1055-1	E DIN 1055-1	„Einwirkungen auf Tragwerke – Teil 1", Wichte und Flächenlasten von Baustoffen, Bauteilen und Lagerstoffen	03/2000
E DIN 1055-9	E DIN 1055-9	„Einwirkungen auf Tragwerke – Teil 9", Außergewöhnliche Einwirkungen	03/2003
DAfStb-Heft 525	DAfStb-Heft 525	Erläuterungen zu DIN 1045	
Richtlinie 804	Ril 804	Vorschrift für Eisenbahnbrücken und sonstige Ingenieurbauwerke (VEI)	2003
EBO	EBO	Eisenbahn- Bau- und Betriebsordnung	1993
Richtzeichnungen der DB AG	Rz	Rz S-KAB in M 804.9010 Richtzeichnung für Randkappen der DB AG	
DIN 18800-7	DIN 18800-7	„Stahlbauten", Ausführung und Herstellerqualifikation	09/2002
DIN 488-1	DIN 488-1	„Betonstahl", Sorten, Eigenschaften, Kennzeichnung	09/1984
ZTV-ING	ZTV-ING	Zusätzliche Technische Vertragsbedingungen und Richtlinien für Ingenieurbauten	2003
Normenreihe DIN 4141	DIN 4141	Lager im Bauwesen	
Normenreihe DIN EN 1337	DIN EN 1337	Lager im Bauwesen	

Verfasser	: Planungsgemeinschaft h² Hochschule Magdeburg – Stendal (FH)	Proj. – Nr. 2000
Programm	: C Hochschule Anhalt (FH)	
Bauwerk	: EÜ über die B184 bei Leitzkau	Datum: 01.05.2003

1.3 Geometrisches System

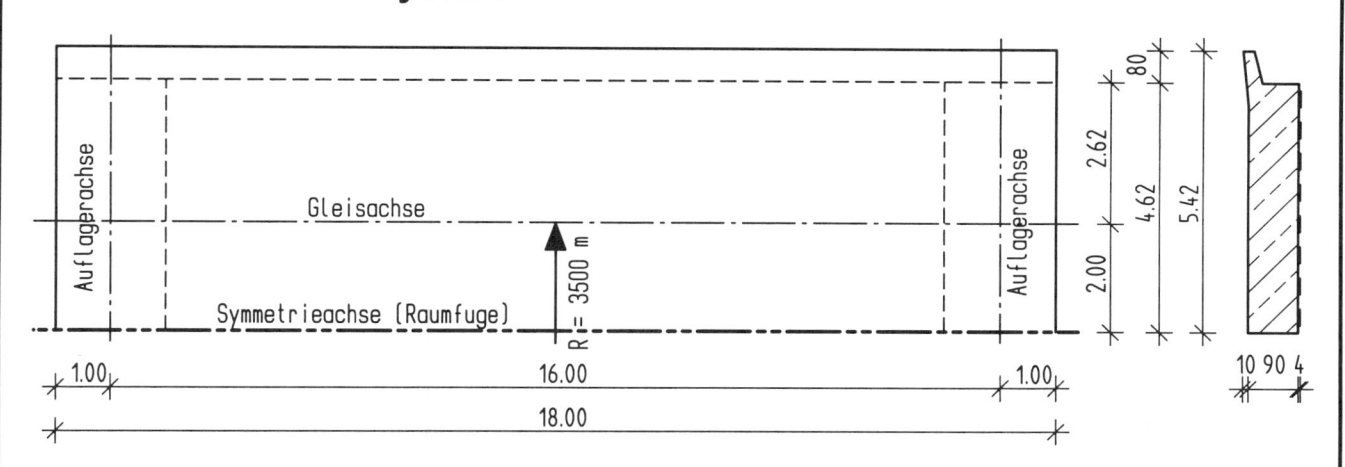

Bild 1 Grundriss des Tragwerks (ohne Kappe)

Die Gleisachse ist im Grundriss konstant mit einem Radius von 3500 m gekrümmt. Die sich aus dem Stich von f = 1,2 cm ergebende Exzentrizität der Gleisachse zur gerade verlaufenden Brückenachse wird bei der Bemessung vernachlässigt.
Die Regelbreite der Fahrbahn wird bei beiden Überbauten jeweils um 1,0 cm auf 4,21 m vergrößert. Der Bogenstich wird gemäß Ril 804 verteilt. Dies bedeutet, dass an den Überbauenden das Gleis um 2/3 des Bogenstichs gegenüber der Gesamttragwerksachse nach innen verschoben wird.

$f = R - [R^2 - (L_{ges} / 2)^2]^{0,5}$
  $= 1,2$ cm

Ril 804.1101, Abs. 4

1.4 Längs- und Querschnitte

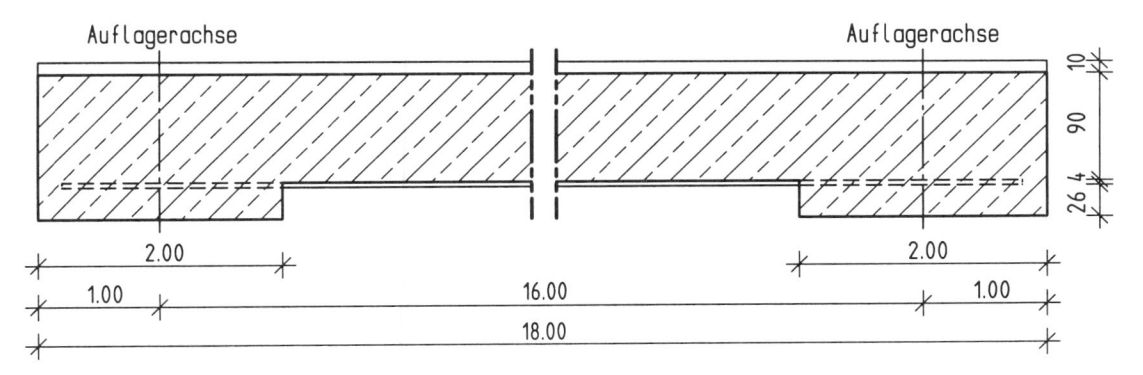

Bild 2 Längsschnitt des Tragwerks

Bauteil	: WIB-Überbau		Archiv Nr.:
Block	: Vorbemerkungen	Seite: **7**	
Vorgang	: Längs- und Querschnitte		

Verfasser	: Planungsgemeinschaft	h² Hochschule Magdeburg – Stendal (FH)	Proj. – Nr. 2000
Programm	:	C Hochschule Anhalt (FH)	
Bauwerk	: EÜ über die B184 bei Leitzkau		Datum: 01.05.2003

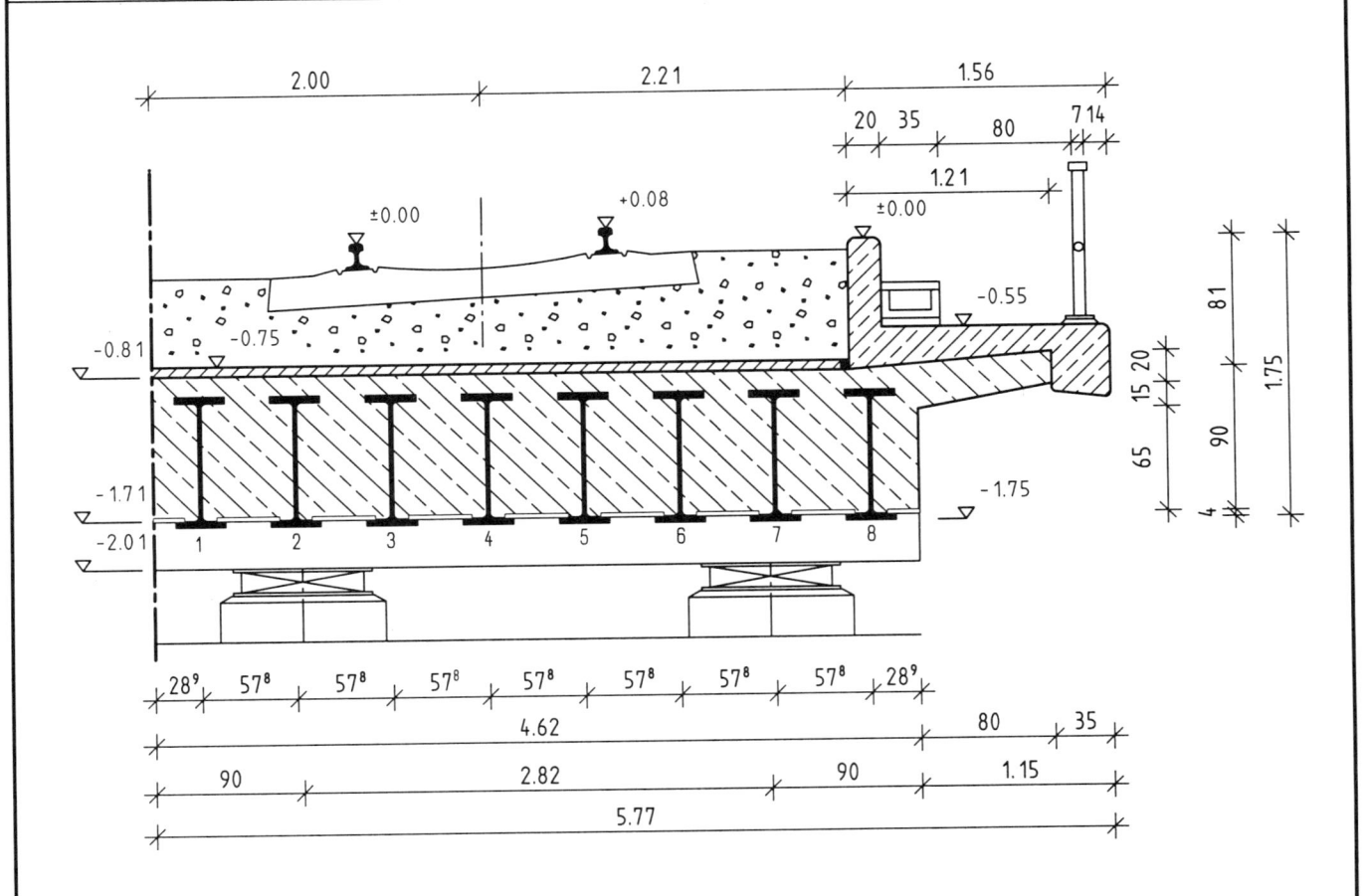

Bild 3 Querschnitt des Tragwerkes

Dem Querschnitt mit einer Gesamtbreite B = 5,77 m liegen die einschlägigen eisenbahnspezifischen Regelungen für die vorgegebene Entwurfsgeschwindigkeit von V_e = 200 km/h und die Richtzeichnungen für WIB-Eisenbahnbrücken zugrunde.
Die Randkappen mit aufgesetztem Kabeltrog werden gemäß Konstruktionsrichtzeichnungen ausgeführt.
Als Gleisüberhöhung wird die Regelüberhöhung angesetzt.

Ril 804.1101, Abs. 16 und
Ril 804.1102 A01

Rz DB

Rz S-KAB in M 804.9010

$reg\ u = 7{,}1 \cdot V_e^2 / R$
$= 81$ mm

<u>Anmerkung:</u>

Im Rahmen der Einführung der Ril 804 wurden aufgrund der Forderungen der für Arbeitssicherheit und Notfallmanagement zuständigen Stellen die Erreichbarkeit der Randwege restriktiver gefasst.
Randwege dienen als Sicherheitsraum bei Arbeiten im Gleis und als Rettungswege in Notfällen. Deshalb müssen Randwege im Bereich der Lauffläche **ohne Einschränkung** mindestens 80 cm breit sein.

Ril 804.1101 A01, Erläuterung zur Tabelle (3)

Bauteil	: WIB-Überbau		Archiv Nr.:
Block	: Vorbemerkungen	Seite: **8**	
Vorgang	: Längs- und Querschnitte		

Verfasser : Planungsgemeinschaft h² Hochschule Magdeburg – Stendal (FH)	Proj. – Nr. 2000
Programm : C Hochschule Anhalt (FH)	
Bauwerk : EÜ über die B184 bei Leitzkau	Datum: 01.05.2003

1.5 Materialkennwerte

Betonstahl *Fb 104, Kap. II, 3.2*

Betonstahlsorte:	BSt 500 S(B) (hochduktil)	Fb 102, Kap. II, 3.2.2 (4) P Bezeichnung nach DIN 1045-1, 9.2.2, Tab. 11
Nennstreckgrenze:	f_{yk} = 500 MN/m²	Fb 102, Kap. II, 3.2.1 (3) P DIN 488 T1, Tab. 1, bzw. Fb 102, Kap. II, 3.2.1, Tab. R2
charakt. Zugfestigkeit:	f_{tk} = 550 MN/m²	
Rechenwert der charakt. Zugfestigkeit:	$f_{tk,cal}$ = 525 MN/m²	Fb 102, Kap. II, 4.2.2.3.2 (6)*P
Duktilitätsklasse:	hoch (Klasse B)	Fb 102, Kap. II, 3.2.1(5) P, Tab. R2, 3.2.4.2 (2): ε_{uk} > 5% und $(f_t/f_y)_k$ > 1,08 Fb 102, Kap. II, 3.2.2 (4) P
Betondeckung (für Massivbrücken) allgemein:	c_{min} = 4,0 cm c_{nom} = 4,5 cm	Fb 102, Kap. II, 4.1.3.3 (114) P
Kappen bei Eisenbahn- brücken (nicht beton- berührte Fläche)	c_{min} = 3,0 cm c_{nom} = 3,5 cm	Fb 102, Kap. II, 4.1.3.3, Tab. 4.101
betonberührte Flächen	c_{min} = 2,0 cm c_{nom} = 2,5 cm	Fb 102, Kap. II, 4.1.3.3 (114) P
bei chemischen Einflüssen (z.B. Taumittel)	c_{min} = 5,0 cm	Fb 102, Kap. II, 4.1.3.3 (114) P
Teilsicherheitsbeiwert Grundkombination: außergew. Kombination:	γ_s = 1,15 γ_s = 1,00	Fb 104, Kap. II, 2.3.3.2, Tab. 2.1 ausgenommen Erdbeben
Elastizitätsmodul:	E_s = 210.000 MN/m²	Fb 104, Kap. II, 3.2 (2)

Bauteil : WIB-Überbau	Archiv Nr.:
Block : Vorbemerkungen	
Vorgang : Materialkennwerte	

Verfasser : Planungsgemeinschaft h² Hochschule Magdeburg – Stendal (FH)	Proj. – Nr. 2000
Programm : C Hochschule Anhalt (FH)	
Bauwerk : EÜ über die B184 bei Leitzkau	Datum: 01.05.2003

Beton

Fb 104, Kap. II, 3.1 und Fb 100

Betonfestigkeitsklasse: C 30/37   Fb 104, Kap. II, 3.1.2

charakt. Druckfestigkeit: f_{ck} = 30 MN/m²   Fb 102, Kap. II, 3.1.4, Tab. 3.1

Mittelwert der Zugfestigkeit: f_{ctm} = 2,9 MN/m²   Fb 102, Kap. II, 3.1.4, Tab. 3.1

Teilsicherheitsbeiwert   Fb 104, Kap. II, 2.3.3.2, Tab. 2.1
    Grundkombination: γ_c = 1,5   ausgenommen Erdbeben
    außergew. Kombination: γ_c = 1,3   Fb 102, Kap. II, 3.1.5.2, Tab. 3.2

Elastizitätsmodul: E_{cm} = 31.900 MN/m²

Fb 104, Kap. II, 3.3

Baustahl

Baustahlsorte: S 235   Fb 103, Kap. II, 3.2.4 Tab. 3.1a

Streckgrenze: f_y = 235 MN/m²

Teilsicherheitsbeiwert   Fb 104, Kap. II, 2.3.3.2 Tab. 2.1, s. Abschnitt 3.5.1
    Grundkombination: γ_a = 1,0 ; γ_{Rd} = 1,1   ausgenommen Erdbeben
    außergew. Kombination: γ_a = 1,0 ; γ_{Rd} = 1,0   Fb 103, Kap. II-3, 3.2.7 (1)

Elastizitätsmodul: E_a = 210.000 MN/m²

Betonüberdeckung   Fb 104, Kap. II, Anhang K, K.2 (1)
    allgemein: $c_{st,min}$ = 7,0 cm h_a = 814 mm
                                   $c_{st,max}$ = 30,0 cm c_{st} = $h - h_a$
                                   $c_{st,max}$ = h_a / 2 = 40,7 cm c_{st} = 94,0 − 81,4 = 12,6 cm
                                                                                 7,0 cm ≤ 12,6 cm ≤ 30,0 cm

Stahlträgerhöhe: $h_{a,min}$ = 210 mm   Fb 104, Kap. II, Anhang K, K.2 (1)
                                   $h_{a,max}$ = 1100 mm   210 mm ≤ 814 mm ≤ 1100 mm

Achsabstand: $s_{w,max}$ = h_a / 3 + 0,60 = 0,87 m   Fb 104, Kap. II, Anhang K, K.2 (1)
                                   $s_{w,max}$ = 0,75 m s_w = b / n_a
                                                                                s_w = 4,62 / 8 = 0,5775 m
                                                                                           ≤ 0,75

lichter Abstand der Flansche: $s_{f,min}$ = 150 mm   Fb 104, Kap. II, Anhang K, K.2 (1)
                                                                           s_f = $s_w - b_a$ = 578 − 303
                                                                             = 275 mm ≥ 150 mm

Bauteil : WIB-Überbau	Archiv Nr.:
Block : Vorbemerkungen Seite: **10**	
Vorgang : Materialkennwerte	

Verfasser : Planungsgemeinschaft h² Hochschule Magdeburg – Stendal (FH)	Proj. – Nr. 2000
Programm : C Hochschule Anhalt (FH)	
Bauwerk : EÜ über die B184 bei Leitzkau	Datum: 01.05.2003

1.6 Reduktionszahlen zur Bestimmung der ideellen Querschnittsgrößen

Wenn kein genaueres Berechnungsverfahren angewendet wird, sollten die elastischen Querschnittseigenschaften eines Verbundquerschnittes, bei dem der Betongurt in der Druckzone liegt, mit Hilfe von auf den Elastizitätsmodul des Baustahls bezogenen ideellen Querschnittskenngrößen und den entsprechenden Reduktionszahlen n_L für die Betonquerschnittsteile ermittelt werden. Für Querschnitte mit Betongurten in der Zugzone sollte der Beton vernachlässigt werden, es sei denn, die Mitwirkung des Betons zwischen den Rissen wird berücksichtigt.

Fb 104, Kap. II, 4.2.3
Fb 104, Kap. II, 4.2.3 (1)

Die Biegesteifigkeiten eines Verbundquerschnittes sind definiert als $E_a \cdot I_1$ und $E_a \cdot I_2$.

Fb 104, Kap. II, 4.2.3 (2)

Dabei ist:

E_a der Elastizitätsmodul des Baustahls

I_1 Trägheitsmoment des ideellen Verbundquerschnittes unter voller Mitwirkung des gesamten Betons (Zustand I)

I_2 Trägheitsmoment des ideellen Verbundquerschnittes unter Vernachlässigung des Betons im Zugbereich (Zustand II), Betonstahl innerhalb der mitwirkenden Breite des Zugbereiches wird berücksichtigt

Das Kriechverhalten des Betons wird bei Verbundbrücken mit Hilfe von Reduktionszahlen n_L berücksichtigt.
Diese Reduktionszahlen dienen zur Ermittlung eines äquivalenten Stahlquerschnitts in Abhängigkeit vom betrachteten Zeitpunkt t, der Belastungsdauer, dem Belastungsbeginn und der Querschnittsgeometrie.

Fb 104, Kap. II, 4.2.3 (3)

$$n_L = n_0 \cdot (1 + \psi_L \cdot \varphi_t)$$

Fb 104, Kap. II, 4.2.3 (4), Gl. 4.3

Dabei ist:

n_0 $= E_a / E_{cm}$, die Reduktionszahl für kurzzeitige Belastungen; E_a ist der Elastizitätsmodul des Baustahls und E_{cm} der Sekantenmodul des Betons bei Kurzzeitlasten

Fb 104, Kap. II, 4.2.3 (4)

Bauteil : WIB-Überbau	Archiv Nr.:
Block : Vorbemerkungen Seite: **11**	
Vorgang : Ermittlung der Reduktionszahlen	

Verfasser : Planungsgemeinschaft h² Hochschule Magdeburg – Stendal (FH)		Proj. – Nr. 2000
Programm : C Hochschule Anhalt (FH)		
Bauwerk : EÜ über die B184 bei Leitzkau		Datum: 01.05.2003

φ_t die Kriechzahl $\varphi(t,t_0)$ nach DAfStb-Heft 525 oder nach Fb 102, Kap. II, 3.1.5.5 Abb. 3.119. Die Kriechzahl ist u.a. abhängig vom Betonalter (t) und vom Alter (t_0) bei Belastungsbeginn.   *Fb 102, Kap. II, 3.1.5.5 (7)**

ψ_L ein Kriechbeiwert in Abhängigkeit von der Kriechzahl, dem Relaxationsbeiwert des Betons und den Querschnittseigenschaften des Baustahl- und Verbundquerschnittes.   *Fb 102, Kap. II, 2.5.5.1*

Für Verbundbrücken ohne erhebliche sekundäre Beanspruchungen infolge Kriechen dürfen konstante Werte für den Kriechbeiwert nach Fb 104, Kap. II, 4.2.3 Tab. 4.1 angenommen werden. Für ständige (zeitlich konstante) Einwirkungen ist $\psi_L = 1{,}1$ anzusetzen.   *Fb 104, Kap. II, 4.2.3 Tab. 4.1*

Reduktionszahl n_0 für Kurzzeitlasten:

$$n_0 = \frac{E_a}{E_{cm}}$$
$$n_0 = 6{,}58$$

$E_a = 210.000$ MN/m²
$E_{cm} = 31.900$ MN/m²
Fb 102, Kap. II, 3.1.5.2 (2) Tab. 3.2

Reduktionszahl n_L für zeitl. konstante Lasten, $t = \infty$ (100 Jahre):

Der Einfluss aus Schwinden darf vernachlässigt werden.   *Fb 104, Kap. II, Anhang K K.3 (9)*

Die Kriechzahl $\varphi(\infty,t_0)$ zum betrachteten Zeitpunkt kann nach Fb 102, Kap. II, 3.1.5.5 wie folgt ermittelt werden:

Eingangswerte für Diagramm Abb. 3.119:

- $RH = 80\%$ (relative Feuchte der Umgebung)
- $t_0 = 10$ Tage (Betonalter bei Belastungsbeginn)
- Linie 1, da Festigkeitsklasse des Zements 32,5N
- C 30/37   *siehe Abschnitt 1.5*
- $h_0 = 2 A_c / u$ *Fb 102, Kap. II, 3.1.5.5 Abb. 3.119*

     dabei ist:

     A_c die Betonkernquerschnittsfläche (hier vereinfachend ohne Kragarm und ohne Abzug der Stahlträgerflächen) $A_c = 4{,}62 \cdot 0{,}90 = 4{,}16$ m²

Bauteil : WIB-Überbau		Archiv Nr.:
Block : Vorbemerkungen	Seite: **12**	
Vorgang : Ermittlung der Reduktionszahlen		

u die Abwicklung der der Austrocknung ausgesetzten Begrenzungsfläche des Betonquerschnitts.
Auf der sicheren Seite liegend wird der Gesamtumfang des Betonkernquerschnittes ohne Kragarm angesetzt.

- h_0 = 754 mm

$u = 2 \cdot 4{,}62 + 2 \cdot 0{,}90$
$= 11{,}04$ m

Nach Fb 102, Kap II, 3.1.5.5 Abb. 3.119 kann somit eine Endkriechzahl $\varphi(\infty, t_0) = 2{,}22$ abgelesen werden.

Damit ergibt sich für die Reduktionszahl n_L:

$$n_L = n_0 \cdot (1 + \psi_L \cdot \varphi_t)$$
$$n_L = \frac{E_a}{E_{cm}} \cdot (1 + 1{,}1 \cdot 2{,}22)$$
$$n_L = 22{,}66$$

Fb 102, Kap II, 3.1.5.5
Abb.3.119
$\varphi(\infty, t_0) = 2{,}22$

E_a = 210.000 MN/m²
E_{cm} = 31.900 MN/m²
ψ_L = 1,1

Alternativ zur hier gezeigten Berechnungsmethode der Kriechzahl zum Zeitpunkt $t = \infty$ kann eine genauere Berechnung nach DAfStb-Heft 525 durchgeführt werden.

Im weiteren Verlauf dieser statischen Berechnung wird die nach Fb 102, Kap. II, 3.1.5.5, Abb. 3.119 ermittelte Kriechzahl und die daraus resultierende Reduktionszahl n_L verwendet.

<u>Anmerkung:</u>

Nach Fb 104, Kap. II, Anhang K, K.3 (8) darf für die Ermittlung der durch das Kriechen hervorgerufenen Verformungen mit einer stark vereinfachten Reduktionszahl für Langzeitbelastungen gerechnet werden.

$$n_L = \frac{E_a}{E_{cm}/3} = 19{,}75$$

1.7 Hinweise zum Herstellungs- und Bauverfahren

Die beiden eingleisigen Überbauten werden in Ortbetonbauweise mit jeweils 8 Walzträgern in Beton ausgeführt. Die Tragwerke werden längs zur Haupttragrichtung in Brückenmitte mit Hilfe einer Raumfuge statisch voneinander getrennt.

Zwischen den einzelnen Walzträgern werden Faserzementplatten angeordnet, die als verlorene Schalung für den aufzubringenden Ortbeton dienen. Die Mitwirkung der auf den Stahlträgeruntergurten angeordneten Schalung als Teil der endgültigen Konstruktion darf nicht berücksichtigt werden.

Fb 104, Kap II, Anhang K, K.3 (14)

Die untere Lage der Querbewehrung wird durch die vorgebohrten Stege der Walzträger geführt. Die vorhandenen Bohrlöcher müssen entgratet sein.

Fb 104, Kap II, Anhang K, K.2 (1)

Die Walzträger werden für die ständigen Einwirkungen und einem Anteil der Verkehrslast überhöht eingebaut.

Ril 804.1101, Abs. 34

Nachgewiesen wird im Rahmen dieser statischen Berechnung der Endzustand.
In dieser Hauptstatik werden keine Bauzustände untersucht.

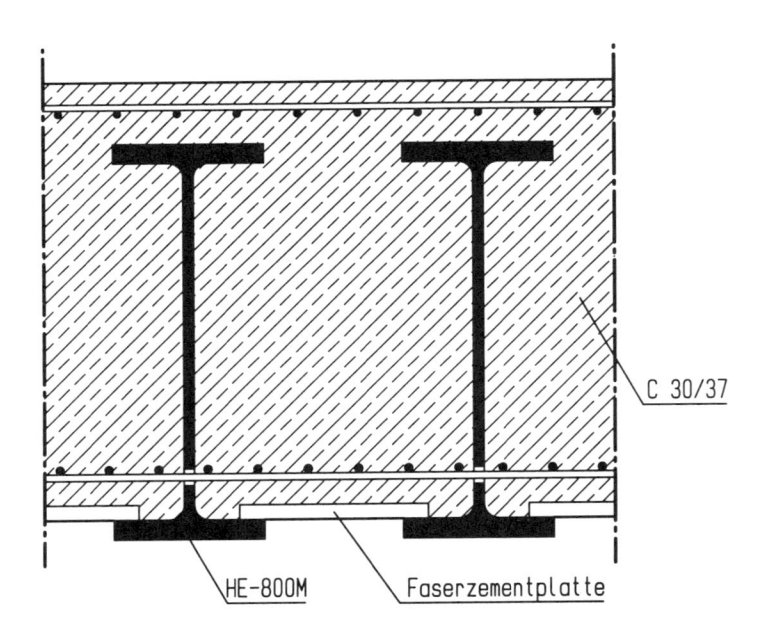

Bild 4   Herstellungsverfahren

2 Fahrbahnkonstruktion

Die Fahrbahn wird zweigleisig mit durchgehendem Schotterbett über beiden Überbauten ausgeführt. Die durchgehenden Schienen liegen auf Spannbetonschwellen.

Der Fahrbahnkonstruktion und der Querschnittsausbildung liegen die einschlägigen eisenbahnspezifischen Regelungen zugrunde.

Ril 804.1101, Abs. 16 und
Ril 804.1101 A01

Verfasser : Planungsgemeinschaft h² Hochschule Magdeburg – Stendal (FH)	Proj. – Nr. 2000
Programm : C Hochschule Anhalt (FH)	
Bauwerk : EÜ über die B184 bei Leitzkau	Datum: 01.05.2003

3 Haupttragwerk

3.1 Berechnungsgrundlagen

Bei der untersuchten Konstruktion handelt es sich um einen einfeldrigen Verbundträger mit einbetonierten Stahlträgern (Walzträger in Beton). Die auftretenden Querkräfte und Torsionsmomente werden über die Endquerträger in die Lager eingeleitet. Die linear-elastische Schnittgrößenermittlung erfolgt am Haupttragwerk ohne Berücksichtigung der Rissbildung. Die plastische Bemessung wird für die maßgebenden Träger durchgeführt.

Fb 104, Anhang K

Fb 104, Anhang K, K.3 (2)

Die Nachweise für Biegung mit Längskraft werden im maßgebenden Schnitt 1 –1 in Feldmitte ($x / l = 0{,}5$) geführt. Die Nachweise für die Querkraft erfolgen unter der Annahme einer indirekten Auflagerung des Längssystems auf den Endquerträgern. Der maßgebende Schnitt 2 –2 für die Bestimmung der Bemessungsquerkraft befindet sich damit am Rand des Endquerträgers bei $x = 1{,}00$ m ($x / l = 0{,}063$). Dieser Abstand wird im Weiteren als b_V bezeichnet.

$x = l / 2 = 16{,}00 / 2 = 8{,}00$ m

$x = 2{,}00 - 1{,}00 = 1{,}00$ m
siehe Bild 2

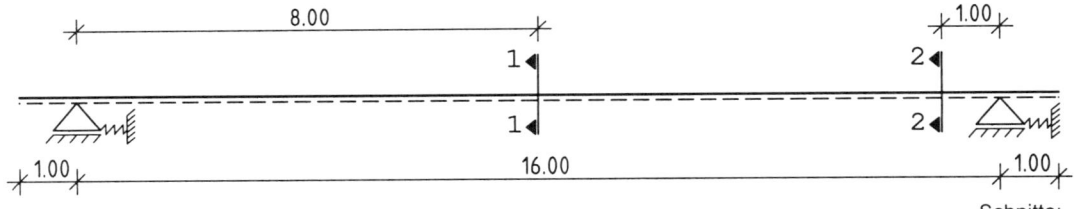

Bild 5 Systemskizze des statischen Systems in Längsrichtung

Schnitte:
1-1 max. Biegebeanspruchung
2-2 max. Querkraftbeanspruchung

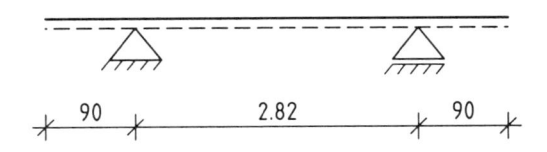

Bild 6 Systemskizze des statischen Systems des Endquerträgers

Bauteil : WIB-Überbau	Archiv Nr.:
Block : Haupttragwerk Seite: 16	
Vorgang : Berechnungsgrundlagen	

Verfasser : Planungsgemeinschaft h² Hochschule Magdeburg – Stendal (FH)	Proj. – Nr. 2000
Programm : C̄ Hochschule Anhalt (FH)	
Bauwerk : EÜ über die B184 bei Leitzkau	Datum: 01.05.2003

3.2 Charakteristische Werte der einwirkenden Last- und Weggrößen

3.2.1 Ständige Einwirkungen

Fb 102, Kap. II, 2.2.2.2 und
4.2.1.2 sowie Fb 101, Kap. III

Bestimmung der Betonquerschnittsflächen

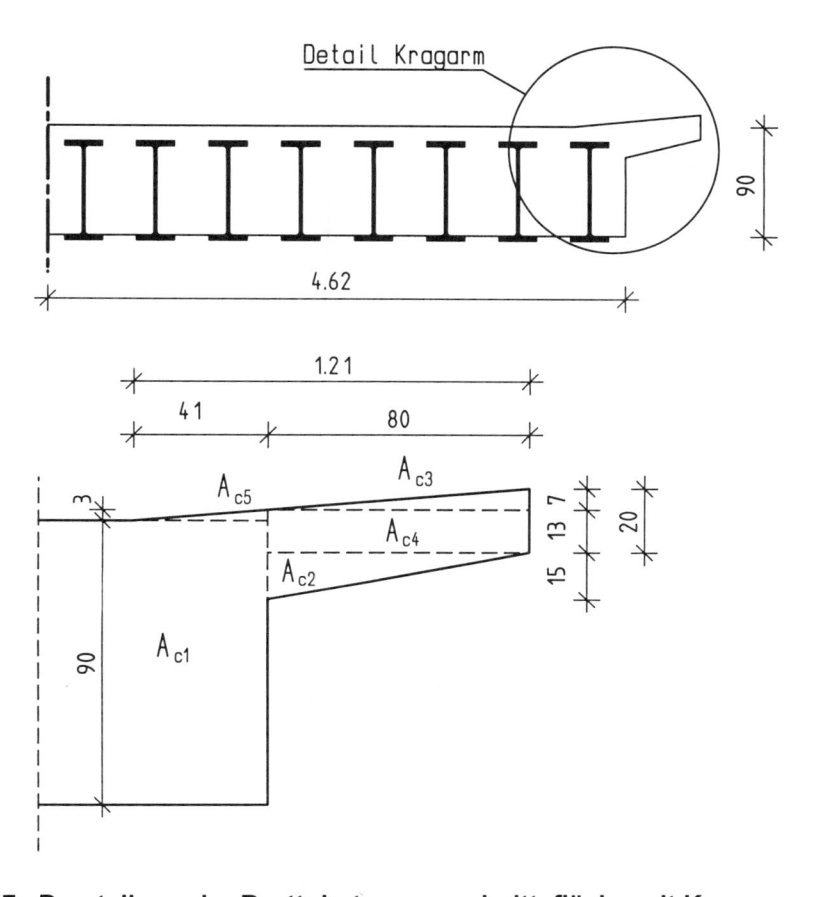

Bild 7 Darstellung der Bruttobetonquerschnittsfläche mit Kragarm

Bruttobetonquerschnittsfläche (ohne Abzug der Walzträger):

$A_{cb} = A_{c1} + A_{c2} + A_{c3} + A_{c4} + A_{c5}$
$\quad\ \ = 4{,}16 + 0{,}06 + 0{,}03 + 0{,}10 + 0{,}01$
$\quad\ \ = 4{,}36 \text{ m}^2$

$A_{c1} = 4{,}62 \cdot 0{,}90 \quad\quad\ \ = 4{,}16 \text{ m}^2$
$A_{c2} = 0{,}5 \cdot 0{,}80 \cdot 0{,}15 = 0{,}06 \text{ m}^2$
$A_{c3} = 0{,}5 \cdot 0{,}07 \cdot 0{,}80 = 0{,}03 \text{ m}^2$
$A_{c4} = 0{,}80 \cdot 0{,}13 \quad\quad\ \ = 0{,}10 \text{ m}^2$
$A_{c5} = 0{,}5 \cdot 0{,}03 \cdot 0{,}41 = 0{,}01 \text{ m}^2$
$\quad\quad\quad\quad\quad\quad\quad\ \Sigma = 4{,}36 \text{ m}^2$

Nettobetonquerschnittsfläche:

$A_{cn} = A_{cb} - 8 \cdot (A_a - b_a \cdot t_f)$
$\quad\ \ = 4{,}36 - 8 \cdot (0{,}0404 - 0{,}303 \cdot 0{,}04)$
$\quad\ \ = 4{,}36 - 0{,}23$
$\quad\ \ = 4{,}13 \text{ m}^2$

Bauteil : WIB-Überbau	Archiv Nr.:
Block : Haupttragwerk Seite: **17**	
Vorgang : Einwirkende Last- und Weggrößen	

Verfasser	: Planungsgemeinschaft h² Hochschule Magdeburg – Stendal (FH)	Proj. – Nr. 2000
Programm	: C Hochschule Anhalt (FH)	
Bauwerk	: EÜ über die B184 bei Leitzkau	Datum: 01.05.2003

Konstruktionseigenlast (inkl. Walzträgereigenlast):

Die Konstruktionseigenlast errechnet sich aus dem Eigengewicht des Betons zuzüglich dem Eigengewicht der einbetonierten Walzträger.

Beton + Walzträger: $4{,}13 \cdot 25 + 3{,}17 \cdot 8 = 128{,}6$ kN/m
$$g_{k,1} = 128{,}6 \text{ kN/m}$$

g_k = 3,17 kN/m (Trägerlast)
n_a = 8 (Anzahl Träger)

Eigenlast der Fahrbahn (inkl. Schutzbeton):

Die mittlere Schotterbetthöhe ergibt sich aus Fahrbahnhöhe zuzüglich halber Überhöhung, abzüglich der Schienenhöhe und Ansatz einer Hebereserve von 0,10 m zu:

$\overline{h}_{\text{Schotterbett}} = 0{,}75 + 0{,}081 / 2 - 0{,}20 + 0{,}10 = 0{,}69$ m

eingleisige Fahrbahn mit Schotterbett inkl. Schwellen und Schienen
5 cm Schutzbeton und
1 cm Abdichtung

reg u = 81 mm

Schotterbett:	$4{,}21 \cdot 0{,}69 \cdot 20$	= 58,1 kN/m
bewehrter Schutzbeton:	$4{,}21 \cdot 0{,}06 \cdot 25$	= 6,3 kN/m
Schienen (UIC 60):		= 1,2 kN/m
Schwellenzuschlag:		= 1,0 kN/m
	$g_{k,2}$	= 66,6 kN/m

Fb 101, Kap. IV, Anhang M, M.1.1 (2) P
γ_{Schotter} = 20 kN/m³
γ_{Beton} = 25 kN/m³
Fb 101, Kap. IV, Anhang G, G.2.3 (3) hier nicht einschlägig

Fb 101, Kap. IV, Anhang M, Tab M.1 g_k = 60 KN/m (ohne Schutzbeton)

Eigenlast der Kappe:

Kappenbeton:	$25 \cdot 0{,}550$	= 13,8 kN/m
Kabelkanal:		= 2,4 kN/m
Geländer:		= 0,5 kN/m
	$g_{k,3}$	= 16,7 kN/m

Kappe und Kabeltrog nach RZ DB M-RKP 1604
A_{Kappe} = 0,550 m²

Summe der ständigen Einwirkungen:

Konstruktionseigenlast $g_{k,1}$:	= 128,6 kN/m
Eigenlast der Fahrbahn $g_{k,2}$:	= 66,6 kN/m
Eigenlast der Kappe $g_{k,3}$:	= 16,7 kN/m
$g_{k,\text{ges}}$	= 211,9 kN/m

Anmerkung:
Das Zusatzgewicht des Endquerträgers ist für das Längssystem ohne Bedeutung und kann vernachlässigt werden.
Bei den Nachweisen des Endquerträgers und der Ermittlung der Lagerlasten ist das Zusatzgewicht jedoch anzusetzen.

Bauteil	: WIB-Überbau		Archiv Nr.:
Block	: Haupttragwerk	Seite: **18**	
Vorgang	: Einwirkende Last- und Weggrößen		

Verfasser : Planungsgemeinschaft h² Hochschule Magdeburg – Stendal (FH)	Proj. – Nr. 2000
Programm : C̃ Hochschule Anhalt (FH)	
Bauwerk : EÜ über die B184 bei Leitzkau	Datum: 01.05.2003

3.2.2 Veränderliche Einwirkungen

Fb 101, Kap. IV, 6 und Fb 102, Kap. II, 2.2.2.1 (2) P und 2.2.2.2

3.2.2.1 Lastmodell 71

Fb 101, Kap. IV, 6.3.2

Das Lastmodell 71 stellt den statischen Anteil der Einwirkungen aus normalem Eisenbahnverkehr dar und wirkt als Vertikallast auf das Gleis.

Fb 101, Kap. IV, 6.3.2 (1)

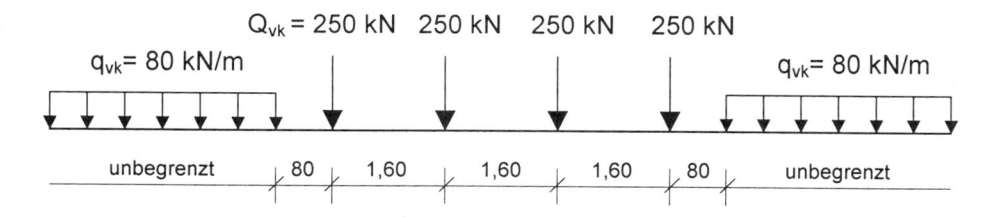

$Q_{vk} = 250$ kN, 250 kN, 250 kN, 250 kN
$q_{vk} = 80$ kN/m $q_{vk} = 80$ kN/m

unbegrenzt | 80 | 1,60 | 1,60 | 1,60 | 80 | unbegrenzt

Bild 8   Lastmodell 71

Eine Klassifizierung des Lastmodells kann in diesem Beispiel unterbleiben, da gegenüber dem normalen Verkehr seitens der zuständigen Behörde weder ein schwererer noch ein leichterer Verkehr anzunehmen ist.

$$\alpha = 1{,}00$$

*Fb 101, Kap. IV, 6.3.2 (3) P
Beiwerte für klassifizierte Vertikallasten:
schwerer Verkehr:
$\alpha = 1{,}10 \,;\, 1{,}21 \,;\, 1{,}33$
leichter Verkehr:
$\alpha = 0{,}75 \,;\, 0{,}83 \,;\, 0{,}91$
(gilt auch für Lastmodell SW/0, Zentrifugal-, Anfahr- und Bremslasten sowie für außergewöhnliche Einwirkungen)
Falls kein Beiwert festgelegt wird, ist $\alpha = 1{,}00$ anzunehmen.*

Die seitliche Exzentrizität der Vertikallasten aus dem Lastbild LM 71 ist durch ein Verhältnis der beiden Radlasten einer Achse von

Fb 101, Kap. IV, 6.3.1 (3) P, Abb. 6.1

$$\frac{Q_{v2}}{Q_{v1}} \leq 1{,}25$$

zu berücksichtigen. Die daraus resultierende Exzentrizität beträgt

$$e \leq \frac{r}{18}$$

mit:
    Q_{v1}, Q_{v2} Radlasten
    e Exzentrizität der Vertikallasten gegenüber der Gleisachse
    r Radabstand (auf Laufkreis bezogen)

Verfasser : Planungsgemeinschaft h² Hochschule Magdeburg – Stendal (FH)	Proj. – Nr. 2000
Programm : C Hochschule Anhalt (FH)	
Bauwerk : EÜ über die B184 bei Leitzkau	Datum: 01.05.2003

Mit einem Radabstand von $r = 1{,}50$ m ergibt sich eine maximale Lastexzentrizität gegenüber der planmäßigen Gleisachse von:

$$e = 1{,}50 / 18 = \pm\, 0{,}083 \text{ m}$$

Die Achslasten Q_{vk} des Lastmodells 71 werden in Brückenlängsrichtung als gleichmäßig verteilt angenommen.

Fb 101, Kap. IV, 6.3.5.2 (1)

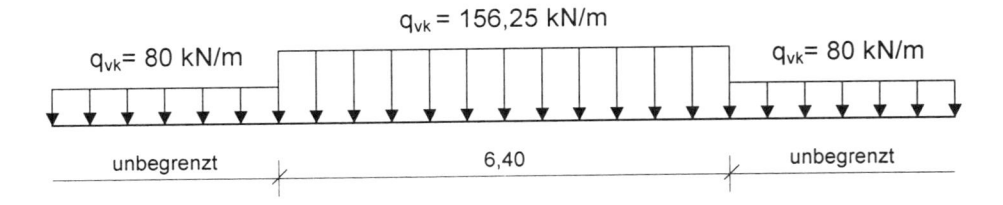

$q_{vk} = 80$ kN/m $q_{vk} = 156{,}25$ kN/m $q_{vk} = 80$ kN/m

unbegrenzt | 6,40 | unbegrenzt

Bild 9 Vereinfachtes Lastmodell 71

Grundlast: q_{vk} = 80,00 kN/m
Überlast: Δq_{vk} = 76,25 kN/m

<u>Dynamische Effekte – Überprüfung des Resonanzrisikos</u>

Der dynamische Beiwert Φ berücksichtigt die dynamische Erhöhung von Spannungen und Verformungen im Tragwerk, aber nicht Resonanzerscheinungen und übermäßige Schwingungen des Überbaus.

Fb 101, Kap. IV, 6.4.3.1 (1) P
siehe auch Ril 804.3101 Abs. 7 und 8

Die Gefahr von Resonanz oder übermäßigen Schwingungen kann insbesondere bei Geschwindigkeiten $V > 200$ km/h auftreten. Diese dynamischen Auswirkungen sind durch die dynamischen Beiwerte nicht unmittelbar abgedeckt, so dass detaillierte Berechnungen durchgeführt werden müssen.

Fb 101, Kap. IV, 6.4.4 (1)

Fb 101, Kap. IV, 6.4.4 (2) P
Berechnung nach Ril 804.3301

Auf eine dynamische Berechnung darf verzichtet werden, wenn eine der folgenden Bedingungen erfüllt ist:

Ril 804.3101 Abs. 8

- bei S-Bahnen
- $v_ö \leq 90$ km/h ($v_ö$: örtliche Geschwindigkeit)
- $v_ö \leq 160$ km/h, wenn gleichzeitig die Radsatzlasten $Q_{RSL} \leq 225$ kN und die Linienlast $m' \leq 80$ kN/m sind
- bei einfeldrigen Rahmentragwerken
- bei Durchlaufträgern

Da keine der Bedingungen erfüllt ist, muss das Resonanzrisiko überprüft werden.

Bauteil : WIB-Überbau		Archiv Nr.:
Block : Haupttragwerk	Seite: **20**	
Vorgang : Einwirkende Last- und Weggrößen		

Verfasser	: Planungsgemeinschaft h² Hochschule Magdeburg – Stendal (FH)		Proj. – Nr. 2000
Programm	: C̄ Hochschule Anhalt (FH)		
Bauwerk	: EÜ über die B184 bei Leitzkau		Datum: 01.05.2003

Auf eine dynamische Berechnung darf weiterhin verzichtet werden, wenn für ein Tragwerk die erste Eigenfrequenz der Biegeschwingung innerhalb festgelegter Grenzen liegt und zusätzlich eine der folgenden Bedingungen erfüllt ist:

Ril 804.3101 Abs. 9
Fb 101, Kap. IV, 6.4.3.1 (4), Abb. 6.9 oder Ril 804.3101, Bild 9

a) $v_ö \leq 200$ km/h ($v_ö$: örtliche Geschwindigkeit)
b) Das Tragwerk ist ein balkenartiger Einfeldträger mit einer Stützweite $L \geq 40$ m.
c) Das Tragwerk ist ein balkenartiger Durchlaufträger in Betonbauart mit einer kleinsten Stützweite $min\ L \geq 40$ m und einer größten Stützweite $max\ L \leq 1,5\ min\ L$.

Bedingung a) ist erfüllt, es ist die Eigenfrequenz zu überprüfen.

Bei Brücken werden die Eigenfrequenzen eines Bauteils aus der Biegelinie unter ständigen Einwirkungen ohne quasi-ständigen Verkehrslastanteil berechnet.

Fb 101, Kap. IV, 6.4.3.1 (5)

Für einen auf Biegung beanspruchten Einfeldträger kann die Eigenfrequenz n_0 mit folgender Gleichung ermittelt werden:

Ril 804.3101, Abs. 9

$$n_0 = \frac{17,75}{\sqrt{\delta_0}}\ [Hz] \quad (a)$$

siehe auch Fb 101, Kap. IV, 6.4.3.1, Gl. 6.1

oder
$$n_0 = \frac{\pi}{2 \cdot L^2} \sqrt{\frac{E \cdot I}{m}} \quad (b)$$

mit:

Ril 804.3301 A01, Abs. (1)

δ_0 [mm] Durchbiegung in Feldmitte infolge ständiger Einwirkungen in mm (einschließlich Oberbau)

δ_0 ist im Endzustand mit dem Kurzzeit E-Modul zu ermitteln. Dies bedeutet, dass bei Verbundbrücken mit einbetonierten Stahlträgern der Elastizitätsmodul für Verkehrslasten und das Trägheitsmoment des Verbundquerschnitts anzusetzen sind.

und

L Stützweite

$L = l = 16,00$ m

E Kurzzeit-E-Modul

$E_a = 210.000$ MN/m²

I Biegeträgheitsmoment
(ideelles Flächenträgheitsmoment des ungerissenen Verbundträgers für Kurzzeitlasten)

$I_{i,0} = 0,00962$ m⁴, siehe Abschn. 3.3.1

m Masse pro Längeneinheit, einschl. Oberbau
(z.B. in [t/m]); $m = g_{k,ges} / g$

$g = 9,81$ m/s²
$g_{k,ges} = g_{k,1} + g_{k,2} + g_{k,3}$
$= 0,2119$ MN/m
siehe Abschn. 3.2.1

Bauteil	: WIB-Überbau		Archiv Nr.:
Block	: Haupttragwerk	Seite: **21**	
Vorgang	: Einwirkende Last- und Weggrößen		

Verfasser : Planungsgemeinschaft h² Hochschule Magdeburg – Stendal (FH) C Hochschule Anhalt (FH)	Proj. – Nr. 2000
Programm :	
Bauwerk : EÜ über die B184 bei Leitzkau	Datum: 01.05.2003

Bei dem hier vorliegenden WIB-Tragwerk ergibt sich somit die Biegesteifigkeit $E \cdot I$ für die Berechnung der Eigenfrequenz n_0 zu $E \cdot I = n_a \cdot E_a \cdot I_{i,0}$.

$$n_0 = \frac{\pi}{2 \cdot l^2} \sqrt{\frac{n_a \cdot E_a \cdot I_{i,0}}{m}} = \frac{\pi}{2 \cdot 16{,}0^2} \cdot \sqrt{\frac{8 \cdot 210000 \cdot 0{,}00962}{0{,}2119 / 9{,}81}}$$

$n_0 = 5{,}3$ Hz

$n_a = 8$
(Anzahl der Verbundträger)

Anmerkung:
Eine Vergleichsberechnung zeigt, dass der Nachweis auch mit einer geringeren Querschnittshöhe bzw. kleineren Stahlprofilen erbracht werden kann. Auf eine Optimierung wird hier jedoch verzichtet.

Oberer Grenzwert der Eigenfrequenz:

$n_0 = 94{,}76 \cdot L^{-0{,}748}$ (n_0 in Hz)
$n_0 = 11{,}9$ Hz

Grenze (1) nach
Ril 804.3101, Abs.9

$L = l = 16$ m

Unterer Grenzwert der Eigenfrequenz:

$n_0 = 80 / L$ (n_0 in Hz)
$n_0 = 5{,}0$ Hz

Grenze (2) nach
Ril 804.3101, Abs.9

$L = l = 16$ m

$5{,}0$ Hz $\leq n_0 = 5{,}3$ Hz $\leq 11{,}9$ Hz

Es liegt demnach keine Gefahr der Resonanzbildung und der Bildung übermäßiger Schwingungen vor.

Dieser Nachweis wird in der Regel für die Ermittlung der erforderlichen Überbauhöhe maßgebend. Lassen andere geometrische bzw. örtliche Randbedingungen eine entsprechende Überbauhöhe nicht zu, und liegt somit die Eigenfrequenz unterhalb bzw. oberhalb der Grenzwerte, sind genauere dynamische Analysen erforderlich. Hinweise dazu liefert Ril 804.3301 "Dynamische Effekte bei Resonanzgefahr".

Fb 101, Kap. IV, Anhang H

In Abhängigkeit von der geforderten Streckenwartung ist für die sorgfältige Unterhaltung der Gleise der Schwingbeiwert Φ_2 anzusetzen.

Fb 101, Kap. IV, 6.4.3.2 (2) P

Sorgfältiger Unterhaltungszustand:

$$\Phi_2 = \frac{1{,}44}{\sqrt{L_\Phi} - 0{,}2} + 0{,}82 = \frac{1{,}44}{\sqrt{16{,}00} - 0{,}2} + 0{,}82$$

$\Phi_2 = 1{,}20$ mit $1{,}00 \leq \Phi_2 \leq 1{,}67$

Fb 101, Kap. IV, 6.4.3.2. (1) P
Gl. 6.2

maßgebende Länge $L_\Phi = l$
nach Fb 101, Kap. IV, 6.4.3.3 Tab. 6.2, Fall 5.1;
Überstände des Überbaus werden vernachlässigt

Mit diesem dynamischen Beiwert sind die vertikalen Lasten der Lastmodelle LM 71, SW/0 und SW/2 zu multiplizieren.

Fb 101, Kap. IV, 6.4.3.2 (1) P

Bauteil : WIB-Überbau	Archiv Nr.:
Block : Haupttragwerk Seite: **22**	
Vorgang : Einwirkende Last- und Weggrößen	

3.2.2.2 Lastmodell SW/0

Alle **Durchlaufträger**, die für das Lastmodell 71 bemessen werden, sind zusätzlich für das Lastmodell SW/0 zu untersuchen.

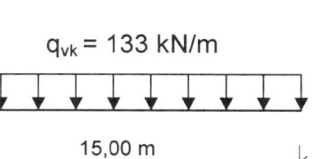

q_{vk} = 133 kN/m q_{vk} = 133 kN/m

| 15,00 m | 5,30 m | 15,00 m |

Bild 10   Lastmodell SW/0

Für den vorliegenden Fall eines Einfeldträgers ist somit die Anwendung dieses zusätzlichen Lastmodells nicht erforderlich.

3.2.2.3 Lastmodell SW/2

Das Lastmodell SW/2 stellt den statischen Anteil des Schwerverkehrs dar. Die Lastanordnung ist mit den charakteristischen Werten der Vertikallasten anzunehmen.
Strecken oder Streckenabschnitte mit Schwerverkehr sind zu benennen. Die Benennung sollte durch das Eisenbahn - Infrastrukturunternehmen erfolgen.

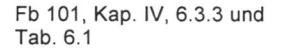

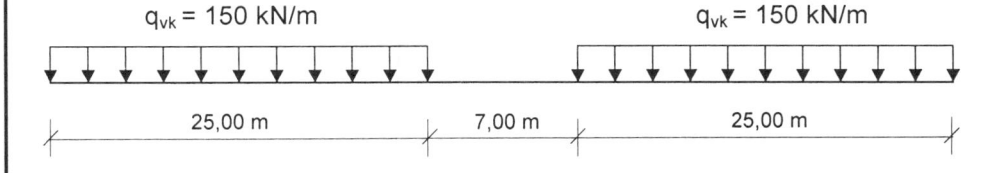

q_{vk} = 150 kN/m q_{vk} = 150 kN/m

| 25,00 m | 7,00 m | 25,00 m |

Bild 11   Lastmodell SW/2

3.2.2.4 Unbeladener Zug

Für einige spezielle Nachweise wird ein gesondertes Lastmodell, der „unbeladene Zug", verwendet.
Zum Nachweis der Gesamtstabilität ist die Lastfallkombination unbeladener Zug ohne dynamischen Beiwert mit voller Windlast anzusetzen. Die dazugehörige Vertikallast beträgt:

q_{vk} =   12,5 kN/m

3.2.2.5 Verkehrslast auf Dienstgehwegen

Fb 101, Kap. IV, 6.3.6.1

Lasten aus Fußgänger- und Radverkehr sind durch eine gleichmäßig verteilte Belastung mit einem charakteristischen Wert q_{fk} = 5,0 kN/m² zu berücksichtigen. Diese Belastung ist auf dem Gehweg in Länge und Breite in ungünstiger Weise anzuordnen.

Fb 101, Kap. IV, 6.3.6.1 (2) P

Die Breite des Dienstgehweges beträgt b = 1,15 m. Damit ergibt sich eine Streckenlast für den Dienstweg von:

siehe Abschn. 1.4

q_{fk} = 1,15 · 5,0 = 5,75 kN/m

3.2.2.6 Verkehrslast bei Gleis- und Brückenunterhaltung

Fb 101, Kap. IV, 6.8.4

Falls nicht anderweitig festgelegt, sollten bei Nachweisen in vorübergehenden Bemessungssituationen aufgrund von Gleis- oder Brückenunterhaltung die charakteristischen Werte des LM 71 entsprechend den nicht häufigen Werten angesetzt werden.
Es sind für dieses eingleisige Tragwerk die Vertikallasten mit dem Faktor ψ'_1 = 1,0 anzusetzen. Alle anderen charakteristischen, nicht häufigen, häufigen und quasi-ständigen Werte sind dieselben wie in der ständigen Bemessungssituation.

Fb 101, Kap. IV, 6.8.4 (1) P
Fb 101, Kap. IV, Anhang J, (1)
Regelung gilt soweit nicht anderweitig festgelegt

Fb 101, Kap. IV, G.2.4, Tab. G.2

Grundlast: q_{vk} = 80,00 kN/m
Überlast: q_{vk} = 76,25 kN/m

Exzentrizität: e = ± 0,083 m

siehe Abschn. 3.2.2.1

3.2.2.7 Ermüdungslastmodell

Fb 101, Kap. IV, 6.9

Für normalen Verkehr, für den die charakteristischen Werte des Lastmodells 71, einschließlich des dynamischen Beiwertes Φ benutzt werden, ist der Nachweis der Ermüdungssicherheit auf der Grundlage der Verkehrszusammensetzungen „gewöhnlicher Verkehr" oder „Verkehr mit 250 kN-Achsen" zu führen, je nachdem ob das Tragwerk durch Mischverkehr oder vorwiegend durch schweren Güterverkehr beansprucht wird.

Fb 101, Kap. IV, 6.9 (2)

Alternativ kann der Nachweis der Ermüdungssicherheit anhand einer speziellen Verkehrszusammensetzung und Nutzungsdauer geführt werden.

Fb 101, Kap. IV, 6.9 (6)

Die spezielle Verkehrszusammensetzung und die Nutzungsdauer werden vom Eisenbahn - Infrastrukturunternehmen festgelegt.

Fb 101, Kap. IV, Anhang F

Die Nachweisführung auf Grundlage einer prognostizierten Verkehrszusammensetzung stellt für Brückenneubauten nicht den Regelfall dar.

Bei Neubauten ist das Lastmodell 71 mit dynamischem Beiwert zugrunde zu legen. Der maßgebende Lastfall ist das fahrende Lastmodell 71.

Fb 101, Kap. IV, 6.9 (2)

Grundlast: q_{vk} = 80,00 kN/m
Überlast: q_{vk} = 76,25 kN/m

siehe Abschn. 3.2.2.1

dynamischer Beiwert: Φ = 1,20

3.2.2.8 Zentrifugallasten

Fb 101, Kap. IV, 6.5.1

Bei Brücken, die ganz oder teilweise in einer Gleiskrümmung liegen, sind die Zentrifugallasten und die Überhöhung zu berücksichtigen. Die Zentrifugallasten sind 1,80 m über Schienenoberkante horizontal nach außen wirkend anzunehmen.
Die Zentrifugallast ist immer mit der Vertikalbelastung zu kombinieren. Die Zentrifugallast ist nicht mit dem dynamischen Beiwert Φ zu multiplizieren.

Fb 101, Kap. IV, 6.5.1 (1) P
Fb 101, Kap. IV, 6.5.1 (2) P
Fb 101, Kap. IV, 6.5.1 (5) P

Die charakteristischen Werte der Zentrifugallasten ergeben sich für die Achslasten:

$$Q_{tk} = \frac{V^2}{127 \cdot r} \cdot f \cdot Q_{vk}$$

Fb 101, Kap. IV, 6.5.1 (4) P
Gl. (6.5)

und für die Streckenlasten:

$$q_{tk} = \frac{V^2}{127 \cdot r} \cdot f \cdot q_{vk}$$

Fb 101, Kap. IV, 6.5.1 (4) P
Gl. (6.5)

mit:

$$f = 1 - \frac{V - 120}{1000} \cdot \left(\frac{814}{V} + 1{,}75\right) \cdot \left(1 - \sqrt{\frac{2{,}88}{L_f}}\right)$$

Fb 101, Kap. IV, 6.5.1 (6) P
Gl. (6.6) sowie Tab. 6.3

wobei:

- Q_{tk}, q_{tk} charakteristische Werte der Zentrifugallasten in [kN], [kN/m]

- Q_{vk}, q_{vk} charakteristische Werte der Vertikallasten des jeweiligen Lastmodells in [kN], [kN/m]

- V maximal festgelegte Geschwindigkeit in [km/h]

- r Radius des Gleisbogens in [m]

- L_f Einflusslänge in [m] des belasteten Teils der Gleiskrümmung auf der Brücke, die am ungünstigsten für die Bemessung des jeweils betrachteten Bauteils ist

- f Abminderungsfaktor für $V > 120$ km/h und $L_f > 2{,}88$ m

Verfasser : Planungsgemeinschaft h² Hochschule Magdeburg – Stendal (FH)	Proj. – Nr. 2000
Programm : c̄ Hochschule Anhalt (FH)	
Bauwerk : EÜ über die B184 bei Leitzkau	Datum: 01.05.2003

Bei Ansatz des Lastmodells 71 und Entwurfsgeschwindigkeiten von mehr als 120 km/h sind zwei Fälle zu berücksichtigen:

- Lastmodell 71 mit Schwingbeiwert und der Zentrifugallast für V = 120 km/h und f = 1,0

- ein abgemindertes Lastmodell 71 ($f \cdot Q_{vk}$ bzw. $f \cdot q_{vk}$) und die Zentrifugallast für die maximal festgelegte Geschwindigkeit.
- Der Abminderungsfaktor f ergibt sich mit V_{max} = 200 km/h und L_f = 18,00 m zu f = 0,72.

Fb 101, Kap. IV, 6.5.1 (6) P

f nach Fb 101, Kap. IV, 6.5.1 (6) P, Gl. (6.6)

Fb 101, Kap. IV, 6.5.1 (3) P

Im Fall des Lastmodells SW ist für die Ermittlung der Zentrifugallasten eine Geschwindigkeit von 80 km/h anzunehmen.

Damit ergeben sich folgende zu kombinierende charakteristische Werte der Einwirkungen:

Lastmodell 71:

    Zentrifugallasten:
        Grundlast: q_{tk} = 2,59 kN/m   für V = 120 km/h, f = 1,0
        Überlast: q_{tk} = 2,47 kN/m   für V = 120 km/h, f = 1,0

    zu kombinieren mit:

    Vertikallasten:
        Grundlast: $\Phi \cdot q_{vk}$ = 96,00 kN/m
        Überlast: $\Phi \cdot q_{vk}$ = 91,50 kN/m

$\Phi = \Phi_2 = 1{,}20$
siehe Abschnitt 3.2.2.1
q_{vk} siehe Abschnitt 3.2.2.1

reduziertes Lastmodell 71:

    Zentrifugallasten:
        Grundlast: q_{tk} = 5,18 kN/m   für V_e = 200 km/h, f = 0,72
        Überlast: q_{tk} = 4,94 kN/m   für V_e = 200 km/h, f = 0,72

    zu kombinieren mit:

    Vertikallasten:
        Grundlast: $f \cdot \Phi \cdot q_{vk}$ = 69,12 kN/m   mit f = 0,72
        Überlast: $f \cdot \Phi \cdot q_{vk}$ = 65,88 kN/m   mit f = 0,72

$\Phi = \Phi_2 = 1{,}20$
siehe Abschnitt 3.2.2.1
q_{vk} siehe Abschnitt 3.2.2.1

Bauteil : WIB-Überbau	Archiv Nr.:
Block : Haupttragwerk	
Vorgang : Einwirkende Last- und Weggrößen	

Lastmodell SW/2:

q_{tk} = 2,2   kN/m   für V = 80 km/h, f = 1,00

zu kombinieren mit: $\Phi \cdot q_{vk}$ = 180,0 kN/m

$\Phi = \Phi_2 = 1,20$
siehe Abschnitt 3.2.2.1
q_{vk} siehe Abschnitt 3.2.2.3

Lastmodell Unbeladener Zug:

q_{tk} = 1,12   kN/m   für V_e = 200 km/h, f = 1,00

zu kombinieren mit: q_{vk} = 12,5 kN/m

q_{vk} siehe Abschnitt 3.2.2.4

Für die Lastmodelle SW/2 und „unbeladener Zug" sollte der Abminderungsfaktor mit f = 1,0 angenommen werden.

3.2.2.9 Seitenstoß

Fb 101, Kap. IV, 6.5.2

Der Seitenstoß ist als eine horizontal in Oberkante Schiene angreifende Einzellast rechtwinklig zur Gleisachse anzunehmen.

Fb 101, Kap. IV, 6.5.2 (1) P

Der charakteristische Wert des Seitenstoßes ist mit Q_{sk} = 100 kN anzunehmen. Er ist weder mit dem Klassifizierungsbeiwert α noch mit dem Beiwert f zu multiplizieren.

Fb 101, Kap. IV, 6.5.2 (2) P

Auf eine zulässige Verteilung des Seitenstoßes auf eine Länge von 4 m in Gleisrichtung wird verzichtet.

Fb 101, Kap. IV, 6.5.2 (4) P

Der Seitenstoß ist immer mit den vertikalen Verkehrslasten zu kombinieren.

Fb 101, Kap. IV, 6.5.2 (3) P

3.2.2.10 Einwirkungen aus Anfahren und Bremsen

Fb 101, Kap. IV, 6.5.3

Die charakteristischen Werte der Einwirkungen aus Anfahren und Bremsen sind wie folgt anzunehmen:

Fb 101, Kap. IV, 6.5.3 (2) P

Anfahrkraft: für Lastmodell 71 und die Lastmodelle SW

Q_{lak} = 33 · L   ≤ 1000 kN   mit L = 18,00 m
Q_{lak} = 594,0 kN   ≤ 1000 kN

Fb 101, Kap. IV, 6.5.3 (2) P, Gl. (6.7)
L - maßgebende Belastungslänge

Bremskraft: für Lastmodell 71 und Lastmodell SW / 0

Q_{lbk} = 20 · L   ≤ 6000 kN   mit L = 18,00 m
Q_{lbk} = 360,0 kN   ≤ 6000 kN

Fb 101, Kap. IV, 6.5.3 (2) P, Gl. (6.8)
Anfahren für LM 71 maßgebend

für Lastmodell SW / 2 *Fb 101, Kap. IV, 6.5.3 (2) P Gl. (6.9)*

$Q_{lbk} = 35 \cdot L$ mit $L = 18,00$ m
$Q_{lbk} = 630,0$ kN

Brems- und Anfahrkräfte wirken auf Höhe der Oberkante Schiene in Längsrichtung des Gleises. Sie sind als gleichmäßig verteilt über die Einflusslänge L der Einwirkung für das jeweilige Bauteil anzunehmen. Sie sind jeweils mit den zugehörigen Vertikallasten zu kombinieren. *Fb 101, Kap. IV, 6.5.3 (1) P*

Fb 101, Kap. IV, 6.5.3 (5) P

Gemäß den Regelungen in Ril 804 bezüglich der schwimmenden Lagerung werden die horizontalen Lagerkräfte aus Anfahren und Bremsen vereinfachend aus einer Überbauverschiebung von 4 mm in Anfahr- oder Bremsrichtung ermittelt.

3.2.2.11 Einwirkungen auf Geländer

Fb 101, Kap. IV, 4.8.1

Es ist eine horizontal wirkende Linienlast von $q_{k,Gel} = 0,8$ kN/m in Oberkante Geländer, horizontal nach außen oder innen wirkend anzusetzen. *Fb 101, Kap. IV, 4.8.1 (1)*

3.2.2.12 Temperatureinwirkungen

Fb 101, Kap. V

Die folgenden Regeln gelten für Brückenüberbauten, die täglichen und jahreszeitlichen Schwankungen klimatischer Einwirkungen ausgesetzt sind. *Fb 101, Kap. V, 6.3.1.2 (1) P*

Das dabei entstehende Temperaturprofil kann in vier Anteile aufgeteilt werden: *Fb 101, Kap. V, 6.1 (3) P Abb. 6.1*

   a) Konstanter Temperaturanteil, ΔT_N

   b) Linear veränderlicher Temperaturanteil in der $x - z$ Ebene, ΔT_{Mz}

   c) Linear veränderlicher Temperaturanteil in der $x - y$ Ebene, ΔT_{My}

   d) Nicht - lineare Temperaturverteilung, ΔT_E
      Dieser Anteil verursacht Eigenspannungen, aber keine resultierenden Schnittgrößen. Die lokalen Auswirkungen dieser Eigenspannungen sollen bei Betonbrücken durch eine ausreichende Mindestbewehrung zur Begrenzung der Rissbreite aufgenommen werden. *Fb 102, Kap. II, 4.4.2.2 101 (P)*

Im Weiteren werden nur die konstanten und linearen Temperaturunterschiede betrachtet.

Fb 101, Kap. V, 6.3.1.2 (2)

Die Temperatureinwirkungen werden in ständigen und vorübergehenden Bemessungssituationen berücksichtigt, soweit Verformungen nachzuweisen oder Zwangbeanspruchungen zu bemessen sind.
Es ergeben sich folgende Einwirkungen:

Fb 101, Kap. V, 5.1 (1) P

Temperaturschwankungen

Fb 101, Kap. V, 6.3

Da sich der vorliegende Überbau infolge seiner fast vollständig einbetonierten Stahlträger im Bezug auf Temperaturänderungen ähnlich wie eine reine Stahlbetonbrücke verhält, werden die Temperaturschwankungen für den Überbautyp der Gruppe 3 (Betonbrücken) ermittelt.

Extremwerte der effektiven Brückentemperatur:
$T_{e,max}$ = 37 °C
$T_{e,min}$ = -17 °C

Fb 101, Kap. V, 6.3.1.3.1 (5)*
abgelesen für Gruppe 3 (Betonbrücken)
mit T_{max} = 37°C und T_{min} = -24°C

Aufstelltemperatur:
T_0 = 10 °C

Fb 101, Kap. V, 6.3.1.3.3 (2) P

Temperaturschwankungen, bezogen auf T_0 = +10°C:
$\Delta T_{N,neg} = T_{e,min} - T_0$ = -27 K
$\Delta T_{N,pos} = T_{e,max} - T_0$ = 27 K

Fb 101, Kap. V, 6.3.1.3.3 (3) P
Fb 101, Kap. V, 6.3.1.3.3 Gl. (4.1)
Fb 101, Kap. V, 6.3.1.3.3 Gl. (4.2)

Temperaturschwankungen insgesamt:
$\Delta T_N = T_{e,max} - T_{e,min}$ = 54 K

Fb 101, Kap. V, 6.3.1.3.3 (3) P
Fb 101, Kap. V, 6.3.1.3.3 Gl. (4.3)

Lager und Übergänge:

Für die Berechnung der Bewegungsschwankungen (z.B. bei der Bemessung von Lagern und Dehnungsfugen) muss, sofern keine anderen Werte vorliegen, die maximale Schwankung des positiven Temperaturanteils zu ($\Delta T_{N,pos}$ = +20 K) und die maximale Schwankung des negativen Temperaturanteils zu ($\Delta T_{N,neg}$ = -20 K) angenommen werden.
Wenn die mittlere Bauwerkstemperatur beim Herstellen der endgültigen Verbindung mit den Lagern und bei der Ausbildung von Dehnfugen bekannt ist, kann der Wert von 20 K auf 10 K reduziert werden.

Fb 101, Kap. V, 6.3.1.3.3 (4) P

Fb 101, Kap. V, 6.3.1.3.3 (5) P

Verfasser	: Planungsgemeinschaft h² Hochschule Magdeburg – Stendal (FH) C Hochschule Anhalt (FH)	Proj. – Nr. 2000
Programm	:	
Bauwerk	: EÜ über die B184 bei Leitzkau	Datum: 01.05.2003

Lineare Temperaturunterschiede

Fb 101, Kap. V, 6.3.1.4

Vereinfachend wird der Einfluss aus linearem Temperaturunterschied durch eine positive und negative Temperaturdifferenz erfasst.

$\Delta T_{M,pos(50)}$ positiver linearer Temperaturunterschied auf der Grundlage einer Belagsdicke von 50 mm

Fb 101, Kap. V, 6.3.1.4.1 (5) P und Tab. 6.1 für Gruppe 3 (Eisenbahnbrücke - Betonplatte)

$\Delta T_{M,neg(50)}$ negativer linearer Temperaturunterschied auf der Grundlage einer Belagsdicke von 50 mm

K_{sur} Korrekturfaktor für von 50 mm abweichende Belagsdicke bzw. für Schotterbett (für den Überbau)

mit:
$\Delta T_{M,pos(50)}$ = 15 °C
$\Delta T_{M,neg(50)}$ = -8 °C

und:
K_{sur} = 0,6 (Oberseite wärmer)
K_{sur} = 1,0 (Unterseite wärmer)

Fb 101, Kap. V, 6.3.1.4.1 (6) P und Tab. 6.2
Betonkonstruktion mit Schotterbett

ergibt sich:
$\Delta T_{M,pos}$ positiver linearer Temperaturunterschied (Oberseite wärmer als Unterseite)

$\Delta T_{M,neg}$ negativer linearer Temperaturunterschied (Unterseite wärmer als Oberseite)

$\Delta T_{M,pos} = \Delta T_{M,pos(50)} \cdot K_{sur}$ Oberseite wärmer als Unterseite

$\Delta T_{M,pos} = +15 \cdot 0,6 = +9$ K

$\Delta T_{M,neg} = \Delta T_{M,neg(50)} \cdot K_{sur}$ Unterseite wärmer als Oberseite

$\Delta T_{M,neg} = -8 \cdot 1,0 = -8$ K

Im Allgemeinen braucht die lineare Temperaturverteilung nur in vertikaler Richtung berücksichtigt werden. In besonderen Fällen sollte man jedoch den horizontalen Temperaturgradient betrachten. Für diese Fälle darf ein Temperaturunterschied von 5 K angesetzt werden, wenn keine anderen Informationen vorhanden sind und keine Hinweise auf höhere Werte vorliegen.

Fb 101, Kap. V, 6.3.1.4.2 (1) P
Fb 101, Kap. V, 6.3.1.4.2 (2)

Bauteil	: WIB-Überbau	Archiv Nr.:
Block	: Haupttragwerk	
Vorgang	: Einwirkende Last- und Weggrößen	

Kombination der Temperatureinwirkungen

Fb 101, Kap. V, 6.3.1.5 (1) P

Bei der Überlagerung von Temperaturschwankungen und linearen Temperaturunterschieden dürfen folgende Kombinationen gebildet werden:

jeweils unter Beachtung der zutreffenden Teilsicherheits- und Kombinationsbeiwerte

Fall 1: Lineare Temperaturunterschiede dominant

$$\Delta T_M + \omega_N \cdot \Delta T_N \quad \text{mit} \quad \omega_N = 0{,}35$$

Fb 101, Kap. V, 6.3.1.5 Gl. (6.4)

Fall 2: Temperaturschwankungen dominant

$$\Delta T_N + \omega_M \cdot \Delta T_M \quad \text{mit} \quad \omega_M = 0{,}75$$

Fb 101, Kap. V, 6.3.1.5 Gl. (6.5)

Anmerkung:

Bei der Berechnung der Verformungen von Eisenbahnbrücken mit Schotterbett oder fester Fahrbahn darf der Einfluss aus unterschiedlichen Temperaturen sowie Temperaturgradienten vernachlässigt werden.

Fb 104, Kap. II, Anhang K, K.3 (10)

Verfasser : Planungsgemeinschaft	h² Hochschule Magdeburg – Stendal (FH)	Proj. – Nr. 2000
Programm :	C̄ Hochschule Anhalt (FH)	
Bauwerk : EÜ über die B184 bei Leitzkau		Datum: 01.05.2003

3.2.2.13 Windlasten

Es wird hier nur die maßgebende Bemessungssituation Endzustand mit Verkehr für die angenommene Höhenlage der Windresultierenden von $z_e \leq 20$ m über Gelände untersucht.
Die Höhe des Verkehrsbandes beträgt $h_W = 4{,}0$ m.
Für die Ermittlung der Windlasten wird auf der sicheren Seite liegend nur eine Überbauhälfte der Brückenkonstruktion betrachtet.

Eingangswerte:

b / d = 5,77 / 5,75 = 1,00

b Gesamtbreite einer Überbauhälfte
d Höhe von OK Verkehrsband bis UK Tragkonstruktion
z_e größte Höhe der Windresultierenden über der Geländeoberfläche oder dem mittleren Wasserstand
z_e = 4,80 + (4,0 + 1,75) / 2 = 7,68 m < 20 m

Fb 101, Kap. IV, Anhang N

Fb 101, Kap. IV, Anhang G, G.2.1.1 (3)

Fb 101, Kap. IV, Anhang N, N.2

$b = B = 5{,}77$ m, siehe Bild 3
$d = h_W + H$
$d = 4{,}0 + 1{,}75 = 5{,}75$ m

Abstand GOK bis UK Überbau: 4,80 m

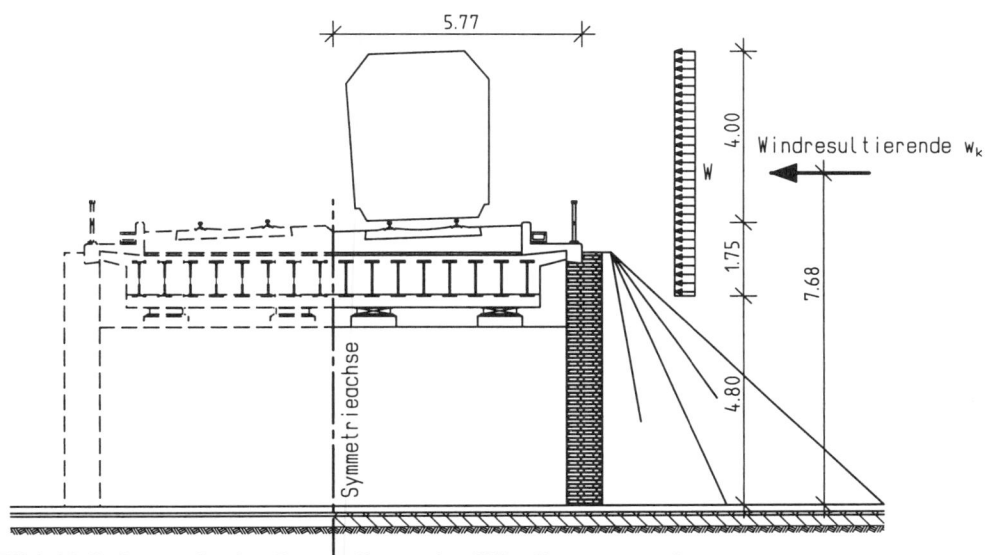

Bild 12 Schematische Darstellung der Windbeanspruchung

Es ergibt sich folgende Windeinwirkung (es wurde linear interpoliert):

w_k = $W \cdot d$
   = 2,71 · 5,75
   = 15,58 kN/m

W Windeinwirkung
Fb 101, Kap. IV, Anhang N, N.2, Tab. N.1
(linear interpoliert)

Bauteil : WIB-Überbau		Archiv Nr.:
Block : Haupttragwerk	Seite: **33**	
Vorgang : Einwirkende Last- und Weggrößen		

Die Exzentrizität der Windresultierenden bezüglich des Schwerpunktes des Überbaus beträgt:

$$e_w = d/2 - (h - z_{i,0})$$
$$= 5{,}75 / 2 - (0{,}94 - 0{,}48)$$
$$= 2{,}42 \text{ m}$$

siehe Abschnitt 3.3.2

$z_{i,0}$ Abstand des Schwerpunktes des Gesamtkernquerschnitts von der Oberkante Beton (Zustand I für Kurzzeitlasten)

3.2.2.14 Druck - Sog Einwirkungen aus Zugverkehr

Fb 101, Kap. IV, 6.6

Bei Vorbeifahrt von Zügen wirkt auf alle Bauwerke in Gleisnähe eine wandernde Druck - Sog - Welle. Diese Druck – Sog – Einwirkung darf bei den Nachweisen im Grenzzustand der Tragfähigkeit und der Ermüdung durch Ersatzlasten am Zuganfang und Zugende angenähert werden. Die Ersatzlasten sollten als charakteristische Werte der Einwirkungen angesehen werden.

Fb 101, Kap. IV, 6.6.1 (1)
Fb 101, Kap. IV, 6.6.1 (2)

Fb 101, Kap. IV, 6.6.1 (3)

Diese aerodynamischen Einwirkungen sind im Wesentlichen bei der Bemessung von beispielsweise Bahnsteigdächern, Schutzeinrichtungen oder Lärmschutzwänden von Bedeutung. Sie brauchen bei der Bemessung des Überbaus wegen ihres geringen Einflusses nicht berücksichtigt zu werden.

3.2.2.15 Einwirkungen aus Erddruck

Der durch das Schotterbett und die Hinterfüllung hervorgerufene Erdruhedruck wirkt an beiden Enden des Überbaus in entgegengesetzter Richtung. Er wird deshalb zur Bemessung der Lager nicht angesetzt.
Für den Überbau sind die aus dem Erdruhedruck hervorgerufenen Schnittgrößen von untergeordneter Bedeutung und werden dort ebenfalls zur Bemessung nicht angesetzt.

Steht ein Zug unmittelbar vor dem Überbau, wirkt ein einseitiger Verkehrserddruck auf den Überbau. Die hieraus resultierende Last wird zum Teil von den Lagern aufgenommen.
Der maximale Verkehrserddruck tritt unter dem Lastmodell 71 auf.

Mit den Eingangswerten:

$q_{LM71,k}$ = 156,25 kN/m
$h_{Erddruck}$ = 0,30 + 0,90 + 0,81 + 0,08/2
 = 2,05 m
φ' = 30°
k_0 = 1 − $\sin \varphi'$

siehe Bild 2 und 3

ermittelt sich die charakteristische Erddrucklast Q_{ek} auf der sicheren Seite liegend zu:

Q_{ek} = $q_{LM71,k} \cdot k_0 \cdot h_{Erddruck}$
 = 156,25 · (1 − $\sin 30°$) · 2,05
 = 160,2 kN

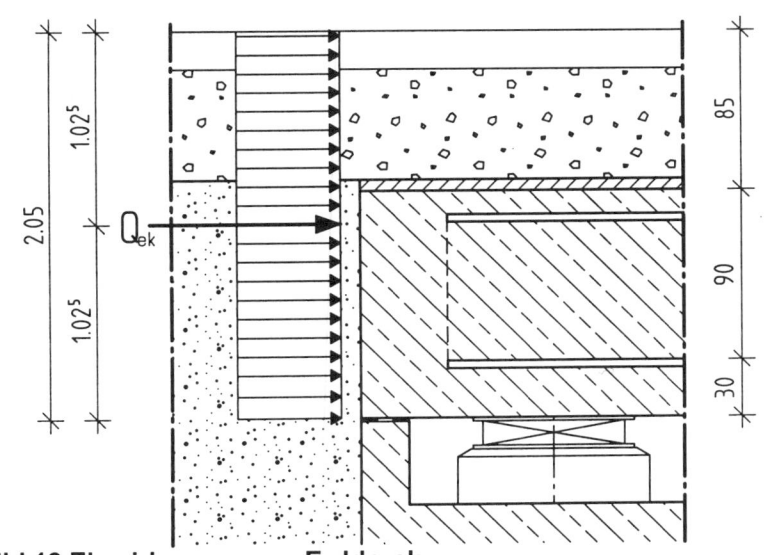

Der Ansatz des vollen Erddrucks liegt deutlich auf der sicheren Seite. Bei der Bemessung der Unterbauten und Lager sollte er genauer ermittelt werden.

Bild 13 Einwirkungen aus Erddruck

3.2.3 Außergewöhnliche Einwirkungen

Fb 101, Kap. IV, 6.7

Die Entgleisung des Zugverkehrs auf einer Brücke ist als zusätzliche und außergewöhnliche Bemessungssituation zu betrachten.

Fb 101, Kap. IV, 6.7.1.2 (1) P

3.2.3.1 Einwirkungen infolge Entgleisung

Fb 101, Kap. IV, 6.7.1.1

Tragwerke für Eisenbahnen sind so zu bemessen, dass im Falle einer Entgleisung die Schädigung der Brücke auf ein Minimum reduziert wird. Insbesondere ist ein Umkippen oder ein Versagen des Tragwerkes als Ganzes zu verhindern.

Fb 101, Kap. IV, 6.7.1.1 (1) P
und DIN 1055-9, 6.4.2 (1)

Gemäß DIN 1055-9 sind bei der Entgleisung auf Brücken zwei Bemessungssituationen jeweils gesondert zu untersuchen. Dabei brauchen Fliehkräfte, Anfahr- und Bremskräfte sowie weitere Einwirkungen nicht angesetzt werden.

DIN 1055-9, 6.4.2 (2)

<u>Bemessungssituation I:</u>

Entgleisung von Eisenbahnfahrzeugen, bei denen die entgleisten Fahrzeuge im Gleisbereich auf der Brücke bleiben.

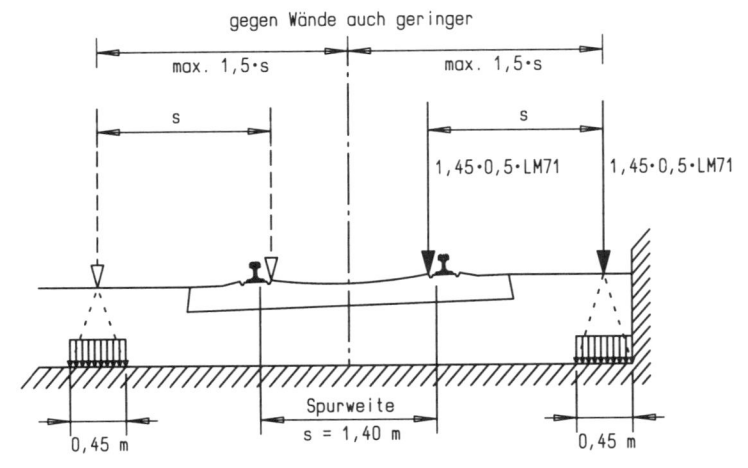

DIN 1055-9, 6.4.2 Bild 6

Bild 14 Entgleisen - Bemessungssituation I

Dieser Nachweis ist im Grenzzustand der Tragfähigkeit für folgende Ersatzlasten zu führen:

Zwei vertikale Einzel- und Linienlasten (Q_{A1d}, q_{A1d}) mit einem Bemessungswert von $1{,}45 \cdot 0{,}5 \cdot$ LM 71 parallel zum Gleis in der ungünstigsten Stellung innerhalb eines Bereiches mit einer Breite der 1,5-fachen Spurweite zu jeder Seite der Gleisachse. Die Linienlast außerhalb des Gleises darf dabei in Höhe der Oberkante der Fahrbahnkonstruktion auf eine Breite von 0,45 m verteilt werden (siehe Bild 14).

DIN 1055-9, 6.4.2 (3)
1-fache Spurweite: $s = 1{,}40$ m
1,5-fache Spurweite:
$1{,}5\, s = 1{,}5 \cdot 1{,}40 = 2{,}10$ m

Verfasser : Planungsgemeinschaft h² Hochschule Magdeburg – Stendal (FH)	Proj. – Nr. 2000
Programm : C Hochschule Anhalt (FH)	
Bauwerk : EÜ über die B184 bei Leitzkau	Datum: 01.05.2003

q_{A1d} = 1,45 · 0,5 · 80,00 = 58,0 kN/m
Δq_{A1d} = 1,45 · 0,5 · 76,25 = 55,28 kN/m (auf 6,4 m Länge)
e = 2,10 – 1,40 / 2 = 1,40 m

Bemessungssituation II:

Entgleisung von Eisenbahnfahrzeugen, bei denen die entgleisten Fahrzeuge im Gleisbereich auf ihrer Kante liegen bleiben.

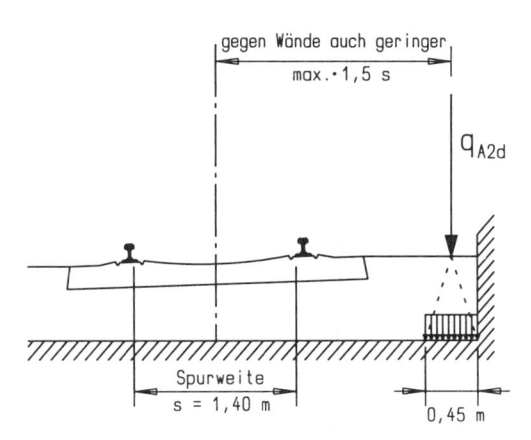

Bild 15 Entgleisen - Bemessungssituation II

DIN 1055-9, 6.4.2 Bild 7

Zur Bestimmung der Gesamtstabilität ist die Ersatzlast als eine vertikale Linienlast mit einem Bemessungswert von q_{A2d} = 1,45 · 80,00 kN/m anzunehmen. Die Belastung ist auf einer Gesamtlänge von maximal 20,00 m (hier 18 m) mit einem maximalen Abstand der 1,5-fachen Spurweite von der Gleisachse oder am Rand des zu bemessenden Tragwerkes anzunehmen.

DIN 1055-9, 6.4.2 (4)
1,5-fache Spurweite:
1,5 s = 1,5 · 1,40 = 2,10 m

Anmerkung:
Die oben angegebene Ersatzlast sollte nur bei der Bestimmung des Grenzzustandes der Tragfähigkeit oder beim Nachweis der Stabilität des Tragwerkes als Ganzes berücksichtigt werden. Randträger, Konsolen etc. bedürfen keiner Bemessung für diese Belastung.

q_{A2d} = 116,0 kN/m (auf 20,0 m Länge)
e = 2,10 m

3.2.3.2 Einwirkungen infolge Fahrleitungsbruch

Fb 101, Kap. IV, 6.7.2
und DIN 1055-9, 6.4.3

Dieser Lastfall entfällt, da sich keine Fahrleitungsmaste auf dem Überbau befinden.

Bauteil : WIB-Überbau		Archiv Nr.:
Block : Haupttragwerk	Seite: **37**	
Vorgang : Einwirkende Last- und Weggrößen		

3.3 Querschnittsgrößen

Der Überbau wird für die Ermittlung der Schnittgrößen und für die Bemessung in 8 gleiche Verbundträger aufgeteilt.
Die Querschnittsgrößen werden im Folgenden für die einzelnen Verbundträger ermittelt.

3.3.1 Verbundträger

Die Querschnittswerte des ideellen Verbundquerschnittes der einzelnen Verbundträger werden auf den Elastizitätsmodul des Baustahls bezogen. Dabei wird der Betonanteil mit last- und zeitabhängigen Reduktionszahlen in ideelle Stahlflächen umgerechnet. Der so entstandene ideelle Stahlquerschnitt kann nach den bekannten Beziehungen der Elastizitätstheorie berechnet werden.
Des Weiteren wird die Bernoulli-Hypothese vom Ebenbleiben des (Verbund-) Querschnitts der Berechnung der Querschnittswerte zugrunde gelegt.
Der Betonstahl wird im Folgenden vernachlässigt.

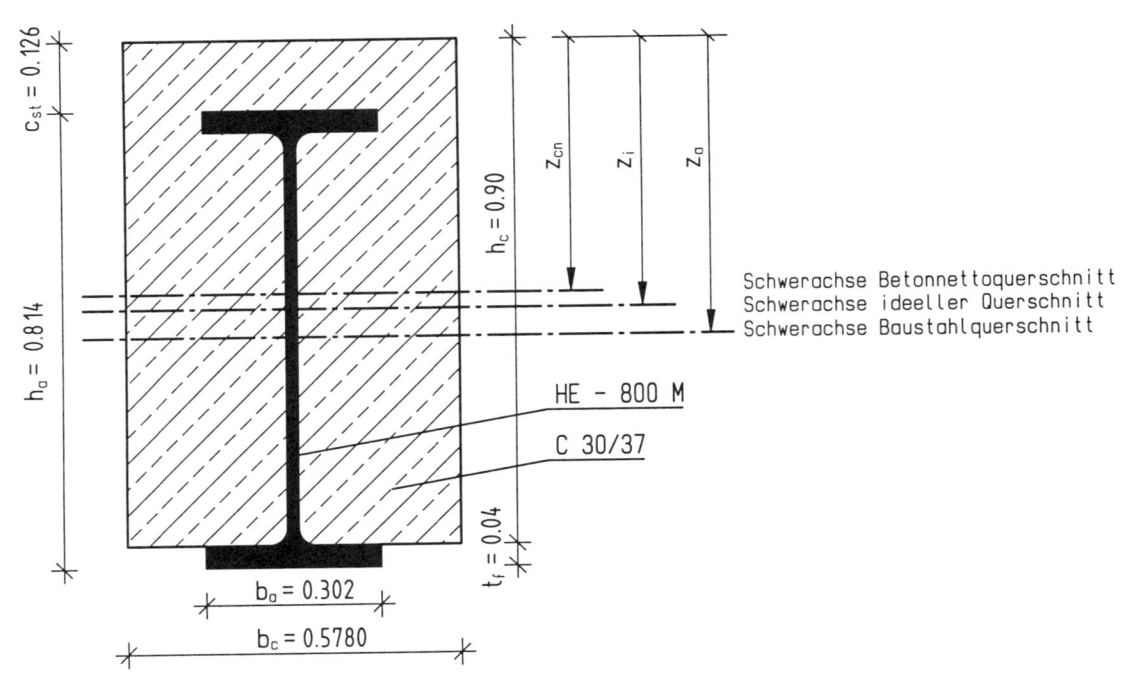

Bild 16 Verbundträgerquerschnitt

Verfasser : Planungsgemeinschaft h² Hochschule Magdeburg – Stendal (FH)	Proj. – Nr. 2000
Programm : C̄ Hochschule Anhalt (FH)	
Bauwerk : EÜ über die B184 bei Leitzkau	Datum: 01.05.2003

Eingangswerte – Baustahl (Walzträger HE-800 M)

Betonüberdeckung	c_{st} =	0,126 m	$c_{st} = h_c + t_f - h_a$ (siehe Bild 16)
Walzträgerhöhe	h_a =	0,814 m	h_a – siehe Abschn. 1.1
Querschnittsfläche	A_a =	0,0404 m²	A_a – siehe Abschn. 1.1
Trägheitsmoment	I_a =	0,004426 m⁴	
Schwerpunkt	z_a =	0,533 m	$z_a = h_a / 2 + c_{st}$ (siehe Bild 16)
E – Modul	E_a =	210.000 MN/m²	E_a – siehe Abschn. 1.5
Widerstandsmoment	$W_{a,o}$ =	-0,0109 m³	
Widerstandsmoment	$W_{a,u}$ =	0,0109 m³	

Eingangswerte – Beton (Nettoquerschnittswerte)

Höhe	h_c =	0,90 m	$h_c = h - t_f$
Breite	b_c =	0,5775 m	b_c = Achsabstand der Träger = b / n_a
Querschnittsfläche	A_{cn} =	0,491 m²	$A_{cn} = A_c - (A_a - b_a \cdot t_f)$
Trägheitsmoment	I_{cn} =	0,003315 m⁴	
Schwerpunkt	z_{cn} =	0,455 m	
E – Modul	E_{cm} =	31.900 MN/m²	E_{cm} – siehe Abschn. 1.5 Kurzzeitmodul

Verbundquerschnitt im Zustand I für Kurzzeitlasten

Reduktionszahl $\quad n_0 = 6{,}58 \qquad$ n_0 – lt. Fb 104, Kap. II, 4.2.3 (4) s. Abschnitt 1.6

Verbundquerschnittsfläche
$$A_{i,0} = \frac{A_{cn}}{n_0} + A_a$$
$$= 0{,}1151 \text{ m}^2$$

Schwerpkt. Verbundquerschnitt
$$z_{i,0} = \frac{\dfrac{A_{cn} \cdot z_{cn}}{n_0} + A_a \cdot z_a}{A_{i,0}}$$
$$= 0{,}482 \text{ m}$$

Bauteil : WIB-Überbau	Archiv Nr.:
Block : Haupttragwerk	
Vorgang : Querschnittgrößen	

Verfasser	: Planungsgemeinschaft h²c Hochschule Magdeburg – Stendal (FH) Hochschule Anhalt (FH)	Proj. – Nr. 2000
Programm	:	
Bauwerk	: EÜ über die B184 bei Leitzkau	Datum: 01.05.2003

Trägheitsmoment um die y-Achse

$$I_{i,0} = I_a + A_a \cdot (z_{i,0} - z_a)^2 + \frac{I_{cn}}{n_0} + \frac{A_{cn}}{n_0} \cdot (z_{i,0} - z_{cn})^2$$

$I_{i,0} = 0{,}00962 \text{ m}^4$

Widerstandsmomente des Verbundquerschnitts:

Oberkante Beton	$W_{c,o}$ =	-0,1313	m³
Unterkante Beton	$W_{c,u}$ =	0,1517	m³
Oberkante Walzträger	$W_{a,o}$ =	-0,0270	m³
Unterkante Walzträger	$W_{a,u}$ =	0,0210	m³

$W_{c,o} = -\frac{I_{i,0}}{z_{i,0}} \cdot n_0$

$W_{c,u} = -\frac{I_{i,0}}{z_{i,0} - h_c} \cdot n_0$

$W_{a,o} = -\frac{I_{i,0}}{z_{i,0} - c_{st}}$

$W_{a,u} = -\frac{I_{i,0}}{z_{i,0} - (c_{st} + h_a)}$

Verbundquerschnitt im Zustand I für Langzeitlasten, $t = \infty$

Reduktionszahl	n_L =	22,66	
Verbundquerschnittsfläche	$A_{i,L}$ =	0,0621	m²
Schwerpkt. Verbundquerschnitt	$z_{i,L}$ =	0,506	m
Trägheitsmoment um die y-Achse	$I_{i,L}$ =	0,00598	m⁴

Berechnungsschema: siehe Ermittlung der Querschnittswerte für Kurzzeitlasten

n_L – lt. Fb 104, Kap. II, 4.2.3 (4) s. Abschnitt 1.6

Widerstandsmomente des Verbundquerschnitts:

Oberkante Beton	$W_{c,o}$ =	-0,2677	m³
Unterkante Beton	$W_{c,u}$ =	0,3434	m³
Oberkante Walzträger	$W_{a,o}$ =	-0,0157	m³
Unterkante Walzträger	$W_{a,u}$ =	0,0138	m³

$W_{c,o} = -\frac{I_{i,L,l}}{z_{i,L}} \cdot n_L$

$W_{c,u} = -\frac{I_{i,L,l}}{z_{i,L} - h_c} \cdot n_L$

$W_{a,o} = -\frac{I_{i,L,l}}{z_{i,L} - c_{st}}$

$W_{a,u} = -\frac{I_{i,L,l}}{z_{i,L} - (c_{st} + h_a)}$

Bauteil	: WIB-Überbau	Archiv Nr.:
Block	: Haupttragwerk	
Vorgang	: Querschnittsgrößen	

Verfasser : Planungsgemeinschaft h²C Hochschule Magdeburg – Stendal (FH) Hochschule Anhalt (FH)	Proj. – Nr. 2000
Bauwerk : EÜ über die B184 bei Leitzkau	Datum: 01.05.2003

Verbundquerschnitt im Zustand II für Kurzzeitlasten, $t = 0$, reine Biegebeanspruchung

Im Zustand II wirken die zugbeanspruchten Betonquerschnittsteile, d. h. Betonfasern, die einer Spannung $\sigma_c > 0$ KN/m² ausgesetzt sind, im Verbundquerschnitt nicht mit. Beim Restverbundquerschnitt wird nur der gedrückte Beton angesetzt.

Bei reiner Biegebeanspruchung fällt die Spannungsnulllinie mit der Schwerachse des gerissenen Verbundquerschnittes zusammen. Wird der Querschnitt durch ein positives Moment beansprucht, wirkt deshalb nur der Beton oberhalb der Schwerelinie (Druckzone) mit.

Die geringen Normalkräfte infolge Erddruck und Lagerrückstellkräften werden vernachlässigt.

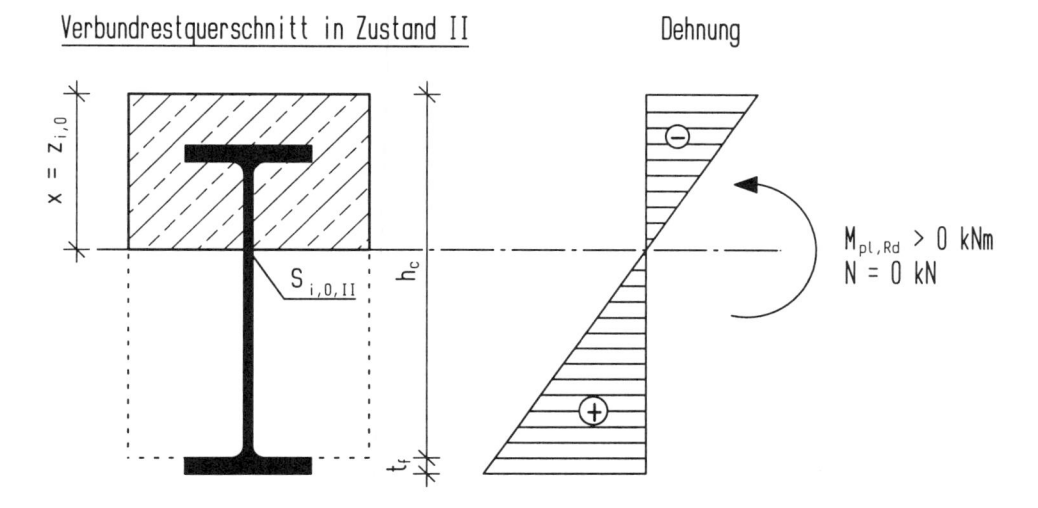

Bild 17 Verbundträgerquerschnitt im Zustand II

Aus der Bedingung, dass der Schwerpunktsabstand des Restverbundquerschnitts $z_{i,0,II}$ mit der Druckzonenhöhe x übereinstimmt, ergibt sich folgende Gleichung zur Bestimmung von x:

Nur der Beton oberhalb der Schwerachse wirkt mit:
$\rightarrow z_{i,0} = x$

$$z_{i,0} = \frac{\frac{A_{c,n}}{n_0} \cdot \frac{x}{2} + A_a \cdot z_a}{\frac{A_{c,n}}{n_0} + A_a} = \frac{\frac{b_c \cdot x - b_a \cdot t_f}{n_0} \cdot \frac{x}{2} + A_a \cdot z_a}{\frac{b_c \cdot x - b_a \cdot t_f}{n_0} + A_a} = x$$

Bei der Bestimmung der Nettobetonfläche $A_{c,n} = b_c \cdot x - b_a \cdot t_f$ wird in obiger Gleichung die Bruttoquerschnittsfläche nur um den oberen Stahlträgerflansch verringert. Die im Beton liegende Stegfläche wird vereinfachend und wegen geringfügiger Auswirkungen nicht abgezogen.

Bauteil : WIB-Überbau		Archiv Nr.:
Block : Haupttragwerk	Seite: **41**	
Vorgang : Querschnittgrößen		

Damit ergibt sich:

$$\frac{b_c}{2 \cdot n_0} \cdot x^2 - \frac{b_a \cdot t_f}{2 \cdot n_0} \cdot x + A_a \cdot z_a = \frac{b_c}{n_0} \cdot x^2 - \frac{b_a \cdot t_f}{n_0} \cdot x + A_a \cdot x$$

$$\left(-\frac{0{,}5 \cdot b_c}{n_0}\right) \cdot x^2 + \left(\frac{0{,}5 \cdot b_a \cdot t_f}{n_0} - A_a\right) \cdot x + A_a \cdot z_a = 0$$

$$\left(-\frac{0{,}5 \cdot 0{,}5775}{6{,}58}\right) \cdot x^2 + \left(\frac{0{,}5 \cdot 0{,}303 \cdot 0{,}04}{6{,}58} - 0{,}0404\right) \cdot x + 0{,}0404 \cdot 0{,}533 = 0$$

Dies führt zu folgender quadratischer Gleichung:

$$-0{,}04388 \cdot x^2 + (-0{,}03948) \cdot x + 0{,}02153 = 0$$

Für die gesuchte Druckzonenhöhe ergibt sich:

$\quad x \quad = 0{,}383 \text{ m} = z_{i,0,II}$

Mit der verbleibenden Restbetonquerschnittshöhe von $x = 0{,}383$ m werden im Folgenden die ideellen Querschnittswerte bestimmt.

Anmerkung:

Kontrolle durch Bestimmung des ideellen Schwerpunkts des Restverbundquerschnitts (mitwirkende Betonhöhe $x = 0{,}383$ m):

$$z_{i,0,II} = \frac{\dfrac{0{,}5775 \cdot 0{,}383 - 0{,}303 \cdot 0{,}04}{6{,}58} \cdot \dfrac{0{,}383}{2} + 0{,}0404 \cdot 0{,}533}{\dfrac{0{,}5775 \cdot 0{,}383 - 0{,}303 \cdot 0{,}04}{6{,}58} + 0{,}0404} = 0{,}383 \text{ m} = x$$

Verfasser : Planungsgemeinschaft h² Hochschule Magdeburg – Stendal (FH)	Proj. – Nr. 2000
Programm : C̄ Hochschule Anhalt (FH)	
Bauwerk : EÜ über die B184 bei Leitzkau	Datum: 01.05.2003

Ausgangswerte – Beton (Nettoquerschnittswerte)

Höhe	x	=	0,383 m
Breite	$b_{c,II}$	=	0,5775 m
Querschnittsfläche	$A_{cn,II}$	=	0,204 m²
Trägheitsmoment	$I_{cn,II}$	=	0,00262 m⁴
Schwerpunkt	$z_{cn,II}$	=	0,192 m

$A_{cn,II} = x \cdot b_c - b_a \cdot t_f - t_w \cdot (x - c_{st} - t_f)$

Verbundquerschnittswerte

Reduktionszahl	n_0	=	6,58
Verbundquerschnittsfläche	$A_{i,0,II}$	=	0,0715 m²
Schwerpkt. Verbundquerschnitt	$z_{i,0,II}$	=	0,383 m
Trägheitsmoment um die y-Achse	$I_{i,0,II}$	=	0,00686 m⁴

Berechnungsschema siehe Kurzzeitlasten, Zustand I

n_0 – lt. Fb 104, Kap. II, 4.2.3 (4)
s. Abschnitt 1.6

Widerstandsmomente des Verbundquerschnitts:

Oberkante Beton	$W_{c,o,II}$	=	-0,1181 m³
Oberkante Walzträger	$W_{a,o,II}$	=	-0,0267 m³
Unterkante Walzträger	$W_{a,u,II}$	=	0,0123 m³

$W_{c,o,II} = -\dfrac{I_{i,0,II}}{z_{i,0,II}} \cdot n_0$

$W_{a,o,II} = -\dfrac{I_{i,0,II}}{z_{i,0,II} - c_{st}}$

$W_{a,u,II} = -\dfrac{I_{i,0,II}}{z_{i,0,II} - (c_{st} + h_a)}$

Das Widerstandsmoment für die Betonunterkante wird nicht berechnet, da die Betonspannung sich hier zu Null ergibt.

Bauteil : WIB-Überbau		Archiv Nr.:
Block : Haupttragwerk		
Vorgang : Querschnittgrößen		

Verfasser	: Planungsgemeinschaft h² Hochschule Magdeburg – Stendal (FH)	Proj. – Nr. 2000
Programm	: C̄ Hochschule Anhalt (FH)	
Bauwerk	: EÜ über die B184 bei Leitzkau	Datum: 01.05.2003

Verbundquerschnitt im Zustand II für Langzeitlasten, $t = \infty$, reine Biegebeanspruchung

Berechnungsschema siehe Verbundquerschnitt im Zustand II für Kurzzeitlasten

<u>Ausgangswerte – Beton (Nettoquerschnittswerte)</u>

Höhe	x	=	0,467	m
Breite	$b_{c,II}$	=	0,5775	m
Querschnittsfläche	$A_{cn,II}$	=	0,251	m²
Trägheitsmoment	$I_{cn,II}$	=	0,00472	m⁴
Schwerpunkt	$z_{cn,II}$	=	0,236	m

<u>Verbundquerschnittswerte</u>

Reduktionszahl	n_L	=	22,66	
Verbundquerschnittsfläche	$A_{i,L,II}$	=	0,0515	m²
Schwerpkt. Verbundquerschnitt	$z_{i,L,II}$	=	0,467	m
Trägheitsmoment um die y-Achse	$I_{i,L,II}$	=	0,00540	m⁴

<u>Widerstandsmomente des Verbundquerschnitts:</u>

Oberkante Beton	$W_{c,o,II}$	=	-0,2620	m³
Oberkante Walzträger	$W_{a,o,II}$	=	-0,0158	m³
Unterkante Walzträger	$W_{a,u,II}$	=	0,0114	m³

Das Widerstandsmoment für die Betonunterkante wird nicht berechnet, da die Betonspannung sich hier zu Null ergibt.

Bauteil	: WIB-Überbau		Archiv Nr.:
Block	: Haupttragwerk		
Vorgang	: Querschnittsgrößen		

Verfasser : Planungsgemeinschaft h² Hochschule Magdeburg – Stendal (FH) Programm : C Hochschule Anhalt (FH)	Proj. – Nr. 2000
Bauwerk : EÜ über die B184 bei Leitzkau	Datum: 01.05.2003

3.3.2 Einstufung in die Querschnittsklasse

Fb 104, Kap. II, 4.3

Die in den Abschnitten II-5.3.2 (101) bis (106) des DIN-Fachberichts 103 angegebene Einstufung in Querschnittsklassen gilt auch für die Querschnitte von Verbundträgern.
Die vier Querschnittsklassen sind wie folgt definiert:

Fb 104, Kap. II, 4.3.1 (1) P

- Klasse 1:   Diese Querschnitte können plastische Gelenke mit ausreichendem Rotationsvermögen für eine plastische Berechnung des Systems ausbilden.
- Klasse 2:   Querschnitte der Klasse 2 können bei eingeschränktem Rotationsvermögen die volle plastische Querschnittstragfähigkeit entwickeln.
- Klasse 3:   Diese Querschnitte können in der ungünstigsten Faser des Stahlquerschnittes bis zur Streckgrenze ausgenutzt werden. Plastische Reserven sind infolge örtlichen Beulens nicht vorhanden.
- Klasse 4:   Querschnitte der Klasse 4 sind unter Berücksichtigung des örtlichen Querschnittsversagens infolge Beulen nachzuweisen.

Die Einstufung eines Querschnitts erfolgt nach der jeweils ungünstigsten Klasse seiner druckbeanspruchten Teile. Bei Verbundquerschnitten ist die Querschnittsklasse wegen möglicher Rissbildung im Betongurt zusätzlich vom Vorzeichen des Biegemoments abhängig.

Fb 104, Kap. II, 4.3.1 (2) P

Bei dem hier vorliegenden Einfeldträger mit Kragarm wird der untere Flansch im Feldbereich auf Zug beansprucht. Er kann damit in die Querschnittsklasse 1 eingeordnet werden.

Der Obergurt des Walzträgers wird ohne weiteren Nachweis ebenfalls in Querschnittsklasse 1 eingeordnet, da er durch den Beton am örtlichen Beulen gehindert wird.

Fb 103, Kap. II, 5.3.2 (2)

Bei der Einstufung des Verbundquerschnitts in die Querschnittsklassen ist zu berücksichtigen, dass die Stege einbetoniert sind.

Fb 104, Anh. K, K.4.1 (1) P
Fb 104, Anh. K, K.4.1 (5)
Fb 104, Kap. II, 4.3.3 (1) P

Die nicht einbetonierten Stahlflansche sollten bei Druckbeanspruchung ein maximales Breiten zu Höhen Verhältnis nach Fb 104, Anh. K, K.4.1, Tab K.1 besitzen. Der Nachweis wird hier exemplarisch geführt, da zwar hier die unteren Flansche im Kragarmbereich auf Druck beansprucht werden, aber im Endquerträgerbereich vollständig einbetoniert sind.

Fb 104, Anh. K, K.4.1 (5)

Bauteil : WIB-Überbau Block : Haupttragwerk Seite: **45** Vorgang : Querschnittgrößen	Archiv Nr.:

- Einstufung der nicht einbetonierten Flansche:

$c / t_f = (0{,}303 / 2) / 0{,}04 = 3{,}8 \quad < \quad 10 \cdot \varepsilon = 10 \cdot 1{,}0 = 10$

Fb 104, Anh. K, K.4.1 (5)
Fb 103, Kap. II, 5.3.1:
$\varepsilon = (235 / f_y)^{0,5}$
für S235: $\varepsilon = 1{,}0$

Damit ist der nicht einbetonierte Flansch des auf Druck beanspruchten Verbundträgers in die Klasse 1 einzustufen.

- Einstufung der Stege:

Der Einstufung der Stege sollten die Grenzverhältnisse nach Fb 103, Kap. II, 5.3.1 zu Grunde gelegt werden.
Bei der Einstufung des Verbundquerschnitts in die Querschnittsklassen ist zu berücksichtigen, dass die Stege einbetoniert sind.
Der Verbundträger wird bei Vernachlässigung der geringen Lagerrückstellkräfte und des Erddrucks auf reine Biegung beansprucht. Durch die Exzentrizität des Walzträgers im Verbundquerschnitt ergibt sich jedoch im Steg des Walzträgers eine Spannungsverteilung, die einer kombinierten Biege-Druckbeanspruchung entspricht. Dies ist bei der Einstufung der Stege zu berücksichtigen.

Fb 104, Kap. II, 4.3.3 (1) P

Fb 104, Anh. K, K.4.1 (1) P

a) ständige und vorübergehende Bemessungssituation

$d / t_w = 0{,}674 / 0{,}021 = 32{,}10$

$\alpha = \dfrac{z_{pl} - c_{st} - t_f}{d} = \dfrac{0{,}289 - 0{,}126 - 0{,}04}{0{,}674} = 0{,}18 < 0{,}5$

$\Rightarrow d / t_w = 32{,}10 \quad < \quad 36 \cdot \varepsilon / \alpha = 36 \cdot 1{,}0 / 0{,}18 = 200{,}00$

d – rechnerische Steghöhe
t_w – Stegdicke
z_{pl} – siehe Abschnitt 3.5.1.1
c_{st} – Betonüberdeckung, siehe Abschnitt 3.3.1
t_f – Flanschdicke, s. Abs. 3.3.1
h_a – Walzträgerhöhe, siehe Abschnitt 3.3.1

Die Stege der Verbundträger sind in der ständigen Bemessungssituation in die Klasse 1 einzustufen.

$\varepsilon = (235 / f_y)^{0,5}$
für S 235: $\varepsilon = 1{,}0$

b) außergewöhnliche Bemessungssituation

$d / t_w = 0{,}674 / 0{,}021 = 32{,}10$

$\alpha = \dfrac{z_{pl} - c_{st} - t_f}{d} = \dfrac{0{,}270 - 0{,}126 - 0{,}04}{0{,}674} = 0{,}15 < 0{,}5$

$\Rightarrow d / t_w = 32{,}10 \quad < \quad 36 \cdot \varepsilon / \alpha = 36 \cdot 1{,}0 / 0{,}15 = 240{,}00$

d – Steghöhe
t_w – Stegdicke
z_{pl} – siehe Abschnitt 3.5.1.1
c_{st} – Betonüberdeckung, siehe Abschnitt 3.3.1
t_f – Flanschdicke, s. Abs. 3.3.1
h_a – Walzträgerhöhe, siehe Abschnitt 3.3.1

Die Stege der Verbundträger sind in der außergewöhnlichen Bemessungssituation in die Klasse 1 einzustufen.

Damit kann der gesamte Querschnitt in Querschnittsklasse 1 eingestuft werden.

3.4 Schnittgrößen

Die Schnittgrößenermittlung erfolgt getrennt für die charakteristischen Werte F_k der einzelnen Einwirkungen. Die Berücksichtigung der Kombinationsbeiwerte für die veränderlichen Einwirkungen und der Teilsicherheitsbeiwerte wird in Abhängigkeit von der jeweiligen Einwirkungskombination im Zuge der Nachweisführung in den Grenzzuständen der Tragfähigkeit und in den Grenzzuständen der Gebrauchstauglichkeit vorgenommen.

Fb 104, Kap. II, 4.5

Die für die Bemessung maßgebenden Schnittgrößen (M_{yk} in Feldmitte, V_{zk} am Endquerträgeranschnitt) werden im Weiteren zunächst für den Gesamtquerschnitt ermittelt und anschließend nach folgenden Vorgaben auf die einzelnen Verbundträger aufgeteilt:

a) Das Eigengewicht und die anderen ständigen Einwirkungen werden gleichmäßig auf alle Verbundträger verteilt.
b) Alle Lastexzentrizitäten werden auf den Schwerpunkt des Kernverbundquerschnitts bezogen.
c) Die vertikale Verkehrslast aus den Lastmodellen LM 71 und SW/2 wird gleichmäßig auf die Verbundträger innerhalb der mitwirkenden Breite b_m verteilt.
d) Den Verbundträgern außerhalb der mitwirkenden Breite b_m wird - auf der sicheren Seite liegend - eine anteilige Verkehrslast ($1/n_{tot}$ der Gesamtverkehrslast) zugeschlagen.
e) Die aus den Lastexzentrizitäten entstehenden Torsionsmomente werden auf alle 8 Verbundträger vereinfacht nach der „Schraubenformel" verteilt.

Kernverbundquerschnitt: Kernquerschnitt 4,62 m x 0,90 m, bestehend aus 8 Verbundträgern (Kragarm wird vernachlässigt, siehe Bild 20)

siehe Bild 18

n_{tot} – Gesamtanzahl der Verbundträger

siehe Bild 19

Ermittlung des Schwerpunkts des Kernverbundquerschnitts:

Bei den Verkehrslasten handelt es sich um Kurzzeitlasten, die nicht den Kriecheinflüssen unterliegen.

Als z-Koordinate des Kernverbundquerschnitts ergibt sich somit $z_{i,0}$ (idealler Schwerpunkt des Verbundträgers für Kurzzeitlasten, mit n_0 bestimmt).

siehe Abschnitt 3.1.1

$$z_S = z_{i,0} = 0{,}48 \text{ m}$$

Kragarm wird vernachlässigt

Als y-Koordinate des Kernverbundquerschnitts ergibt sich:

$$y_S = 4{,}62 / 2 = 2{,}31 \text{ m}$$

Alle Einwirkungen werden auf diesen Schwerpunkt bezogen.

Verfasser : Planungsgemeinschaft h² Hochschule Magdeburg – Stendal (FH)	Proj. – Nr. 2000
Programm : C Hochschule Anhalt (FH)	
Bauwerk : EÜ über die B184 bei Leitzkau	Datum: 01.05.2003

Ermittlung der Lastausbreitung in Querrichtung:

Ril 804.4302, Abs.5

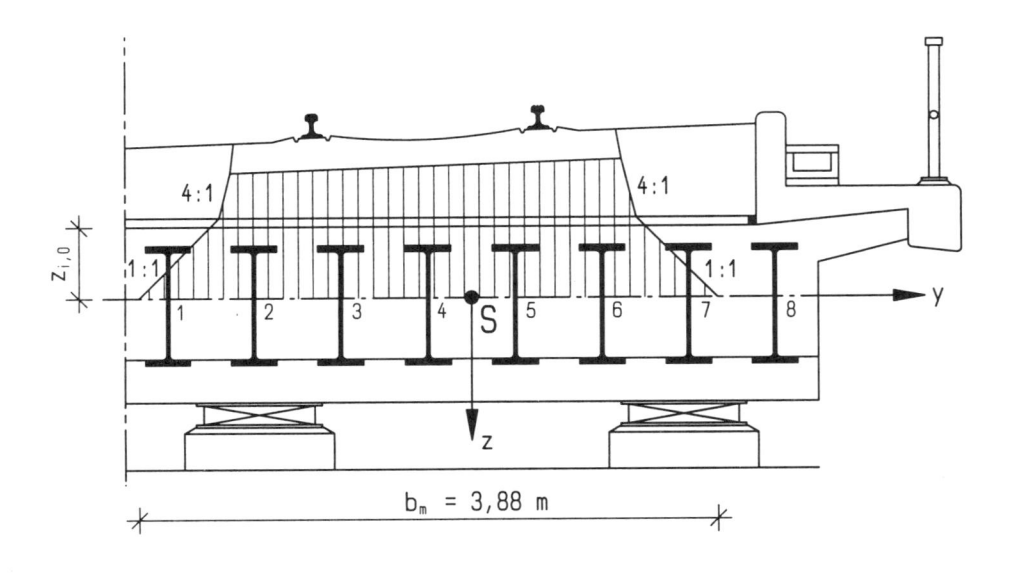

Bild 18 Lastausbreitung in Querrichtung durch Schwellen, Schotter und Konstruktionsbeton für die Lastmodelle LM 71 und SW/2

Die mitwirkende Breite b_m wird über die Lastausbreitung unter den Schwellen im Schotter und Konstruktionsbeton ermittelt.
Im Schotter wird vereinfachend eine Lastausbreitung unter einem Winkel von 4:1 angesetzt, im Schutzbeton und dem Konstruktionsbeton eine Verteilung unter einem Winkel von 1:1 bis zur Schwerachse des Überbaus.

Fb 101, Kap. IV, 6.3.5.3 (3), Abb. 6.8

$b_{Schwelle}$ = 2,60 m
$h_{Schotterbett}$ = 0,75 + 0,08/2 - 0,20
 = 0,59 m
$h_{Schwelle}$ = 0,20 m
$h_{Schutzbeton}$ = 0,06 m

z_S = Abstand der Schwerachse von der Oberkante des Verbundquerschnitts für Kurzzeitlasten = 0,48 m

S – Schwerpunkt des Kernverbundquerschnitts

$$b_m = b_{Schwelle} + 2 \cdot \frac{h_{Schotterbett} - h_{Schwelle}}{4} + 2 \cdot h_{Schutzbeton} + 2 \cdot z_S$$

$$= 3,88 \text{ m}$$

Wie Bild 18 zu entnehmen ist, befinden sich die Träger 1 bis 7 innerhalb der mitwirkenden Breite b_m und sind unmittelbar am Lastabtrag der Vertikallasten infolge Schienenverkehr beteiligt.

Verteilung der Torsionsmomente:

Die infolge Lastexzentrizitäten entstehenden Torsionsmomente werden mit Hilfe der „Schraubenformel" auf die Verbundträger verteilt. Der Drehpunkt des Querschnittes fällt näherungsweise mit dem Schwerpunkt des Kernquerschnitts zusammen.

Bauteil : WIB-Überbau	Archiv Nr.:
Block : Haupttragwerk Seite: **48**	
Vorgang : Schnittgrößen	

Die Torsionsmomente infolge Lastexzentrizitäten werden wie folgt auf die einzelnen Verbundträger verteilt:

Linientorsionsmoment : $\quad q_{ik} = \dfrac{y_i}{\sum y_i^2} \cdot t_k$

Einzeltorsionsmoment : $\quad Q_{ik} = \dfrac{y_i}{\sum y_i^2} \cdot T_k$

y_i – Abstand der Schwerpunkte des i-ten Verbundträgers und des Kernverbundquerschnitts

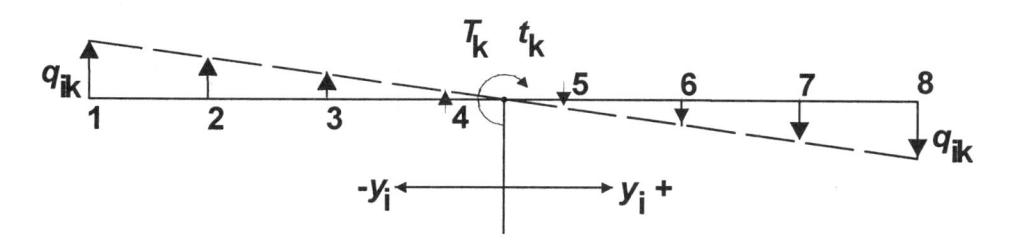

Bild 19 Verteilung der Torsionsmomente

mit:

- t_k Linientorsionsmoment
- q_{ik} vertikale Linienlast des *i*-ten Verbundträgers im Abstand y_i vom Drehpunkt
- T_k Einzeltorsionsmoment
- Q_{ik} vertikale Einzellast des *i*-ten Verbundträgers im Abstand y_i vom Drehpunkt

Anmerkung:

Bei dieser vereinfachten Berechnungsmethode wird eine starre Querverteilung vorrausgesetzt. Auf eine genauere Modellierung als orthotrope Platte, ebener Trägerrost oder eine Berechnung mit Hilfe Finiter Elemente kann nach Einschätzung der Aufsteller bei eingleisigen Überbauten verzichtet werden. In der Regel liefern diese Berechnungsverfahren allerdings eine etwas günstigere Schnittgrößenverteilung.

Fb 104, Kap. II, Anhang K K.3 (5)

Fb 104, Kap. II, Anhang K K.3 (6)

Erläuterungen zu den nachfolgenden Tabellen

Es werden die für die weitere Bemessung maßgebenden Schnittgrößen M_{yk} in Feldmitte sowie V_{zk} am Endquerträgeranschnitt für den Kernverbundquerschnitt und die einzelnen Verbundträger ermittelt.

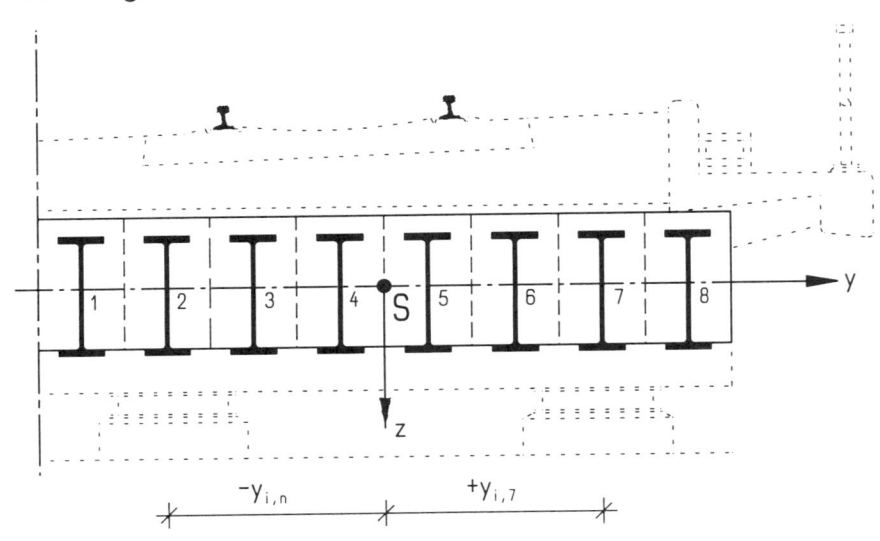

Bild 20 Begriffserläuterungen zur Schnittgrößenermittlung

Begriffe:

i	Nummer des betrachteten Walzträgers
y_i	Koordinate der Walzträgerlängsachse des i-ten Trägers bezogen auf den Schwerpunkt des Kernverbundquerschnitts (Vorzeichen beachten)
ja	mitwirkender Walzträger für die vertikalen Verkehrslasten
nein	Walzträger ist nicht unmittelbar mitwirkend für die vertikalen Verkehrslasten, angesetzt wird die $1/n_{tot}$ - fache Verkehrslast
V_{tk} ; M_{tk}	die aus ständigen Lasten und Verkehrslasten entstehende zusätzliche Torsionsbeanspruchung wird nach der „Schraubenformel" auf die Träger verteilt

<u>Anmerkung:</u>
Für die Bemessung nicht relevante Schnittgrößen werden zur besseren Übersicht nicht aufgeführt.

3.4.1 Ständige Einwirkungen

Für den Kernverbundquerschnitt können die maßgebenden Schnittgrößen nach folgenden Gleichungen ermittelt werden.

$$M_{gk,tot} = \frac{g_k \cdot l^2}{8} - \frac{g_k \cdot l_ü^2}{2} \quad ; \quad V_{gk,tot} = \frac{g_k \cdot (l - 2 \cdot b_V)}{2}$$

$M_{gk,tot}$ Biegemoment in Feldmitte infolge g_k (Vertikallastanteil)
$V_{gk,tot}$ Querkraft am Endquerträgeranschnitt infolge g_k (Vertikallastanteil)

Bei der Schnittgrößenermittlung werden die Trägerüberstände ($l_ü$ = 1,00 m) an den Überbauenden berücksichtigt.

Für die einzelnen Verbundträger können die Schnittgrößen nach folgenden Gleichungen ermittelt werden:

$$M_{gk,i} = \frac{g_k \cdot (l^2 - 4 \cdot l_ü^2)}{8 \cdot n_{tot}} \quad ; \quad M_{t,gk,i} = \frac{g_k \cdot (l^2 - 4 \cdot l_ü^2)}{8} \cdot \frac{e_g \cdot y_i}{\sum y_i^2}$$

$$V_{gk,i} = \frac{g_k \cdot (l - 2 \cdot b_V)}{2 \cdot n_{tot}} \quad ; \quad V_{t,gk,i} = \frac{g_k \cdot (l - 2 \cdot b_V)}{2} \cdot \frac{e_g \cdot y_i}{\sum y_i^2}$$

$g_{k,i}$ ständige Einwirkungen nach Abschnitt 3.2.1
l Stützweite
$l_ü$ Überstand
e_g Lastexzentrizität der ständigen Einwirkungen bzgl. des Schwerpunkt des Kernverbundquerschnitts
y_i Koordinate des i-ten Verbundträger bzgl. des Schwerpunktes des Kernverbundquerschnitts
n_{tot} Gesamtanzahl der Verbundträger
b_V Abstand Lagerachse - Endquerträgeranschnitt

$M_{gk,i}$ Biegemoment des i-ten Verbundträgers infolge g_k (Vertikallastanteil)

$M_{t,gk,i}$ Biegemoment des i-ten Verbundträgers infolge der Zusatzvertikallast aus Torsion

$V_{gk,i}$ Querkraft am Endquerträgeranschnitt des i-ten Verbundträgers infolge g_k (Vertikallastanteil)

$V_{t,gk,i}$ Querkraft am Endquerträgeranschnitt des i-ten Verbundträgers infolge der Zusatzvertikallast aus Torsion

$M_{gk,i,ges} = M_{gk,i} + M_{t,gk,i}$

$V_{gk,i,ges} = V_{gk,i} + V_{t,gk,i}$

Verfasser	: Planungsgemeinschaft h² Hochschule Magdeburg – Stendal (FH)	Proj. – Nr. 2000
Programm	: c Hochschule Anhalt (FH)	
Bauwerk	: EÜ über die B184 bei Leitzkau	Datum: 01.05.2003

Eigengewicht Verbundkonstruktion

Das Eigengewicht $g_{k,1}$ wird zur Berechnung der Exzentrizität wie folgt aufgeteilt:

Konstruktionslast Kragarm $g_{k,Kragarm}$ = 4,95 kN/m

Konstruktionslast Überbau $g_{k,1,Kern}$ = 123,65 kN/m

Konstruktionslast Überbau $g_{k,1}$ = 128,60 kN/m

siehe Abschnitt 3.2.1

$A_{c,Kragarm} = A_{c2} + A_{c3} + A_{c4} + A_{c5}$
$g_{k,Kragarm} = 25$ kN/m³ $\cdot A_{c,Kragarm}$
$= 25 \cdot 0{,}198$
$= 4{,}95$ kN/m

$g_{k,1,Kern} = g_{k1} - g_{k,Kragarm}$
$= 128{,}60 - 4{,}95 =$
$= 123{,}65$ kN/m

(siehe Bild 7)

Durch den einseitig angeordneten Kragarm ergeben sich Torsionsmomente bezüglich des Kernverbundquerschnitts, die wie folgt ermittelt werden:

Schwerpunkt des Kragarms:

$$y_{S,Kragarm} = b + \frac{\sum A_{c,i} \cdot y_i}{\sum A_{c,i}}$$

$$= b + \frac{A_{c,2} \cdot y_2 + A_{c,3} \cdot y_3 + A_{c,4} \cdot y_4 + A_{c,5} \cdot y_5}{A_{c,Kragarm}}$$

$$= 4{,}62 + \frac{0{,}06 \cdot 0{,}267 + 0{,}03 \cdot 0{,}533 + 0{,}10 \cdot 0{,}40 - 0{,}01 \cdot 0{,}137}{0{,}198}$$

$$= 4{,}98 \text{ m}$$

$A_{c2} = 0{,}5 \cdot 0{,}80 \cdot 0{,}15 = 0{,}06$ m²
$A_{c3} = 0{,}5 \cdot 0{,}07 \cdot 0{,}80 = 0{,}03$ m²
$A_{c4} = 0{,}80 \cdot 0{,}13 \quad = 0{,}10$ m²
$A_{c5} = 0{,}5 \cdot 0{,}03 \cdot 0{,}41 = 0{,}01$ m²

$y_2 = 1/3 \cdot 0{,}80 = 0{,}267$ m
$y_3 = 2/3 \cdot 0{,}80 = 0{,}533$ m
$y_4 = 1/2 \cdot 0{,}80 = 0{,}400$ m
$y_5 = 1/3 \cdot 0{,}41 = -0{,}137$ m

y – Werte bezogen auf den inneren Rand, siehe Bild 7

b Breite des Überbaus an der Unterseite (s. Abschn. 1.1)

Exzentrizität:

$$e_{gk,Kragarm} = y_{S,Kragarm} - y_S = 4{,}98 - 2{,}31 = 2{,}67 \text{ m}$$

Torsion:

$$t_{gk,Kragarm} = g_{k,Kragarm} \cdot e_{gk,Kragarm}$$
$$= 4{,}95 \cdot 2{,}67$$
$$= 13{,}23 \text{ kNm/m}$$

Die Exzentrizität auf die Gesamtlast g_{k1} bezogen ergibt sich wie folgt:

$$e_{gk1} = 13{,}23 / 128{,}6 = 0{,}103 \text{ m}$$

Bauteil	: WIB-Überbau		Archiv Nr.:
Block	: Haupttragwerk	Seite: 52	
Vorgang	: Schnittgrößen		

Infolge $g_{k,1}$ ergeben sich zusätzlich zu den Torsionsschnittgrößen folgende auf den Kernverbundquerschnitt bezogene Schnittgrößen:

$$M_{gk,1,tot} = \frac{g_{k,1} \cdot l^2}{8} - \frac{g_{k,1} \cdot l_{ü}^2}{2} \quad = \quad 4050{,}9 \quad \text{kNm}$$

$$V_{gk,1,tot} = \frac{g_{k,1} \cdot (l - 2 \cdot b_V)}{2} \quad = \quad 900{,}2 \quad \text{kN}$$

In Tabelle 3 sind die Schnittgrößen der einzelnen Verbundträger infolge der Verteilung der Gesamtschnittgrößen aus $g_{k,1}$ dargestellt:

Tabelle 3 Schnittgrößen der Verbundträger 1 – 8 infolge des charakteristischen Wertes der Einwirkung $g_{k,1}$

	Eigengewicht Verbundquerschnitt (Konstruktionslast)			Anschnitt Querträger $x/l = 0{,}063$ $x = 1{,}00$ m			Mitte Tragwerk $x/l = 0{,}5$ $x = 8{,}00$ m		
i	y_i [m]	Σy_i^2	$y_i / \Sigma y_i^2$	$V_{gk,1,i}$ [kN]	$V_{t,gk,1,i}$ [kN]	$\Sigma V_{gk,1}$ [kN]	$M_{gk,1,i}$ [kNm]	$M_{t,gk,1,i}$ [kNm]	$\Sigma M_{gk,1}$ [kNm]
1	-2,021	14,01	-0,144	112,5	-13,38	99,1	506,4	-60,21	446,2
2	-1,444	14,01	-0,103	112,5	-9,56	103,0	506,4	-43,02	463,3
3	-0,866	14,01	-0,062	112,5	-5,73	106,8	506,4	-25,80	480,6
4	-0,289	14,01	-0,021	112,5	-1,91	110,6	506,4	-8,61	497,8
5	0,289	14,01	0,021	112,5	1,91	114,4	506,4	8,61	515,0
6	0,866	14,01	0,062	112,5	5,73	118,3	506,4	25,80	532,2
7	1,444	14,01	0,103	112,5	9,56	122,1	506,4	43,02	549,4
8	2,021	14,01	0,144	112,5	13,38	125,9	506,4	60,21	566,6

			Verfasser	: Planungsgemeinschaft h² Hochschule Magdeburg – Stendal (FH)	Proj. – Nr. 2000

Header info:
- Verfasser: Planungsgemeinschaft h² Hochschule Magdeburg – Stendal (FH) / Hochschule Anhalt (FH)
- Programm:
- Bauwerk: EÜ über die B184 bei Leitzkau
- Proj. – Nr. 2000
- Datum: 01.05.2003

Eigengewicht der Fahrbahn (Schotter, Schienen, Schwellen)

bew. Schutzbeton	=	6,3 kN/m
Schotterbett	=	58,1 kN/m
Schienen (UIC 60)	=	1,2 kN/m
Schwellenzuschlag	=	1,0 kN/m
$g_{k,2}$	=	66,6 kN/m

siehe Abschnitt 3.2.1

Exzentrizität $e_{g,2} = y_{s,Fahrbahn} - y_S = 4,21/2 - 2,31 = -0,205$ m

Torsion $t_{gk,2} = g_{k,2} \cdot e_{g,2} = 66,60 \cdot (-0,205) = -13,55$ kNm/m

y – Werte bezogen auf den linken Rand der Überbauhälfte

Es ergeben sich folgende auf den Kernverbundquerschnitt bezogene Schnittgrößen:

$$M_{gk,2,tot} = \frac{g_{k,2} \cdot l^2}{8} - \frac{g_{k,2} \cdot l_ü^2}{2} = 2082,2 \text{ kNm}$$

$$V_{gk,2,tot} = \frac{g_{k,2} \cdot (l - 2 \cdot b_V)}{2} = 462,7 \text{ kN}$$

In Tabelle 4 sind die Schnittgrößen der einzelnen Verbundträger infolge der charakteristischen Werte der ständigen Einwirkungen dargestellt:

Tabelle 4 Schnittgrößen der Verbundträger 1 – 8 infolge des charakteristischen Wertes der ständigen Einwirkung $g_{k,2}$

	Eigengewicht Verbundquerschnitt (Fahrbahneigengewicht)			Anschnitt Querträger $x/l = 0,063$ $x = 1,00$ m			Mitte Tragwerk $x/l = 0,5$ $x = 8,00$ m		
i	y_i [m]	Σy_i^2	$y_i / \Sigma y_i^2$	$V_{gk,1,i}$ [kN]	$V_{t,gk,1,i}$ [kN]	$\Sigma V_{gk,1}$ [kN]	$M_{gk,1,i}$ [kNm]	$M_{t,gk,1,i}$ [kNm]	$\Sigma M_{gk,1}$ [kNm]
1	-2,021	14,0	-0,144	57,8	13,69	71,5	260,3	61,59	321,9
2	-1,444	14,0	-0,103	57,8	9,78	67,6	260,3	44,01	304,3
3	-0,866	14,0	-0,062	57,8	5,86	63,7	260,3	26,39	286,7
4	-0,289	14,0	-0,021	57,8	1,96	59,8	260,3	8,81	269,1
5	0,289	14,0	0,021	57,8	-1,96	55,9	260,3	-8,81	251,5
6	0,866	14,0	0,062	57,8	-5,86	52,0	260,3	-26,39	233,9
7	1,444	14,0	0,103	57,8	-9,78	48,1	260,3	-44,01	216,3
8	2,021	14,0	0,144	57,8	-13,69	44,2	260,3	-61,59	198,7

Footer:
- Bauteil: WIB-Überbau
- Block: Haupttragwerk
- Vorgang: Schnittgrößen

Verfasser : Planungsgemeinschaft h² Hochschule Magdeburg – Stendal (FH)	Proj. – Nr. 2000
Programm : c̄ Hochschule Anhalt (FH)	
Bauwerk : EÜ über die B184 bei Leitzkau	Datum: 01.05.2003

Eigengewicht der Kappe, Kabelkanal, Geländer

Kappenbeton	=	13,8 kN/m
Kabelkanal	=	2,4 kN/m
Geländer	=	0,5 kN/m
$g_{k,3}$	=	16,7 kN/m

siehe Abschnitt 3.2.1

Exzentrizität $e_{g,3} = y_{s,Kappe} - y_S$ = 4,99 – 2,31 = 2,68 m

Torsion $t_{gk,3} = g_{k,3} \cdot e_{g,3}$ = 16,70 · 2,68 = 44,76 kNm/m

y – Werte bezogen auf den linken Rand der Überbauhälfte

$y_{s,Kappe}$ = 2,00 + 2,21 + 1,56 / 2
= 4,99 m (vereinfacht)

Es ergeben sich folgende, auf den Kernverbundquerschnitt bezogene, Schnittgrößen:

$$M_{gk,3,tot} = \frac{g_{k,3} \cdot l^2}{8} - \frac{g_{k,3} \cdot l_ü^2}{2} = 526,1 \text{ kNm}$$

$$V_{gk,3,tot} = \frac{g_{k,3} \cdot (l - 2 \cdot b_V)}{2} = 116,90 \text{ kN}$$

In Tabelle 5 sind die Schnittgrößen der einzelnen Verbundträger infolge der charakteristischen Werte der ständigen Einwinkungen dargestellt:

Tabelle 5 Schnittgrößen der Verbundträger 1 – 8 infolge des charakteristischen Wertes der ständigen Einwirkung $g_{k,3}$

Kappe, Kabelkanal, Geländer (Ausbaulast)			Anschnitt Querträger $x/l = 0,063$ $x = 1,00$ m			Mitte Tragwerk $x/l = 0,5$ $x = 8,00$ m		
i	y_i [m]	Σy_i^2	$y_i / \Sigma y_i^2$	$V_{gk,3,i}$ [kN]	$V_{mt,gk,3,i}$ [kN]	$\Sigma V_{gk,3}$ [kN]	$M_{gk,3,i}$ [kNm]	$M_{mt,gk,3,i}$ [kNm]	$\Sigma M_{gk,3}$ [kNm]
1	-2,021	14,0	-0,144	14,6	-45,21	-30,6	65,8	-203,4	-137,7
2	-1,444	14,0	-0,103	14,6	-32,30	-17,7	65,8	-145,3	-79,6
3	-0,866	14,0	-0,062	14,6	-19,37	-4,8	65,8	-87,2	-21,4
4	-0,289	14,0	-0,021	14,6	-6,46	8,1	65,8	-29,1	36,7
5	0,289	14,0	0,021	14,6	6,46	21,1	65,8	29,1	94,8
6	0,866	14,0	0,062	14,6	19,37	34,0	65,8	87,2	152,9
7	1,444	14,0	0,103	14,6	32,30	46,9	65,8	145,3	211,1
8	2,021	14,0	0,144	14,6	45,21	59,8	65,8	203,4	269,2

Bauteil : WIB-Überbau		Archiv Nr.:
Block : Haupttragwerk		
Vorgang : Schnittgrößen		

3.4.2 Veränderliche Einwirkungen

3.4.2.1 Lastmodell 71

Die Schnittgrößenermittlung kann sich auf das vereinfachte Lastmodell 71 beschränken, da für die Untersuchung in Längsrichtung die Achslasten als gleichmäßig verteilt angenommen werden dürfen.

Beim Lastmodell 71 wird zwischen dem **Lastmodell 71 fahrend** (ohne Abminderung der Vertikallasten, aber mit reduzierter Geschwindigkeit für die Ermittlung der Zentrifugallasten) und dem **reduzierten Lastmodell** (mit Abminderung der Vertikallasten, aber Ansatz der vollen Geschwindigkeit für die Ermittlung der Zentrifugallasten) unterschieden.

$l > 10$ m

Fb 101, Kap. IV, 6.5.1 (6) P

Schnittgrößenermittlung für die Zentrifugallasten siehe Abschn. 3.4.2.8

Die seitliche Exzentrizität der Vertikallasten setzt sich aus folgenden Anteilen zusammen:

s. Abschn. 3.2.2.1

1. planmäßige Exzentrizität der Gleisachse zum Schwerpunkt

    $e_{q,1} = y_{s,Gleis} - y_S = 2{,}00 - 2{,}31 = -0{,}31$ m

    y – Werte bezogen auf den linken Rand der Überbauhälfte

2. Ausmitte der Vertikallasten infolge ungleicher Radlasten (bezogen auf die Gleisachse)

    $e_{q,2} = r/18 = \pm\, 0{,}083$ m

    $r = 1{,}50$ m (Gleisabstand)

3. Ausmitte der Vertikallasten infolge Gleisüberhöhung zur Gleisachse

    $e_{q,3} = \sin \alpha \cdot h_s = \sin 3{,}09° \cdot 1{,}80 = -0{,}097$ m

    α Querneigung des Gleises
    $\alpha = \arctan(u/s)$
    $= \arctan(0{,}081 / 1{,}50) = 3{,}09°$
    u Gleisüberhöhung
    s Spurbreite
    h_s Abstand zw. Lastangriffspunkt und Schienenoberkante nach Fb 101, Kap. IV, 6.3.5.3 (4) und Abb. 6.8

4. mögliche Verschiebung $e_{q,4}$ der Gleismitte im Lichtraum nach Ril 804 und EBO

    Da die vorhandene Fahrbahnbreite dem Regellichtraum entspricht, ist eine andere Gleislage geometrisch nicht zu berücksichtigen.

    $e_{q,4} = 0{,}0$ m

    Nach Ril 804.1101, Abs. (11) dürfen über die Längsfugen von Überbauten keine Gleise verlegt werden. Eine andere Gleislage als die geplante ist deshalb nicht möglich.

Auf die Berücksichtigung der Ausmitte infolge der gekrümmten Gleislage wird wegen Geringfügigkeit verzichtet.

Verfasser : Planungsgemeinschaft h² Hochschule Magdeburg – Stendal (FH)	Proj. – Nr. 2000
Programm : C Hochschule Anhalt (FH)	
Bauwerk : EÜ über die B184 bei Leitzkau	Datum: 01.05.2003

Die maximale Exzentrizität des Lastmodells LM 71 beträgt:

$$e_{max} = e_{q,1} + e_{q,2} + e_{q,3}$$
$$= -0{,}31 - 0{,}083 - 0{,}097$$
$$= -0{,}490 \text{ m} \quad \text{(Gesamtausmitte Zug stehend)}$$

Die minimale Exzentrizität des Lastmodells LM 71 beträgt:

$$e_{min} = e_{q,1} + e_{q,2} + e_{q,3}$$
$$= -0{,}31 + 0{,}083 - 0{,}097$$
$$= -0{,}324 \text{ m} \quad \text{(Gesamtausmitte Zug fahrend)}$$

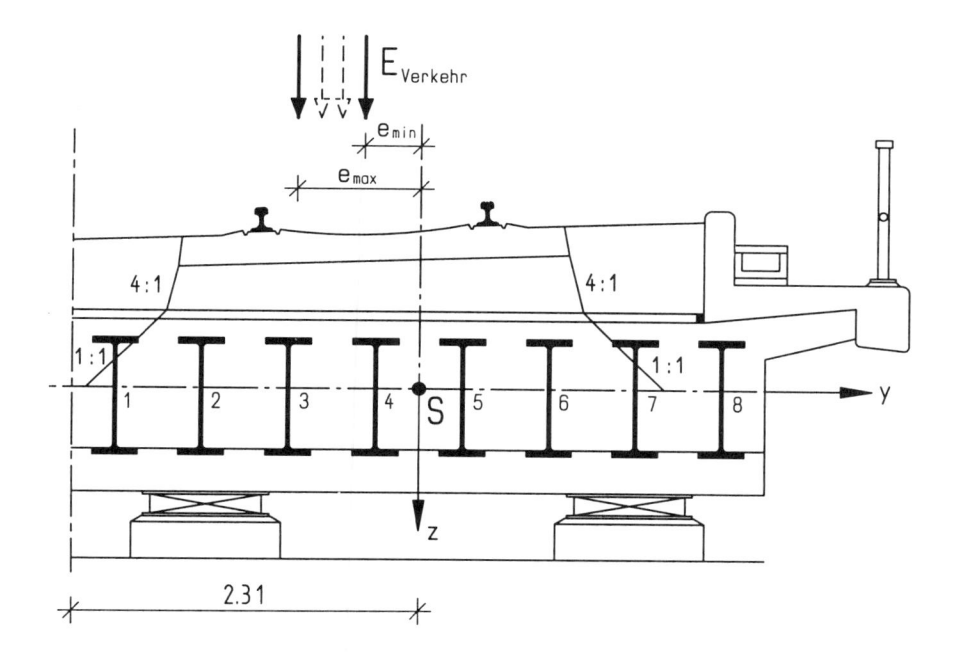

e_{max} max. Abstand zum Schwerpunkt des Kernverbundquerschnitts

Da beim stehenden Zug keine Fliehkräfte auftreten, wird die Exzentrizität so angesetzt, dass zusammen mit den sonstigen Einwirkungen die größten Torsionsmomente resultieren.

e_{min} min. Abstand zum Schwerpunkt des Kernverbundquerschnitts

Da beim fahrenden Zug Fliehkräfte auftreten und somit das äußere Gleis stärker belastet ist, wird die Exzentrizität $e_{q,2}$ positiv angesetzt.

Bild 21 Exzentrizität des Lastmodells LM 71

Anmerkung:

Da die Einwirkungen für das Lastmodell 71 grundsätzlich in ungünstiger Laststellung anzuordnen sind und das Lastbild LM 71 teilbar ist, bleibt der Einfluss des Überstandes im Folgenden unberücksichtigt.

Bauteil : WIB-Überbau	Archiv Nr.:
Block : Haupttragwerk Seite: **57**	
Vorgang : Schnittgrößen	

a) Lastmodell 71 fahrend (V = 120 km/h)

Die Schnittgrößenermittlung für das **Lastmodell 71 fahrend** wird mit folgenden Eingangswerten durchgeführt:

q_{vk}	=	80,00 kN/m	Grundlast
Δq_{vk}	=	76,25 kN/m	Überlast
e_{min}	=	-0,324 m	Ausmitte
Φ	=	1,2	dynamischer Beiwert
f	=	1,00	Abminderungsfaktor

siehe Abschn. 3.2.2.1

e_{min} ergibt zusammen mit der Zentrifugalkraft die größte Beanspruchung.

Φ siehe Abschnitt 3.2.2.1

f Fb 101, Kap. IV, 6.5.1 (6) P (a)

Bezogen auf den Kernverbundquerschnitt können die Schnittgrößen nach folgenden Gleichungen ermittelt werden:

$$M_{qvk,tot} = \left[\frac{q_{vk} \cdot l^2}{8} + \frac{\Delta q_{vk} \cdot 3{,}2\,\text{m} \cdot (l - 3{,}2\,\text{m})}{2} \right] \cdot f \cdot \Phi$$

$$V_{qvk,tot} = \left[\frac{q_{vk} \cdot (l - b_V)^2}{2 \cdot l} + \frac{\Delta q_{vk} \cdot 6{,}4\,\text{m} \cdot (l - b_V - 3{,}2\,\text{m})}{l} \right] \cdot f \cdot \Phi$$

Für die einzelnen Verbundträger können die Schnittgrößen nach folgenden Gleichungen ermittelt werden:

- innerhalb der mitwirkenden Breite gilt:

$$M_{qvk,i} = \left[\frac{q_{vk} \cdot l^2}{n_{bw} \cdot 8} + \frac{\Delta q_{vk} \cdot 3{,}2\,\text{m} \cdot (l - 3{,}2\,\text{m})}{n_{bw} \cdot 2} \right] \cdot f \cdot \Phi$$

n_{bw} Anzahl der Verbundträger in der mitwirkenden Breite b_m

$$M_{t,qvk,i} = \left[\frac{q_{vk} \cdot l^2}{8} + \frac{\Delta q_{vk} \cdot 3{,}2\,\text{m} \cdot (l - 3{,}2\,\text{m})}{2} \right] \cdot e \cdot \frac{y_i}{\sum y_i^2} \cdot f \cdot \Phi$$

$$V_{qvk,i} = \left[\frac{q_{vk} \cdot (l - b_V)^2}{n_{bw} \cdot 2 \cdot l} + \frac{\Delta q_{vk} \cdot 6{,}4\,\text{m} \cdot (l - b_V - 3{,}2\,\text{m})}{n_{bw} \cdot l} \right] \cdot f \cdot \Phi$$

$$V_{t,qvk,i} = \left[\frac{q_{vk} \cdot (l - b_V)^2}{2 \cdot l} + \frac{\Delta q_{vk} \cdot 6{,}4\,\text{m} \cdot (l - b_V - 3{,}2\,\text{m})}{l} \right] \cdot e \cdot \frac{y_i}{\sum y_i^2} \cdot f \cdot \Phi$$

- außerhalb der mitwirkenden Breite gilt:

$$M_{qvk,i} = \left[\frac{q_{vk} \cdot l^2}{n_{tot} \cdot 8} + \frac{\Delta q_{vk} \cdot 3{,}2\ m \cdot (l - 3{,}2\ m)}{n_{tot} \cdot 2}\right] \cdot f \cdot \Phi$$

$$M_{t,qvk,i} = \left[\frac{q_{vk} \cdot l^2}{8} + \frac{\Delta q_{vk} \cdot 3{,}2\ m \cdot (l - 3{,}2\ m)}{2}\right] \cdot e \cdot \frac{y_i}{\sum y_i^2} \cdot f \cdot \Phi$$

$$V_{qvk,i} = \left[\frac{q_{vk} \cdot (l - b_V)^2}{n_{tot} \cdot 2 \cdot l} + \frac{\Delta q_{vk} \cdot 6{,}4\ m \cdot (l - b_V - 3{,}2\ m)}{n_{tot} \cdot l}\right] \cdot f \cdot \Phi$$

$$V_{t,qvk,i} = \left[\frac{q_{vk} \cdot (l - b_V)^2}{2 \cdot l} + \frac{\Delta q_{vk} \cdot 6{,}4\ m \cdot (l - b_V - 3{,}2\ m)}{l}\right] \cdot e \cdot \frac{y_i}{\sum y_i^2} \cdot f \cdot \Phi$$

Es ergeben sich folgende auf den Kernverbundquerschnitt bezogene maximale Schnittgrößen:

$M_{qvk,tot}$ = 4945,9 kNm $(x = 0{,}5 \cdot l)$
$V_{qvk,tot}$ = 1106,9 kN $(x = 0{,}063 \cdot l)$

In den Tabellen 6 und 7 sind die Schnittgrößen der einzelnen Verbundträger infolge der charakteristischen Werte der Verkehrslasten für das LM 71 fahrend dargestellt:

Diese Schnittgrößen sind mit denen infolge Zentrifugallast (V = 120 km/h) zu überlagern. (siehe Tab. 17)

Tabelle 6 Schnittgrößen infolge der charakteristischen Werte des LM 71 fahrend für maximale Biegung in Feldmitte (einschließlich dynam. Beiwert, ohne zugehörige Zentrifugallasten)

	LM 71 fahrend Laststellung für max. Moment				Mitte Tragwerk x/l = 0,5 x = 8,00 m		
i		y_i [m]	Σy_i^2	$y_i / \Sigma y_i^2$	$M_{qvk,i}$ [kNm]	$M_{t,qvk,i}$ [kNm]	ΣM [kNm]
1	ja	-2,021	14,0	-0,144	706,6	231,2	937,8
2	ja	-1,444	14,0	-0,103	706,6	165,2	871,8
3	ja	-0,866	14,0	-0,062	706,6	99,1	805,6
4	ja	-0,289	14,0	-0,021	706,6	33,1	739,6
5	ja	0,289	14,0	0,021	706,6	-33,1	673,5
6	ja	0,866	14,0	0,062	706,6	-99,1	607,5
7	ja	1,444	14,0	0,103	706,6	-165,2	541,3
8	nein	2,021	14,0	0,144	618,2	-231,2	387,0

Verfasser	: Planungsgemeinschaft h² Hochschule Magdeburg – Stendal (FH)	Proj. – Nr. 2000
Programm	: C Hochschule Anhalt (FH)	
Bauwerk	: EÜ über die B184 bei Leitzkau	Datum: 01.05.2003

Tabelle 7 Schnittgrößen infolge der charakteristischen Werte des LM 71 fahrend für maximale Querkraft am Endquerträgeranschnitt (einschließlich dynam. Beiwert, ohne zugehörige Zentrifugallasten)

\multicolumn{5}{c}{LM 71 fahrend Laststellung für max. Querkraft}	Anschnitt Querträger $x/l = 0{,}063$ $x = 1{,}00$ m		
i		y_i [m]	Σy_i^2	$y_i / \Sigma y_i^2$	$V_{qvk,i}$ [kN]	$V_{t,qvk,i}$ [kN]	ΣV [kN]
1	ja	-2,021	14,0	-0,144	158,1	51,75	209,9
2	ja	-1,444	14,0	-0,103	158,1	36,97	195,1
3	ja	-0,866	14,0	-0,062	158,1	22,17	180,3
4	ja	-0,289	14,0	-0,021	158,1	7,40	165,5
5	ja	0,289	14,0	0,021	158,1	-7,40	150,7
6	ja	0,866	14,0	0,062	158,1	-22,17	136,0
7	ja	1,444	14,0	0,103	158,1	-36,97	121,2
8	nein	2,021	14,0	0,144	138,4	-51,75	86,6

Bauteil	: WIB-Überbau		Archiv Nr.:
Block	: Haupttragwerk	Seite: **60**	
Vorgang	: Schnittgrößen		

b) reduziertes Lastmodell 71 (V = 200 km/h)

siehe Abschn. 3.2.2.1

Die Schnittgrößenermittlung für das **reduzierte Lastmodell 71** wird mit folgenden Eingangswerten durchgeführt:

q_{vk} = 80,00 kN/m Grundlast
Δq_{vk} = 76,25 kN/m Überlast
e_{min} = -0,324 m minimale Ausmitte
Φ = 1,2 dynamischer Beiwert

Φ siehe Abschnitt 3.2.2.1

Ermittlung des Abminderungsfaktor f für V_e = 160 km/h:

Fb 101, Kap. IV, 6.5.1 (6) P (b)
Gl. 6.6

$$f = 1 - \frac{V-120}{1000} \cdot \left(\frac{814}{V} + 1{,}75\right) \cdot \left(1 - \sqrt{\frac{2{,}88}{L_f}}\right)$$

$$= 1 - \frac{200-120}{1000} \cdot \left(\frac{814}{200} + 1{,}75\right) \cdot \left(1 - \sqrt{\frac{2{,}88}{18}}\right)$$

$$= 0{,}72$$

V maximale Geschwindigkeit

L_f Einflusslänge, die am ungünstigsten für die Bemessung des jeweils betrachteten Bauteils ist

Die Schnittgrößen für den Kernverbundquerschnitt und für die einzelne Verbundträger werden analog mit den für das Lastmodell 71 (V = 120 km/h) angegebenen Gleichungen bestimmt. Vereinfachend ergeben sich die Schnittgrößen des reduzierten Lastmodells 71 aus den Schnittgrößen des fahrenden LM 71 (siehe Tabellen 8 und 9) durch Multiplikation mit dem Abminderungsbeiwert f = 0,72.

Schnittgrößenermittlung für die Zentrifugallasten siehe Abschn. 3.4.2.8

Es ergeben sich folgende, auf den Kernverbundquerschnitt bezogene, Schnittgrößen:

$M_{qvk,tot}$ = 3561,1 kNm ($x = 0{,}5 \cdot l$)
$V_{qvk,tot}$ = 797,0 kN ($x = 0{,}063 \cdot l$)

Verfasser	: Planungsgemeinschaft h² Hochschule Magdeburg – Stendal (FH)	Proj. – Nr. 2000
Programm	: C Hochschule Anhalt (FH)	
Bauwerk	: EÜ über die B184 bei Leitzkau	Datum: 01.05.2003

In den Tabellen 8 und 9 sind die Schnittgrößen der einzelnen Verbundträger infolge der charakteristischen Werte der Verkehrslasten für das reduzierte LM 71 dargestellt:

Diese Schnittgrößen sind mit denen infolge Zentrifugallast (V = 120 km/h) zu überlagern. (siehe Tab. 18)

Tabelle 8 Schnittgrößen infolge der charakteristischen Werte des reduzierten LM 71 für maximale Biegung in Feldmitte (einschließlich dynam. Beiwert, ohne zugehörige Zentrifugallasten)

	reduziertes LM 71 fahrend Laststellung für max. Moment				Mitte Tragwerk x/l = 0,5 x = 8,00 m		
i		y_i [m]	Σy_i^2	$y_i / \Sigma y_i^2$	$M_{qvk,i}$ [kNm]	$M_{t,qvk,i}$ [kNm]	ΣM [kNm]
1	ja	-2,021	14,0	-0,144	508,7	166,5	675,2
2	ja	-1,444	14,0	-0,103	508,7	119,0	627,7
3	ja	-0,866	14,0	-0,062	508,7	71,3	580,1
4	ja	-0,289	14,0	-0,021	508,7	23,8	532,5
5	ja	0,289	14,0	0,021	508,7	-23,8	484,9
6	ja	0,866	14,0	0,062	508,7	-71,3	437,4
7	ja	1,444	14,0	0,103	508,7	-119,0	389,8
8	nein	2,021	14,0	0,144	445,1	-166,5	278,6

Tabelle 9 Schnittgrößen infolge der charakteristischen Werte des reduzierten LM 71 für maximale Querkraft am Endquerträgeranschnitt (einschließlich dynam. Beiwert, ohne zugehörige Zentrifugallasten)

	reduziertes LM 71 fahrend Laststellung für max. Querkraft				Anschnitt Querträger x/l = 0,063 x = 1,00 m		
i		y_i [m]	Σy_i^2	$y_i / \Sigma y_i^2$	$V_{qvk,i}$ [kN]	$V_{t,qvk,i}$ [kN]	ΣV [kN]
1	ja	-2,021	14,0	-0,144	113,9	37,26	151,1
2	ja	-1,444	14,0	-0,103	113,9	26,62	140,5
3	ja	-0,866	14,0	-0,062	113,9	15,97	129,8
4	ja	-0,289	14,0	-0,021	113,9	5,33	119,2
5	ja	0,289	14,0	0,021	113,9	-5,33	108,5
6	ja	0,866	14,0	0,062	113,9	-15,97	97,9
7	ja	1,444	14,0	0,103	113,9	-26,62	87,2
8	nein	2,021	14,0	0,144	99,6	-37,26	62,4

Bauteil	: WIB-Überbau	Archiv Nr.:
Block	: Haupttragwerk	
Vorgang	: Schnittgrößen	

Verfasser : Planungsgemeinschaft h² Hochschule Magdeburg – Stendal (FH)	Proj. – Nr. 2000
Programm : C̄ Hochschule Anhalt (FH)	
Bauwerk : EÜ über die B184 bei Leitzkau	Datum: 01.05.2003

3.4.2.2 Lastmodell SW/0

siehe Abschn. 3.2.2.2

Für den vorliegenden Fall eines Einfeldträgers ist die Anwendung dieses zusätzlichen Lastmodells nicht erforderlich.

3.4.2.3 Lastmodell SW/2

siehe Abschn. 3.2.2.3

Beim Lastmodell SW/2 wird zwischen fahrendem und stehendem Lastmodell unterschieden.
Die sich für das Lastmodell SW/2 ergebenden Schnittgrößen sind in den Tabellen 10 - 13 angegeben.

a) Lastmodell SW/2 fahrend

Die Schnittgrößenermittlung für das Lastmodell **SW/2 fahrend** wird mit folgenden Eingangswerten durchgeführt:

q_{vk}	=	150,00 kN/m	Streckenlast (l = 25 m)
Φ	=	1,2	dynamischer Beiwert
$e_{SW/2}$	=	-0,407 m	Ausmitte

Φ siehe Abschn. 3.2.2.1

$e_{SW/2} = e_{q1} + e_{q3} + e_{q4}$
$= -0,31 - 0,097 + 0,0$
$= -0,407$ m

Für den Kernverbundquerschnitt können die Schnittgrößen nach folgenden Gleichungen ermittelt werden.

$$M_{qvk,tot} = \frac{q_{vk} \cdot l^2}{8} \cdot \Phi \quad ; \quad V_{qvk,tot} = \frac{q_{vk} \cdot (l - b_V)^2}{2 \cdot l} \cdot \Phi$$

Anmerkung:

1. Grundsätzlich brauchen die Lastbilder SW/0 und SW/2 nicht geteilt zu werden. Der günstige Einfluss eines Überstandes wird jedoch wegen Geringfügigkeit vernachlässigt.

2. Beim Lastmodell SW/2 ist die Ausmitte $e_{q,3}$ infolge Überhöhung, eine mögliche Gleisverschiebung $e_{q,4}$ nach EBO und Ril 804 sowie die Ausmitte $e_{q,1}$ anzusetzen. Eine mögliche ungleichmäßige Verteilung der Achslasten auf die Räder und eine daraus resultierende Exzentrizität $e_{q,2}$ ist beim Lastmodell SW/2 nicht anzusetzen.

Bauteil : WIB-Überbau	Archiv Nr.:
Block : Haupttragwerk	
Vorgang : Schnittgrößen	

Für die einzelnen Verbundträger können die Schnittgrößen nach folgenden Formeln ermittelt werden:

- im Bereich der mitwirkenden Breite gilt:

$$M_{qvk,i} = \frac{q_{vk} \cdot l^2}{n_{bw} \cdot 8} \cdot \Phi \quad ; \quad M_{t,qvk,i} = \frac{q_{vk} \cdot l^2}{8} \cdot e \cdot \frac{y_i}{\sum y_i^2} \cdot \Phi$$

$$V_{qvk,i} = \frac{q_{vk} \cdot (l - b_V)^2}{n_{bw} \cdot 2 \cdot l} \cdot \Phi \quad ; \quad V_{t,qvk,i} = \frac{q_{vk} \cdot (l - b_V)^2}{2 \cdot l} \cdot e \cdot \frac{y_i}{\sum y_i^2} \cdot \Phi$$

- außerhalb der mitwirkenden Breite gilt:

$$M_{qvk,i} = \frac{q_{vk} \cdot l^2}{n_{tot} \cdot 8} \cdot \Phi \quad ; \quad M_{t,qvk,i} = \frac{q_{vk} \cdot l^2}{8} \cdot e \cdot \frac{y_i}{\sum y_i^2} \cdot \Phi$$

$$V_{qvk,i} = \frac{q_{vk} \cdot (l - b_V)^2}{n_{tot} \cdot 2 \cdot l} \cdot \Phi \quad ; \quad V_{t,qvk,i} = \frac{q_{vk} \cdot (l - b_V)^2}{2 \cdot l} \cdot e \cdot \frac{y_i}{\sum y_i^2} \cdot \Phi$$

Es ergeben sich folgende, auf den Kernverbundquerschnitt bezogene, Schnittgrößen:

$M_{qvk,tot}$ = 5760,0 kNm $\quad\quad (x = 0{,}5 \cdot l)$

$V_{qvk,tot}$ = 1265,6 kN $\quad\quad (x = 0{,}063 \cdot l)$

In den Tabellen 10 und 11 sind die Schnittgrößen der einzelnen Verbundträger infolge der charakteristischen Werte der Verkehrslasten für das Lastmodell SW/2 fahrend dargestellt:

Diese Schnittgrößen sind mit denen infolge Zentrifugallast (V = 120 km/h) zu überlagern. (siehe Tab. 19)

Tabelle 10 Schnittgrößen infolge der charakteristischen Werte des Lastmodells SW/2 fahrend für maximale Biegung in Feldmitte (einschließlich dynam. Beiwert, ohne zugehörige Zentrifugallasten)

LM SW / 2 fahrend				Mitte Tragwerk $x/l = 0,5$ $x = 8,00$ m		
i		y_i [m]	Σy_i^2	$y_i / \Sigma y_i^2$	$M_{qvk,i}$ [kNm]	$M_{t,qvk,i}$ [kNm]	ΣM [kNm]
1	ja	-2,021	14,0	-0,144	822,9	338,3	1161,1
2	ja	-1,444	14,0	-0,103	822,9	241,7	1064,6
3	ja	-0,866	14,0	-0,062	822,9	144,9	967,8
4	ja	-0,289	14,0	-0,021	822,9	48,4	871,2
5	ja	0,289	14,0	0,021	822,9	-48,4	774,5
6	ja	0,866	14,0	0,062	822,9	-144,9	677,9
7	ja	1,444	14,0	0,103	822,9	-241,7	581,2
8	nein	2,021	14,0	0,144	720,0	-338,3	381,7

Tabelle 11 Schnittgrößen infolge der charakteristischen Werte des Lastmodells SW/2 fahrend für maximale Querkraft am Endquerträgeranschnitt (einschließlich dynam. Beiwert, ohne zugehörige Zentrifugallasten)

LM SW / 2 fahrend				Anschnitt Querträger $x/l = 0,063$ $x = 1,00$ m		
i		y_i [m]	Σy_i^2	$y_i / \Sigma y_i^2$	$V_{qvk,i}$ [kN]	$V_{t,qvk,i}$ [kN]	ΣV [kN]
1	ja	-2,021	14,0	-0,144	180,8	74,33	255,1
2	ja	-1,444	14,0	-0,103	180,8	53,11	233,9
3	ja	-0,866	14,0	-0,062	180,8	31,85	212,7
4	ja	-0,289	14,0	-0,021	180,8	10,63	191,4
5	ja	0,289	14,0	0,021	180,8	-10,63	170,2
6	ja	0,866	14,0	0,062	180,8	-31,85	149,0
7	ja	1,444	14,0	0,103	180,8	-53,11	127,7
8	nein	2,021	14,0	0,144	158,2	-74,33	83,9

b) Lastmodell SW/2 stehend

siehe Abschn. 3.2.2.3

Die Schnittgrößenermittlung für das Lastmodell **SW/2 stehend** wird mit folgenden Eingangswerten durchgeführt:

q_{vk} = 150,00 kN/m Streckenlast
Φ = 1,00 dynamischer Beiwert
$e_{SW/2}$ = -0,407 m Ausmitte

$e_{SW/2}$ siehe SW/2 fahrend

Die Schnittgrößen für den Gesamtkernquerschnitt und für die einzelnen Verbundträger werden analog mit den für das Lastmodell SW/2 fahrend angegebenen Gleichungen bestimmt.

Es ergeben sich folgende, auf den Kernverbundquerschnitt bezogene, Schnittgrößen:

$M_{qvk,tot}$ = 4800,0 kNm ($x = 0,5 \cdot l$)

$V_{qvk,tot}$ = 1054,7 kN ($x = 0,063 \cdot l$)

In den Tabellen 12 und 13 sind die Schnittgrößen der einzelnen Verbundträger infolge der charakteristischen Werte des Lastmodells SW/2 stehend dargestellt:

Tabelle 12 Schnittgrößen infolge der charakteristischen Werte des Lastmodells SW/2 stehend, ohne dynam. Beiwert für maximale Biegung in Feldmitte

	LM SW / 2 stehend				Mitte Tragwerk $x/l = 0,5$ $x = 8,00$ m		
i		y_i [m]	Σy_i^2	$y_i / \Sigma y_i^2$	$M_{qvk,i}$ [kNm]	$M_{t,qvk,i}$ [kNm]	ΣM [kNm]
1	ja	-2,021	14,0	-0,144	685,7	281,9	967,6
2	ja	-1,444	14,0	-0,103	685,7	201,4	887,1
3	ja	-0,866	14,0	-0,062	685,7	120,8	806,5
4	ja	-0,289	14,0	-0,021	685,7	40,3	726,0
5	ja	0,289	14,0	0,021	685,7	-40,3	645,4
6	ja	0,866	14,0	0,062	685,7	-120,8	564,9
7	ja	1,444	14,0	0,103	685,7	-201,4	484,3
8	nein	2,021	14,0	0,144	600,0	-281,9	318,1

Verfasser	: Planungsgemeinschaft	h² Hochschule Magdeburg – Stendal (FH)	Proj. – Nr. 2000
Programm	:	C Hochschule Anhalt (FH)	
Bauwerk	: EÜ über die B184 bei Leitzkau		Datum: 01.05.2003

Tabelle 13 Schnittgrößen infolge der charakteristischen Werte des Lastmodells SW/2 stehend, ohne dynam. Beiwert für maximale Querkraft am Endquerträgeranschnitt

	LM SW / 2 stehend				Anschnitt Querträger $x/l = 0{,}063$ $x = 1{,}00$ m		
i		y_i [m]	Σy_i^2	$y_i / \Sigma y_i^2$	$V_{qvk,i}$ [kN]	$V_{t,qvk,i}$ [kN]	ΣV [kN]
1	ja	-2,021	14,0	-0,144	150,7	61,94	212,6
2	ja	-1,444	14,0	-0,103	150,7	44,26	194,9
3	ja	-0,866	14,0	-0,062	150,7	26,54	177,2
4	ja	-0,289	14,0	-0,021	150,7	8,86	159,5
5	ja	0,289	14,0	0,021	150,7	-8,86	141,8
6	ja	0,866	14,0	0,062	150,7	-26,54	124,1
7	ja	1,444	14,0	0,103	150,7	-44,26	106,4
8	nein	2,021	14,0	0,144	131,8	-61,94	69,9

3.4.2.4 Unbeladener Zug

siehe Abschn. 3.2.2.4

Die Schnittgrößenermittlung für das Lastmodell **Unbeladener Zug** wird mit folgenden Eingangswerten durchgeführt:

q_{vk} = 12,50 kN/m Streckenlast
e_{max} = -0,324 m Ausmitte Zug fahrend
e_{min} = -0,490 m Ausmitte Zug stehend

e siehe Abschnitt 3.4.2.1

Die Schnittgrößen für den Gesamtkernquerschnitt und für die einzelnen Verbundträger werden analog mit den für das Lastmodell SW/2 fahrend angegebenen Gleichungen ohne Ansatz des dynamischen Erhöhungsfaktors bestimmt.

Fb 101, Kap. IV, Anhang G
G.2.1.1 (4) P

Es ergeben sich folgende auf den Gesamtkernquerschnitt bezogene Schnittgrößen:

$M_{qvk,tot}$ = 400,0 kNm ($x = 0,5 \cdot l$)

$V_{qvk,tot}$ = 87,9 kN ($x = 0,063 \cdot l$)

In den Tabellen 14 und 15 sind die Schnittgrößen der einzelnen Verbundträger infolge der charakteristischen Werte der Verkehrslasten für das Lastmodell Unbeladener Zug fahrend oder stehend dargestellt:

Tabelle 14 Schnittgrößen infolge der charakteristischen Werte des Lastmodells Unbeladener Zug fahrend für maximale Biegung in Feldmitte und für maximale Querkraft am Endquerträgeranschnitt (ohne dynam. Beiwert, ohne zugehörige Zentrifugallasten)

Schnittgrößen ermittelt mit:
q_{vk} = 12,5 kN/m
e_{max} = -0,324 m

Diese Schnittgrößen sind mit denen infolge Zentrifugallast zu überlagern.

	LM Unbeladener Zug fahrend			Anschnitt Querträger $x/l = 0,063$ $x = 1,00$ m			Mitte Tragwerk $x/l = 0,5$ $x = 8,00$ m		
i		y_i [m]	Σy_i^2	$y_i / \Sigma y_i^2$	$V_{qvk,i}$ [kN]	$V_{t,qvk,i}$ [kN]	ΣV [kN]	$M_{qvk,i}$ [kNm]	$M_{t,qvk,i}$ [kNm]	ΣM [kNm]
1	ja	-2,021	14,0	-0,144	12,6	4,11	16,7	57,1	18,7	75,8
2	ja	-1,444	14,0	-0,103	12,6	2,94	15,5	57,1	13,4	70,5
3	ja	-0,866	14,0	-0,062	12,6	1,76	14,3	57,1	8,0	65,2
4	ja	-0,289	14,0	-0,021	12,6	0,59	13,1	57,1	2,7	59,8
5	ja	0,289	14,0	0,021	12,6	-0,59	12,0	57,1	-2,7	54,5
6	ja	0,866	14,0	0,062	12,6	-1,76	10,8	57,1	-8,0	49,1
7	ja	1,444	14,0	0,103	12,6	-2,94	9,6	57,1	-13,4	43,8
8	nein	2,021	14,0	0,144	11,0	-4,11	6,9	50,0	-18,7	31,3

Verfasser : Planungsgemeinschaft h² Hochschule Magdeburg – Stendal (FH) C Hochschule Anhalt (FH) Programm :	Proj. – Nr. 2000
Bauwerk : EÜ über die B184 bei Leitzkau	Datum: 01.05.2003

Tabelle 15 Schnittgrößen infolge der charakteristischen Werte des Lastmodells Unbeladener Zug stehend für maximale Biegung in Feldmitte und für maximale Querkraft am Endquerträgeranschnitt (ohne dynam. Beiwert, ohne zugehörige Zentrifugallasten)

Schnittgrößen ermittelt mit:
q_{vk} = 12,5 kN/m
e_{min} = -0,490 m

Diese Schnittgrößen sind mit denen infolge Zentrifugallast zu überlagern.

	LM unbeladener Zug stehend				Anschnitt Querträger x/l = 0,063 x = 1,00 m			Mitte Tragwerk x/l = 0,5 x = 8,00 m		
i		y_i [m]	Σy_i^2	$y_i / \Sigma y_i^2$	$V_{qvk,i}$ [kN]	$V_{t,qvk,i}$ [kN]	ΣV [kN]	$M_{qvk,i}$ [kNm]	$M_{t,qvk,i}$ [kNm]	ΣM [kNm]
1	ja	-2,021	14,0	-0,144	12,6	6,21	18,8	57,1	28,3	85,4
2	ja	-1,444	14,0	-0,103	12,6	4,44	17,0	57,1	20,2	77,4
3	ja	-0,866	14,0	-0,062	12,6	2,66	15,2	57,1	12,1	69,3
4	ja	-0,289	14,0	-0,021	12,6	0,89	13,4	57,1	4,0	61,2
5	ja	0,289	14,0	0,021	12,6	-0,89	11,7	57,1	-4,0	53,1
6	ja	0,866	14,0	0,062	12,6	-2,66	9,9	57,1	-12,1	45,0
7	ja	1,444	14,0	0,103	12,6	-4,44	8,1	57,1	-20,2	36,9
8	nein	2,021	14,0	0,144	11,0	-6,21	4,8	50,0	-28,3	21,7

Bauteil : WIB-Überbau Block : Haupttragwerk Vorgang : Schnittgrößen	Archiv Nr.:

3.4.2.5 Verkehrslast auf Dienstgehwegen

siehe Abschn. 3.2.2.5

Die Schnittgrößenermittlung für die **Verkehrslast auf Dienstgehwegen** wird mit folgenden Eingangswerten durchgeführt:

q_{fk}	=	5,75 kN/m	Verkehr auf Dienstweg
e_{SP}	=	2,675 m	Ausmitte der Streckenlast zum Schwerpunkt

siehe Bild 3:
e_{SP} = 4,21 + 0,2 + 1,15/2 - 2,31
 = 2,675 m

Für den Kernverbundquerschnitt können die Schnittgrößen nach folgenden Gleichungen ermittelt werden.

$$M_{qfk,tot} = \frac{q_{fk} \cdot l^2}{8} \quad ; \quad V_{qfk,tot} = \frac{q_{vk} \cdot (l-b_V)^2}{2 \cdot l}$$

Für die einzelnen Verbundträger können die Schnittgrößen nach folgenden Formeln ermittelt werden.

$$M_{qfk,i} = \frac{q_{fk} \cdot l^2}{n_{tot} \cdot 8} \quad ; \quad M_{t,qfk,i} = \frac{q_{fk} \cdot l^2}{8} \cdot e_{SP} \cdot \frac{y_i}{\sum y_i^2}$$

$$V_{qfk,i} = \frac{q_{fk} \cdot (l-b_V)^2}{n_{tot} \cdot 2 \cdot l} \quad ; \quad V_{t,qfk,i} = \frac{q_{fk} \cdot (l-b_V)^2}{2 \cdot l} \cdot e_{SP} \cdot \frac{y_i}{\sum y_i^2}$$

Es werden alle 8 Träger belastet.

Es ergeben sich folgende auf den Kernverbundquerschnitt bezogene Schnittgrößen:

$M_{qfk,tot}$ = 184,0 kNm

$V_{qfk,tot}$ = 40,4 kN

Verfasser : Planungsgemeinschaft h² Hochschule Magdeburg – Stendal (FH)	Proj. – Nr. 2000
Programm : C Hochschule Anhalt (FH)	
Bauwerk : EÜ über die B184 bei Leitzkau	Datum: 01.05.2003

In der Tabelle 16 sind die Schnittgrößen der einzelnen Verbundträger infolge der charakteristischen Werte der Verkehrslast auf Dienstwegen dargestellt:

Tabelle 16 **Schnittgrößen infolge der charakteristischen Werte der Einwirkung Verkehrslast auf Dienstgehwegen für maximale Biegung in Feldmitte sowie für maximale Querkraft am Endquerträgeranschnitt**

Verkehrslast auf Dienstwegen (Belastung auf Kragarm)			Anschnitt Querträger $x/l = 0{,}063$ $x = 1{,}00$ m			Mitte Tragwerk $x/l = 0{,}5$ $x = 8{,}00$ m		
i	y_i [m]	Σy_i^2	$y_i / \Sigma y_i^2$	$V_{qfk,i}$ [kN]	$V_{t,qfk,i}$ [kN]	ΣV [kN]	$M_{qfk,i}$ [kNm]	$M_{t,qfk,i}$ [kNm]	ΣM [kNm]

i	y_i [m]	Σy_i^2	$y_i / \Sigma y_i^2$	$V_{qfk,i}$ [kN]	$V_{t,qfk,i}$ [kN]	ΣV [kN]	$M_{qfk,i}$ [kNm]	$M_{t,qfk,i}$ [kNm]	ΣM [kNm]
1	-2,021	14,0	-0,144	5,1	-15,61	-10,6	23,0	-71,0	-48,0
2	-1,444	14,0	-0,103	5,1	-11,15	-6,1	23,0	-50,7	-27,7
3	-0,866	14,0	-0,062	5,1	-6,69	-1,6	23,0	-30,4	-7,4
4	-0,289	14,0	-0,021	5,1	-2,23	2,8	23,0	-10,2	12,8
5	0,289	14,0	0,021	5,1	2,23	7,3	23,0	10,2	33,2
6	0,866	14,0	0,062	5,1	6,69	11,7	23,0	30,4	53,4
7	1,444	14,0	0,103	5,1	11,15	16,2	23,0	50,7	73,7
8	2,021	14,0	0,144	5,1	15,61	20,7	23,0	71,0	94,0

Bauteil : WIB-Überbau	Archiv Nr.:
Block : Haupttragwerk	
Vorgang : Schnittgrößen	

3.4.2.6 Verkehrslast bei Gleis- und Brückenunterhaltung

Bei Nachweisen in vorübergehenden Bemessungssituationen aufgrund von Gleis- oder Brückenunterhaltung sind die charakteristischen Werte des LM 71 entsprechend den nichthäufigen Werten der Tabelle G.2 im DIN Fachbericht 101 anzusetzen ($\psi'_1 = 1{,}0$).

Fb 101, Kap. IV, 6.8.4

Fb 101, Kap. IV, Anhang J

Fb 101, Kap. IV, Anhang G, G.2.4, Tab. G.2

Charakteristische Werte der Einwirkungen siehe Abschn. 3.2.2.6
Schnittgrößen siehe Abschn. 3.4.2.1

3.4.2.7 Ermüdungslastmodell

Der Schnittgrößenermittlung wurde das Lastmodell 71 fahrend mit dem zugehörigen dynamischen Beiwert sowie den entsprechenden Zentrifugallasten zugrunde gelegt.

Charakteristische Werte der Einwirkungen siehe Abschn. 3.2.2.7
Schnittgrößen siehe Abschn. 3.4.2.1

Verfasser : Planungsgemeinschaft h² Hochschule Magdeburg – Stendal (FH)	Proj. – Nr. 2000
Programm : C Hochschule Anhalt (FH)	
Bauwerk : EÜ über die B184 bei Leitzkau	Datum: 01.05.2003

3.4.2.8 Zentrifugallasten

Die Schnittgrößen sind stets mit den zugehörigen Vertikallasten des jeweiligen Lastmodells zu kombinieren.
Der Abstand des Angriffspunktes der Horizontallasten zum Querschnittsschwerpunkt ergibt sich folgendermaßen:

siehe Abschn. 3.2.2.8
Fb 101, Kap. IV, 6.5.1 (5) P

$h_1 = \cos \alpha \cdot 1{,}80$ m   lotrechter Abstand zwischen dem Angriffs-
$\approx 1{,}80$ m   punkt der Horizontallasten und SO + u/2

α = 0,035 rad
siehe Abschn. 3.4.2.1
u - Gleisüberhöhung
u = 0,081 m

$h_2 = 0{,}85$ m   lotrechter Abstand zwischen
             SO + u/2 und Oberkante Überbau

h_2 = 0,81 + 0,5 · 0,081
     = 0,85 m
(siehe Bild 3)

$z_S = 0{,}48$ m   lotrechter Abstand zwischen Oberkante
             Überbau und ideellem Schwerpunkt des
             Überbaus

vereinfachend werden die Querlasten auf den ideellen Schwerpunkt $z_{i,0}$ des Kernquerschnitts bezogen
(siehe Abschn. 3.3.2)

$z_{t,tot} = h_1 + h_2 + z_S$ Abstand Angriffspunkt der Zentrifugal-
$= 3{,}13$ m   lasten zum Schwerpunkt des Überbaus

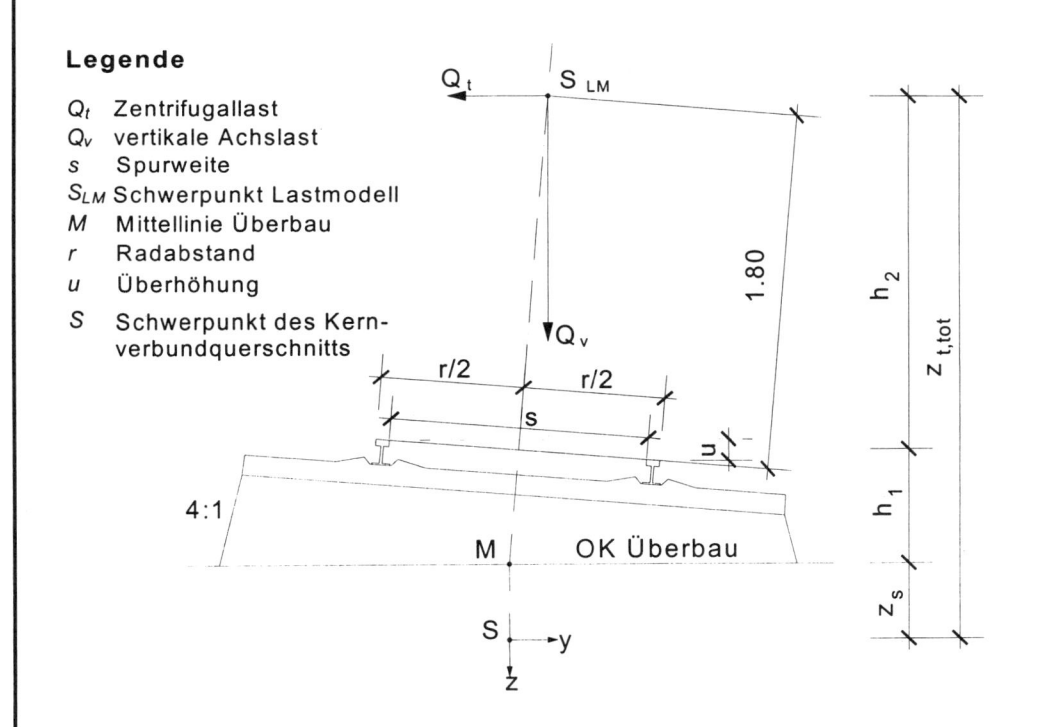

Legende

Q_t Zentrifugallast
Q_v vertikale Achslast
s Spurweite
S_{LM} Schwerpunkt Lastmodell
M Mittellinie Überbau
r Radabstand
u Überhöhung
S Schwerpunkt des Kernverbundquerschnitts

Bild 22 Zentrifugallasten

Bauteil : WIB-Überbau	Archiv Nr.:
Block : Haupttragwerk Seite: **73**	
Vorgang : Schnittgrößen	

Die Schnittgrößenermittlung für die Zentrifugallasten des **LM 71 fahrend** wird mit folgenden Eingangswerten durchgeführt:

siehe Abschn. 3.2.2.8

q_{tk} = 2,59 kN/m Grundlast
Δq_{tk} = 2,47 kN/m Überlast
$z_{t,tot}$ = 3,13 m Ausmitte

Für die einzelnen Verbundträger können die Schnittgrößen nach folgenden Gleichungen ermittelt werden:

$$M_{t,qtk,i} = \left[\left(\frac{q_{tk} \cdot l^2}{4} + \frac{\Delta q_{tk} \cdot 3,2\,m \cdot l}{2}\right) - \left(\frac{q_{tk} \cdot l^2}{8} + \frac{q_{tk} \cdot (3,2\,m)^2}{2}\right)\right] \cdot z_{t,tot} \cdot \frac{y_i}{\sum y_i^2}$$

$$V_{t,qtk,i} = \left[\frac{q_{tk} \cdot (l - b_V)^2}{2 \cdot l} + \frac{\Delta q_{tk} \cdot 6,4\,m \cdot (l - b_V - 3,2\,m)}{l}\right] \cdot z_{t,tot} \cdot \frac{y_i}{\sum y_i^2}$$

In der Tabelle 17 sind die Schnittgrößen der einzelnen Verbundträger infolge der charakteristischen Werte der Zentrifugallasten des LM 71 fahrend dargestellt:

Tabelle 17 Schnittgrößen infolge der charakteristischen Werte der Zentrifugallasten des LM 71 fahrend, Laststellungen jeweils für die maximale Biegung in Feldmitte und für die maximale Querkraft am Endquerträgeranschnitt

Zentrifugallasten für LM 71 fahrend			Anschnitt Querträger $x/l = 0,063$ $x = 1,00$ m	Mitte Tragwerk $x/l = 0,5$ $x = 8,00$ m
i	y_i [m]	Σy_i^2	$y_i / \Sigma y_i^2$	$V_{t,qk,i}$ [kN]	$M_{t,qk,i}$ [kNm]
1	-2,021	14,0	-0,144	-13,49	-60,3
2	-1,444	14,0	-0,103	-9,64	-43,1
3	-0,866	14,0	-0,062	-5,78	-25,8
4	-0,289	14,0	-0,021	-1,93	-8,6
5	0,289	14,0	0,021	1,97	8,6
6	0,866	14,0	0,062	5,78	25,6
7	1,444	14,0	0,103	9,64	43,1
8	2,021	14,0	0,144	13,49	60,3

Anmerkung:
In den Tabellen 17 bis 20 wird jeweils die aus dem Torsionsmoment der Zentrifugallasten resultierende Querkraft V_{zk} und das Biegemoment M_{yk} angegeben.
Die Querbiegung infolge der Zentrifugallasten ist für den Überbau nicht nachweisrelevant.

Die Schnittgrößenermittlung für die Zentrifugallasten des **reduzierten LM 71** wird mit folgenden Eingangswerten durchgeführt:

q_{tk}	=	5,18 kN/m	Grundlast	
Δq_{tk}	=	4,94 kN/m	Überlast	
$z_{t,tot}$	=	3,13 m	Ausmitte	

siehe Abschn. 3.2.2.8

Die Schnittgrößen für die einzelnen Verbundträger können analog nach den beim Lastmodell 71 fahrend angegebenen Gleichungen ermittelt werden.

In der Tabelle 18 sind die Schnittgrößen der einzelnen Verbundträger infolge der charakteristischen Werte der Zentrifugallasten des reduzierten LM 71 dargestellt:

Tabelle 18 **Schnittgrößen infolge der charakteristischen Werte der Zentrifugallasten des reduzierten LM 71, Laststellungen jeweils für die maximale Biegung in Feldmitte und für die maximale Querkraft am Endquerträgeranschnitt**

Zentrifugallasten für das reduzierte LM 71 fahrend			Anschnitt Querträger x/l = 0,063 x = 1,00 m	Mitte Tragwerk x/l = 0,5 x = 8,00 m
i	y_i [m]	Σy_i^2	$y_i / \Sigma y_i^2$	$V_{t,qk,i}$ [kN]	$M_{t,qk,i}$ [kNm]
1	-2,021	14,0	-0,144	-26,98	-120,6
2	-1,444	14,0	-0,103	-19,28	-86,1
3	-0,866	14,0	-0,062	-11,56	-51,7
4	-0,289	14,0	-0,021	-3,86	-17,2
5	0,289	14,0	0,021	3,93	17,2
6	0,866	14,0	0,062	11,56	51,1
7	1,444	14,0	0,103	19,28	86,1
8	2,021	14,0	0,144	26,98	120,6

Die Schnittgrößenermittlung für die Zentrifugallasten des **LM SW/2 fahrend** wird mit folgenden Eingangswerten durchgeführt:

siehe Abschn. 3.2.2.8

q_{tk} = 2,20 kN/m   Streckenlast
$z_{t,tot}$ = 3,13 m   Ausmitte

Für die einzelnen Verbundträger können die Schnittgrößen nach folgenden Gleichungen ermittelt werden:

$$M_{t,qtk,i} = \frac{q_{tk} \cdot l^2}{8} \cdot z_{t,tot} \cdot \frac{y_i}{\sum y_i^2}$$

$$V_{t,qtk,i} = \frac{q_{tk} \cdot (l - b_V)^2}{2 \cdot l} \cdot z_{t,tot} \cdot \frac{y_i}{\sum y_i^2}$$

In der Tabelle 19 sind die Schnittgrößen der einzelnen Verbundträger infolge der charakteristischen Werte der Zentrifugallasten des LM SW/2 fahrend dargestellt:

Tabelle 19 Schnittgrößen infolge der charakteristischen Werte der Zentrifugallasten des LM SW/2 fahrend, Laststellungen jeweils für die maximale Biegung in Feldmitte und für die maximale Querkraft am Endquerträgeranschnitt

Zentrifugallasten für das LM SW/2 fahrend			Anschnitt Querträger $x/l = 0,063$ $x = 1,00$ m	Mitte Tragwerk $x/l = 0,5$ $x = 8,00$ m
i	y_i [m]	Σy_i^2	$y_i / \Sigma y_i^2$	$V_{t,qk,i}$ [kN]	$M_{t,qk,i}$ [kNm]
1	-2,021	14,0	-0,144	-7,0	-31,8
2	-1,444	14,0	-0,103	-5,0	-22,7
3	-0,866	14,0	-0,062	-3,0	-13,6
4	-0,289	14,0	-0,021	-1,0	-4,5
5	0,289	14,0	0,021	1,7	4,5
6	0,866	14,0	0,062	3,0	8,7
7	1,444	14,0	0,103	5,0	22,7
8	2,021	14,0	0,144	7,0	31,8

Verfasser	: Planungsgemeinschaft h² Hochschule Magdeburg – Stendal (FH)	Proj. – Nr. 2000
Programm	: c Hochschule Anhalt (FH)	
Bauwerk	: EÜ über die B184 bei Leitzkau	Datum: 01.05.2003

Die Schnittgrößenermittlung für die Zentrifugallasten des Lastmodells **Unbeladener Zug** wird mit folgenden Eingangswerten durchgeführt:

q_{tk} = 1,12 kN/m Streckenlast
$z_{t,tot}$ = 3,13 m Ausmitte
f = 1,00

siehe Abschn. 3.2.2.8

Für die einzelnen Verbundträger können die Schnittgrößen nach folgenden Gleichungen ermittelt werden:

$$M_{t,qtk,i} = \frac{q_{tk} \cdot l^2}{8} \cdot z_{t,tot} \cdot \frac{y_i}{\sum y_i^2} \cdot f$$

$$V_{t,qtk,i} = \frac{q_{tk} \cdot (l - b_V)}{2 \cdot l} \cdot z_{t,tot} \cdot \frac{y_i}{\sum y_i^2} \cdot f$$

In der Tabelle 20 sind die Schnittgrößen der einzelnen Verbundträger infolge der charakteristischen Werte der Zentrifugallasten des LM Unbeladener Zug dargestellt:

Tabelle 20 Schnittgrößen infolge der charakteristischen Werte der Zentrifugallasten des LM Unbeladener Zug (Volllast)

Zentrifugallasten für das LM unbeladener Zug			Anschnitt Querträger x/l = 0,063 x = 1,00 m	Mitte Tragwerk x/l = 0,5 x = 8,00 m
i	y_i [m]	$\sum y_i^2$	$y_i / \sum y_i^2$	$V_{t,qk,i}$ [kN]	$M_{t,qk,i}$ [kNm]
1	-2,021	14,0	-0,144	-3,56	-16,19
2	-1,444	14,0	-0,103	-2,54	-11,57
3	-0,866	14,0	-0,062	-1,52	-6,94
4	-0,289	14,0	-0,021	-0,51	-2,31
5	0,289	14,0	0,021	0,85	2,31
6	0,866	14,0	0,062	1,52	4,44
7	1,444	14,0	0,103	2,54	11,57
8	2,021	14,0	0,144	3,56	16,19

Bauteil	: WIB-Überbau		Archiv Nr.:
Block	: Haupttragwerk	Seite: **77**	
Vorgang	: Schnittgrößen		

3.4.2.9 Seitenstoß

Das Lastmodell **Seitenstoß** hat folgende Eingangswerte:

Q_{sk} = ±100 kN

e_z = 1,33 m   Vertikaler Hebelarm des Seitenstoßes zum Schwerpunkt des Überbaus

Charakteristische Werte der Einwirkungen siehe Abschn. 3.2.2.9

Auf eine Verteilung in Querrichtung wird auf der sicheren Seite liegend verzichtet. Vereinfachend werden die Querlasten auf den ideellen Schwerpunkt des Überbaus bezogen. (siehe Abschn. 3.3.2)

e_z = 0,5 · 0,08 + 0,81 + 0,48 = 1,33 m

Für die einzelnen Verbundträger können die Schnittgrößen nach folgenden Formeln ermittelt werden.

$$M_{t,qsk,i} \approx \frac{Q_{sk} \cdot l}{4} \cdot e_z \cdot \frac{y_i}{\sum y_i^2}$$

$$V_{t,qsk,i} \approx Q_{sk} \cdot e_z \cdot \frac{y_i}{\sum y_i^2}$$

In der Tabelle 21 sind die Schnittgrößen der einzelnen Verbundträger infolge des charakteristischen Wertes des Seitenstoßes dargestellt:

Tabelle 21   Schnittgrößen infolge des charakteristischen Wertes des Seitenstoßes für maximale Biegung in Feldmitte sowie maximale Querkraft am Endquerträgeranschnitt

Seitenstoß von links oder rechts			Anschnitt Querträger x/l = 0,063 x = 1,00 m	Mitte Tragwerk x/l = 0,5 x = 8,00 m
i	y_i [m]	Σy_i^2	$y_i / \Sigma y_i^2$	$V_{t,qk,i}$ [kN]	$M_{t,qk,i}$ [kNm]
1	-2,021	14,0	-0,144	-/+ 19,2	-/+ 76,8
2	-1,444	14,0	-0,103	-/+ 13,7	-/+ 54,8
3	-0,866	14,0	-0,062	-/+ 8,2	-/+ 32,9
4	-0,289	14,0	-0,021	-/+ 2,7	-/+ 11,0
5	0,289	14,0	0,021	+/- 2,7	+/- 11,0
6	0,866	14,0	0,062	+/- 8,2	+/- 32,9
7	1,444	14,0	0,103	+/- 13,7	+/- 54,8
8	2,021	14,0	0,144	+/- 19,2	+/- 76,8

Anmerkung:

In der Tabelle 21 wird jeweils die aus dem Torsionsmoment des Seitenstoßes resultierende Querkraft V_{zk} und das Biegemoment M_{yk} angegeben.
Die Querbiegung infolge Seitenstoß ist für den Überbau nicht nachweisrelevant.

3.4.2.10 Einwirkungen aus Anfahren und Bremsen

Der Überbau wird in „Schwimmender Lagerung" ausgeführt. Die Lagerkräfte in Längsrichtung aus Anfahren und Bremsen werden gemäß Ril 804 aus einer Überbauverschiebung von 4 mm in Anfahr- oder Bremsrichtung ermittelt.

Charakteristische Werte der Einwirkungen siehe Abschn. 3.2.2.10

Mit den Eingangswerten:

a	=	600 mm	Länge des Lagers in Querrichtung
b	=	450 mm	Länge des Lagers in Längsrichtung
v_x	=	4 mm	Überbauverschiebung
G	=	0,9 N/mm²	Schubmodul des Elastomers
$d_{Elastomer}$	=	129 mm	Elastomerdicke
n	=	2	Anzahl der Lager je Lagerachse

Die Lagerabmessungen wurden einer Lagervorbemessung entnommen.

ergibt sich der charakteristische Wert der Rückstellkraft $F_{x,R}$ je Lagerachse zu:

$$F_{x,R} = n \cdot v_x \cdot a \cdot b \cdot G / d_{Elastomer}$$
$$= 2 \cdot 4 \cdot 600 \cdot 450 \cdot 0{,}9 \cdot 10^{-3} / 129$$
$$= 15{,}07 \text{ kN}$$

Diese geringen Rückstellkräfte sind für die Bemessung des Überbaus ohne Bedeutung und werden nicht weiter verfolgt.

3.4.2.11 Einwirkungen auf Geländer

Die Einwirkungen auf Geländer sind für die Bemessung des Haupttragwerks nicht relevant.

3.4.2.12 Temperatureinwirkungen

Unter den anzusetzenden Temperaturbeanspruchungen ΔT_{Mz} und ΔT_N ergeben sich Lagerwege und damit Rückstellkräfte.

Charakteristische Werte der Einwirkungen siehe Abschn. 3.2.2.12

Die Lagerwege infolge ΔT_N betragen je Lagerachse:

$$\begin{aligned}\Delta x_{pos} &= (\Delta T_{N,\,pos} + 20°C) \cdot \alpha_T \cdot l / 2 \\ &= (27 + 20) \cdot 10^{-5} \cdot 16 \cdot 10^3 / 2 \\ &= 3{,}8 \text{ mm}\end{aligned}$$

$$\begin{aligned}\Delta x_{neg} &= (\Delta T_{N,\,neg} - 20°C) \cdot \alpha_T \cdot l / 2 \\ &= (-27 - 20) \cdot 10^{-5} \cdot 16 \cdot 10^3 / 2 \\ &= -3{,}8 \text{ mm}\end{aligned}$$

Da eine genaue Voreinstellung der Lager in Abhängigkeit von der gemessenen Bauwerkstemperatur nicht vorgesehen ist, ist das volle Vorhaltemaß für den Verschiebungsweg zu berücksichtigen.

$\alpha_T = 10^{-5} \text{ K}^{-1}$
Fb 102, Kap. II, 3.2.3 (1) und
Fb 101, Kap. V, Anhang B
l = 16 m

Die Lagerwege infolge ΔT_{Mz} betragen je Lagerachse:

$$\begin{aligned}\Delta x_{pos} &= -\Delta T_{Mz,\,neg} \cdot \alpha_T \cdot l \cdot z_R / (2 \cdot h) \\ &= -(-8) \cdot 10^{-5} \cdot 16 \cdot 0{,}785 \cdot 10^3 / (2 \cdot 0{,}94) \\ &= 0{,}54 \text{ mm}\end{aligned}$$

$$\begin{aligned}\Delta x_{neg} &= -\Delta T_{Mz,\,pos} \cdot \alpha_T \cdot l \cdot z_R / (2 \cdot h) \\ &= -9 \cdot 10^{-5} \cdot 16 \cdot 0{,}785 \cdot 10^3 / (2 \cdot 0{,}94) \\ &= -0{,}60 \text{ mm}\end{aligned}$$

z_R - Abstand Mitte Lager zum Querschnittsschwerpunkt
z_R = 0,129/2 +0,90+0,3-0,48
= 0,785 m

Bei gleichzeitiger Betrachtung von ΔT_M und ΔT_N darf eine abgeminderte Kombination angesetzt werden. Dominant ist hier die Temperaturschwankung ΔT_N:

Fb 101, Kap. V, 6.3.1.5 (1) P

$$\begin{aligned}\Delta x_{pos} &= 3{,}8 + 0{,}75 \cdot 0{,}54 \\ &= 4{,}2 \text{ mm}\end{aligned}$$

$$\begin{aligned}\Delta x_{neg} &= -3{,}8 + 0{,}75 \cdot (-0{,}60) \\ &= -4{,}3 \text{ mm}\end{aligned}$$

Fb 101, Kap. V, 6.3.1.5, Gl. (6.5)
ω_M = 0,75

Daraus ergibt sich eine Rückstellkraft je Lagerachse von:

$$\begin{aligned}F_{x,R} &= 2 \cdot \Delta x \cdot a \cdot b \cdot G / d_{Elastomer} \\ &= 2 \cdot \pm 4{,}3 \cdot 600 \cdot 450 \cdot 0{,}9 \cdot 10^{-3} / 129 \\ &= \pm 16{,}2 \text{ kN}\end{aligned}$$

Diese geringen Rückstellkräfte sind für den Überbau nicht bemessungsrelevant und werden nicht weiter verfolgt.

3.4.2.13 Windlasten

Es wird nur der maßgebende Betriebszustand „Zugverkehr auf dem Überbau" betrachtet.

Charakteristische Werte der Einwirkungen siehe Abschn. 3.2.2.13

Die **Windlasten** haben folgende Eingangswerte:

w_k = ± 15,58 kN/m Streckenlast
e_w = 2,42 m Abstand der Windresultierenden bis zum Schwerpunkt

Für die einzelnen Verbundträger können die Schnittgrößen nach folgenden Gleichungen ermittelt werden:

$$M_{t,qwk,i} = \frac{w_k \cdot l^2}{8} \cdot e_w \cdot \frac{y_i}{\sum y_i^2} \;;\; V_{t,qwk,i} = \frac{w_k \cdot (l-b_V)^2}{2 \cdot l} \cdot e_w \cdot \frac{y_i}{\sum y_i^2}$$

In der Tabelle 22 sind die Schnittgrößen der einzelnen Verbundträger infolge der charakteristischen Werte der Windlast dargestellt:

Tabelle 22 Schnittgrößen infolge der charakteristischen Werte der Windlasten im Betriebszustand mit Verkehr

Windlast			Anschnitt Querträger x/l = 0,063 x = 1,00 m	Mitte Tragwerk x/l = 0,5 x = 8,00 m
i	y_i [m]	Σy_i^2	$y_i / \Sigma y_i^2$	$V_{t,qwk,i}$ [kN]	$M_{t,qwk,i}$ [kNm]
1	-2,021	14,0	-0,144	-/+ 38,3	-/+ 174,1
2	-1,444	14,0	-0,103	-/+ 27,3	-/+ 124,4
3	-0,866	14,0	-0,062	-/+ 16,4	-/+ 74,6
4	-0,289	14,0	-0,021	-/+ 5,47	-/+ 24,9
5	0,289	14,0	0,021	+/- 5,47	+/- 24,9
6	0,866	14,0	0,062	+/- 16,4	+/- 74,6
7	1,444	14,0	0,103	+/- 27,3	+/- 124,4
8	2,021	14,0	0,144	+/- 38,3	+/- 174,1

Anmerkung:

In der Tabelle 22 wird jeweils die aus dem Torsionsmoment der Windbelastung resultierende Querkraft V_{zk} und das Biegemoment M_{yk} angegeben.
Die Querbiegung infolge Windbelastung ist für den Überbau nicht nachweisrelevant.

3.4.2.14 Druck – Sog Einwirkungen aus Zugverkehr

Die Schnittgrößen aus Druck- und Sogeinwirkungen aus Zugverkehr sind für die Bemessung des Überbaus nicht relevant.

3.4.2.15 Einwirkungen aus Erddruck

Die Ermittlung der Schnittgrößen aus **Erddruck** werden mit folgenden Eingangsgrößen durchgeführt:

Q_{ek} = 160,2 kN   Erddrucklast
z_R = 0,785 m
h_Q = 1,09 m

Charakteristische Werte der Einwirkungen siehe Abschn. 3.2.2.15

z_R Abstand Mitte Lager zum Querschnittsschwerpunkt
z_R = 0,129/2 + 0,90 + 0,3 − 0,48
    = 0,785 m

h_Q Abstand Mitte Lager zur Erddrucklast Q_{ek}
h_Q = $h_{Erddruck}/2 + d_{Elastomer}/2$
    = 2,05/2 + 0,129/2
    = 1,09 m

Für den Kernverbundquerschnitt können die Schnittgrößen nach folgenden Formeln ermittelt werden.

$$V_{Qek,tot} = -\frac{Q_{ek} \cdot h_Q}{2 \cdot l} \qquad (V_{qek} = \text{konstant})$$

$$N_{Qek,tot} = -\frac{Q_{ek}}{2} \qquad (N_{qek} = \text{konstant})$$

$$M_{Qek,tot} = -Q_{ek} \cdot \left(\frac{h_Q}{4} - \frac{z_R}{2}\right) \qquad (M_{qek} \text{ in Feldmitte})$$

Für die einzelnen Verbundträger können die Schnittgrößen nach folgenden Formeln ermittelt werden.

$$V_{Qek,i} = -\frac{Q_{ek} \cdot h_Q}{2 \cdot l \cdot n_{tot}}$$

$$N_{Qek,i} = -\frac{Q_{ek}}{2 \cdot n_{tot}}$$

$$M_{Qek,i} = -\frac{Q_{ek}}{n_{tot}} \cdot \left(\frac{h_Q}{4} - \frac{z_R}{2}\right)$$

Es ergeben sich folgende auf den Kernverbundquerschnitt bezogene Schnittgrößen:

$V_{Qek,tot}$ = -5,5 kN
$N_{Qek,tot}$ = -80,1 kN
$M_{Qek,tot}$ = 19,2 kNm

Diese geringe Beanspruchung ist für den Überbau nicht bemessungsrelevant und wird nicht weiter verfolgt.

3.4.2.16 Rückstellkräfte der Lager infolge vertikaler Belastung

Aus der vertikalen Belastung resultieren infolge Endtangentenverdrehung Rückstellkräfte, die für den Überbau entlastend wirken. Auf der sicheren Seite liegend werden diese nicht berücksichtigt.

3.4.3 Außergewöhnliche Einwirkungen infolge Entgleisung

3.4.3.1 Bemessungssituation I

Die Schnittgrößenermittlung für die Bemessungssituation I wird mit folgenden Eingangsgrößen durchgeführt:

Charakteristische Werte der Einwirkungen siehe Abschn. 3.2.3

q_{A1d} = 58,00 kN/m (2 Linienlasten)

Δq_{A1d} = 55,28 kN/m (2 Überlasten auf c = 6,4 m Länge)

$e_{A1d,tot}$ Exzentrizität der Gesamtlast, je nach betrachteter Laststellung (siehe Bilder 22 und 23)

DIN 1055-9, Bild 7

n_{bwA} Anzahl der Verbundträger innerhalb der mitwirkenden Breite

Die Schnittgrößenermittlung erfolgt nach dem gleichen Schema wie bei Lastmodell LM 71, siehe Abschnitt 3.4.

Die Schnittgrößen können für die einzelnen Verbundträger nach folgenden Formeln berechnet werden:

$$M_{qA1d,i} = \left[\frac{q_{A1d} \cdot l^2}{8} + \frac{\Delta q_{A1d} \cdot 3{,}2\,\text{m} \cdot (l - 3{,}2\,\text{m})}{2} \right] \cdot \frac{1}{n_{bwA}}$$

$$V_{qA1d,i} = \left[\frac{q_{A1d} \cdot (l - b_V)^2}{2 \cdot l} + \frac{\Delta q_{A1d} \cdot 6{,}4\,\text{m} \cdot (l - b_V - 3{,}2\,\text{m})}{l} \right] \cdot \frac{1}{n_{bwA}}$$

Zusätzlich sind die Schnittgrößen infolge der Torsionsbelastung wie folgt zu berücksichtigen:

$$M_{t,qA1d,i} = \left[\frac{2 \cdot q_{A1d} \cdot l^2}{8} + \frac{2 \cdot \Delta q_{A1d} \cdot 3{,}2\,\text{m} \cdot (l - 3{,}2\,\text{m})}{2} \right] \cdot e_{A1d} \cdot \frac{y_i}{\sum y_i^2}$$

$$V_{t,qA1d,i} = \left[\frac{2 \cdot q_{A1d} \cdot (l - b_V)^2}{2 \cdot l} + \frac{2 \cdot \Delta q_{A1d} \cdot 6{,}4\,\text{m} \cdot (l - b_V - 3{,}2\,\text{m})}{l} \right] \cdot e_{A1d} \cdot \frac{y_i}{\sum y_i^2}$$

Bei diesem Überbau ist Entgleisen in Richtung Brückenmitte und in Richtung Kappe getrennt zu untersuchen.

a) Entgleisen in Richtung Brückenmitte

Die innere Linienlast wird bis an den Rand des Überbaus verschoben.

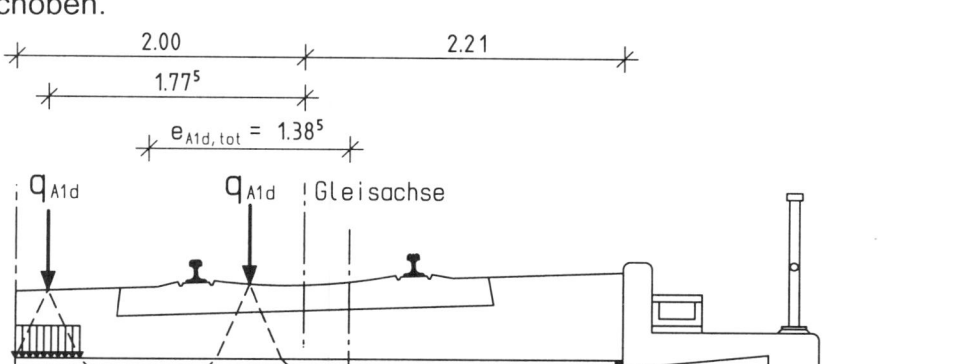

DIN 1055-9, Bild 7

Abstand Gleisachse – Brückenmitte: 2,0 m
(siehe Bild 3);
Verteilung der inneren Linienlast auf b = 0,45 m in Höhe OK Fahrbahn.
Spurweite : 1,40 m

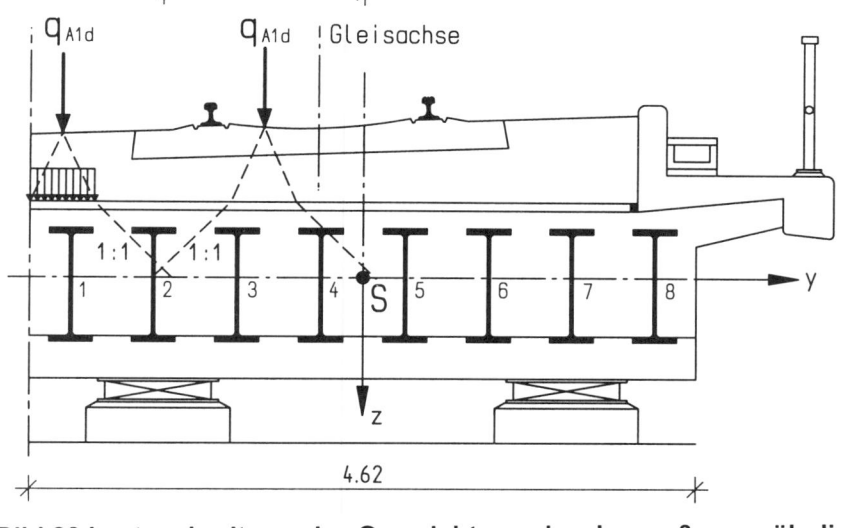

Bild 23 Lastausbreitung in Querrichtung in der außergewöhnlichen Bemessungssituation I – Entgleisen in Richtung Brückenmitte

Wie Bild 23 zu entnehmen ist, liegen bei der inneren Linienlast die Verbundträger Nr. 1 und 2 und bei der äußeren Linienlast die Verbundträger 3 und 4 innerhalb der mitwirkenden Breite b_{ma}.

Als maximale Exzentrizität – bezogen auf die Gleisachse - ergibt sich:

Ein weiteres Verschieben der Entgleisungslast belastet den benachbarten Überbau.

$$e_{l,1} = 2{,}00 - 0{,}45 \text{ m} / 2 = 1{,}775 \text{ m} \leq e_{max} = 1{,}5 \cdot 1{,}4 = 2{,}10 \text{ m}$$

Die innere Linienlast hat demnach eine Exzentrizität zur Gleisachse von

$$1{,}775 \text{ m} - 1{,}40 \text{ m} = 0{,}375 \text{ m}.$$

Damit ergibt sich folgende auf den Schwerpunkt bezogene Gesamtexzentrizität:

$$e_{A1d,tot} = (1{,}775 + 0{,}375) / 2 + (4{,}62 / 2 - 2{,}0) = 1{,}385 \text{ m}$$

Verfasser : Planungsgemeinschaft h² Hochschule Magdeburg – Stendal (FH)	Proj. – Nr. 2000
Programm : C Hochschule Anhalt (FH)	
Bauwerk : EÜ über die B184 bei Leitzkau	Datum: 01.05.2003

Es ergeben sich mit den o.g. Gleichungen für den am stärksten belasteten Verbundträger Nr. 1 folgende Schnittgrößen:

$M_{qA1d,tot}$ = 1494,1 + 1194,9 = 2688,9 kNm
$V_{qA1d,tot}$ = 334,4 + 267,4 = 601,8 kN

b) Entgleisen in Richtung Brückenkappe

Die äußere Linienlast wird bis an die Schotterbettbegrenzung verschoben.

DIN 1055-9, Bild 7

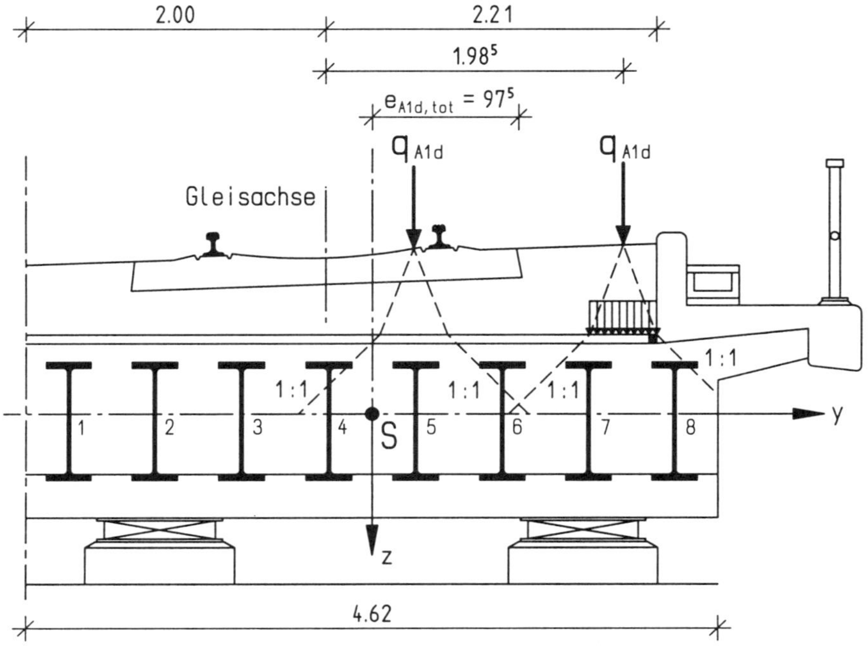

Abstand Gleisachse – Schotterbettbegrenzung: 2,21 m (siehe Bild 3); Verteilung der äußeren Linienlast auf b = 0,45 m in Höhe OK Fahrbahn.
Spurweite : 1,40 m

Bild 24 Lastausbreitung in Querrichtung in der außergewöhnlichen Bemessungssituation I – Entgleisen in Richtung Kappe

Wie Bild 23 zu entnehmen ist, liegen bei der inneren Linienlast die Verbundträger Nr. 4 bis 6 und bei der äußeren Linienlast die Verbundträger 7 und 8 innerhalb der mitwirkenden Breite b_{ma}.

Als maximale mögliche Exzentrizität - bezogen auf die Gleisachse - ergibt sich:

$e_{l,1}$ = 2,21 – 0,45 m / 2 = 1,985 m ≤ e_{max} = 1,5 · 1,4 =
= 2,10 m

Bauteil : WIB-Überbau	Archiv Nr.:
Block : Haupttragwerk Seite: **86**	
Vorgang : Schnittgrößen	

Die innere Linienlast hat demnach eine Exzentrizität zur Gleisachse von

   1,985 m − 1,40 m = 0,585 m.

Damit ergibt sich folgende auf den Schwerpunkt bezogene Gesamtexzentrizität:

$e_{A1d,tot}$ = (1,985 + 0,585) / 2 − (4,62 / 2 − 2,0)
         = 0,975 m

Es ergeben sich mit den o.g. Gleichungen für den am stärksten belasteten Verbundträger Nr. 8 folgende Schnittgrößen:

$M_{qA1d,tot}$ = 1494,1 + 841,1 = 2335,2 kNm
$V_{qA1d,tot}$ = 334,4 + 188,2 = 522,6 kN

3.4.3.2 Bemessungssituation II

Eine Schnittgrößenermittlung braucht für die Bemessungssituation II nicht durchgeführt zu werden, da diese Ersatzlast nur beim Nachweis der Stabilität des Tragwerkes als Ganzes berücksichtigt werden soll. Ausdrücklich bedürfen Randträger, Konsolen etc. keiner Bemessung für diese Belastung.

Charakteristische Werte der Einwirkungen siehe Abschn. 3.2.3

Siehe Anmerkung Fb 101, Kap IV, Abb. 6.18

Der Nachweis der Stabilität des Tragwerkes als Ganzes wird mit folgenden Eingangswerten durchgeführt:

q_{A2d} = 116 kN/m   *Fb 101, Kap. IV, 6.7.1.2 (3) P*

$e_{II,max}$ = 1,675 m (diese Exzentrizität entspricht der Exzentrizität der äußeren Linienlast in der Bemessungssituation Ib)   *siehe Bemessungssituation I*

$e_{II,min}$ = 2,085 m (diese Exzentrizität entspricht der Exzentrizität der inneren Linienlast in der Bemessungssituation Ia)

c = 18,0 m

3.5 Bemessung des Überbaus

Die Bemessung des Überbaus gliedert sich in die Nachweise im Grenzzustand der Tragfähigkeit und in die Nachweise im Grenzzustand der Gebrauchstauglichkeit.
Diese Nachweise werden mit den Bemessungswerten der verschiedenen Einwirkungskombinationen geführt. Diese ergeben sich durch Kombination der charakteristischen Werte der Einwirkungen mit Hilfe von Kombinationsbeiwerten und der Berücksichtigung von Teilsicherheitsbeiwerten.

Die charakteristischen Werte der verschiedenen Einwirkungen basieren i. A. auf statistischen Auswertungen und sind so festgelegt, dass der charakteristische Wert der **einzelnen Einwirkung** während der geplanten Lebensdauer des Tragwerks und der Dauer der Bemessungssituation mit einer vorgegebenen Wahrscheinlichkeit nicht überschritten wird.

Bei mehrkomponentigen Einwirkungen – wie beispielsweise den eisenbahnspezifischen Verkehrsbelastungen – ist zu berücksichtigen, inwieweit das gleichzeitige Auftreten von verschiedenen Einwirkungen möglich und wahrscheinlich ist.
Dazu werden die eisenbahnspezifischen Einwirkungen für die weiteren Kombinationen zunächst zu sogenannten Lastgruppen zusammengefasst (siehe Tabelle 23).
Jede dieser Lastgruppen, die sich gegenseitig ausschließen, ist bei Kombination mit nicht aus Zugverkehr herrührenden Einwirkungen als charakteristische Einwirkung zu betrachten.

Bei den Nachweisen in den Grenzzuständen der Tragfähigkeit sind die Teilsicherheitsbeiwerte γ (siehe Tabelle 24) zu berücksichtigen.

Die Kombination zu den Bemessungsschnittgrößen erfolgt mit den Kombinationsbeiwerten ψ (siehe Tabelle 25). Mit diesen Faktoren wird die Wahrscheinlichkeit des gleichzeitigen Auftretens der verschiedenen Einwirkungen in den im DIN-Fachbericht 101 festgelegten Einwirkungskombinationen berücksichtigt. Die Kombinationsbeiwerte basieren ebenfalls auf statistischen Auswertungen und sind so gewählt, dass der Wert der jeweiligen **Einwirkungskombination** in der betrachteten Bemessungssituation mit einer vorgegebenen Wahrscheinlichkeit nicht überschritten wird.

Da im vorliegenden Tragwerk die Schnittgrößenermittlung linear-elastisch erfolgt, können die Einwirkungskombinationen durch entsprechende Kombination der in Kapitel 3.4 ermittelten charakteristischen Werte der Schnittgrößen superponiert werden.

a) Verkehrslastgruppen

Für den hier vorliegenden eingleisigen Überbau vereinfacht sich die Tabelle 6.6 aus Fb 101, Kap. IV, 6.8.2 wie folgt:

Tabelle 23 Verkehrslastgruppen

Lastgruppe	Vertikallasten			Horizontallasten			Kommentar
	LM 71 [1] SW/0 [1), 2)]	SW/2 [1), 3)]	unbel. Zug	Anf. und Bremsen [1]	Zentrifugal-kräfte [1]	Seiten-stoß	
Gr 11	1,0			1,0 [5]	0,5 [5]	0,5 [5]	Max. vertikal 1
Gr 12	1,0			0,5 [5]	1,0 [5]	1,0 [5]	Max. vertikal 2
Gr 13	1,0 [4]			1,0	0,5 [5]	0,5 [5]	Max. in Längsrichtung
Gr 14	1,0 [4]			0,5 [5]	1,0	1,0	Max. in Querrichtung
Gr 15			1,0		1,0 [5]	1,0 [5]	Querstabilität
Gr 16		1,0		1,0 [5]	0,5 [5]	0,5 [5]	SW/2
Gr 17		1,0		0,5 [5]	1,0 [5]	1,0 [5]	SW/2

▒ dominante Einwirkung in der entsprechenden Lastgruppe

[1] Alle relevanten Faktoren (α, ϕ, f etc.) müssen berücksichtigt werden.

[2] SW/0 ist nur bei Durchlaufträgern zu berücksichtigen.

[3] SW/2 braucht nur berücksichtigt zu werden, wenn die Brücke hierfür vorgesehen ist.

[4] Der Faktor darf auf 0,5 heruntergesetzt werden, wenn günstig wirkend; er ist $\neq 0$.

[5] In günstigen Fällen müssen diese nicht-dominanten Werte zu Null gesetzt werden.

Verfasser	: Planungsgemeinschaft h² Hochschule Magdeburg – Stendal (FH)	Proj. – Nr. 2000
Programm	: C Hochschule Anhalt (FH)	
Bauwerk	: EÜ über die B184 bei Leitzkau	Datum: 01.05.2003

b) Teilsicherheitsbeiwerte für Einwirkungen

Fb 101, Anhang G, G.2.3
Tab. G.1

Bei Nachweisen, die durch die Festigkeit des Materials oder durch den Baugrund bestimmt werden, sind die Teilsicherheitsbeiwerte der Einwirkungen für die Grenzzustände der Tragsicherheit in Tabelle 24 angegeben.

Tabelle 24 Teilsicherheitsbeiwerte für Einwirkungen in den Grenzzuständen der Tragsicherheit bei Eisenbahnbrücken

Einwirkung	Bezeichnung	Bemessungssituation S / V	Bemessungssituation A
Dauernde Einwirkungen EG der Bauteile, dauernde Einwirkungen von Baugrund, Grundwasser und fließendem Wasser			
ungünstig	$\gamma_{G\,sup}$	1,35	1,00
günstig	$\gamma_{G\,inf}$	1,00	1,00
Horizontaler Erddruck aus Bodeneigengewicht und Auflast	$\gamma_{G\,sup}$	1,50	---
Vorspannung	γ_P	1,00	1,00
Setzungen	$\gamma_{G\,set}$	1,50	---
Verkehr	γ_Q		
ungünstig		1,45	1,00
(ungünstig – SW/2)		1,20	1,00
günstig		0	0
Andere variable Einwirkungen	γ_Q		
ungünstig		1,50	1,00
günstig		0	0
Außergewöhnliche Einwirkungen	γ_A	---	1,00

S – ständig
V – vorübergehend
A – außergewöhnlich

(Siehe Erläuterung in Fb 101, Anhang G, G.2.3)

Bauteil	: WIB-Überbau	Archiv Nr.:
Block	: Haupttragwerk	
Vorgang	: Bemessung des Überbaus	

c) Kombinationsbeiwerte

Fb 101, Anhang G, G.2.4
Tab. G.2

Für die Kombination der charakteristischen Werte der Einwirkungen gelten die Kombinationsbeiwerte nach Tabelle 25.

Tabelle 25 ψ - Faktoren für Eisenbahnbrücken

Einwirkung		ψ_0	ψ_1	ψ_2	ψ_1'
Einzelne Verkehrseinwirkung	LM 71	0,80	0,80	0	1,00
	SW/0	0,80	0,80	0	1,00
	SW/2	0	0,80	0	1,00
	Unbeladener Zug	1,00	---	---	---
	Anfahren und Bremsen, Zentrifugallasten, Lasten aus Wechselwirkung infolge Durchbiegung unter vertikalen Verkehrslasten	Gleiche Werte wie die Reduktionsfaktoren ψ für die zugehörigen Vertikallasten			
	Seitenstoß	1,00	0,80	0	1,00
	Lasten auf nicht öffentlichen Gehwegen	0,80	0,50	0	0,80
	Lasten auf Hinterfüllung	0,80	0,80	0	1,00
	Aerodynamische Einwirkungen	0,80	0,50	0	1,00
Lastgruppen	gr 11 - gr 17 (1 Gleis)	0,80	0,80	0	1,00
Windeinwirkung[1]	F_{Wk}	0,60	0,50	0	0,60
Temperatureinwirkung	T_k	0[2]	0,60	0,50	0,80

[1] Bei Untersuchungen ohne Verkehr sind keine Verkehrslasten und kein Verkehrsband anzusetzen.
[2] Falls nachweisrelevant, sollte $\psi_0 = 0,8$ angesetzt werden.

(Siehe Erläuterung in Fb 101, Anhang G, G.2.4 und Fb 102, Kap. II, 2.2.2.3 (102) P)

d) Einwirkungskombinationen

- **Grenzzustand der Tragfähigkeit**
  Fb 101, Kap. II, 9.4

- Ständige und vorübergehende Bemessungssituation (S / V)
  Fb 101, Kap. II, 9.4.2 (1)

  Bemessungswerte der vorherrschenden Einwirkungen und weiterer Einwirkungen mit den Kombinationsbeiwerten.

  $$\sum_{j\geq 1}\gamma_{Gj}\cdot G_{kj}\,"+"\,\gamma_{Q1}\cdot Q_{k1}\,"+"\,\sum_{i>1}\gamma_{Qi}\cdot\psi_{0i}\cdot Q_{ki}$$

  Fb 101, Kap. II, 9.4.2 (3), Gl. 9.10 (angepasst)

- Außergewöhnliche Bemessungssituation (A)
  Fb 101, Kap. II, 9.4.2 (1)

  Bemessungswerte der ständigen Einwirkungen zusammen mit dem Bemessungswert einer außergewöhnlichen Einwirkung, den häufigen Werten der vorherrschenden Einwirkung und den quasi-ständigen Werten weiterer Einwirkungen

  Nach DIN 1055-9, 6.4.2 brauchen bei Entgleisung auf Brücken Fliehkräfte, Anfahr- und Bremskräfte sowie weitere veränderliche Einwirkungen nicht angesetzt werden.

  $$\sum_{j\geq 1}\gamma_{Gj}\cdot G_{kj}\,"+"\,A_d\,"+"\,\psi_{11}\cdot Q_{k1}\,"+"\,\sum_{i>1}\psi_{2i}\cdot Q_{ki}$$

  Fb 101, Kap. II, 9.4.2 (3), Gl. 9.11

- **Grenzzustand der Gebrauchstauglichkeit**
  Fb 101, Kap. II, 9.5

- Charakteristische (seltene) Kombination
  Fb 101, Kap. II, 9.5.2 (2)

  $$\sum_{j\geq 1}G_{kj}\,"+"\,Q_{k1}\,"+"\,\sum_{i>1}\psi_{0i}\cdot Q_{ki}$$

  Fb 101, Kap. II, 9.5.2 (2) Gl. 9.16

- Nicht-häufige Kombination
  Fb 101, Kap. II, 9.5.2 (2)

  $$\sum_{j\geq 1}G_{kj}\,"+"\,\psi_1'\cdot Q_{k1}\,"+"\,\sum_{i>1}\psi_{1i}\cdot Q_{ki}$$

  (Gleichung angepasst)

- Häufige Kombination
  Fb 101, Kap. II, 9.5.2 (2)

  $$\sum_{j\geq 1}G_{kj}\,"+"\,\psi_{11}\cdot Q_{k1}\,"+"\,\sum_{i>1}\psi_{2i}\cdot Q_{ki}$$

  Fb 101, Kap. II, 9.5.2 (2) Gl. 9.17 (angepasst)

- Quasi-ständige Kombination
  Fb 101, Kap. II, 9.5.2 (2)

  $$\sum_{j\geq 1}G_{kj}\,"+"\,\sum_{i\geq 1}\psi_{2i}\cdot Q_{ki}$$

  Fb 101, Kap. II, 9.5.2 (2) Gl. 9.18 (angepasst)

Verfasser : Planungsgemeinschaft h² Hochschule Magdeburg – Stendal (FH)	Proj. – Nr. 2000
Programm : C Hochschule Anhalt (FH)	
Bauwerk : EÜ über die B184 bei Leitzkau	Datum: 01.05.2003

3.5.1 Nachweise im Grenzzustand der Tragfähigkeit

3.5.1.1 Grenzzustand der Tragfähigkeit für Biegung mit Längskraft

Die Nachweise für Biegung mit Längskraft im Grenzzustand der Tragfähigkeit werden für die ständige und vorübergehende Bemessungssituation und die außergewöhnliche Bemessungssituation infolge Entgleisung geführt.

Maßgebend für die Bemessung ist der Schnitt in Feldmitte. Die geringen Auswirkungen der Querbiegung und Normalkraft werden nicht berücksichtigt.

a) Ständige und vorübergehende Bemessungssituation

- **Ermittlung der Momententragfähigkeit des Verbundträgers**   Ril 804.

Der Bemessungswert der Momententragfähigkeit M_{Rd} des Verbundquerschnittes ist nach Fb 104 zu ermitteln. Für die Querschnittsklasse 1 entspricht das vom Querschnitt aufnehmbare Moment M_{Rd} dem plastischen Moment. Der geringe Einfluss der Normalkraft wird nicht berücksichtigt.

Fb 104, Kap. II, Anhang K, K.4.2 (1) P

Fb 104, Kap. II, 4.4.1.2

siehe Abschnitt 3.3.3

Eingangswerte:

$$f_{yd} = \frac{f_y}{\gamma_a} = \frac{235}{1{,}0}$$

$$f_{yd} = 235{,}00 \text{ MN/m}^2$$

$$f_{cd} = \alpha \cdot \frac{f_{ck}}{\gamma_c} = 0{,}85 \cdot \frac{30}{1{,}5}$$

$$f_{cd} = 17{,}00 \text{ MN/m}^2$$

f_y = 235 MN/m², s. Abs. 1.5
Nach Fb 104, Kap. II, 2.3.3.2 (2) P darf bei Querschnittswiderständen ohne lokales und globales Stabilitätsversagen der Teilsicherheitsbeiwert γ_a = 1,0 (s. Abs. 1.5) berücksichtigt werden.

f_{ck} = 30 MN/m² s. Abs. 1.5
γ_c = 1,5 , s. Abschnitt 1.5
α nach Fb 102, Kap. II, 4.2.1.3.3 (11)
α = 0,85

Die Lage der plastischen Nulllinie lässt sich aus der Gleichgewichtsbedingung $\Sigma H = 0$ ermitteln:

$$z_{pl} = \frac{A_a + (2-\beta) \cdot [t_w \cdot (c_{st} + t_f) - b_a \cdot t_f]}{t_w \cdot (2-\beta) + \beta \cdot b_c}$$

$$z_{pl} = \frac{0{,}0404 + (2-0{,}072) \cdot [0{,}021 \cdot (0{,}126 + 0{,}04) - 0{,}303 \cdot 0{,}04]}{0{,}021 \cdot (2-0{,}072) + 0{,}072 \cdot 0{,}5775}$$

$$z_{pl} = 0{,}0238 / 0{,}0823 = 0{,}289 \text{ m}$$

z_{pl} Abstand der plastischen Nulllinie vom oberen Rand des Verbundträgers
A_a = 0,0404 m², s. Abs 1.5
t_w = 0,021 m
c_{st} = 0,126 m
t_f = 0,040 m
b_a = 0,303 m
$\beta = f_{cd} / f_{yd}$ = 0,072
b_c = 0,5775 m

Bauteil : WIB-Überbau	Archiv Nr.:
Block : Haupttragwerk	
Vorgang : Bemessung des Überbaus	

Resultierende Kräfte am Verbundquerschnitt:

$Z_{a,tot} = A_a \cdot f_{yd} = 0{,}0404 \cdot 235$

$Z_{a,tot} = 9{,}49$ MN

$D_c = f_{cd} \cdot b_c \cdot z_{pl} = 17 \cdot 0{,}5775 \cdot 0{,}289$

$D_c = 2{,}84$ MN

$2 \cdot D_{a,flange} = (2 \cdot f_{yd} - f_{cd}) \cdot b_a \cdot t_f$

$2 \cdot D_{a,flange} = (2 \cdot 235 - 17) \cdot 0{,}303 \cdot 0{,}04$

$2 \cdot D_{a,flange} = 5{,}49$ MN

$2 \cdot D_{a,web} = (2 \cdot f_{yd} - f_{cd}) \cdot (z_{pl} - c_{st} - t_f) \cdot t_w$

$2 \cdot D_{a,web} = (2 \cdot 235 - 17) \cdot (0{,}289 - 0{,}126 - 0{,}04) \cdot 0{,}021$

$2 \cdot D_{a,web} = 1{,}17$ MN

$Z_{a,tot}$ – aufnehmbare Zugkraft des Walzträgers
$A_a = 0{,}0404$ m², s. Abs 1.5

D_c – aufnehmbare Druckkraft des Betons
$\alpha = 0{,}85$
$b_c = 0{,}5775$ m
$z_{pl} = 0{,}289$ m

$D_{a,flange}$ – aufnehmbare Druckkraft des Walzträgerflansches
$b_a = 0{,}303$ m
$t_f = 0{,}040$ m
$\alpha = 0{,}85$

$D_{a,web}$ – aufnehmbare Druckkraft des Walzträgersteges
$t_w = 0{,}021$ m
$z_{pl} = 0{,}289$ m
$c_{st} = 0{,}126$ m
$t_f = 0{,}040$ m

(Kontrolle: $\Sigma H = 9{,}49 - 2{,}84 - 5{,}49 - 1{,}17 = -0{,}02 \approx 0{,}0$)

Das plastische Grenzmoment ergibt sich zu:

$a_{web} = z_{pl} - c_{st} - t_f$
$a_{web} = 0{,}123$ m

$M_{pl,Rd} = \Sigma H_i \cdot z_i$ (Es wird um die Nulllinie gedreht.)

$M_{pl,Rd} = Z_a \cdot \left(h_a + c_{st} - \dfrac{h_a}{2} - z_{pl}\right) + D_c \cdot \dfrac{z_{pl}}{2} + 2 \cdot D_{a,flange} \cdot \left(\dfrac{t_f}{2} + a_{web}\right) + 2 \cdot D_{a,web} \cdot \dfrac{a_{web}}{2}$

$M_{pl,Rd} = 9{,}49 \cdot \left(0{,}814 + 0{,}126 - \dfrac{0{,}814}{2} - 0{,}289\right) + 2{,}84 \cdot \dfrac{0{,}289}{2} + 5{,}49 \cdot \left(\dfrac{0{,}04}{2} + 0{,}123\right) + 1{,}17 \cdot \dfrac{0{,}123}{2}$

$M_{pl,Rd} = 3{,}583$ MNm $= 3583$ kNm

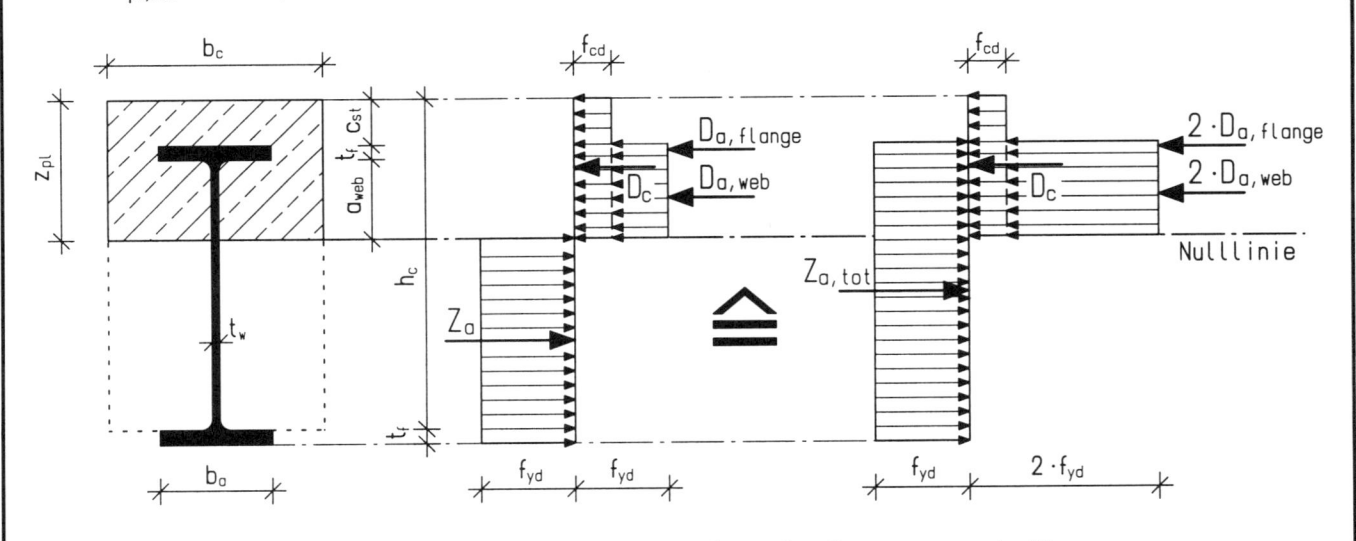

Bild 25 Vereinfachte Spannungsverteilung zur Ermittlung der Grenzmomente $M_{pl,Rd}$

Anmerkung:

Überschreitet bei Querschnitten der Klassen 1 und 2 die maßgebende Bemessungsquerkraft V_{Ed} 50% der Grenzquerkraft V_{Rd} des Querschnittes, ist eine Reduzierung des plastischen Grenzmomentes $M_{pl,Rd}$ infolge Querkraft und Längskraft zu berücksichtigen.

In diesem Beispiel muss keine Reduktion des plastischen Grenzmomentes $M_{pl,Rd}$ erfolgen, da die zugehörige Querkraft V_{Ed} kleiner ist als 50 % der Grenzquerkraft $V_{pl,Rd}$.

Fb 104, Kap. II, 4.4.3 (1)

- **Ermittlung der Bemessungsschnittgrößen**

Die Schnittgrößen in der ständigen und vorübergehenden Bemessungssituation ergeben sich allgemein zu:

$$\sum_{j\geq 1} \gamma_{Gj} \cdot G_{kj} \text{"+"} \gamma_{Q1} \cdot Q_{k1} \text{"+"} \sum_{i>1} \gamma_{Qi} \cdot \psi_{0i} \cdot Q_{ki}$$

Fb 101, Kap II, 9.4.2 (3)
Gl. (9.10)

Lastmodell 71:

Das maßgebende Bemessungsmoment in Feldmitte ergibt sich in diesem Beispiel für den maßgebenden Träger 1 mit der Lastgruppe 12 (LM 71 fahrend) als Leiteinwirkung wie folgt:

$$M_{Ed} = \gamma_G \cdot (M_{gk1} + M_{gk2} + M_{gk3})$$
$$+ \gamma_{Q1} \cdot (1,0 \cdot M_{qvk, LM\,71} \cdot 0,5 \cdot M_{qlk} + 1,0 \cdot M_{qtk} + 1,0 \cdot M_{qsk})$$
$$+ \gamma_Q \cdot (\psi_{0, Qfk} \cdot M_{qfk} + \psi_{0, Qwk} \cdot M_{qwk})$$

$$M_{Ed} = 1,35 \cdot (446,2 + 321,9) + 1,00 \cdot (-137,7)$$
$$+ 1,45 \cdot (1,0 \cdot 937,8 + 0,5 \cdot 0,00 + 0 \cdot (-60,3) + 1,0 \cdot 76,8)$$
$$+ 1,50 \cdot (0 \cdot 0,8 \cdot (-48,00) + 0,6 \cdot 174,1)$$

$$M_{Ed} = 899,2 + 1471,2 + 156,7 = 2527,1 \text{ kNm}$$

für die Lastgruppe 14 ergeben sich die gleichen Bemessungsmomente

γ - Teilsicherheitsbeiwerte,
Fb 101, Abschnitt G.2.3 Tab. G.1

ψ – Kombinationsbeiwerte
Fb 101, Abschnitt G.2.5 Tab. G.2

M_{gkj}, s. Tab. 3-5 (ständ. EW)
M_{qvk}, s. Tab. 6 (LM 71 fahrend)
M_{qlk}, s. Absch. 3.4.2.10 (Anf.+B.)
M_{qtk}, s. Tab. 17 (Zentrifugall.)
M_{qsk}, s. Tab. 21 (Seitenstoß)
M_{qfk}, s. Tab. 16 (Dienstw.)
M_{qwk}, s. Tab. 22 (Wind)

Anmerkung:
Fb 101, Kap IV, 6.8.1 (2) P
günstig wirkende Verkehrsbelastungen sind zu vernachlässigen
s. Anmerkung 5) Tabelle 23

Lastmodell SW/2:

Das Bemessungsmoment in Feldmitte ergibt sich in diesem Beispiel für den Träger 1 mit der Lastgruppe 17 (SW/2 fahrend) als Leiteinwirkung wie folgt:

$$M_{Ed} = \gamma_G \cdot (M_{gk1} + M_{gk2} + M_{gk3})$$
$$+ \gamma_{Q1} \cdot (1,0 \cdot M_{qvk, LM\,71} + 0,5 \cdot M_{qlk} + 1,0 \cdot M_{qtk} + 1,0 \cdot M_{qsk})$$
$$+ \gamma_Q \cdot \psi_{0, Qfk} \cdot M_{qfk}$$

γ - Teilsicherheitsbeiwerte,
Fb 101, Abschnitt G.2.3 Tab. G.1

ψ – Kombinationsbeiwerte
Fb 101, Abschnitt G.2.5 Tab. G.2

M_{gkj}, s. Tab. 3-5 (ständ. EW)
M_{qvk}, s. Tab. 10 (SW/2 fahrend)
M_{qlk}, s. Absch. 3.4.2.10 (Anf.+B.)
M_{qtk}, s. Tab. 19 (Zentrifugall.)
M_{qsk}, s. Tab. 21 (Seitenstoß)
M_{qfk}, s. Tab. 16 (Dienstw.)

M_{Ed} = 1,35 · (446,2 + 321,9) + 1,00 · (-137,7)
+ 1,2 · (1,0 · 1161,1 + 0,5 · 0,00 + 0 · (-31,2) + 1,0 · 76,8)
+ 1,5 · (0 · 0,80 · (-48,0))

M_{Ed} = 899,2 + 1485,5 + 0,0 = 2384,7 kNm < 2527,1 kNm

Anmerkung:
Fb 101, Kap IV, 6.8.1 (2) P günstig wirkende Verkehrsbelastungen sind zu vernachlässigen
s. Anmerkung 5) Tabelle 23

Fb 101, Kap IV, Anhang G
G.2.1.1 (7) → Wind bleibt in Lastgruppe 17 unberücksichtigt

- **Nachweis der Tragfähigkeit**

$M_{pl,Rd}$ ≥ $M_{Ed,max}$

3583 kNm ≥ 2527,1 kNm

Der Nachweis der Tragfähigkeit für Biegung mit Längskraft ist somit erfüllt.

b) Außergewöhnliche Bemessungssituation

- **Ermittlung der Momententragfähigkeit des Verbundträgers**

Der Bemessungswert der Momententragfähigkeit M_{Rd} des Verbundquerschnittes ist nach Fb 104 zu ermitteln. Für die Querschnittsklasse 1 entspricht das vom Querschnitt aufnehmbare Moment M_{Rd} dem plastischen Moment. Der geringe Einfluss der Normalkraft wird nicht berücksichtigt.

Fb 104, Kap. II, 4.4.1.2

siehe Abschnitt 3.3.3

Eingangswerte:

$f_{yd} = \dfrac{f_y}{\gamma_a} = \dfrac{235}{1,0}$

f_{yd} = 235,00 MN/m²

$f_{cd} = \alpha \cdot \dfrac{f_{ck}}{\gamma_c} = 0,85 \cdot \dfrac{30}{1,3}$

f_{cd} = 19,62 MN/m²

f_y = 235 MN/m² s. Abs. 1.5
Nach Fb 104, Kap. II, 2.3.3.2 (2) P darf bei Querschnittswiderständen ohne lokales und globales Stabilitätsversagen der Teilsicherheitsbeiwert γ_a = 1,0 (s. Abs. 1.5) berücksichtigt werden.

f_{ck} = 30 MN/m² s. Abs. 1.5
γ_c = 1,3 s. Abschnitt 1.5
α nach Fb 102, Kap. II, 4.2.1.3.3 (11)
α = 0,85

Die Lage der Nulllinie lässt sich aus der Gleichgewichtsbedingung ΣH = 0 ermitteln:

$z_{pl} = \dfrac{A_a + (2-\beta) \cdot [t_w \cdot (c_{st} + t_f) - b_a \cdot t_f]}{t_w \cdot (2-\beta) + \beta \cdot b_c}$

$z_{pl} = \dfrac{0,0404 + (2 - 0,083) \cdot [0,021 \cdot (0,126 + 0,04) - 0,303 \cdot 0,04]}{0,021 \cdot (2 - 0,083) + 0,083 \cdot 0,5775}$

z_{pl} = 0,0239 / 0,0884 = 0,270 m

z_{pl} Abstand der Nulllinie vom oberen Rand des Verbundträgers
A_a = 0,0404 m², s. Abs 1.5
t_w = 0,021 m
c_{st} = 0,126 m
t_f = 0,040 m
b_a = 0,303 m
β = f_{cd} / f_{yd} = 0,083
b_c = 0,5775 m

Verfasser : Planungsgemeinschaft h² Hochschule Magdeburg – Stendal (FH)	Proj. – Nr. 2000
Programm : C Hochschule Anhalt (FH)	
Bauwerk : EÜ über die B184 bei Leitzkau	Datum: 01.05.2003

Resultierende Kräfte am Gesamtverbundquerschnitt:

$Z_{a,tot}$ = $A_a \cdot f_{yd}$ = $0{,}0404 \cdot 235$

$Z_{a,tot}$ = 9,49 MN

$Z_{a,tot}$ – aufnehmbare Zugkraft des Walzträgers
A_a = 0,0404 m², s. Abs 1.5

D_c = $f_{cd} \cdot b_c \cdot z_{pl}$ = $19{,}62 \cdot 0{,}5775 \cdot 0{,}270$

D_c = 3,06 MN

D_c – aufnehmbare Druckkraft des Betons
b_c = 0,5775 m
z_{pl} = 0,270 m

$2 \cdot D_{a,flange}$ = $(2 \cdot f_{yd} - f_{cd}) \cdot b_a \cdot t_f$

$2 \cdot D_{a,flange}$ = $(2 \cdot 235 - 19{,}62) \cdot 0{,}303 \cdot 0{,}04$

$2 \cdot D_{a,flange}$ = 5,46 MN

$D_{a,flange}$ – aufnehmbare Druckkraft des Walzträgerflansches
b_a = 0,303 m
t_f = 0,040 m
α = 0,85

$2 \cdot D_{a,web}$ = $(2 \cdot f_{yd} - f_{cd}) \cdot (z_{pl} - c_{st} - t_f) \cdot t_w$

$2 \cdot D_{a,web}$ = $(2 \cdot 235 - 19{,}62) \cdot (0{,}270 - 0{,}126 - 0{,}04) \cdot 0{,}021$

$2 \cdot D_{a,web}$ = 0,98 MN

$D_{a,web}$ – aufnehmbare Druckkraft des Walzträgersteges
t_w = 0,021 m
z_{pl} = 0,270 m
c_a = 0,126 m
t_f = 0,040 m

(Kontrolle: ΣH = 9,49 – 3,06 – 5,46 – 0,98 = –0,01 ≈ 0,0)

Das plastische Grenzmoment ergibt sich zu:

a_{web} = $z_{pl} - c_{st} - t_f$
a_{web} = 0,104 m

$M_{pl,Rd}$ = $\Sigma H_i \cdot z_i$ (Es wird um die Nulllinie gedreht.)

$M_{pl,Rd}$ = $Z_a \cdot \left(h_a + c_{st} - \dfrac{h_a}{2} - z_{pl}\right) + D_c \cdot \dfrac{z_{pl}}{2} + 2 \cdot D_{a,flange} \cdot \left(\dfrac{t_f}{2} + a_{web}\right) + 2 \cdot D_{a,web} \cdot \dfrac{a_{web}}{2}$

$M_{pl,Rd}$ = $9{,}49 \cdot \left(0{,}814 + 0{,}126 - \dfrac{0{,}814}{2} - 0{,}270\right) + 3{,}06 \cdot \dfrac{0{,}270}{2} + 5{,}46 \cdot \left(\dfrac{0{,}04}{2} + 0{,}104\right) + 0{,}98 \cdot \dfrac{0{,}104}{2}$

$M_{pl,Rd}$ = 3,637 MNm = 3637 kNm

Anmerkung:

Überschreitet bei Querschnitten der Klassen 1 und 2 die maßgebende Bemessungsquerkraft V_{Ed} 50% der Grenzquerkraft V_{Rd} des Querschnittes, ist eine Reduzierung des plastischen Grenzmomentes $M_{pl,Rd}$ infolge Querkraft und Längskraft zu berücksichtigen.
In diesem Beispiel muss keine Reduktion des plastischen Grenzmomentes $M_{pl,Rd}$ erfolgen, da die zugehörige Querkraft V_{Ed} kleiner ist als 50 % der Grenzquerkraft $V_{pl,Rd}$.

Fb 104, Kap. II, 4.4.3 (1)

Bauteil : WIB-Überbau	Archiv Nr.:
Block : Haupttragwerk	
Vorgang : Bemessung des Überbaus	

- **Ermittlung der Bemessungsschnittgrößen**

Die Schnittgrößen in der außergewöhnlichen Bemessungssituation ergeben sich allgemein zu:

$$\sum_{j\geq 1} \gamma_{GAj} \cdot G_{kj} \text{"+"} A_d \text{"+"} \psi_{11} \cdot Q_{k1} \text{"+"} \sum_{i>1} \psi_{2i} \cdot Q_{ki}$$

Wird eine außergewöhnliche Einwirkung angesetzt, sollten weder andere außergewöhnliche Einwirkungen noch Wind oder Schnee gleichzeitig berücksichtigt werden.

In diesem Beispiel sind somit keine weiteren variablen Einwirkungen zu berücksichtigen.

Das maßgebende Bemessungsmoment in Feldmitte ergibt sich in diesem Beispiel für den Verbundträger 8 für den Bemessungsfall I wie folgt:

M_{Ed} = $\gamma_{GA} \cdot (M_{gk1} + M_{gk2} + M_{gk3}) + M_{qA1d}$

= 1,00 · (566,6 + 198,7 + 269,2) + 2335,2

= 3370 kNm

Für Verbundträger Nr. 1 ergeben sich folgende Bemessungsschnittgrößen:

M_{Ed} = 1,00 · (446,2 + 321,9 − 137,7) + 2688,9

= 3319 kNm

$M_{Ed,max}$ = 3319 kNm < 3370 kNm

- **Nachweis in der außergewöhnlichen Bemessungssituation**

$M_{pl,Rd}$ ≥ M_{Ed}

3637 kNm ≥ 3370 kNm

Der Nachweis der Tragfähigkeit für Biegung mit Längskraft ist somit in der außergewöhnlichen Bemessungssituation erfüllt.

Verfasser : Planungsgemeinschaft h² Hochschule Magdeburg – Stendal (FH) C Hochschule Anhalt (FH)	Proj. – Nr. 2000
Programm :	
Bauwerk : EÜ über die B184 bei Leitzkau	Datum: 01.05.2003

3.5.1.2 Grenzzustand der Tragfähigkeit für Querkraft

Die Querkrafttragfähigkeit des Verbundquerschnittes wird aus der Querkrafttragfähigkeit des Stahlprofils ermittelt. Die Querkrafttragfähigkeit des Betons wird nicht angesetzt.

Fb 104, Anhang K.4.3 (1) P

Die Berechnung der Querkrafttragfähigkeit erfolgt nach Fb 103. Bei gleichen Teilsicherheitswerten des Baustahls sowohl in der ständigen und vorübergehenden Bemessungssituation als auch in der außergewöhnlichen Bemessungssituation gibt es keine unterschiedlichen Querkrafttragfähigkeiten.

$\gamma = 1,0$

Es werden jedoch für beide Bemessungssituationen die anzusetzenden Bemessungsquerkräfte ermittelt. Maßgebend ist jeweils der ungünstigste Schnitt am Anschnitt des Endquerträgers.

Ermittlung der plastischen Querkraft des Verbundträgers

$A_V = 1,04 \cdot h_a \cdot t_w = 1,04 \cdot 0,814 \cdot 0,021$

$A_V = 0,0178 \text{ m}^2$

$V_{pl,Rd} = A_V \cdot f_{yd} / \sqrt{3} = 0,0178 \cdot 235 / \sqrt{3}$

$V_{pl,Rd} = 2415 \text{ kN} = 2,415 \text{ MN}$

A_V wirksame Schubfläche des Walzträgers
Fb 103, Kap. II, 5.4.6 (104)
$h_a = 0,814$ m
$t_w = 0,021$ m

$V_{pl,Rd}$ plastische Grenzquerkraft

$f_{yd} = 235,00$ MN/m²

a) Ständige und vorübergehende Bemessungssituation

Die Schnittgrößen in der ständigen und vorübergehenden Bemessungssituation ergeben sich zu:

$$\sum_{j \geq 1} \gamma_{Gj} \cdot G_{kj} \text{"+"} \gamma_{Q1} \cdot Q_{k1} \text{"+"} \sum_{i > 1} \gamma_{Qi} \cdot \psi_{0i} \cdot Q_{ki}$$

Fb 101, Kap II, 9.4.2 (3)
Gl. (9.10)

Bauteil : WIB-Überbau	Archiv Nr.:
Block : Haupttragwerk Seite: **99**	
Vorgang : Bemessung des Überbaus	

Verfasser	: Planungsgemeinschaft h² Hochschule Magdeburg – Stendal (FH)	Proj. – Nr. 2000
Programm	: C Hochschule Anhalt (FH)	
Bauwerk	: EÜ über die B184 bei Leitzkau	Datum: 01.05.2003

- **Ermittlung der Bemessungsschnittgrößen**

Lastmodell 71:

Die Bemessungsquerkraft für den maßgebenden Träger 1 ergibt sich in diesem Beispiel mit der Lastgruppe 12 als Leiteinwirkung (LM 71 fahrend) wie folgt:

für die Lastgruppe 14 ergeben sich die gleichen Bemessungsmomente

γ - Teilsicherheitsbeiwerte, Fb 101, Abschnitt G.2.3 Tab. G.1

ψ – Kombinationsbeiwerte Fb 101, Abschnitt G.2.5 Tab. G.2

$$V_{Ed} = \gamma_G \cdot (V_{gk1} + V_{gk2} + V_{gk3})$$
$$+ \gamma_{Q1} \cdot (1{,}0 \cdot V_{qvk,\,LM\,71} + 0{,}5 \cdot V_{qlk} + 1{,}0 \cdot V_{qtk} + 1{,}0 \cdot V_{qsk})$$
$$+ \gamma_Q \cdot (\psi_{0,\,Qfk} \cdot V_{qfk} + \psi_{0,\,Qwk} \cdot V_{qwk})$$

V_{gkj}, s. Tab. 3-5 (ständ. EW)
V_{qvk}, s. Tab. 7 (LM 71)
V_{qlk}, s. Absch. 3.4.2.10 (Anf.+B.)
V_{qtk}, s. Tab. 17 (Zentrifugall.)
V_{qsk}, s. Tab. 21 (Seitenstoß)
V_{qfk}, s. Tab. 16 (Dienstw.)
V_{qwk}, s. Tab. 22 (Wind)

$$V_{Ed} = 1{,}35 \cdot (99{,}1 + 71{,}5) + 1{,}00 \cdot (-30{,}6)$$
$$+ 1{,}45 \cdot (1{,}0 \cdot 209{,}9 + 0{,}5 \cdot 0{,}0 + 0 \cdot (-13{,}5) + 1{,}0 \cdot 19{,}2)$$
$$+ 1{,}50 \cdot (0 \cdot 0{,}8 \cdot (-10{,}6) + 0{,}6 \cdot 37{,}59)$$

Anmerkung:
Fb 101, Kap IV, 6.8.1 (2) P günstig wirkende Lasten sind zu vernachlässigen (s. Anmerkung 5) Tabelle 23

$$V_{Ed} = 199{,}7 + 332{,}2 + 34{,}5 = 566{,}4 \text{ kN}$$

Lastmodell SW/2:

Die Bemessungsquerkraft für den Träger 1 ergibt sich in diesem Beispiel mit der Lastgruppe 17 als Leiteinwirkung (SW/2 fahrend) wie folgt:

γ - Teilsicherheitsbeiwerte, s. DIN Fb 101, Abschnitt G.2.3 Tab. G.1

ψ – Kombinationsbeiwerte s. DIN Fb 101, Abschnitt G.2.5 Tab. G.2

$$V_{Ed} = \gamma_G \cdot (V_{gk1} + V_{gk2} + V_{gk3})$$
$$+ \gamma_{Q1} \cdot (1{,}0 \cdot V_{qvk,\,SW/2} + 0{,}5 \cdot V_{qlk} + 1{,}0 \cdot V_{qtk} + 1{,}0 \cdot V_{qsk})$$
$$+ \gamma_Q \cdot (\psi_{0,\,Qfk} \cdot V_{qfk})$$

V_{gkj}, s. Tab. 3-5 (ständ. EW)
V_{qvk}, s. Tab. 11 (LM SW/2)
V_{qlk}, s. Absch. 3.4.2.10 (Anf.+B.)
V_{qtk}, s. Tab. 19 (Zentrifugall.)
V_{qsk}, s. Tab. 21 (Seitenstoß)
V_{qfk}, s. Tab. 16 (Dienstw.)

$$V_{Ed} = 1{,}35 \cdot (99{,}1 + 71{,}5) + 1{,}00 \cdot (-30{,}6)$$
$$+ 1{,}2 \cdot (1{,}0 \cdot 255{,}1 + 0{,}5 \cdot 0{,}0 + 0 \cdot (-31{,}8) + 1{,}0 \cdot 19{,}2)$$
$$+ 1{,}50 \cdot 0 \cdot 0{,}8 \cdot (-10{,}6)$$

Anmerkung:
Fb 101, Kap IV, 6.8.1 (2) P günstig wirkende Lasten sind zu vernachlässigen (s. Anmerkung 5) Tabelle 23

$$V_{Ed} = 199{,}7 + 329{,}2 + 0 = 528{,}9 \text{ kN} < 566{,}4 \text{ kN}$$

Fb 101, Kap IV, Anhang G G.2.1.1 (7) → Wind bleibt in Lastgruppe 17 unberücksichtigt

- **Nachweis der Tragfähigkeit**

$V_{pl,Rd} \geq V_{Ed}$

2415 kN $\geq$ 566,4 kN

Damit ist der Nachweis erfüllt.

Bauteil	: WIB-Überbau	
Block	: Haupttragwerk	
Vorgang	: Bemessung des Überbaus	

Verfasser : Planungsgemeinschaft h² Hochschule Magdeburg – Stendal (FH)	Proj. – Nr. 2000
Programm : C Hochschule Anhalt (FH)	
Bauwerk : EÜ über die B184 bei Leitzkau	Datum: 01.05.2003

b) außergewöhnliche Bemessungssituation

Die Schnittgrößen in der außergewöhnlichen Bemessungssituation ergeben sich allgemein zu:

$$\sum_{j\geq 1} \gamma_{GAj} \cdot G_{kj} \text{"+"} A_d \text{"+"} \psi_{11} \cdot Q_{k1} \text{"+"} \sum_{i>1} \psi_{2i} \cdot Q_{ki}$$

Fb 101, Kap II, 9.4.2 (3) Gl. (9.11) und Tab. 9.1
A_d – Bemessungswert der außergewöhnlichen Einwirkung

Wird eine außergewöhnliche Einwirkung angesetzt, sollten weder andere außergewöhnliche Einwirkungen noch Wind oder Schnee gleichzeitig berücksichtigt werden.

Fb 101, Kap IV, Anhang G, G.2.1.2

In diesem Beispiel sind somit keine weiteren variablen Einwirkungen zu berücksichtigen.

- **Ermittlung der Bemessungsschnittgrößen**

Die maßgebende Bemessungsquerkraft am Anschnitt für den Träger 1 ergibt sich in diesem Beispiel für den Bemessungsfall I wie folgt:

Träger 8 liegt am Rand ausserhalb der mitwirkenden Breite b_m

γ - Teilsicherheitsbeiwerte, Fb 101, Abschnitt G.2.3 Tab. G.1

V_{Ed} = $\gamma_{GA} \cdot (V_{gk1} + V_{gk2} + V_{gk3}) + V_{qA1d}$

V_{Ed} = $1,00 \cdot (99,1 + 71,5 - 30,6) + 601,8$
= 741,8 kN

V_{gkj} s. Tab. 3-5 (ständ. EW)
V_{qA1d} s. Abschn. 3.4.3 (Bem. I)

Die maßgebende Bemessungsquerkraft am Anschnitt für den Träger 8 ergibt sich in diesem Beispiel für den Bemessungsfall I wie folgt:

V_{Ed} = $\gamma_{GA} \cdot (V_{gk1} + V_{gk2} + V_{gk3}) + V_{qA1d}$

V_{Ed} = $1,00 \cdot (125,9 + 44,2 + 59,8) + 522,6$
= 752,7 kN > 741,8 kN

V_{gkj} s. Tab. 3-5 (ständ. EW)
V_{qA1d} s. Abschn. 3.4.3 (Bem. I)

- **Nachweis der außergewöhnlichen Bemessungssituation**

$V_{pl,Rd}$ $\geq$ V_{Ed}

2415 kN $\geq$ 752,7 kN

Somit ist der Nachweis erfüllt.

Bauteil : WIB-Überbau	Archiv Nr.:
Block : Haupttragwerk Seite: **101**	
Vorgang : Bemessung des Überbaus	

3.5.1.3 Grenzzustand der Tragfähigkeit für Ermüdung

Fb 104, Kap. II, 4.9

Im Allgemeinen kann auf den Nachweis der Tragfähigkeit für Ermüdung bei Walzträgern in Beton verzichtet werden. <u>Exemplarisch</u> wird in diesem Beispiel die prinzipielle Vorgehensweise aufgezeigt.

*Ril 804.4302, Abs. 9: Bei einbetonierten Walzprofilen **ohne Schweißstoss** darf auf einen Betriebsfestigkeitsnachweis verzichtet werden.*

Für bewehrte und vorgespannte Betonquerschnittsteile sollte der Nachweis nach Fb 102, Kap. II 4.3.7 und für Stahlträger nach Fb 103, Kap. II, 9 geführt werden.
Für die Ermüdungslasten gilt der Fb 101, Kap. IV, 6.9. Der Nachweis wird für den Zeitpunkt t = 100 Jahre geführt.

Der Ermüdungsnachweis ist für die nicht - häufige Einwirkungskombination im Grenzzustand der Gebrauchstauglichkeit unter Berücksichtigung des LM 71 zu führen.

Fb 104, Kap. II, 4.9.2 (1) P

Fb 104, Kap. II, 4.9.3 (3)

Nachweis des Baustahls

Der Baustahl wird am unteren Rand des Walzträgers in Feldmitte auf Zugbeanspruchungen nachgewiesen.

maßgebend: Verbundträger Nr. 1

Für Bau-, Beton- und Spannstahl sollte die nachfolgende Bedingung eingehalten sein:

$$\gamma_{Ff} \cdot \Delta\sigma_E \leq \Delta\sigma_{RK}(N^*) / \gamma_{Mf}$$

Fb 104, Kap. II, 4.9.6 (1) Gl. (4.13)

Dabei ist:

γ_{Ff} — Teilsicherheitsbeiwert für die Ermüdungslast

Fb 103, Kap. II, 9.3 (3)
γ_{Ff} = 1,0

$\Delta\sigma_E$ — schadensäquivalente Spannungsschwingbreite

γ_{Mf} — Teilsicherheitsbeiwert für den Ermüdungswiderstand bei Haupttraggliedern

Fb 103, Kap. II, 9.3 (3)
γ_{Mf} = 1,35

siehe Kerbfalltabellen in Fb 103 Anhang II L Tab. II-L.1

$\Delta\sigma_{RK}(N^*)$ — der charakteristische Wert der Ermüdungsfestigkeit für die maßgebende Ermüdungsfestigkeitskurve und der Lastwechselzahl N^*

Verfasser : Planungsgemeinschaft h² Hochschule Magdeburg – Stendal (FH)	Proj. – Nr. 2000
Programm : C Hochschule Anhalt (FH)	
Bauwerk : EÜ über die B184 bei Leitzkau	Datum: 01.05.2003

a) Ermittlung von $\Delta\sigma_E$:

$$\Delta\sigma_E = \Delta\sigma_{E,glob} + \lambda_{loc} \cdot \Delta\sigma_{loc}$$

Fb 104, Kap. II, 4.9.4.1 (6)
Gl. (4.11)

$\Delta\sigma_{E,glob}$ die schädigungsäquivalente Spannungsschwingbreite infolge der Beanspruchungen aus Haupttragwerkswirkung

λ_{loc} ein Anpassungsfaktor zur Berücksichtigung örtlicher Einwirkungen

$\Delta\sigma_{loc}$ die Spannungsschwingbreite infolge örtlicher Einwirkungen   *($\Delta\sigma_{loc}$ ist hier systembedingt = 0)*

$$\Delta\sigma_{E,glob} = \lambda \cdot \phi \cdot |\sigma_{a,max,f} - \sigma_{a,min,f}|$$

Fb 104, Kap. II, 4.9.4.1 (3)
Gl. (4.10)

Hierin sind:

$\sigma_{a,max,f}$ die maximale Spannung infolge der Einwirkungskombination nach Fb 104, II-4.9.3 (3)

Eisenbahnbrücken: nicht-häufige Einwirkungskombination

$\sigma_{a,min,f}$ die minimale Spannung infolge der Einwirkungskombination nach Fb 104, II-4.9.3 (3)

λ ein Anpassungsfaktor zur Ermittlung der schädigungsäquivalente Spannungsschwingbreite infolge des Ermüdungslastmodells.

ϕ dynamischer Beiwert, der für Eisenbahnbrücken nach Fb 101, Kap. IV, 6.4.3 bestimmt wird   *s. Abschn. 3.2.2.1, $\phi = 1{,}20$*

λ errechnet sich nach Fb 103 zu:

$$\lambda = \lambda_1 \cdot \lambda_2 \cdot \lambda_3 \cdot \lambda_4 \quad \text{jedoch} \quad \lambda \leq \lambda_{max}$$

Fb 103, Kap. II, 9.5.3 (1)

Hierbei sind:

λ_1 ein Spannweitenbeiwert, der neben dem Typ der Einflusslinie oder -fläche und der Spannweite auch den der Schädigungsberechnung zugrunde gelegten Verkehr berücksichtigt

λ_1 Fb 103, Kap. II, 9.5.3 Tab. 9.3 für EC Mix, entspricht Mischverkehr nach Fb 101, Kap. IV, Anhang F, F.3 Tab. F.1

λ_2 ein Verkehrsstärkenbeiwert, der die unterschiedliche Größe des Verkehrsaufkommens berücksichtigt

λ_2 Fb 103, Kap. II, 9.5.3 Tab. 9.6 mit einem Verkehrsaufkommen für Mischverkehr von $24{,}95 \cdot 10^6$ t/Jahr nach Fb 101, Kap. IV, Anhang F, F.3, Tab. F.1

Bauteil : WIB-Überbau	Archiv Nr.:
Block : Haupttragwerk Seite: **103**	
Vorgang : Bemessung des Überbaus	

λ_3	ein Lebensdauerbeiwert, der die unterschiedlichen Annahmen für die Nutzungszeit der Brücke berücksichtigt	λ_3 Fb 103, Kap. II, 9.5.3 Tab. 9.7 für eine Lebensdauer von 100 Jahren
λ_4	ein Beiwert, der die Anzahl der Gleise auf der Brücke berücksichtigt	λ_4 Fb 103, Kap. II, 9.5.3 Tab. 9.8 (für 1 Gleis)

λ ergibt sich zu:

λ_1 = 0,73

Fb 103, Kap. II,9.5.3, Tab.II-9.3, λ_1 linear interpoliert

λ_2 = 1,00

Fb 103, Kap. II,9.5.3, Tab.II-9.6

λ_3 = 1,00

Fb 103, Kap. II,9.5.3, Tab.II-9.7

λ_4 = 1,00

Fb 103, Kap. II,9.5.3, Tab.II-9.8

λ_{max} = 1,4

λ_{max} Fb 103, Kap. II, 9.5.3 (9)

$\lambda = 0,73 \cdot 1,00 \cdot 1,00 \cdot 1,00 = 0,73 \leq \lambda_{max} = 1,40$

Ermittlung der Spannungsdifferenz ($\sigma_{a,max,f}$ - $\sigma_{a,min,f}$)

Nach Fb 104, II-4.9.3 (3) sollten bei Eisenbahnbrücken die Schnittgrößen für die nicht-häufige Einwirkungskombination mit dem Lastmodell 71 berechnet werden.

Für den Baustahl ergibt sich die maximale und minimale Spannung der schadensäquivalenten Schwingbreite aus den Spannungen im Baustahl infolge des Vertikallastanteils des LM 71. Andere Einwirkungen wie beispielsweise Seitenstoß, Anfahr- und Bremslasten, Temperatur- und Windeinwirkungen sind nicht ermüdungswirksam und gehen in die Spannungsdifferenz nicht ein.

Damit ergibt sich:

$$\sigma_{a,max,f} = \frac{M_{qvk,max,LM71}}{W_{a,u,n0,II}} = \frac{937{,}8}{0{,}0123} \cdot 10^{-3}$$

$$= 76{,}2 \text{ MN/m}^2$$

$$\sigma_{a,min,f} = \frac{M_{qvk,min,LM71}}{W_{a,u,n0,II}} = \frac{0{,}0}{0{,}0123}$$

$$= 0{,}00 \text{ MN/m}^2$$

maßgebend: Verbundträger Nr. 1

$\sigma_{a,max,f}$ und $\sigma_{a,min,f}$ wurden auf der sicheren Seite liegend mit den Querschnittswerten des gerissenen Verbundträgers unter Kurzzeitlasten zum Zeitpunkt $t = \infty$ berechnet, siehe Abschnitt 3.3.1

$\sigma_{a,max,f}$ und $\sigma_{a,min,f}$ werden ohne Abminderung nach Fb 101, Kap. II, 9.6 (127) angesetzt, da es sich hier in beiden Fällen um Zugspannungen handelt.

Daraus folgt:

$$\Delta\sigma_{E,glob} = \lambda \cdot \phi \cdot |\sigma_{a,max,f} - \sigma_{a,min,f}|$$

$$= 0{,}73 \cdot |76{,}2 - 0{,}00| = 55{,}7 \text{ MN/m}^2$$

Fb 104, Kap. II, 4.9.4.1 (3) Gl. (4.10)

ϕ bereits in den Schnittgrößen des LM 71 enthalten

b) Ermittlung von $\Delta\sigma_{RK}(N^*)$:

Für Baustahl ist als $\Delta\sigma_{RK}(N^*)$ (für $N^* = 2 \cdot 10^6$ Spannungsspiele) der Grenzwert der Ermüdungsfestigkeit $\Delta\sigma_C$ für 2 Mio. Spannungsspiele anzusetzen.

Fb 103, Kap. II, 9.6 (1)
Fb 103, Kap. II, Anhang L
Fb 103, Kap. II, 9.1.5 (14)

Da der Stahlquerschnitt in Kerbfallgruppe 160 eingestuft ist, ergibt sich folgender Wert für die Ermüdungsfestigkeit:

$$\Delta\sigma_{RK}(N^*) = \Delta\sigma_C = 160 \text{ MN/m}^2$$

$\Delta\sigma_{Rk}(N^*)$ ermittelt nach den Kerbfalltabellen Fb 103 Anhang II L Tab. II-L.1 (Kerbfall 160)

c) Nachweis:

$$\gamma_{Ff} \cdot \Delta\sigma_E \leq \Delta\sigma_{RK}(N^*) / \gamma_{Mf}$$

Die Bedingung

$$1{,}0 \cdot 55{,}7 = 55{,}7 \leq 118{,}52 = 160 / 1{,}35$$

ist eingehalten.

Der Nachweis eines ausreichenden Ermüdungswiderstandes des Baustahls auf Zugbeanspruchung ist damit erbracht.

Verfasser : Planungsgemeinschaft h² Hochschule Magdeburg – Stendal (FH) Programm : C Hochschule Anhalt (FH)		Proj. – Nr. 2000
Bauwerk : EÜ über die B184 bei Leitzkau		Datum: 01.05.2003

Nachweis von Beton unter Druckbeanspruchung

Fb 102, Kap. II, 4.3.2.4

Der Beton wird am oberen Rand des Betonquerschnitts in Feldmitte auf Druckbeanspruchungen nachgewiesen.
Der Nachweis wird <u>exemplarisch</u> nach Fb 102, Anhang 106 geführt.

Fb 102, Kap. II, Anhang 106 A.106.3.2

Ein ausreichender Ermüdungswiderstand von Beton unter Druckbeanspruchung darf dem zu Folge als gegeben angesehen werden, wenn gilt:

Dieser Nachweis ist zu führen, wenn die in Fb 102, Kap. II 4.3.7.4 angegebenen Spannungsgrenzen für den Beton nicht eingehalten werden.

$$14 \cdot \frac{1 - S_{cd,max,equ}}{\sqrt{1 - R_{equ}}} \geq 6$$

Fb 102, Kap. II, Anhang 106 A.106.3.2, Gl. A.106.12

Dabei ist:

$$R_{equ} = \frac{S_{cd,min,equ}}{S_{cd,max,equ}}$$

Fb 102, Kap. II, Anhang 106 A.106.3.2, (101)

mit:

$$S_{cd,max,equ} = \gamma_{Ed,fat} \cdot \frac{\sigma_{cd,max,equ}}{f_{cd,fat}}$$

Fb 104, Kap. II, 4.9.2 (4)
$\gamma_{Ed,fat}$ nach Fb 102, Kap. II 4.3.7.2 (101)

$$S_{cd,min,equ} = \gamma_{Ed,fat} \cdot \frac{\sigma_{cd,min,equ}}{f_{cd,fat}}$$

$$f_{cd,fat} = \beta_{cc}(t_0) \cdot \alpha \cdot \frac{f_{ck}}{\gamma_{c,fat}}$$

$\beta_{cc}(t_0) = 1,00$
Fb 102, Kap. II, Anhang 106 A.106.3.2, (101)

$$= 1,00 \cdot 0,85 \cdot \frac{30}{1,5}$$

$\gamma_{c,fat} = 1,5$ nach Fb 102, Kap. II, 4.3.7.2 (102), Tab. 4.115

$$= 17,00 \text{ MN/m}^2$$

$\alpha = 0,85$ nach Fb 102, Kap. II, 4.2.1.3.3 (11)

Hierin sind:

$\sigma_{cd,max,equ}$
$\sigma_{cd,min,equ}$ obere bzw. untere Spannung der schädigungsäquivalenten Schwingbreite mit der Anzahl von $N = 10^6$ Lastzyklen

$\beta_{cc}(t_0)$ Koeffizient in Abhängigkeit des Betonalters t_0 beim Aufbringen der Ermüdungslast

$\beta_{cc}(t_0) = 1,00$
Fb 102, Kap. II, Anhang 106 A.106.3.2, (101)

$\sigma_{cd,max,equ} = \sigma_{c,perm} + \lambda_c \cdot (\sigma_{c,max,71} - \sigma_{c,perm})$

$\sigma_{cd,min,equ} = \sigma_{c,perm} + \lambda_c \cdot (\sigma_{c,perm} - \sigma_{c,min,71})$

Fb 102, Kap. II, Anhang 106 A.106.3.2, (102) Gl. A.106.13

Bauteil	:	WIB-Überbau	Archiv Nr.:
Block	:	Haupttragwerk Seite: **106**	
Vorgang	:	Bemessung des Überbaus	

Verfasser : Planungsgemeinschaft h² Hochschule Magdeburg – Stendal (FH)	Proj. – Nr. 2000
Programm : C̄ Hochschule Anhalt (FH)	
Bauwerk : EÜ über die B184 bei Leitzkau	Datum: 01.05.2003

$\sigma_{c,perm}$ Betondruckspannung unter der nicht-häufigen Einwirkungskombination ohne LM 71

$\sigma_{c,max,71}$,   maximale bzw. minimale Druckspannung unter
$\sigma_{c,min,71}$ der nicht-häufigen Einwirkungskombination

λ_c ein Korrekturfaktor zur Ermittlung der schädigungsäquivalenten Spannungsschwingbreite infolge des Lastmodells 71.

$\sigma_{c,perm}$ wird mit derjenigen nicht-häufigen Einwirkungskombination (ohne LM 71 ermittelt), die die größte Betondruckspannung liefert

siehe Abschnitt 3.5.2.1
$$\sum_{j\geq 1} G_{kj} "+" \psi_1' \cdot Q_{k1} "+" \sum_{i>1} \psi_{1i} \cdot Q_{ki}$$

Anmerkung:
$\psi_{1,2}$ = 0,50 (Dienstweg, wird jedoch, da entlastend nicht angesetzt)
$\psi_{1,3}$ = 0,50 (Wind)
Sonstige Einwirkungen (z. B. Temperatur) sind in diesem Beispiel vernachlässigbar klein oder nicht relevant.
ohne M_{gk1} aus Konstruktionseigenlast g_{k1}. Die Einwirkung g_{k1} erzeugt aufgrund des Bauablaufes nur im Walzträger Spannungen.
Fb 104, Kap. II, 4.5.2.2 (1) P

$$\sigma_{c,perm} = \sigma_{c,min,71} = \frac{M_{gk,2} + M_{gk,3}}{W_{c,o,nL,II}} + \frac{0{,}5 \cdot M_{Qfk}}{W_{c,o,n0,II}} =$$
$$= \frac{321{,}9 - 137{,}7}{-0{,}2620} \cdot 10^{-3} + \frac{0{,}5 \cdot 174{,}1}{-0{,}1181} \cdot 10^{-3} =$$
$$= -1{,}44 \text{ MN/m}^2$$

$\sigma_{c,perm}$ bzw. $\sigma_{c,min,71}$ und $\sigma_{c,max,71}$ wurden mit den Querschnittswerten des gerissenen Verbundträgers berechnet.
(siehe Abschnitt 3.3.1)

$$\sigma_{c,max,71} = \frac{M_{gk,2} + M_{gk,3}}{W_{c,o,nL,II}} + \frac{0{,}5 \cdot M_{Qfk} + M_{qvk,max,LM71}}{W_{c,o,n0,II}}$$
$$= \frac{321{,}9 - 137{,}7}{-0{,}2620} \cdot 10^{-3} + \frac{0{,}5 \cdot 174{,}1 + 937{,}8}{-0{,}1181} \cdot 10^{-3}$$
$$= -9{,}38 \text{ MN/m}^2$$

λ_c errechnet sich zu:

Fb 102, Kap. II, Anhang 106 A.106.3.2 (103)

Fb 102, Kap. II, Anhang 106 A.106.3.2, Gl. A.106.14

$\lambda_c = \lambda_{c,0} \cdot \lambda_{c,1} \cdot \lambda_{c,2} \cdot \lambda_{c,3} \cdot \lambda_{c,4}$

$\lambda_{c,0}$ Beiwert, der die Dauerspannung berücksichtigt

$\lambda_{c,1}$ Beiwert, der die Stützweite und Verkehrsmischung berücksichtigt

$\lambda_{c,2}$ Beiwert zur Berücksichtigung des jährlichen Verkehrsaufkommen

$\lambda_{c,3}$ Beiwert zur Berücksichtigung der Nutzungsdauer

$\lambda_{c,4}$ Beiwert bei mehreren Gleisen

$$\lambda_{c,0} = 0{,}94 + 0{,}2 \cdot \frac{\sigma_{c,perm}}{f_{cd,fat}} \geq 1{,}0$$

Fb 102, Kap. II, Anhang 106 A.106.3.2, Gl. A.106.15

$$= 0{,}94 + 0{,}2 \cdot \frac{|-1{,}44|}{17} \geq 1{,}0$$
$$= 0{,}96 < 1{,}00 \quad \rightarrow \quad \lambda_{c,0} = 1{,}0$$

Bauteil : WIB-Überbau	Archiv Nr.:
Block : Haupttragwerk	
Vorgang : Bemessung des Überbaus	

$\lambda_{c,1}$	$= 0{,}7 + 0{,}05 \cdot \dfrac{\log(l/2)}{\log(20/2)}$	Fb 102, Kap. II, Anhang 106 A.106.3.2, Gl. A.106.19
	$= 0{,}745$	Fb 102, Kap. II, Anhang 106 A.106.3.2, Tab. A.106.3 a) mit $l = 16{,}00$ m für Verkehrsmischung Standard
$\lambda_{c,2}$	$= 1 + \dfrac{1}{8} \cdot \log\left[\dfrac{Vol}{25 \cdot 10^6}\right]$	Fb 102, Kap. II, Anhang 106 A.106.3.2, Gl. A.106.16 Vol nach Fb 101, Kap. IV Anhang F, Tab. F.1 $25 \cdot 10^6$ t/Jahr (Mischverkehr)
	$= 1{,}00$	
$\lambda_{c,3}$	$= 1 + \dfrac{1}{8} \cdot \log\left[\dfrac{N_{years}}{100}\right]$	Fb 102, Kap. II, Anhang 106 A.106.3.2, Gl. A.106.17 100 Jahre Nutzungsdauer
	$= 1{,}00$	
$\lambda_{c,4}$	$= 1{,}00$	Fb 102, Kap. II, Anhang 106 A.106.3.2, Gl. A.106.18 nur 1 Gleis vorhanden
λ_c	$= 1{,}0 \cdot 0{,}745 \cdot 1{,}00 \cdot 1{,}00 \cdot 1{,}00$	
	$= 0{,}745$	

Somit ergeben sich:

$\sigma_{cd,max,equ}$ = $-1{,}44 + 0{,}745 \cdot (-9{,}38 - (-1{,}44))$
= $-7{,}36$ MN/m²

$\sigma_{cd,min,equ}$ = $-1{,}44 + 0{,}745 \cdot (-1{,}44 - (-1{,}44))$
= $-1{,}44$ MN/m²

$S_{cd,max,equ}$ = $1{,}0 \cdot \dfrac{-7{,}36}{17} = -0{,}43$

$S_{cd,min,equ}$ = $1{,}0 \cdot \dfrac{-1{,}44}{17} = -0{,}085$

R_{equ} = $\dfrac{-0{,}085}{-0{,}43} = 0{,}196$

Nachweis:

$$14 \cdot \dfrac{1 - S_{cd,max,equ}}{\sqrt{1 - R_{equ}}} \geq 6 \quad \rightarrow \quad 14 \cdot \dfrac{1 - (-0{,}43)}{\sqrt{1 - 0{,}196}} = 22{,}3 \geq 6$$

Der Nachweis eines ausreichenden Ermüdungswiderstandes des Betons auf Druckbeanspruchung ist somit erbracht.

Verfasser	: Planungsgemeinschaft: h² Hochschule Magdeburg – Stendal (FH)	Proj. – Nr. 2000
Programm	: C Hochschule Anhalt (FH)	
Bauwerk	: EÜ über die B184 bei Leitzkau	Datum: 01.05.2003

3.5.2 Nachweise im Grenzzustand der Gebrauchstauglichkeit

Fb 104, Anhang K, K.5
Fb 104, Kap. II, 5

3.5.2.1 Spannungsbegrenzung für Biegung mit Längskraft

Fb 104, Kap. II, 5.2

Sofern die Betonzugspannungen im ungerissenen Querschnitt (Zustand I) unter seltener Einwirkungskombination den Mittelwert der Betonzugfestigkeit f_{ctm} überschreiten, ist vom gerissenen Querschnitt (Zustand II) auszugehen.

Fb 102, Kap. II, 4.4.1.1 (5)

Um zu überprüfen, ob die Nachweise im Zustand I oder im Zustand II zu führen sind, werden daher für die Nachweise die Schnittgrößen unter der seltenen Einwirkungskombination berechnet.

Die maximalen Betonzugspannungen am unteren Querschnittsrand werden für das Lastmodell 71 und das Lastmodell SW/2 ermittelt.

<u>Lastmodell SW/2 (maßgebend):</u>

Maßgebend für die Berechnung ist die Spannung des Verbundträgers 1 in Feldmitte mit der Lastgruppe 17 als Leiteinwirkung.

$$\sum_{j\geq 1} G_{kj} "+" Q_{k1} "+" \sum_{i>1} \psi_{0i} \cdot Q_{ki}$$

Fb 101, Kap. II, 9.5.2, (Gl. 9.16)

N_{Ed} = 0,00 MN

Normalkräfte werden wegen geringfügiger Auswirkungen vernachlässigt.

M_{Ed} = M_{Gk2} + M_{Gk3}
+ ($M_{Qvk,SW/2}$ + 0,5 · M_{Qlk} + 1,0 · M_{Qtk} + 1,0 · M_{Qsk})
+ $\psi_{0,2}$ · M_{Qfk} + $\psi_{0,3}$ · M_{Qwk}

Fb 101 Abschnitt G.2.4 Tab. G.2
$\psi_{0,2}$ = 0,80 (Dienstweg)
$\psi_{0,3}$ = 0,60 (Wind)

M_{Ed} = 321,9 + (-137,7)
+ (1,0 · 1161,1 + 0,5 · 0,00 + 1,0 · 0,00
+ 1,0 · 76,8)
+ 0,80 · (0,00) + 0,6 · 0,00

s. Tab. 4-5 (ständ. EW)
M_{qvk}, s. Tab. 10 (LM SW/2 fahr.)
M_{qlk}, s. Absch. 3.4.2.10 (Anf.+B.)
M_{qtk}, s. Tab. 17 (Zentrifugall.)
M_{qsk}, s. Tab. 21 (Seitenstoß)
M_{qfk}, s. Tab. 16 (Dienstw.)
M_{qwk}, s. Tab. 22 (Wind)

M_{Ed} = 1422,1 kNm = 1,42 MNm

<u>Anmerkung:</u>
Fb 101, Kap IV, 6.8.1 (2) P
günstig wirkende Lasten sind zu vernachlässigen
s. Anmerkung 5) Tab. 23

M_{Ed} wird für die Spannungsberechnung in zeitl. konstante Belastungen $M_{Ed,nL}$ und Kurzzeitlasten $M_{Ed,n0}$ (Verkehr und Wind) geteilt.

Fb 101, Kap IV, Anhang G
G.2.1.1 (7) → Wind bleibt in Lastgruppe 17 unberücksichtigt

$M_{Ed,nL}$ = 184,2 kNm (M_{Gk2} + M_{Gk3})

$M_{Ed,n0}$ = 1237,9 kNm (ΣM_Q)

Bauteil	: WIB-Überbau		Archiv Nr.:
Block	: Haupttragwerk	Seite: **109**	
Vorgang	: Bemessung des Überbaus		

- Ermittlung der Spannung im Zustand I am unteren Betonrand

$$\sigma_{c,u} = \frac{N_{Ed}}{A_{i,0} \cdot n_0} + \frac{M_{Ed,nL}}{W_{cu,nL}} + \frac{M_{Ed,n0}}{W_{cu,n0}}$$

$A_{i,0}$, $W_{cu,nL}$, $W_{cu,n0}$
siehe Abschn. 3.1.1

$$= \frac{0,00}{0,1151 \cdot 6,58} + \frac{184,2}{0,3434} + \frac{1237,9}{0,1517}$$

$$= 8697 \text{ kN/m}^2 = 8,70 \text{ MN/m}^2$$

8,70 MN/m² > f_{ctm} = 2,90 MN/m²

Fb 102, Kap. II, 3.1.4 Tab.3.1
f_{ctm} siehe Abschn.1.5

Die Randspannung übersteigt den Mittelwert der zentrischen Betonzugfestigkeit. Daher werden alle Nachweise unter der Annahme geführt, dass der Querschnitt gerissen ist (Zustand II).

Spannungsberechnung zum Zeitpunkt $t = \infty$ für Träger 1

<u>Spannungen infolge Konstruktionseigengewicht:</u>

(Beanspruchung wirkt nur auf die Walzträger)

W_a = 0,0109 m³
siehe Abschn. 3.3.1

$M_{Ed,gk1}$ = 446,2 kNm

siehe Abschn. 3.4.1 Tab. 3

Oberkante Beton	$\sigma_{c,o}$ =	0,0 MN/m²
Unterkante Beton	$\sigma_{c,u}$ =	0,0 MN/m²
Oberkante Walzträger	$\sigma_{a,o}$ =	-40,9 MN/m²
Unterkante Walzträger	$\sigma_{a,u}$ =	40,9 MN/m²

$\sigma_{a,o} = -\dfrac{M_{Ed,gk1}}{W_a}$

$\sigma_{a,u} = \dfrac{M_{Ed,gk1}}{W_a}$

<u>Spannungen infolge Ausbaulasten:</u>

(Beanspruchung wirkt auf den Verbundquerschnitt)

$W_{c,o,nL,II}$ = -0,2620 m³
$W_{a,o,nL,II}$ = -0,0158 m³
$W_{a,u,nL,II}$ = 0,0114 m³
siehe Abschn. 3.3.1

$M_{Ed,Ausbau}$ = 321,9 – 137,7 = 184,2 kNm

$M_{Ed,Ausbau} = M_{gk2} + M_{gk3}$

Oberkante Beton	$\sigma_{c,o}$ =	-0,70 MN/m²
Oberkante Walzträger	$\sigma_{a,o}$ =	-11,6 MN/m²
Unterkante Walzträger	$\sigma_{a,u}$ =	16,2 MN/m²

$\sigma_{c,o} = \dfrac{M_{Ed,Ausbau}}{W_{c,o,nL,II}}$

$\sigma_{a,o} = \dfrac{M_{Ed,Ausbau}}{W_{a,o,nL,II}}$

$\sigma_{a,u} = \dfrac{M_{Ed,Ausbau}}{W_{a,u,nL,II}}$

Spannungen infolge Lastgruppe 17 (SW/2 fahrend):

(Beanspruchung wirkt auf den Verbundquerschnitt)

$W_{c,o,nL,II}$ = -0,1181 m³
$W_{a,o,nL,II}$ = -0,0267 m³
$W_{a,u,nL,II}$ = 0,0123 m³
siehe Abschn. 3.3.1

$M_{Ed,Verkehr}$ = 1161,1 + 0,5 · 0,00 + 0,00 + 76,8 = 1237,9 kNm

$M_{Ed,Verkehr} = M_{qvk} + 0,5 \cdot M_{qlk} + M_{qtk} + M_{qsk}$

Oberkante Beton	$\sigma_{c,o}$	=	-10,5 MN/m²
Oberkante Walzträger	$\sigma_{a,o}$	=	-46,4 MN/m²
Unterkante Walzträger	$\sigma_{a,u}$	=	100,6 MN/m²

$\sigma_{c,o} = \dfrac{M_{Ed,Verkehr}}{W_{c,o,n0,II}}$

$\sigma_{a,o} = \dfrac{M_{Ed,Verkehr}}{W_{a,o,n0,II}}$

$\sigma_{a,u} = \dfrac{M_{Ed,Verkehr}}{W_{a,u,n0,II}}$

Zusammenstellung der einzelnen Spannungen

Der Nachweis der Spannungsbegrenzung wird mit den Spannungen der nicht - häufigen Einwirkungskombination geführt.

$$\sum_{j\geq 1} G_{kj} \text{"+"} \psi_1' \cdot Q_{k1} \text{"+"} \sum_{i>1} \psi_{1i} \cdot Q_{ki}$$

Fb 102, Kap. II, 4.4.1.2 (103) P,
Fb 104, Kap. II, 5.2 (6)

Fb 102, Kap. II, 2.3.4 (102) P, Gl. 2.109 (b)
Fb 101, Abschnitt G.2.4
Tab. G.2
ψ_1' = 1,00 (LM SW/2)
$\psi_{1,2}$ = 0,50 (Dienstwege, hier nicht angesetzt, da entlastend)

Oberkante Beton (maßgebend):

$\sigma_{c,o} = \sigma_{c,o,gk1} + \sigma_{c,o,Ausbau} + \psi_1' \cdot \sigma_{c,o,Verkehr}$

$\sigma_{c,o}$ = 0,00 + (-0,70) + 1,0 · (-10,5)

$\sigma_{c,o}$ = -11,2 MN/m²

Querbiegung wird wegen geringer Auswirkungen nicht berücksichtigt

Nachweis der Spannungsbegrenzung zum Zeitpunkt $t = \infty$

$\sigma_{c,o}$ = | -11,2 | MN/m² < 18,00 MN/m² = 0,6 · f_{ck}

Fb 102, Kap. II, 4.4.1.2 (103) P
f_{ck} = 30 MN/m²

Oberkante Walzträger:

$\sigma_{a,o} = \sigma_{a,o,gk1} + \sigma_{a,o,Ausbau} + \psi_1' \cdot \sigma_{a,o,Verkehr}$

$\sigma_{a,o}$ = -40,9 + (-11,6) + 1,0 · (-46,40)

$\sigma_{a,o}$ = -98,9 MN/m²

Unterkante Walzträger (maßgebend):

$\sigma_{a,u} = \sigma_{a,u,gk1} + \sigma_{a,u,Ausbau} + \psi_1' \cdot \sigma_{a,u,Verkehr}$

$\sigma_{a,u} = 40,9 + 16,2 + 1,0 \cdot 100,6$

$\sigma_{a,u} = 157,7 \text{ MN/m}^2 > |-98,9 \text{ MN/m}^2|$

Nachweis der Spannungsbegrenzung zum Zeitpunkt $t = \infty$

$\sigma_{Ed,ser} = \sigma_{a,u} = 157,7 \text{ MN/m}^2 \leq 211,05 \text{ MN/m}^2 = \dfrac{f_{yk}}{\gamma_{M,ser}}$

$f_{yk} = 235,00$ MN/m²
$\gamma_{M,ser} = 1,1$ nach Fb 104, Kap. II, 5.2 (6)

Schubspannungen im Walzträgersteg

Auf der sicheren Seite liegend werden die Querkräfte nur den Walzträgerstegen zugeordnet.

Als mittlere Schubspannung ergibt sich:

$\tau_a = \dfrac{V_G + \psi_1 \cdot V_{Verkehr,SW/2} + \psi_{1,2} \cdot V_{Dienstweg} + \psi_{1,3} \cdot V_{Wind}}{A_v}$

$\tau_a = \dfrac{140,0 + 1,0 \cdot 255,1 + 0,5 \cdot 0,00 + 0,5 \cdot 0,00}{1,04 \cdot 0,814 \cdot 0,021}$

$\tau_a = 22224 \text{ kN/m}^2 = 22,2 \text{ MN/m}^2$

$V_G = V_{gk,1} + V_{gk,2} + V_{gk,3}$
$= 101,4 + 66,7 - 24,9$
$= 143,2$ kN

A_V wirksame Schubfläche des Walzträgers
Fb 103, Kap. II, 5.4.6 (104)
$A_v = 1,04 \cdot h_a \cdot t_w$
$h_a = 0,814$ m
$t_w = 0,021$ m

Nachweis der Spannungsbegrenzung zum Zeitpunkt $t = \infty$

$\tau_{Ed,ser} = \tau_a = 22,2 \text{ MN/m}^2 \leq 123,34 \text{ MN/m}^2 = \dfrac{f_{yk}}{\sqrt{3} \cdot \gamma_{M,ser}}$

Fb 104, Kap. II, 5.2 (6),
Fb 103, Kap. II, 4.3 (1)

$f_{yk} = 235,00$ MN/m²
$\gamma_{M,ser} = 1,1$ nach Fb 104, Kap. II, 5.2 (6)

3.5.2.2 Grenzzustand der Rissbildung

Im Fb 104, Kap. II, Anhang K wird in Absatz K.5.1 bezüglich der Nachweise der Rissbreitenbeschränkung und Mindestbewehrung auf den Abschnitt II K.5.2, Fb 104 verwiesen.
Dort wird für den Bereich negativer Biegemomente eine Mindestbewehrung zur Rissbreitenbeschränkung gefordert.
Mit Bereichen negativer Momente sind die Stützbereiche von Durchlaufträgern gemeint, nicht jedoch die Auflagerbereiche von Einfeldträgern mit kleinen Kragarmen in Längsrichtung. Der Absatz K.5.2 ist hier somit nicht einschlägig.

Auf einen Nachweis der Beschränkung der Rissbreite wird deshalb verzichtet. Es wird die Mindestbewehrung nach Richtzeichnung in Längs- und Querrichtung eingelegt.

Lediglich für das Quersystem im Bereich des Endquerträgers, der sich wie bezüglich der Rissbildung ähnlich wie ein reines Stahlbetonbauteil verhält, ist eine Rissbreitenbeschränkung nach Fb 102 sinnvoll. Dieser Nachweis ist bei der Bemessung des Endquerträgers zu führen.

Der vorliegende Statikteil beschränkt sich auf das Längssystem.

3.5.2.3 Grenzzustand der Verformungen

3.5.2.3.1 Begrenzung der vertikalen Durchbiegung

Um die vertikale Beschleunigung eines Fahrzeuges zu begrenzen, sind maximal zulässige Durchbiegungen einzuhalten.
Die vertikalen Durchbiegungen δ werden mit dem Φ-fachen Lastmodell 71 ermittelt und mit der zulässigen Durchbiegung für die Entwurfsgeschwindigkeit und Stützweite verglichen.

$L / \delta = 1050$

Der Wert L / δ kann mit 0,7 multipliziert werden, da der Überbau ein einzelner Einfeldträger ist.

$L / \delta = 735$

$\delta_{zul} = L / 735 = 16,00 / 735 = 0,022 \text{ m} \leq L / 600 = 0,027 \text{ m}$

Für die Berechnung der Durchbiegung wird ein über die Balkenlänge konstanter mittlerer Wert I_{eff} des Flächenmomentes 2. Grades angenommen.

$$I_{eff} = \frac{I_1 + I_2}{2}$$

Hierbei sind I_1 und I_2 die Werte des ungerissenen und des gerissenen Flächenmomentes 2. Grades des Verbundquerschnittes für Kurzzeitlasten (n_0) bei positiver Momentenbeanspruchung.

$I_{eff} = (0,00962 + 0,00686) / 2 = 0,00824 \text{ m}^4$

Die Berechnung des max. Momentes erfolgt unter Φ - fachem Lastmodell 71 und dem Faktor α in Gleismitte.
Der maßgebende Träger in Gleismitte ist der Träger 4:

$$\delta = \frac{1}{9,6} \cdot \frac{maxM \cdot L^2}{E_a \cdot I_{eff}}$$

$\delta = 0,014 \text{ m} \quad < \quad \delta_{zul} = 0,022 \text{ m}$

Damit ist der Nachweis der Durchbiegung erfüllt.

Verfasser : Planungsgemeinschaft: h² Hochschule Magdeburg – Stendal (FH)	Proj. – Nr. 2000
Programm : c̄ Hochschule Anhalt (FH)	
Bauwerk : EÜ über die B184 bei Leitzkau	Datum: 01.05.2003

3.5.2.3.2 Begrenzung des Enddrehwinkels

Der in der Gleismitte gemessene Endtangentenwinkel des Überbaues darf unter dem Φ-fachen charakteristischen Wert des Lastmodells 71 sowie bei Temperaturunterschied den folgenden Wert nicht überschreiten:

$$\theta = 6{,}5 \cdot 10^{-3} \text{ rad}$$

Der Enddrehwinkel infolge LM 71 kann analog zur Berechnung der vertikalen Durchbiegung über die Bauteilkrümmung ermittelt werden. Der Enddrehwinkel ergibt sich dann zu:

$$\theta = \frac{1}{3} \cdot l \cdot \kappa_m$$

Auf dieser Grundlage kann man den Enddrehwinkel bei vorhandener Durchbiegung durch folgende Beziehung beschreiben:

$$\frac{\theta}{\delta} = \frac{1/3 \cdot l}{5/48 \cdot l^2}$$

Somit erhält man den Enddrehwinkel infolge LM 71 zu:

$$\theta_{Qvk} = \delta \cdot \frac{48}{15 \cdot l}$$

$$= 2{,}8 \cdot 10^{-3} \text{ rad}$$

Enddrehwinkel infolge des vertikalen linearen Temperaturunterschieds

$$\theta_{\Delta Ty} = \frac{\alpha_{T,c} \cdot \Delta T_{M,neg}}{h_c} \cdot \left(\frac{l}{2} + l_{\ddot{u}} \right)$$

$$\theta_{\Delta Ty} = |-0{,}80 \cdot 10^{-3} \text{ rad}|$$

Nachweis der Begrenzung des Enddrehwinkels

$$\theta_{tot} = \theta_{Qvk} + \theta_{\Delta Ty} = 3{,}6 \cdot 10^{-3} \text{ rad}$$

$$3{,}6 \cdot 10^{-3} \text{ rad} < 6{,}5 \cdot 10^{-3} \text{ rad}$$

Damit ist die Einhaltung des zulässigen Enddrehwinkels an den Auflagern nachgewiesen.

Marginalien:
- Fb 101, Kap. IV, Anhang G, G.3.1.2
- Fb 101, Kap. IV, Anhang G, G.3.1.2.3 (1) P siehe Abschn. 3.2.2.1
- Fb 101, Kap. IV, Anhang G, G.3.1.2.3 Gl. G.2
- Fb 101, Kap. IV, Anhang G, G.3.1.2.3 (1) P
- δ = 0,014 m, s. Abs. 3.5.2.3.1
- l = 16,00 m
- $\alpha_{T,c}$ = 0,00001 K^{-1} siehe Fb 101, Kap. V, Anhang B, Tab. B.1
- $\Delta T_{M,neg}$ = -8 K s. Abs. 3.2.2.12
- l = 16,00 m
- h_c = 0,90 m
- Überstand am Überbauende: $l_{\ddot{u}}$ = 1 m

Bauteil : WIB-Überbau	Archiv Nr.:
Block : Haupttragwerk	
Vorgang : Bemessung des Überbaus	

3.5.2.3.3 Begrenzung der Horizontalverformung

Fb 101, Kap. IV, Anhang G, G.3.1.2.4

Horizontalkrümmung

Fb 101, Kap. IV, Anhang G, G.3.1.2.4 (2) P

Die maximal zulässige Horizontalverformung ergibt sich zu:

$$\delta_{h,max} = \frac{L^2}{8 \cdot R_{min}} = 9{,}14 \text{ mm}$$

V_E = 200 km/h
R_{min} = 3500 m
Fb 101, Kap. IV, Anhang G, G.3.1.2.4, Tab. G.3

Die Horizontalverformung δ_h umfasst die Verformung des Über- und Unterbaus einschließlich der Gründung.

Fb 101, Kap. IV, Anhang G, G.3.1.2.4 (3)

Die Horizontalverformung des Überbaus ist nachzuweisen für die Summe aus: Lastmodell 71 multipliziert mit dem dynamischen Beiwert Φ, Windlasten, Seitenstoß, Zentrifugallasten und Temperaturunterschieden zwischen den beiden Außenseiten des Überbaus.

Fb 101, Kap. IV, Anhang G, G.3.1.2.4 (1) P

Unter Vernachlässigung des Einflusses der Unterbauten ergibt sich in Feldmitte bei x = 8,00 m für die Einzeleinwirkungen:

Auf der sicheren Seite liegend wird nur der reine Betonquerschnitt in Zustand II angesetzt:
$I_{cz,II} \approx I_{cz,I} \cdot 0{,}65$

- Horizontalverformung infolge der vertikalen Verkehrslasten des vereinfachten Lastmodells 71

$$\delta_{Qvk} = 0{,}00$$

- Horizontalverformung infolge Windlast

$$\delta_{Qwk} = \frac{q_{wk} \cdot l^4}{76{,}8 \cdot E_{cm} \cdot 0{,}65 \cdot I_{cz}} = 0{,}086 \text{ mm}$$

q_{wk} = 15,58 kN/m
l = 16,00 m
E_{cm} = 31.900 MN/m²
I_{cz} = 0,90 · 4,62³ / 12
= 7,396 m⁴

- Horizontalverformung infolge Seitenstoß

$$\delta_{Qsk} = \frac{Q_{sk} \cdot l^3}{48 \cdot E_{cm} \cdot 0{,}65 \cdot I_{cz}} = 0{,}056 \text{ mm}$$

Q_{sk} = 100,00 kN
l = 16,00 m
E_{cm} = 31.900 MN/m²
I_{cz} = 7,396 m⁴

- Horizontalverformung infolge Zentrifugallasten infolge der Grundlast

$$\delta_{qtk} = \frac{q_{tk} \cdot l^4}{76{,}8 \cdot E_{cm} \cdot 0{,}65 \cdot I_{cz}} = 0{,}029 \text{ mm}$$

q_{tk} = 5,18 kN/m
l = 16,00 m
E_{cm} = 31.900 MN/m²
I_{cz} = 7,396 m⁴

- Horizontalverformung infolge Zentrifugallasten infolge der Überlast

$$\delta_{\Delta qtk} = \frac{\Delta q_{tk} \cdot l^2 \cdot (2 \cdot c \cdot l - c^2)}{76{,}8 \cdot E_{cm} \cdot 0{,}65 \cdot I_{cz}} = 0{,}017 \text{ mm}$$

Δq_{tk} = 4,94 kN/m
l = 16,00 m
E_{cm} = 31.900 MN/m²
I_{cz} = 7,396 m⁴
c = 6,40 m
c = Länge der Überlast

- Horizontalverformung infolge horizontalem linearen Temperaturunterschied

$$\delta_{\Delta Tz} = \frac{\alpha_{T,c} \cdot \Delta T_{Mz} \cdot l^2}{8 \cdot b} = 0{,}346 \text{ mm}$$

α_{Tc} = 0,00001 K⁻¹ siehe Fb 101, Kap. V, Anhang B, Tab. B.1
ΔT_{Mz} = 5 K s. Abs. 3.2.2.12
l = 16,00 m
b = 4,62 m

- Nachweis der Begrenzung der Horizontalkrümmung

$$\delta_{h,tot} = \delta_{Qvk} + \delta_{Qwk} + \delta_{Qsk} + \delta_{\Delta Tz} = 0{,}53 \text{ mm}$$

$$\delta_{h,tot} = 0{,}53 \text{ mm} < \delta_{h,max} = 9{,}17 \text{ mm}$$

Damit ist die Begrenzung der Horizontalverformung nachgewiesen.

Verfasser	: Planungsgemeinschaft h²c Hochschule Magdeburg – Stendal (FH)	Proj. – Nr. 2000
Programm	: Hochschule Anhalt (FH)	
Bauwerk	: EÜ über die B184 bei Leitzkau	Datum: 01.05.2003

Horizontale Winkeländerung

Die horizontale Winkeländerung ist aus Gründen der Verkehrssicherheit auf $\theta_{h,max} = 0{,}0020$ rad zu begrenzen.
Der Ermittlung liegen dieselben Einwirkungen wie für die Berechnung der Horizontalkrümmung zugrunde.
Der Nachweis erfolgt in der Auflagerachse in Schnitt $x = 0$.

Fb 101, Kap. IV, Anhang G, G.3.1.2.4 (2) P
Fb 101, Kap. IV, Anhang G, G.3.1.2.4, Tab. G.3
V = 200 km/h
Fb 101, Kap. IV, Anhang G, G.3.1.2.4 (1)

- Horizontalverformung infolge der vertikalen Verkehrslasten des vereinfachten Lastmodells 71

$$\theta_{Qvk} = 0{,}00 \text{ rad}$$

- Horizontalverformung infolge Windlast

$$\theta_{Qwk} = \frac{q_{wk} \cdot l^3}{24 \cdot E_{cm} \cdot 0{,}65 \cdot I_{cz}} = 0{,}017 \text{ rad/1000}$$

q_{wk} = 15,58 kN/m
l = 16,00 m
E_{cm} = 31900 MN/m²
I_{cz} = 7,396 m⁴

- Horizontalverformung infolge Seitenstoß

$$\theta_{Qsk} = \frac{Q_{sk} \cdot a \cdot (l-a)}{6 \cdot E_{cm} \cdot 0{,}65 \cdot I_{cz}} \cdot \left(2 - \frac{a}{l}\right) = 0{,}010 \text{ rad/1000}$$

Q_{sk} = 100,00 kN
l = 16,00 m
E_{cm} = 31900 MN/m²
I_{cz} = 7,396 m⁴
a = l/2

- Horizontalverformung infolge Zentrifugallasten infolge der Grundlast

$$\theta_{qtk} = \frac{q_{tk} \cdot l^3}{24 \cdot E_{cm} \cdot 0{,}65 \cdot I_{cz}} = 0{,}005 \text{ rad/1000}$$

q_{tk} = 5,18 kN/m
l = 16,00 m
E_{cm} = 31.900 MN/m²
I_{cz} = 7,396 m⁴

- Horizontalverformung infolge Zentrifugallasten infolge der Überlast

$$\theta_{\Delta qtk} = \frac{\Delta q_{tk} \cdot l \cdot a \cdot c}{6 \cdot E_{cm} \cdot 0{,}65 \cdot I_{cz}} \cdot \left(1 - \left(\frac{a}{l}\right)^2 - 0{,}25 \cdot \left(\frac{c}{l}\right)^2\right) = 0{,}003 \text{ rad/1000}$$

Δq_{tk} = 4,94 kN/m
l = 16,00 m
a = l/2
E_{cm} = 31.900 MN/m²
I_{cz} = 7,396 m⁴
c = 6,40 m
c = Länge der Überlast

- Horizontalverformung infolge horizontalem linearen Temperaturunterschied

$$\theta_{\Delta Tz} = \frac{\alpha_{T,c} \cdot \Delta T_{Mz} \cdot l}{2 \cdot b} = 0{,}087 \text{ rad/1000}$$

α_{Tc} = 0,00001 K⁻¹
ΔT_{Mz} = 5 K
l = 16,00 m
b = 4,62 m

- Nachweis der Begrenzung der Horizontalkrümmung

$$\theta_{h,tot} = \theta_{Qvk} + \theta_{Qwk} + \theta_{Qsk} + \theta_{\Delta Tz} = 0{,}12 \text{ rad/1000}$$

$$\theta_{h,tot} = 0{,}12 \text{ rad/1000} < \theta_{h,max} = 2{,}00 \text{ rad/1000}$$

Damit ist die Begrenzung der horizontalen Winkeländerung eingehalten.

Bauteil	: WIB-Überbau	Archiv Nr.:
Block	: Haupttragwerk	
Vorgang	: Bemessung des Überbaus	

3.5.2.3.4 Begrenzung der Verwindung des Überbaus

Die maximale zulässige gegenseitige Verwindung zweier Querschnitte im Abstand von 3 m in Längsrichtung wird über einen von der Entwurfsgeschwindigkeit und der Spurweite abhängigen zulässigen Differenzdrehwinkel t/s definiert. Für die vorgegebene Entwurfsgeschwindigkeit V_E = 200 km/h und s = 1,50 m ergibt sich eine zulässige gegenseitige Verwindung von 3,0 mm / 3,0 m. Dies entspricht einer Drehwinkeländerung γ_T von γ_T = 3,0 mm / 1,5 m = $2 \cdot 10^{-3}$ auf 3 m Länge.

Die Verwindung des Überbaues ist mit den mit Φ multiplizierten charakteristischen Werten des Lastmodells 71 zu ermitteln.

Die größte Drehwinkeländerung tritt zwischen dem Auflager (γ_T = 0) und dem Schnitt x = 3,0 m auf.

Sie kann aus der vertikalen Differenzverformung zweier Träger aus dem Bereich der mitwirkenden Breite berechnet werden. Diese ist proportional zur Momentendifferenz.

Somit ergibt sich:

$\Delta M = M_{Ed,LM71,Träger1} - M_{Ed,LM71,Träger2}$
$\Delta M = 937,8 - 871,8$
$\Delta M = 66,0$ kNm = 0,066 MNm

Die Durchbiegung an der Stelle x = 3,0 m infolge der Momentendifferenz ergibt sich näherungsweise wie folgt:

$$\delta = \Delta M \cdot \frac{a \cdot b}{3} \cdot \left(1 + \frac{a \cdot b}{l^2}\right) \cdot \frac{1}{E_a \cdot I}$$

$\delta = 0,57 \cdot 10^{-3}$ m

Bei einem Trägerabstand von b_c = 0,578 m ergibt sich folgende Verdrehung:

$\gamma_T = 0,57 \cdot 10^{-3}$ m / 0,578 m = $0,989 \cdot 10^{-3}$

$\gamma_T = 0,989 \cdot 10^{-3} < 2,0 \cdot 10^{-3}$

Die Begrenzung der Verwindung des Überbaus ist eingehalten.

3.5.2.4 Von der Bauart unabhängige Nachweise

In Ril 804.3101 werden zusätzliche, von der Bauart unabhängige Nachweise gefordert, die die Gebrauchstauglichkeit und Wirtschaftlichkeit betreffen.

3.5.2.4.1 Nachweise an den Überbaurändern

Ril 804.3101, Abs. 2

a) Verformung am Überbauende

Bei Schotterfahrbahnen dürfen die Verformungswege der oberen Kanten der Überbauenden in der Gleisachse infolge kurzzeitiger Einwirkungen infolge Verkehr folgenden, von der Stützweite und Entwurfsgeschwindigkeit abhängigen Grenzwert δ_L nicht überschreiten:

Ril 804.3101, Abs. 2, Tab. 2

$$\delta_L = \delta_3 + (L - 3) \cdot (\delta_{25} - \delta_3) / 22$$

$$= 4 + (16 - 3) \cdot (9 - 4) / 22$$

$$= 7{,}0 \text{ mm}$$

für:
V_E = 200 km/h
L = 16 m
δ_3 = 9 mm
δ_{25} = 4 mm

Dieser zulässige Verformungsweg ist mit dem Verformungsweg infolge der Vertikallastanteile von Lastgruppe 11 zu vergleichen.
Mit der Überstandslänge $ü$ = 1,00 m und der Endquerträgerhöhe h = 1,20 m ergibt sich mit dem in Abschnitt 3.5.2.3.2 ermittelten Enddrehwinkel θ_{Qvk} von $2{,}8 \cdot 10^{-3}$ rad eine maximale Verformung am Überbauende von:

Ril 804.3101, Abs. 2, Bild 2

$$\delta = [\Delta z^2 + \Delta x^2]^{1/2}$$

$$= [(ü \cdot \sin \theta_{Qvk})^2 + (h \cdot \sin \theta_{Qvk}^2)]^{1/2}$$

$$= [(1{,}0 \cdot \sin(2{,}8 \cdot 10^{-3}))^2 + (1{,}2 \cdot \sin(2{,}8 \cdot 10^{-3}))^2]^{1/2} \cdot 10^3$$

$$= 4{,}3 \text{ mm} < \delta_L = 7 \text{ mm}$$

b) Verformung benachbarter Längsfugenränder   Ril 804.3101, Abs. 4

Falls über Längsfugen zwischen benachbarten Tragwerken Schotterbett verlegt wird, dürfen die vertikalen Verformungswege $\Delta \delta_z$ der Längsfugenränder infolge der Einwirkung aus Verkehr nicht größer sein als 3 cm.

In Abschnitt 3.5.2.3.1 wurde eine maximale Durchbiegung des Verbundträgers Nr. 1 in Feldmitte von δ = 0,014 m = 1,4 cm ermittelt. Da der Verbundträger Nr. 1 der innere Randträger ist, entspricht dessen Durchbiegung gerade der Differenzverformung der benachbarten Überbauten.

δ = 1,4 cm < $\Delta \delta_z$ = 3 cm

Damit ist der Nachweis erbracht.

3.5.2.4.2 Überprüfung des Resonanzrisikos

Ril 804.3101, Abs. 7

Bei Zugfahrten über Eisenbahnbrücken kann das Tragwerk unter bestimmten Bedingungen (hohe Zuggeschwindigkeit, kurze Überbauten, Radsatzkonfiguration u.a.) wegen der in annähernd gleichem zeitlichen Abstand wirkenden Radsatzlasten zu Resonanz angeregt werden, wenn die Erregerfrequenz (oder ein vielfaches davon) und eine Eigenfrequenz des Tragwerks übereinstimmen. Zur Gewährleistung ausreichender Tragsicherheit, Gebrauchstauglichkeit und Verkehrssicherheit kann es deshalb erforderlich sein, zusätzlich zur Bemessung für ϕ-fache statische Bemessungslasten eine dynamische Untersuchung durchzuführen.

In Abschnitt 3.2.2.3 wurde bereits nachgewiesen, dass auf zusätzliche dynamische Untersuchungen verzichtet werden kann.

4 Schlussblatt

Aufgestellt am 1.05.2003 in Dessau.

Verfasser	: Planungsgemeinschaft h² Hochschule Magdeburg – Stendal (FH)	Proj. – Nr. 2000
Programm	: C Hochschule Anhalt (FH)	
Bauwerk	: EÜ über die B184 bei Leitzkau	Datum: 01.05.2003

Verzeichnis der Tabellen

Tabelle 1	Entwurfsparameter	4
Tabelle 2	Normen und Richtlinien	6
Tabelle 3	Schnittgrößen der Verbundträger 1 – 8 infolge des charakteristischen Wertes der ständigen Einwirkung g_{k1}	53
Tabelle 4	Schnittgrößen der Verbundträger 1 – 8 infolge des charakteristischen Wertes der ständigen Einwirkung g_{k2}	54
Tabelle 5	Schnittgrößen der Verbundträger 1 – 8 infolge des charakteristischen Wertes der ständigen Einwirkung g_{k3}	55
Tabelle 6	Schnittgrößen infolge der charakteristischen Werte des LM 71 fahrend für maximale Biegung in Feldmitte (einschließlich dynam. Beiwert, ohne zugehörige Zentrifugallasten)	59
Tabelle 7	Schnittgrößen infolge der charakteristischen Werte des LM 71 fahrend für maximale Querkraft am Endquerträgeranschnitt (einschließlich dynam. Beiwert, ohne zugehörige Zentrifugallasten)	60
Tabelle 8	Schnittgrößen infolge der charakteristischen Werte des reduzierten LM 71 fahrend für maximale Biegung in Feldmitte (einschließlich dynam. Beiwert, ohne zugehörige Zentrifugallasten)	62
Tabelle 9	Schnittgrößen infolge der charakteristischen Werte des reduzierten LM 71 fahrend für maximale Querkraft am Endquerträgeranschnitt (einschließlich dynam. Beiwert, ohne zugehörige Zentrifugallasten)	63
Tabelle 10	Schnittgrößen infolge der charakteristischen Werte des Lastmodells SW/2 fahrend für maximale Biegung in Feldmitte (einschließlich dynam. Beiwert, ohne zugehörige Zentrifugallasten)	65
Tabelle 11	Schnittgrößen infolge der charakteristischen Werte des Lastmodells SW/2 fahrend für maximale Querkraft am Endquerträgeranschnitt (einschließlich dynam. Beiwert, ohne zugehörige Zentrifugallasten)	65
Tabelle 12	Schnittgrößen infolge der charakteristischen Werte des Lastmodells SW/2 stehend, ohne dynam. Beiwert für maximale Biegung in Feldmitte	66
Tabelle 13	Schnittgrößen infolge der charakteristischen Werte des Lastmodells SW/2 stehend, ohne dynam. Beiwert für maximale Querkraft am Endquerträgeranschnitt	67
Tabelle 14	Schnittgrößen infolge der charakteristischen Werte des Lastmodells Unbeladener Zug fahrend für maximale Biegung in Feldmitte und für maximale Querkraft am Endquerträgeranschnitt (ohne dynam. Beiwert, ohne zugehörige Zentrifugallasten)	68

Bauteil	: WIB-Überbau	Archiv Nr.:
Block	: Haupttragwerk	Seite: **123**
Vorgang	: Verzeichnis der Tabellen	

Tabelle 15	Schnittgrößen infolge der charakteristischen Werte des Lastmodells Unbeladener Zug stehend für maximale Biegung in Feldmitte und für maximale Querkraft am Endquerträgeranschnitt (ohne dynam. Beiwert, ohne zugehörige Zentrifugallasten)	69
Tabelle 16	Schnittgrößen infolge der charakteristischen Werte der Einwirkung Verkehrslast auf Dienstgehwegen für maximale Biegung in Feldmitte sowie für maximale Querkraft am Endquerträgeranschnitt	71
Tabelle 17	Schnittgrößen infolge der charakteristischen Werte der Zentrifugallasten des LM 71 fahrend, Laststellungen jeweils für maximale Biegung in Feldmitte und für maximale Querkraft am Endquerträgeranschnitt	74
Tabelle 18	Schnittgrößen infolge der charakteristischen Werte der Zentrifugallasten des reduzierten LM 71, Laststellungen jeweils für maximale Biegung in Feldmitte und für maximale Querkraft am Endquerträgeranschnitt	75
Tabelle 19	Schnittgrößen infolge der charakteristischen Werte der Zentrifugallasten des LM SW/2 fahrend für maximale Biegung in Feldmitte und für maximale Querkraft am Endquerträgeranschnitt	76
Tabelle 20	Schnittgrößen infolge der charakteristischen Werte der Zentrifugallasten des LM Unbeladener Zug (Volllast)	78
Tabelle 21	Schnittgrößen infolge der charakteristischen Werte des Seitenstoßes für maximale Biegung in Feldmitte sowie maximale Querkraft am Endquerträgeranschnitt	79
Tabelle 22	Schnittgrößen infolge der charakteristischen Werte der Windlasten im Betriebszustand mit Verkehr	81
Tabelle 23	Verkehrslastgruppen	89
Tabelle 24	Teilsicherheitsbeiwerte für Einwirkungen: Grenzzustände der Tragsicherheit bei Eisenbahnbrücken	90
Tabelle 25	Ψ- Faktoren für Eisenbahnbrücken	91

Verfasser	: Planungsgemeinschaft h² Hochschule Magdeburg – Stendal (FH)	Proj. – Nr. 2000
Programm	: C Hochschule Anhalt (FH)	
Bauwerk	: EÜ über die B184 bei Leitzkau	Datum: 01.05.2003

Verzeichnis der Abbildungen

Bild 1	Grundriss des Tragwerks (ohne Kappe)	7
Bild 2	Längsschnitt des Tragwerks	7
Bild 3	Querschnitt des Tragwerks	8
Bild 4	Herstellungsverfahren	14
Bild 5	Systemskizze des statischen Systems in Längsrichtung	16
Bild 6	Systemskizze des statischen Systems des Endquerträgers	16
Bild 7	Darstellung der Bruttobetonquerschnittsfläche mit Kragarm	17
Bild 8	Lastmodell 71	19
Bild 9	Vereinfachtes Lastmodell 71	20
Bild 10	Lastmodell SW/0	23
Bild 11	Lastmodell SW/2	23
Bild 12	Schematische Darstellung der Windbeanspruchung	33
Bild 13	Einwirkungen aus Erddruck	35
Bild 14	Entgleisen – Bemessungssituation I	36
Bild 15	Entgleisen – Bemessungssituation II	37
Bild 16	Verbundträgerquerschnitt	38
Bild 17	Verbundträgerquerschnitt im Zustand II	41
Bild 18	Lastverteilung in Querrichtung durch Schwellen, Schotter und Konstruktionsbeton für die Lastmodelle LM 71 und SW/2	48
Bild 19	Verteilung der Torsionsmomente	49
Bild 20	Begriffserläuterung zur Schnittgrößenermittlung	50
Bild 21	Exzentrizität des Lastmodells 71	57
Bild 22	Zentrifugallasten	73
Bild 23	Lastausbreitung in Querrichtung in der außergewöhnlichen Bemessungssituation – Entgleisen in Richtung Brückenmitte	85
Bild 24	Lastausbreitung in Querrichtung in der außergewöhnlichen Bemessungssituation – Entgleisen in Richtung Kappe	86
Bild 25	Vereinfachte Spannungsverteilung zur Ermittlung des Grenzmomentes $M_{pl,Rd}$	94

Bauteil	: WIB-Überbau	Archiv Nr.:
Block	: Haupttragwerk Seite: **125**	
Vorgang	: Verzeichnis der Abbildungen	

Verfasser	: Planungsgemeinschaft h² Hochschule Magdeburg – Stendal (FH)	Proj. – Nr. 2000
Programm	: C Hochschule Anhalt (FH)	
Bauwerk	: EÜ über die B184 bei Leitzkau	Datum: 01.05.2003

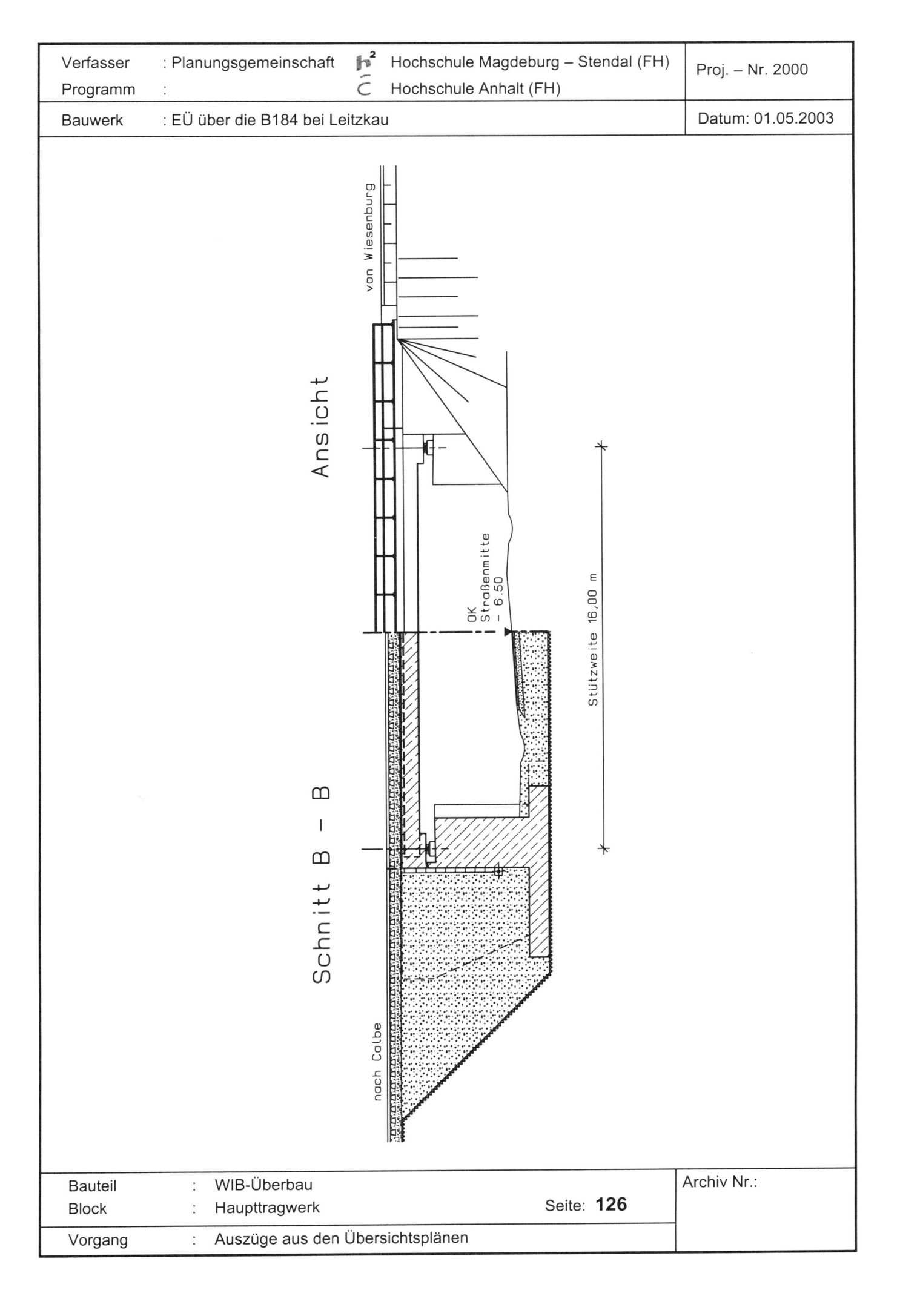

Schnitt B – B

Ansicht

von Wiesenburg

OK Straßenmitte – 6.50

Stützweite 16,00 m

nach Calbe

Bauteil	: WIB-Überbau	Archiv Nr.:
Block	: Haupttragwerk Seite: **126**	
Vorgang	: Auszüge aus den Übersichtsplänen	

Verfasser : Planungsgemeinschaft h² Hochschule Magdeburg – Stendal (FH)	Proj. – Nr. 2000
Programm : c Hochschule Anhalt (FH)	
Bauwerk : EÜ über die B184 bei Leitzkau	Datum: 01.05.2003

Querschnitt

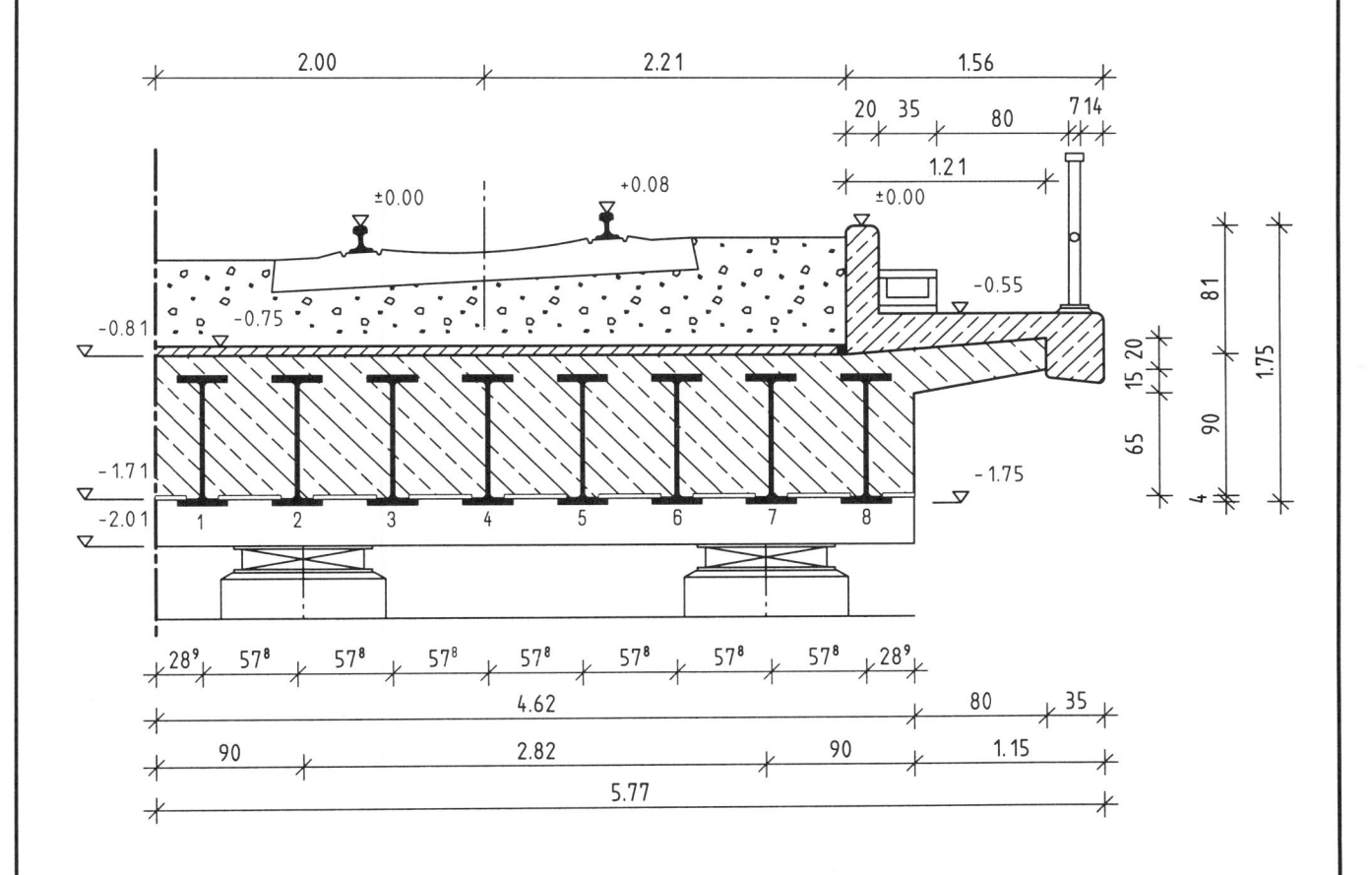

Bauteil : WIB-Überbau	Archiv Nr.:
Block : Haupttragwerk Seite: **127**	
Vorgang : Auszüge aus den Übersichtsplänen	

NEU FÜR DEN BRÜCKENBAU:
DIN-Fachberichte seit dem 1. Mai 2003 bauaufsichtlich eingeführt

Die Grundlage der nachfolgend aufgeführten vier Neuerscheinungen sind die **neuesten DIN-Fachberichte 100 bis 104 (2. Auflage)**, die **am 1. Mai 2003** vom Bundesministerium für Verkehr, Bau und Wohnungswesen (BVBW) und vom Eisenbahnbundesamt **bauaufsichtlich eingeführt** worden sind. Die zum Teil erheblichen Änderungen in der 2. Auflage der DIN-Fachberichte sowie die Ergänzungen in den Einführungsschreiben des BMVBW (ARS08-13/2003) und in der Richtlinie 804 der DB AG wurden bereits berücksichtigt.

Die Berechnungsbeispiele in den vier Neuerscheinungen sind so aufbereitet, dass sich der Leser sehr einfach in die neue Normengeneration der DIN-Fachberichte einarbeiten kann. Jeweils an den Rändern sind die Bezüge zu den einzelnen Abschnitten der DIN-Fachberichte angegeben.

Bauer/Müller
Verbundbrückenbau nach DIN-Fachbericht
Beispiele prüffähiger Standsicherheitsnachweise

2003. 360 Seiten.
21 x 29,7 cm. Gebunden.
EUR 80,–

Aus dem Inhalt:
- Straßenüberführung nach DIN-Fachbericht 101 und 104
- Walzträger in Beton nach DIN-Fachbericht 101 und 104

Bauer/Müller
Straßenbrücken in Massivbauweise
Beispiele prüffähiger Standsicherheitsnachweise
2. Auflage

2003. 430 Seiten.
21 x 29,7 cm. Gebunden.
EUR 88,–

Aus dem Inhalt:
- Stahlbeton- und Spannbetonüberbau nach DIN-Fachbericht 101 und 102

Müller/Bauer
Eisenbahnbrückenbau nach DIN-Fachbericht
Beispiele prüffähiger Standsicherheitsnachweise
Band 1, 2. Auflage

Juli 2003. ca. 360 Seiten.
21 x 29,7 cm. Gebunden.
ca. EUR 80,–

Aus dem Inhalt:
- Stahlbeton- und Spannbetonüberbau nach DIN-Fachbericht 101 und 102

Müller/Bauer/Uth
Eisenbahnbrückenbau nach DIN-Fachbericht
Beispiele prüffähiger Standsicherheitsnachweise
Band 2

Juli 2003. ca. 370 Seiten.
21 x 29,7 cm. Gebunden.
ca. EUR 80,–

Aus dem Inhalt:
- Stählerne Stabbogenbrücke nach DIN-Fachbericht 101 und 103 sowie nach Richtlinie 804 der DB AG
- Brückenlager

Bauwerk

Verlag
für Architektur
Bauingenieurwesen
und Baurecht

Bauwerk Verlag GmbH
Postfach 41 08 80
12118 Berlin
Tel: 030 / 61 28 69 04
Fax: 030 / 61 28 69 05
info@bauwerk-verlag.de
www.bauwerk-verlag.de

Autoren:
Prof. Dr.-Ing. Thomas Bauer lehrt Stahlbeton- und Brückenbau an der Hochschule Anhalt und ist öffentlich bestellter und vereidigter Sachverständiger.
Prof. Dr.-Ing. Michael Müller lehrt Stahlbetonbau an der Hochschule Magdeburg-Stendal, ist Prüfingenieur für Baustatik und öffentlich bestellter und vereidigter Sachverständiger.
Prof. Dr.-Ing. Hans-Joachim Uth lehrt Stahlbau und Statik an der FH Lübeck und ist Prüfingenieur für Baustatik.

Avak | Goris
Stahlbetonbau aktuell
Praxishandbuch 2003

2003. 758 Seiten.
17 x 24 cm. Gebunden.

EUR 68,–
ISBN 3-89932-010-7

Herausgeber:
Prof. Dr.-Ing. Ralf Avak, Institut für Massivbau, BTU Cottbus. Prüfingenieur für Baustatik.
Zahlreiche Veröffentlichungen und Fachbuchautor zum Themenbereich Stahlbetonbau.

Prof. Dr.-Ing. Alfons Goris, Lehrgebiet Beton- und Spannbetonbau, Universität GH Siegen.
Zahlreiche Veröffentlichungen und Fachbuchautor zum Themenbereich Stahlbetonbau.

Aus dem Inhalt:
Bauphysik / Neue EnEV, Baustoffe, Statik, Bemessung, Konstruktion, Spannbetonbau, Aktuelle Beiträge, Normen / Richtlinien, Zulassungen

Aktuelle Beiträge:
- Bemessung und Konstruktion von Teilfertigdecken
- Verformungsnachweise - Erweiterte Tafeln zur Begrenzung der Biegeschlankheit
- Nachweis gegen Durchstanzen
- Finite Elemente: Anwendung in der Baupraxis
- Konstruktive Details
- Betonstahl, Spannstahl
- Aktuelle Zulassungen
- Normentexte: DIN 1045 neu

BEIDE PRAXISHANDBÜCHER JETZT AUCH ZUM PAKETPREIS:
EUR 116,–
ISBN 3-89932-011-5

Bauwerk www.bauwerk-verlag.de

Buja, Heinrich-Otto

Spezialtiefbau-Praxis von A – Z

2002. 470 Seiten.
17 x 24 cm. Gebunden.
Mit über 900 Abbildungen.

EUR 88,–
ISBN 3-934369-54-5

Autor:
Dipl.-Ing. Heinrich Buja ist Fachingenieur für Grund- und Felsbau sowie Gastdozent für Spezialtiefbau und Fachbuchautor von Standardwerken des Spezialtiefbaus.

Interessenten:
Bauingenieure, Bauunternehmen, Architekturbüros, Bauämter, Baujuristen, Studenten des Bauingenieurwesens.

In diesem Buch werden in kompakter und dennoch ausführlicher Form wichtige Begriffe des Spezialtiefbaus erläutert.
Jeder Fachbegriff wird mit Vor- und Nachteilen, Verfahrenstechnik, Ausführungsbeispielen sowie Vorschriften und Regeln dargestellt.
Die zunehmende Bedeutung des Spezialtiefbaus macht dieses Spezialtiefbau-Lexikon zu einem wichtigen Arbeitsmittel für die tägliche Praxis.

Bauwerk www.bauwerk-verlag.de

Goris, Alfons

Stahlbetonbau-Praxis nach DIN 1045 neu

Band I: Grundlagen, Bemessung, Beispiele

2002. 180 Seiten.
17 x 24 cm. Kartoniert.
Mit Abbildungen.

EUR 25,-
ISBN 3-934369-28-6

[BBB]
Bauwerk-Basis-Bibliothek

Band II: Bewehrung, Konstruktion, Beispiele

II. Quartal 2003. Etwa 150 Seiten.
17 x 24 cm. Kartoniert.

EUR 25,-
ISBN 3-934369-64-2

Paketpreis: Bd 1+2: EUR 41,-
ISBN 3-934369-72-3

**Aktuell:
die neue
DIN 1045-1**

Autor:
Prof. Dr.-Ing. Alfons Goris
lehrt Stahlbetonbau an der
Universität-Gesamthochschule
Siegen und ist Autor zahlreicher
Veröffentlichungen zum
Stahlbetonbau

Interessenten:
Studierende des
Bauingenieurwesens,
Tragwerksplaner,
Prüfingenieure,
Prüfbehörden.

Aus dem Inhalt (Band 1):
Tragwerke, Baustoffe, Einwirkungen, Sicherheitskonzept,
Biegung, Querkraft, Torsion, Durchstanzen, Knicken,
Spannungs-, Rissbreiten-, Verformungsbegrenzungen,
Dauerhaftigkeit, Zahlenbeispiele.

Bauwerk www.bauwerk-verlag.de

Bock, Hans Michael
Klement, Ernst

**Brandschutz-Praxis für
Architekten und Ingenieure**
Aktuelle Planungsbeispiele mit
Brandschutzkonzepten nach Bauvorhaben.
Mit Plänen, Details und Brandschutzvorschriften
nach LBOs für alle Bundesländer

2001. 304 Seiten.
22,5 x 29,7 cm. Gebunden.
Mit vielen Zeichnungen und farbigen Plänen.

EUR 75,–
ISBN 3-934369-05-7

Der erste Brandschutz-Planer mit kompletten Projektbeispielen

Autoren:
Dr.-Ing. Hans Michael Bock ist
Professor an der FHTW Berlin und
ehemaliger Leiter des Laboratoriums
Brandingenieurwesen der
Bundesanstalt für Materialforschung
und -prüfung.

Dipl.-Ing. Ernst Klement war
Mitarbeiter der Bundesanstalt für
Materialforschung und -prüfung und
Lehrbeauftragter an der Technischen
Fachhochschule Berlin.

Der bauliche Brandschutz wird anhand einer Sammlung von
Projektbeispielen dargestellt und erläutert. Dem Planer werden
nachvollziehbare Brandschutzkonzepte für Bauvorhaben wie Wohn-
und Geschäftshäuser, Dachausbauten, Tiefgaragen, Schulen, Hotels,
Gaststätten, Industriebauten, Verwaltungsbauten usw. sowie für
Sanierung/Umnutzung vorgestellt und die Lösungen erläutert. Auf
regionale Besonderheiten nach der jeweiligen Landesbauordnung
wird gesondert hingewiesen. Berücksichtigt ist auch der Einsatz
europäischer Bauprodukte.

Bauwerk www.bauwerk-verlag.de